中 国 国 家 标 准 汇 编

2017 年修订-39

中国标准出版社　编

中国标准出版社

北　京

图书在版编目(CIP)数据

中国国家标准汇编:2017年修订.39/中国标准出版社编.—北京:中国标准出版社,2019.5

ISBN 978-7-5066-9314-1

Ⅰ.①中…　Ⅱ.①中…　Ⅲ.①国家标准-汇编-中国-2017　Ⅳ.①T-652.1

中国版本图书馆CIP数据核字(2019)第107576号

中国标准出版社出版发行
北京市朝阳区和平里西街甲2号(100029)
北京市西城区三里河北街16号(100045)

网址 www.spc.net.cn
总编室:(010)68533533　发行中心:(010)51780238
读者服务部:(010)68523946

中国标准出版社秦皇岛印刷厂印刷
各地新华书店经销

*

开本 880×1230　1/16　印张 33.75　字数 1 021 千字
2019年5月第一版　2019年5月第一次印刷

*

定价 220.00 元

出　版　说　明

《中国国家标准汇编》是一部大型综合性国家标准全集。自1983年起，每年按国家标准顺序号分册汇编出版，分为“制定”卷和“修订”卷两种形式。

“制定”卷收入上一年度我国发布的、新制定的国家标准，视篇幅分成若干分册，封面和书脊上注明“20××年制定”字样及分册号，分册号一直连续。各分册中的标准是按照标准编号顺序连续排列的，如有标准顺序号缺号的，除特殊情况注明外，暂为空号。

“修订”卷收入上一年度我国发布的、被修订的国家标准，视篇幅分成若干分册，但与“制定”卷分册号无关联，仅在封面和书脊上注明“20××年修订-1，-2，-3，……”字样。“修订”卷各分册中的标准，仍按标准编号顺序排列（但不连续）；如有遗漏的，均在当年最后一分册中补齐。需提请读者注意的是，个别非顺延前年度标准编号的新制定国家标准没有收入在“制定”卷中，而是收入在“修订”卷中。

读者购买每年出版的《中国国家标准汇编》“制定”卷和“修订”卷则可收齐由我社出版的上一年度制定和修订的全部国家标准。

2017年我国制修订国家标准共3 811项。本分册为《中国国家标准汇编》“2017年修订-39”，收入新制修订的国家标准21项。

中国标准出版社

2019年3月

目　　录

ICS 83.140.30
G 33

中华人民共和国国家标准

GB/T 19472.2—2017
代替 GB/T 19472.2—2004

埋地用聚乙烯(PE)结构壁管道系统 第2部分:聚乙烯缠绕结构壁管材

Polyethylene structure-wall piping systems for underground usage—Part 2: Polyethylene spirally enwound structure-wall pipes

2017-12-29 发布　　　　2018-07-01 实施

中华人民共和国国家质量监督检验检疫总局
中国国家标准化管理委员会　发布

前　言

GB/T 19472《埋地用聚乙烯(PE)结构壁管道系统》分为两个部分：

——第1部分：聚乙烯双壁波纹管材；

——第2部分：聚乙烯缠绕结构壁管材。

本部分为GB/T 19472的第2部分。

本部分按照GB/T 1.1—2009给出的规则起草。

本部分代替GB/T 19472.2—2004《埋地用聚乙烯(PE)结构壁管道系统　第2部分：聚乙烯缠绕结构壁管材》，与GB/T 19472.2—2004相比，主要要求变化如下：

——修改了范围；

——修改了氧化诱导时间(原热稳定性)的要求(4.1表1)；

——修改了环刚度等级(5.1.1表2)；

——修改了A型结构壁管、B型结构壁管的描述(6.1.1、6.1.2)；

——删除了原标准A型结构壁管图1中第2个图、图2中第2个图(6.1.1)；

——增加了C型结构壁管(6.1.3)；

——增加了B型、C型结构壁管材的弹性密封连接示意图(6.4图6 b))；

——修改了外观的要求(7.2)；

——修改了A型结构壁管、B型结构壁管最小壁厚的要求(7.3.2表3)；

——增加了C型结构壁管最小壁厚的要求(7.3.2表3)；

——增加了B型缠绕结构壁管的公称尺寸(DN/ID 3100、DN/ID 3200、DN/ID 3300、DN/ID 3400、DN/ID 3500)、最小平均内径尺寸、最小壁厚(7.3.2表3)；

——修改了弹性密封件连接的最小接合长度的要求(7.3.3.1表4)；

——增加了管材的物理性能(灰分、氧化诱导时间、密度)的要求(7.4.1)；

——修改了管材的力学性能(环柔性、熔接处的拉伸力)的要求(7.4.2)；

——增加了管件的物理性能(灰分、氧化诱导时间、密度)的要求(7.4.3)；

——修改了尺寸(8.3)；

——修改了冲击性能的试验(8.7)；

——增加了灰分、氧化诱导时间、密度的试验方法(8.6、8.7、8.8)；

——修改了出厂检验(9.3)；

——修改了原料的其他特性(附录A)；

——删除了原标准附录C中图C.2中第二个图、图C.3和图C.5；

——其他编辑性修改。

请注意本文件的某些内容可能涉及专利，本文件的发布机构不承担识别这些专利的责任。

本部分由中国轻工业联合会提出。

本部分由全国塑料制品标准化技术委员会(SAC/TC 48)归口。

本部分起草单位：河北有容管业有限公司、福建纳川管材科技股份有限公司、哈尔滨东高新型管材有限公司、杭州联通管业有限公司、宝路七星管业有限公司、飞跃(台州)新型管业科技有限公司、浙江东管管业有限公司、广东联塑科技实业有限公司、中国航空规划设计研究总院有限公司。

本部分主要起草人：牛建英、魏作友、郝建忠、徐红越、陈毅明、冯平、楼红尧、李统一、赵洁、顾红。

本部分所代替标准的历次版本发布情况：

——GB/T 19472.2—2004。

埋地用聚乙烯(PE)结构壁管道系统 第2部分:聚乙烯缠绕结构壁管材

1 范围

GB/T 19472 的本部分规定了埋地用聚乙烯缠绕结构壁管材及管件的术语和定义、符号、缩略语、原料、管材分类和标记、结构型式和连接方式、要求、试验方法、检验规则、标志、运输和贮存。

本部分适用于以聚乙烯(PE)树脂为主要原料,以聚烯烃材料作为辅助支撑结构,采用缠绕成型工艺,经加工制成的结构壁管材、管件(或实壁管件)。

本部分规定的管材、管件适用于长期工作温度在 45 ℃以下的埋地排水、排污等工程。

2 规范性引用文件

下列文件对于本文件的应用是必不可少的。凡是注日期的引用文件,仅注日期的版本适用于本文件。凡是不注日期的引用文件,其最新版本(包括所有的修改单)适用于本文件。

GB/T 1033.1—2008 塑料 非泡沫塑料密度的测定 第1部分:浸渍法、液体比重瓶法和滴定法

GB/T 2828.1—2012 计数抽样检验程序 第1部分:按接收质量限(AQL)检索的逐批检验抽样计划

GB/T 2918—1998 塑料试样状态调节和试验的标准环境

GB/T 3682—2000 热塑性塑料熔体质量流动速率和熔体体积流动速率的测定

GB/T 6111—2003 流体输送用热塑性塑料管材 耐内压试验方法

GB/T 6671—2001 热塑性塑料管材 纵向回缩率的测定

GB/T 8804.3—2003 热塑性塑料管材 拉伸性能测定 第3部分:聚烯烃管材

GB/T 8806—2008 塑料管道系统 塑料部件 尺寸的测定

GB/T 9345.1—2008 塑料 灰分的测定 第1部分:通用方法

GB/T 9647—2015 热塑性塑料管材 环刚度的测定

GB/T 14152—2001 热塑性塑料管材耐外冲击性能试验方法 时针旋转法

GB/T 18042—2000 热塑性塑料管材蠕变比率的试验方法

GB/T 19278—2003 热塑性塑料管材、管件及阀门 通用术语及其定义

GB/T 19466.6—2009 塑料 差示扫描量热法(DSC) 第6部分:氧化诱导时间(等温 OIT)和氧化诱导温度(动态 OIT)的测定

GB/T 21873—2008 橡胶密封件 给、排水管及污水管道用接口密封圈 材料规范

3 术语和定义、符号、缩略语

3.1 术语和定义

GB/T 19278—2003 界定的以及下列术语和定义适用于本文件。

3.1.1

缠绕结构壁管材 spirally enwound structure-wall pipes

采用缠绕成型工艺,以聚烯烃材料作为辅助支撑结构,经加工制成的管材。

3.1.2

管件 pipe fittings

用热成型部件和(或)几个管材段(可用实壁管)经二次加工制成的制品。

3.1.3

公称尺寸 DN/ID nominal size DN/ID

DN/ID

管材、管件内径尺寸的名义数值。

3.1.4

外径 outside diameter

d_e

在管材或管材插口上任一处横断面外径的测量值。

3.1.5

平均外径 mean outside diameter

d_{em}

管材或管材插口端任一横断面的外圆周长除以 3.142(圆周率)并向上圆整到 0.1 mm 得到的值。

3.1.6

内径 inside diameter

d_i

在管材、管件(不包括承口)的任一处垂直轴向横断面的内径测量值。

3.1.7

平均内径 mean inside diameter

d_{im}

相互垂直的两个或多个内径测量值的算术平均值。

注:改写 GB/T 19278—2003 中定义 3.11。

3.1.8

壁厚 wall thickness

e

在管材、管件圆周上任一点测量的管壁厚度。

3.1.9

结构高度 structure height

e_c

管壁内外表面之间(A 型结构壁管),或管壁内表面到肋顶端之间(B 型、C 型结构壁管)的径向距离。

3.1.10

内层壁厚 inner wall thickness

e_4

B 型、C 型管材、管件的螺旋"○"型肋之间任意点的壁厚。

3.1.11

空腔部位下内层壁厚 inner wall of the cavity part thickness

e_5

A 型管材、管件任一处的空腔部位下方内壁与内表面之间的壁厚。

3.1.12

公称环刚度　nominal ring stiffness

SN

管材或管件环刚度的公称值，通常是一个便于使用的圆整数。

［GB/T 19278—2003，定义 6.6］

3.1.13

有效长度　effective length

L

管材总长度与其承口插入深度的差。

［GB/T 19278—2003，定义 3.21］

3.2 符号

下列符号适用于本文件。

DN/ID　公称尺寸

d_e　外径

d_{em}　平均外径

d_i　内径

d_{im}　平均内径

$d_{im,min}$　最小平均内径

d_{i1}　管件主管直径

d_{i2}　管件支管直径

e　壁厚

e_c　结构高度

e_1　插口壁厚

$e_{1,min}$　最小插口壁厚

e_2　承口壁厚

$e_{2,min}$　最小承口壁厚

e_3　密封件部位的壁厚

$e_{3,min}$　密封件部位的最小壁厚

e_4　内层壁厚

$e_{4,min}$　最小内层壁厚

e_5　空腔部位下内层壁厚

$e_{5,min}$　空腔部位下最小内层壁厚

L　管材有效长度

$L_{1,min}$　电熔连接最小熔接长度

$L_{2,min}$　弹性密封件连接最小接合长度

Z_1　管件的设计长度

Z_2　管件的设计长度

Z_3　管件的设计长度

β　管件的公称角度

ρ　密度

3.3 缩略语

下列缩略语适用于本文件。

MFR	熔体质量流动速率(Melt mass-flow rate)
OIT	氧化诱导时间(Oxidation induction time)
PE	聚乙烯(Polyethylene)
SN	公称环刚度(Nominal ring stiffness)
TIR	真实冲击率(True impact rate)

4 原料

4.1 生产管材、管件所用原料以聚乙烯(PE)树脂为主,其中仅可加入必要的添加剂。原料性能应满足表1的要求。原料的其他特性参见附录A。

表1 管材、管件原料性能

项目		要求	试验方法
内压试验[a]	80 ℃,4.0 MPa(环应力),165 h	无破坏、无渗漏	GB/T 6111—2003 采用A型密封接头
	80 ℃,2.8 MPa(环应力),1 000 h		
熔体质量流动速率 MFR(190 ℃,5 kg)/(g/10 min)		≤1.6	GB/T 3682—2000
氧化诱导时间 OIT(200 ℃/铝皿)/min		≥40	GB/T 19466.6—2009
密度 ρ/(kg/m^3)		≥930(基础树脂)	GB/T 1033.1—2008
[a] 用该原料挤出的实壁管材进行试验。			

4.2 弹性密封件的材料应符合GB/T 21873—2008规定的要求。

4.3 允许少量使用来自本厂的生产同种产品的清洁回用料,所生产的管材、管件应符合本部分的要求。不应使用外部回收料。

5 管材分类和标记

5.1 管材分类

5.1.1 管材按公称环刚度等级分类

管材的公称环刚度分为6个等级,见表2。

表2 公称环刚度等级

等级	SN2 [a]	SN4	SN6.3	SN8	SN12.5	SN16
公称环刚度/(kN/m^2)	2	4	6.3	8	12.5	16
注:管材DN/ID≥1 200 mm时,可按工程条件选用环刚度低于SN2等级的产品。						
[a] 仅适用于DN/ID≥500 mm管材。						

5.1.2 管材按结构型式分类

管材按结构型式分为A型、B型和C型,见6.1。

5.2 管材标记

管材标记如下：

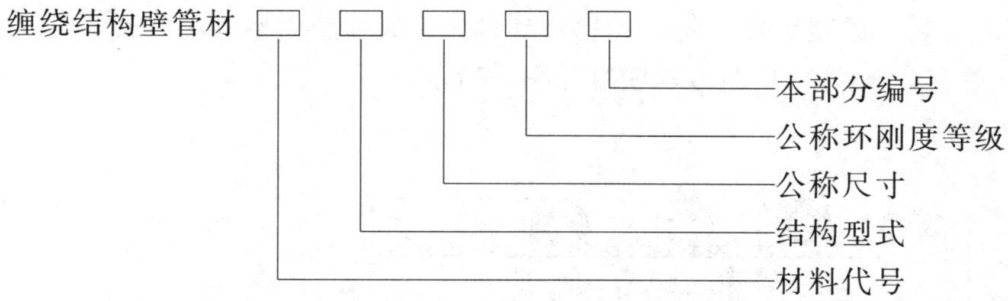

示例：公称尺寸为 800 mm，公称环刚度等级为 SN4 的 B 型聚乙烯缠绕结构壁管材的标记为：
缠绕结构壁管材 PE B DN/ID 800 SN4 GB/T 19472.2—2017

6 结构型式和连接方式

6.1 管材的结构型式

6.1.1 A 型结构壁管

6.1.1.1 具有平整的内外表面，在预成型的聚乙烯方形管之间通过聚乙烯材料螺旋焊接成的管材。典型示例 1 如图 1 所示。

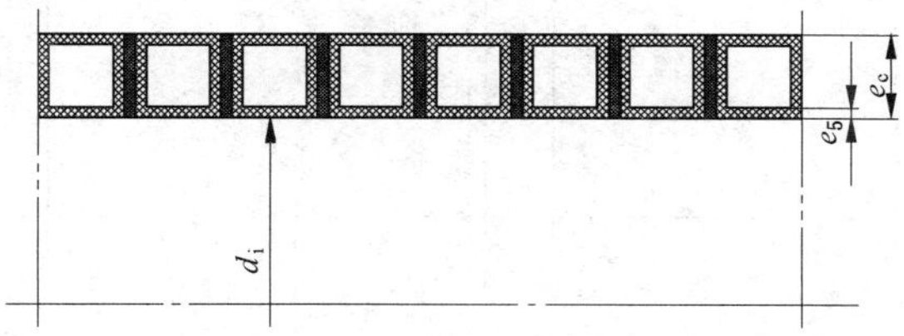

说明：
d_i——内径；
e_c——结构高度；
e_5——空腔部位下内层壁厚。

图 1 A 型结构壁管的典型示例 1

6.1.1.2 在预热的整体钢制滚筒模具上采用缠绕成型，经加工制成的内表面光滑平整，外表面平整，管壁中埋螺旋缠绕“○”型聚烯烃材料（一般为聚丙烯）作为辅助支撑中空管的管材。管材承插口应一次缠绕成型，不应二次焊接。典型示例 2 如图 2 所示。

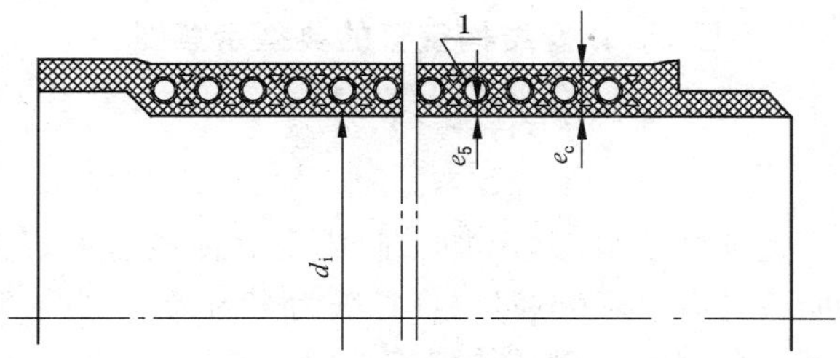

说明：
d_i——内径；
e_c——结构高度；
e_5——空腔部位下内层壁厚；
1 ——“○”型辅助支撑中空管。
注：此类型结构壁的中空管可为多层。

图 2 A 型结构壁管的典型示例 2

6.1.2 **B 型结构壁管**

在预热的整体钢制滚筒模具上采用缠绕成型，经加工制成的内表面光滑平整，外表面为螺旋“○”型肋的管材。且管材“○”型肋内应具有以聚烯烃材料(一般为聚丙烯)作为辅助支撑的中空管。管材承插口应一次缠绕成型，不应二次焊接。典型的 B 型结构壁管如图 3 所示。

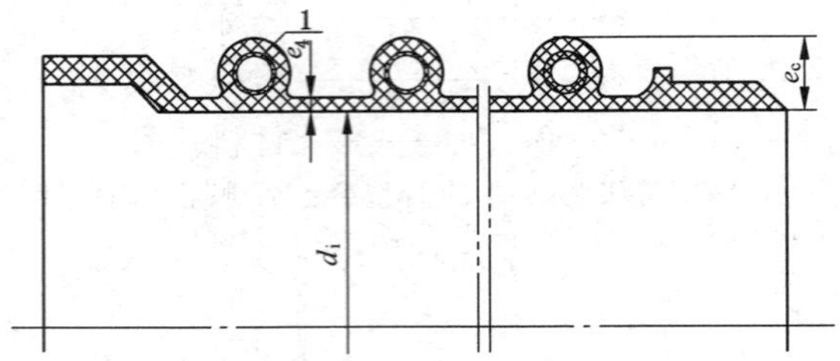

a) B 型结构壁管

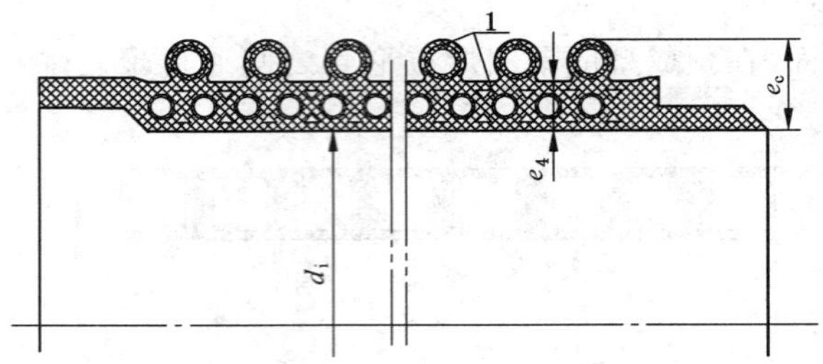

b) 内壁中埋“○”型辅助支撑中空管的 B 型结构壁管

说明：
d_i——内径；
e_c——结构高度；
e_4——内层壁厚；
1 ——“○”型辅助支撑中空管。
注：图 3b)中 e_4 部分的中空管可为多层。

图 3 B 型结构壁管的典型示意图

6.1.3 **C 型结构壁管**

在冷态的多个滚轴上采用连续缠绕成型，经加工制成内表面微有波峰波谷的轮廓，外表面为螺旋“○”型肋的管材。且“○”型肋应具有以聚烯烃材料(一般为聚丙烯)作为辅助支撑的中空管，管材与承、插口的连接处需二次加工成型。典型的 C 型结构壁管如图 4 所示。

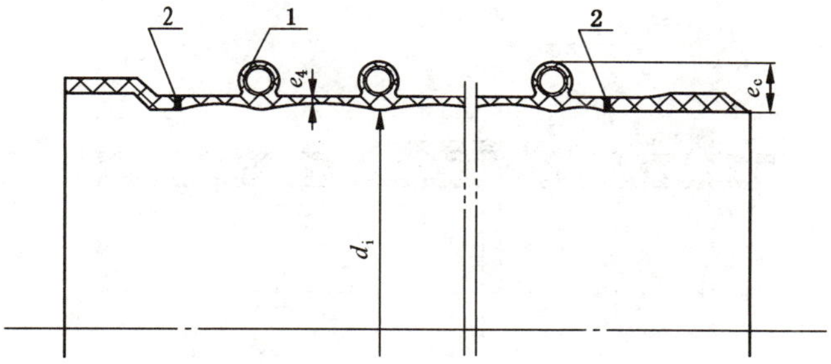

说明：

d_i——内径；

e_c——结构高度；

e_4——内层壁厚；

1 ——“○”型辅助支撑中空管；

2 ——管材与承、插口二次加工成型的连接处。

图 4　C 型结构壁管的典型示意图

6.2　管件

管件采用符合本部分要求的相应类型的管材或实壁管二次加工成型，主要有各种连接方式的弯头、三通和管堵等。典型管件示意图参见附录 B。

6.3　连接方式

管材、管件一般采用承插口电熔焊接连接方式，也可采用弹性密封连接方式。其他连接方式参见附录 C。

6.4　典型连接方式

6.4.1　承插口电熔焊接连接方式如图 5 所示。

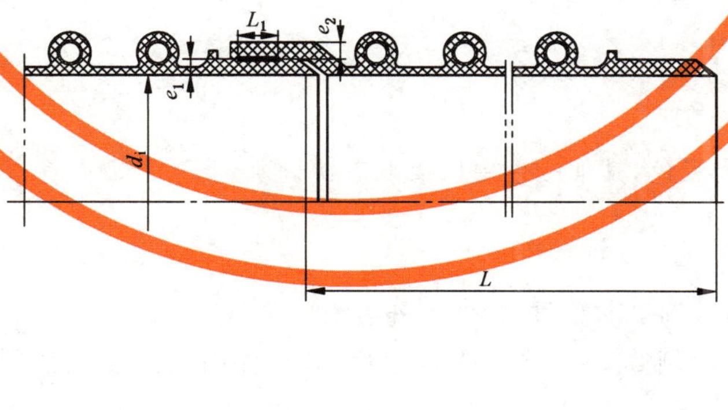

说明：

d_i——内径；

e_1——插口壁厚；

e_2——承口壁厚；

L ——管材有效长度；

L_1——电熔连接熔接长度。

图 5　典型承插口电熔焊接连接示意图

6.4.2　弹性密封连接方式如图 6 所示。

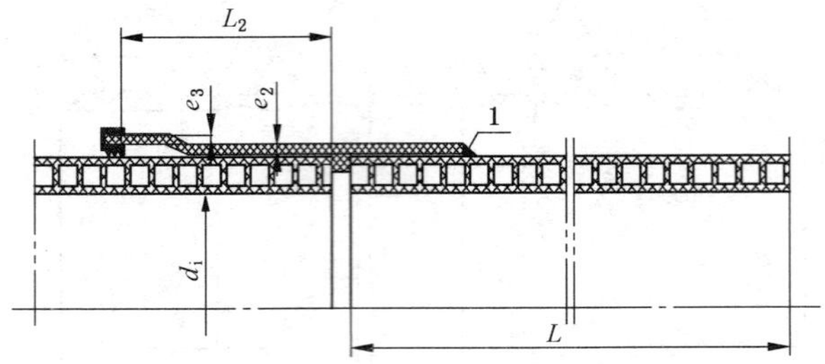

a) 弹性密封件位于承口的连接方式

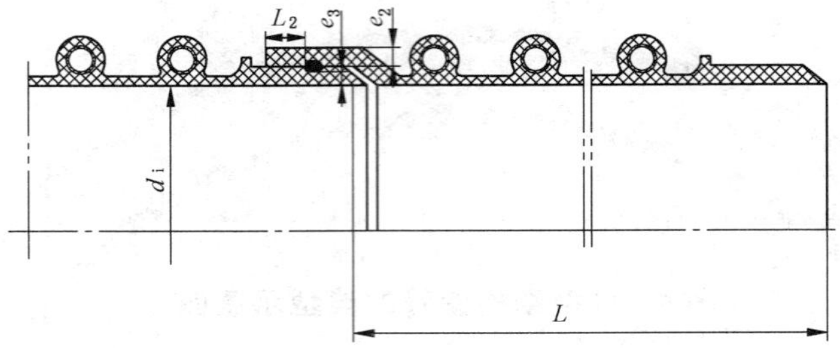

b) 弹性密封件位于插口的连接方式

说明：

d_i——内径；

e_2——承口壁厚；

e_3——密封件部位的壁厚；

L——管材有效长度；

L_2——弹性密封连接接合长度；

1——管材与承口二次加工成型的连接处。

图6 典型弹性密封连接示意图

7 要求

7.1 颜色

管材、管件颜色一般为黑色，其他颜色由供需双方协商确定。

7.2 外观

7.2.1 A型结构壁管典型示例1的管材、管件内外表面应平整。

7.2.2 A型结构壁管典型示例2、B型结构壁管的管材、管件内表面应光滑平整。外表面或外部肋应规整。

7.2.3 C型结构壁管的管材、管件内表面微有波峰波谷的轮廓。外表面或外部肋应规整。

7.2.4 管材、管件应色泽均匀。内外壁应无气泡和可见杂质，熔缝无脱开。切割后的断面应平整，无毛刺。

7.3 规格尺寸

7.3.1 长度

管材有效长度 L 一般为 6 m，其他长度由供需双方商定。管材的有效长度不应有负偏差。

7.3.2 内径和壁厚

A 型、B 型和 C 型管材、管件的最小平均内径 $d_{im,min}$，A 型管材、管件空腔部位下最小内层壁厚 $e_{5,min}$（见图 1、图 2），B 型、C 型管材、管件最小内层壁厚 $e_{4,min}$（见图 3）均应符合表 3 规定。管材、管件的平均外径 d_{em} 和结构高度 e_c 由生产厂商确定。

表 3 内径和壁厚尺寸

单位为毫米

公称尺寸 DN/ID	最小平均内径 $d_{im,min}$	最小壁厚		
		空腔部位下最小内层壁厚(A 型) $e_{5,min}$	最小内层壁厚(B 型) $e_{4,min}$	最小内层壁厚(C 型) $e_{4,min}$
150	145	1.0	1.3	1.3
200	195	1.1	1.5	1.5
(250)	245	1.5	1.8	1.8
300	294	1.7	2.0	2.0
400	392	2.3	2.5	2.5
(450)	441	2.8	2.8	2.8
500	490	3.0	3.0	3.0
600	588	3.5	3.5	3.5
700	673	4.1	4.0	4.0
800	785	4.5	4.5	4.5
900	885	5.0	5.0	5.0
1 000	985	5.0	5.0	5.0
1 100	1 085	5.0	5.0	5.0
1 200	1 185	5.0	5.0	5.0
1 300	1 285	6.0	5.0	5.0
1 400	1 385	6.0	5.0	5.0
1 500	1 485	6.0	5.0	—
1 600	1 585	6.0	5.5	—
1 700	1 685	6.0	5.5	—
1 800	1 785	6.0	6.0	—
1 900	1 885	6.0	6.0	—
2 000	1 985	6.0	6.0	—
2 100	2 085	6.0	6.0	—
2 200	2 185	7.0	7.0	—
2 300	2 285	8.0	8.0	—
2 400	2 385	9.0	9.0	—
2 500	2 485	10.0	10.0	—
2 600	2 585	—	10.0	—

表 3（续）

单位为毫米

公称尺寸 DN/ID	最小平均内径 $d_{im,min}$	最 小 壁 厚		
		空腔部位下最小内层壁厚(A 型) $e_{5,min}$	最小内层壁厚(B 型) $e_{4,min}$	最小内层壁厚(C 型) $e_{4,min}$
2 700	2 685	—	10.0	—
2 800	2 785	—	10.0	—
2 900	2 885	—	10.0	—
3 000	2 985	—	10.0	—
3 100	3 085	—	10.0	—
3 200	3 185	—	10.0	—
3 300	3 285	—	10.0	—
3 400	3 385	—	10.0	—
3 500	3 485	—	10.0	—
注：加( )的为非首选尺寸。				

7.3.3 承口和插口尺寸

7.3.3.1 承口和插口连接尺寸

管材、管件承插口电熔焊接连接的最小熔接长度 $L_{1,min}$（见图 5）和弹性密封连接的最小接合长度 $L_{2,min}$（见图 6）应符合表 4 规定。

表 4 承口和插口尺寸

单位为毫米

公称尺寸 DN/ID	电熔连接最小熔接长度 $L_{1,min}$	弹性密封连接最小接合长度 $L_{2,min}$		
		A 型	B 型	C 型
150	59	51	43	43
200	59	66	54	54
(250)	59	76	59	59
300	59	84	64	64
400	59	106	74	74
(450)	59	118	80	80
500	59	128	85	85
600	59	146	96	96
700	59	157	108	108
800	59	168	118	118
900	59	174	125	125
1 000	59	180	140	140
1 100	59	196	152	152
1 200	59	212	162	162
≥1 300	59	—	—	—
注：加( )的为非首选尺寸。				

7.3.3.2 承口和插口壁厚

管材、管件在实壁插口和(或)承口的情况下,壁厚 $e_{1,min}$、$e_{2,min}$ 和 $e_{3,min}$ 应符合表 5 规定。

表 5 实壁平承口和插口的最小壁厚

单位为毫米

公称尺寸 DN/ID	最小插口壁厚 $e_{1,min}$	最小承口壁厚 $e_{2,min}$	密封件部位最小壁厚 $e_{3,min}$
DN/ID≤500	DN/ID /33[a]	(DN/ID /33)×0.9[a]	(DN/ID /33)×0.75[a]
DN/ID>500	15.2	13.7	11.4
[a] 数值计算到小数点后两位,再向上圆整到 0.1 mm。			

7.4 物理力学性能

7.4.1 管材的物理性能

管材的物理性能应符合表 6 的要求。

表 6 管材的物理性能

项　　目	试验参数	要　　求
纵向回缩率[a,c]	试验温度:110 ℃±2 ℃ 试验时间:e≤8 mm,30 min e>8 mm,60 min	≤3%,管材应无分层、无开裂
烘箱试验[b,c]	试验温度:110 ℃±2 ℃ 试验时间:e≤8 mm,30 min e>8 mm,60 min	熔接处应无分层、无开裂
灰分/%	试验温度:850 ℃±50 ℃	≤3
氧化诱导时间 OIT/min	试验温度:200 ℃(铝皿)	≥30
密度 ρ/(kg/m³)	试验温度:23 ℃±0.5 ℃	≥930
注:A 型结构壁管材典型示例 1、C 型结构壁管材与承、插口的二次加工成型连接处的物理性能由需方自行验证。		
[a] 用于 A 型管材。 [b] 用于 B 型、C 型管材。 [c] e 是管材测量的最大壁厚,不包括结构高度。		

7.4.2 管材力学性能

管材的力学性能应符合表 7 的规定。

表 7 管材力学性能

项　　目		要　　求
环刚度/(kN/m²)	SN2	≥2
	SN4	≥4
	SN6.3	≥6.3
	SN8	≥8
	SN12.5	≥12.5
	SN16	≥16

表 7（续）

<table>
<tr><th colspan="2">项　目</th><th>要　求</th></tr>
<tr><td colspan="2">冲击性能 TIR/%</td><td>≤10</td></tr>
<tr><td colspan="2">环柔性</td><td>试样圆滑，无反向弯曲，无破裂，试样沿肋切割处开始的撕裂允许小于 0.075 DN/ID 或 75 mm(取较小值)</td></tr>
<tr><td colspan="2">蠕变比率</td><td>≤4</td></tr>
<tr><td rowspan="6">熔接处的拉伸力/N</td><td>DN/ID≤300</td><td>≥380</td></tr>
<tr><td>400≤DN/ID≤500</td><td>≥510</td></tr>
<tr><td>600≤DN/ID≤700</td><td>≥760</td></tr>
<tr><td>800≤DN/ID≤1 700</td><td>≥1 020</td></tr>
<tr><td>1 800≤DN/ID≤2 400</td><td>≥1 428</td></tr>
<tr><td>DN/ID≥2 500</td><td>≥2 040</td></tr>
<tr><td colspan="3">注：A 型结构壁管材典型示例 1、C 型结构壁管材与承、插口的二次加工成型连接处的力学性能由需方自行验证。</td></tr>
</table>

7.4.3　管件的物理力学性能

管件的物理力学性能应符合表 8 的规定。

表 8　管件物理力学性能

项目[a]	试验参数	要　求
烘箱试验	试验温度：110 ℃±2 ℃ 试验时间：e≤8 mm，30 min e>8 mm，60 min	熔接处应无分层、无开裂
灰分/%	试验温度：850 ℃±50 ℃	≤3
氧化诱导时间 OIT/min	试验温度：200 ℃(铝皿)	≥30
密度 ρ/(kg/m^3)	试验温度：23 ℃±0.5 ℃	≥930
环刚度/(kN/m^2)	试验温度：23 ℃±2 ℃	管件应不低于与其配合使用的管材的环刚度级别

[a] 二次加工制成的管件，应在同批次的管材中取样，进行试验。

7.5　系统适用性

系统适用性要求应符合表 9 规定。

表 9　系统适用性要求

<table>
<tr><th>项目</th><th>试验参数</th><th colspan="2">要　求</th></tr>
<tr><td rowspan="3">弹性密封件连接的密封性</td><td rowspan="3">条件 B：径向变形
管材变形 10 %
承口变形 5 %
温度：23 ℃±2 ℃</td><td>较低的内部静液压(15 min)0.005 MPa</td><td>无泄漏</td></tr>
<tr><td>较高的内部静液压(15 min)0.05 MPa</td><td>无泄漏</td></tr>
<tr><td>内部气压(15 min)　−0.03 MPa</td><td>≤−0.027 MPa</td></tr>
<tr><td></td><td>条件 C：角度偏转</td><td>较低的内部静液压(15 min)0.005 MPa</td><td>无泄漏</td></tr>
</table>

表 9（续）

项目	试验参数	要　求	
	DN/ID≤300：2 ° 400≤DN/ID≤600：1.5 ° DN/ID＞600：1 ° 温度：23 ℃±2 ℃	较高的内部静液压(15 min)0.05 MPa	无泄漏
		内部气压(15 min)　−0.03 MPa	≤−0.027 MPa
焊接或熔接连接的拉伸力/N	最小拉伸力应符合表 7 中熔接处的拉伸力要求	连接不破坏	

8 试验方法

8.1 试样的预处理

除另有规定外，试样应按 GB/T 2918—1998 的规定，在 23 ℃±2 ℃条件下，对试样进行状态调节和试验，状态调节时间应不少于 24 h，当管材 DN/ID＞600 mm 时状态调节时间应不少于 48 h。

8.2 颜色和外观

目测，内部可用光源照射。

8.3 尺寸

8.3.1 长度

按 GB/T 8806—2008 进行测量。

8.3.2 平均内径

在管材的同一处横断面，用精度不低于 1 mm 的量具测量管材的内径，每转动 45 °测量一次，取 4 次测量结果的算术平均值，结果保留一位小数。

8.3.3 壁厚

将管材、管件沿圆周进行四等份的均分，用精度不低于 0.02 mm 的量具测量壁厚，读取最小值，精确到 0.1 mm。

8.3.4 熔接长度和接合长度

按图 5、图 6 中标示的测量点 L_1、L_2 进行测量，量具精度不低于 0.02 mm。

8.4 纵向回缩率

按 GB/T 6671—2001 规定方法 B 进行试验。从一根管材上不同部位切取 3 段试样，试样长度为 200 mm±20 mm。管材 DN/ID＜400 mm 时，可沿轴向切成两块大小相同的试块；管材 DN/ID≥400 mm 时，可沿轴向切成 4 块（或多块）大小相同的试块。

8.5 烘箱试验

8.5.1 从一根管材上不同部位切取 3 段试样，试样长度为 300 mm±20 mm。管材 DN/ID＜400 mm

时,可沿轴向切成两块大小相同的试块;管材 DN/ID≥400 mm 时,可沿轴向切成 4 块(或多块)大小相同的试块。

8.5.2 将烘箱温度升到 110 ℃时放入试样,试样放置时不得相互接触且不与烘箱壁接触。待烘箱温度回升到 110 ℃时开始计时,维持烘箱温度 110 ℃±2 ℃,试样在烘箱内加热时间按表 6、表 8 中试验参数规定。加热到规定时间后,从烘箱内将试样取出,冷却至室温。

8.6 灰分

按 GB/T 9345.1—2008 规定进行试验。采用直接煅烧法。取样位置为管材内、外壁或承插口端任一处(不包括辅助支撑结构)。

8.7 氧化诱导时间

按 GB/T 19466.6—2009 规定进行试验。试样应取自管材内外壁(不包括辅助支撑结构),将原始表面朝上进行试验。试样数量为 3 个,试验结果取最小值。

8.8 密度

按 GB/T 1033.1—2008 规定进行试验。采用浸渍法。取样位置为管材内、外壁或承插口端任一处(不包括辅助支撑结构)。

8.9 环刚度

按 GB/T 9647—2015 规定进行试验。管材 DN/ID>500 mm 时,从管材上截取一个试样,旋转 120°试验一次,取 3 次试验的算术平均值。

8.10 冲击性能

8.10.1 按 GB/T 14152—2001 规定进行试验。试验温度 0 ℃±1 ℃,冲锤型号 d 90,冲锤的质量和冲击高度见表 10。

表 10 冲锤质量和冲击高度

公称尺寸 DN/ID	冲锤质量/kg	冲击高度/mm
DN/ID≤150	8.0	500
150<DN/ID≤200	10.0	500
DN/ID>200	12.5	500

8.10.2 管材试样内径 DN/ID≤500 mm 时,按 GB/T 14152—2001 规定。管材 DN/ID>500 mm 时,可切块进行试验。试块尺寸为:长度 200 mm±10 mm,内弦长 300 mm±10 mm,B 型、C 型管材至少保持一个完整的肋。试验时试块应外表面圆弧向上,两端水平放置在底板上。B 型、C 型管材应保证冲击点为肋的顶端。

8.11 环柔性

试样按 GB/T 9647—2015 规定进行试验。试验力应连续增加,当试样在垂直方向外径 d_e 变形量为原外径的 30 %时立即卸载。

8.12 蠕变比率

按 GB/T 18042—2000 规定进行试验。试验温度 23 ℃±2 ℃,根据试验结果,用计算法外推至两年的蠕变比率。

8.13 熔接处的拉伸力

按 GB/T 8804.3—2003 规定进行试验。按附录 D 中图 D.1 制备试样，拉伸速率 15 mm/min。

8.14 系统适用性

8.14.1 弹性密封连接的密封性

按附录 E 规定进行。试验参数见表 9。

8.14.2 熔接或焊接连接的拉伸力

按 GB/T 8804.3—2003 规定进行试验。按附录 D 中图 D.2 制备试样，试样应在熔接处纵向切出，试样应该包括连接处，在试样两端有足够的长度可以保证在拉伸试验时能夹持住。拉伸速率 15 mm/min。

9 检验规则

9.1 组批

同一原料、配方和工艺情况下生产的同一规格管材、管件为一批。管材、管件 DN/ID≤500 mm 时，每批数量不超过 60 t。如生产 7 d 仍不足 60 t，则以 7 d 产量为一批；管材、管件 DN/ID>500 mm 时，每批数量不超过 300 t。如生产 30 d 仍不足 300 t，则以 30 d 产量为一批。

9.2 尺寸分组

按公称尺寸分组，在表 11 中给出两个尺寸分组的规定。

表 11 尺寸分组

单位为毫米

尺寸组号	公称尺寸 DN/ID
1	<1 200
2	≥1 200

9.3 出厂检验

9.3.1 出厂检验项目为 7.1～7.3 中规定的项目，和 7.4 中灰分、氧化诱导时间、密度、环刚度、环柔性和熔接处的拉伸力试验。

9.3.2 7.1～7.3 的项目检验按 GB/T 2828.1—2012 正常检验一次抽样方案，一般检验水平 Ⅰ，接收质量限(AQL)4.0。抽样方案见表 12。

表 12 抽样方案

单位为根/个

批量 N	样本量 n	接收数 Ac	拒收数 Re
≤15	2	0	1
16～25	3	0	1
26～90	5	0	1

表 12（续） 单位为根/个

批量 N	样本量 n	接收数 Ac	拒收数 Re
91～150	8	1	2
151～280	13	1	2
281～500	20	2	3
501～1 200	32	3	4
1 201～3 200	50	5	6
3 201～10 000	80	7	8

9.3.3 在按 9.3.2 规定检验合格的管材、管件中，随机抽取足够的样品，进行 7.4 中的灰分、氧化诱导时间、密度、环刚度、环柔性和熔接处的拉伸力试验。

9.4 型式检验

9.4.1 型式检验项目为第 7 章中技术要求的全部项目。

9.4.2 按 9.2 规定的尺寸分组中各选取任一规格管材、管件，按 9.3.2 规定对 7.1～7.3 项目进行检验，在检验合格的管材、管件中，随机抽取一根样品，进行 7.4～7.5 中各项试验。一般情况下每三年进行一次型式检验。若有以下情况之一，应进行型式检验：

a） 结构、材料、工艺有较大改变，可能影响产品性能时；

b） 因任何原因停产一年，恢复生产时；

c） 出厂检验结果与上次型式检验有较大差别时；

d） 项目竣工投产时。

9.5 判定规则

项目 7.1～7.3 按表 12 进行判定。7.4 中有一项达不到规定指标时，再按 9.3.2 检验合格的样品中再随机抽取双倍样品进行该项的复验，如仍不合格，则判该批为不合格批。

10 标志、运输和贮存

10.1 标志

产品上至少应有下列永久性标志：

a） 按 5.2 规定的标记；

b） 生产厂名和（或）商标；

c） 生产日期。

10.2 运输

10.2.1 管材、管件在装卸运输过程中，不应受剧烈撞击、摔碰和重压。

10.2.2 管径较小，且重量轻的管材、管件，可由人工装卸。管径较大的管材、管件，应用机械装卸。当采用机械装卸管材时，管材上两吊点应在距离管两端约 1/4 管长处。

10.2.3 车、船底部与管材、管件接触处应尽量平坦，并应有防止滚动和互相碰撞的措施，不应接触尖锐锋利物体，以免划伤管材、管件。

10.3 贮存

管材、管件存放场地应平整,远离热源。公称尺寸小于 2 m 的管材、管件,堆放高度应在 2 m 以下;公称尺寸大于等于 2 m 的管材、管件,其堆放高度不应超过其外径。

附 录 A
（资料性附录）
PE 管材及管件原料的其他特性

A.1 原料其他特性

PE 原料其他性能的试验方法参见表 A.1。

表 A.1 PE 原料其他性能的试验方法

项目	试验方法
弹性模量/ MPa	GB/T 9341
拉伸强度/ MPa	GB/T 1040.2

A.2 耐化学性能

符合本部分的 PE 管道系统可以耐宽范围 pH 值的水的腐蚀，适用于生活污水、雨水、地表水和地下水。

如果符合本部分的管道系统应用于含化学物质的废水，如工业排水，应考虑其耐化学性能和耐温性能。

ISO/TR 10358 给出了 PE 材料的耐化学性能资料。

附 录 B
（资料性附录）
典型管件示意图

管件采用符合本部分的结构壁管材或实壁管二次加工成型，主要有弯头、三通和管堵等。典型管件示意图见图 B.1～图 B.3。

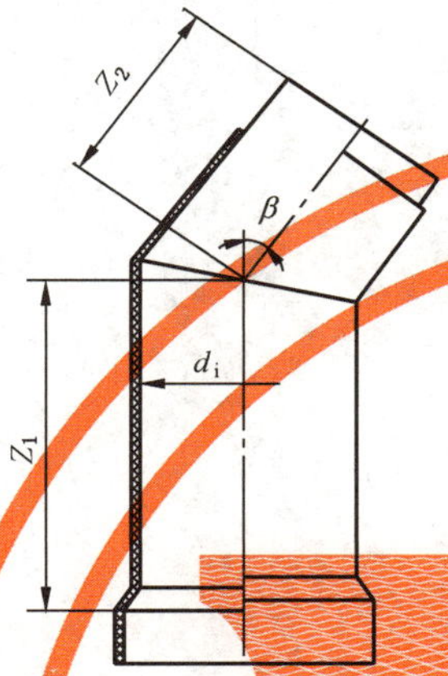

a） 45°弯头

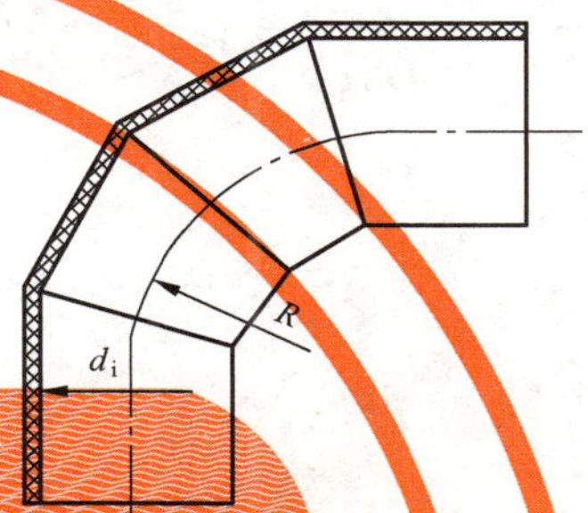

b） 90°弯头

图 B.1 典型的弯头示意图

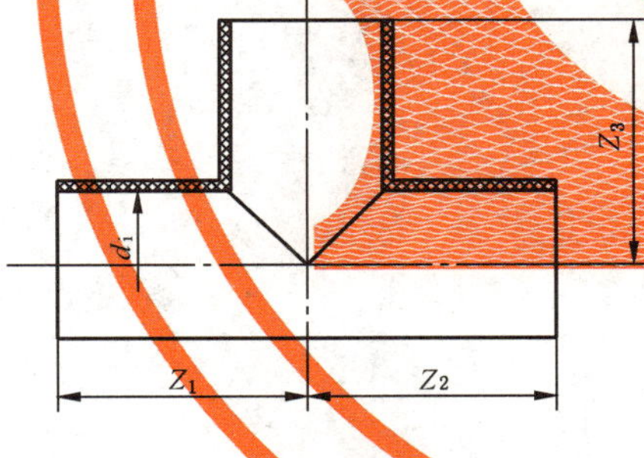

a） 三通

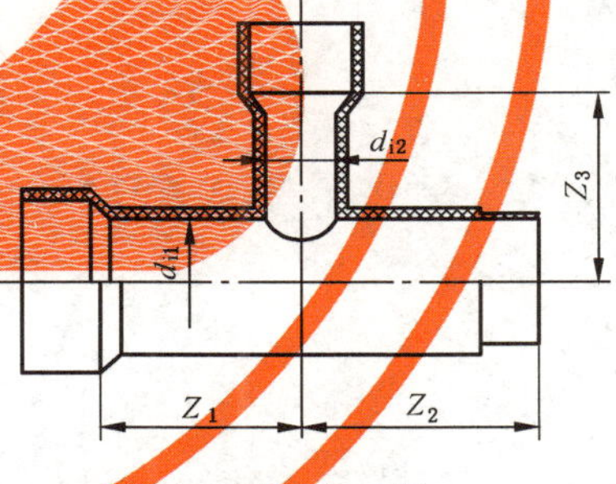

b） 异径直三通

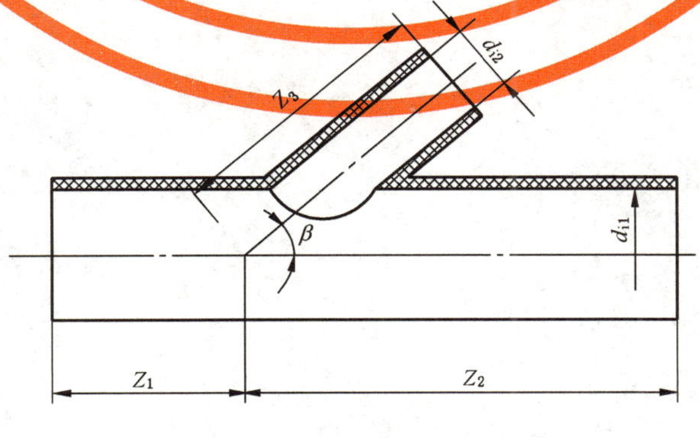

c） 异径斜三通

图 B.2 典型三通示意图

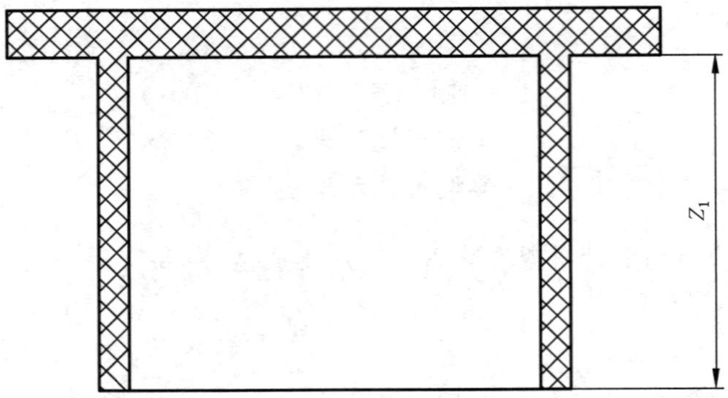

图 B.3 典型管堵示意图

附　录　C
（资料性附录）
管材、管件的连接方式示意图

管材、管件除 6.4.1 承插口电熔焊接连接方式和 6.4.2 弹性密封连接方式外，还可用下列连接方式或其他方式：

a）　双向承插弹性密封连接方式，见图 C.1。

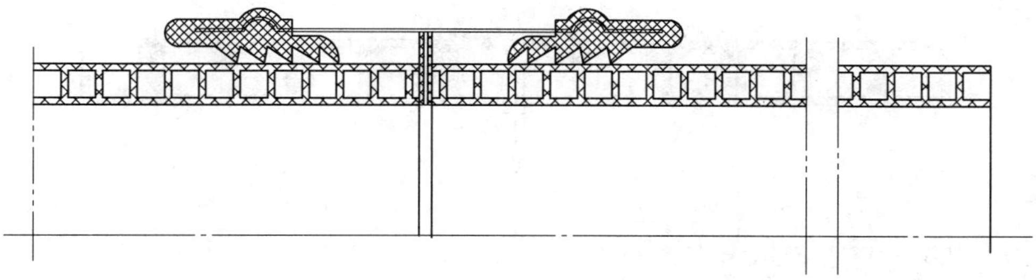

图 C.1　双向承插弹性密封连接示意图

b）　密封件位于插口的连接方式，见图 C.2。

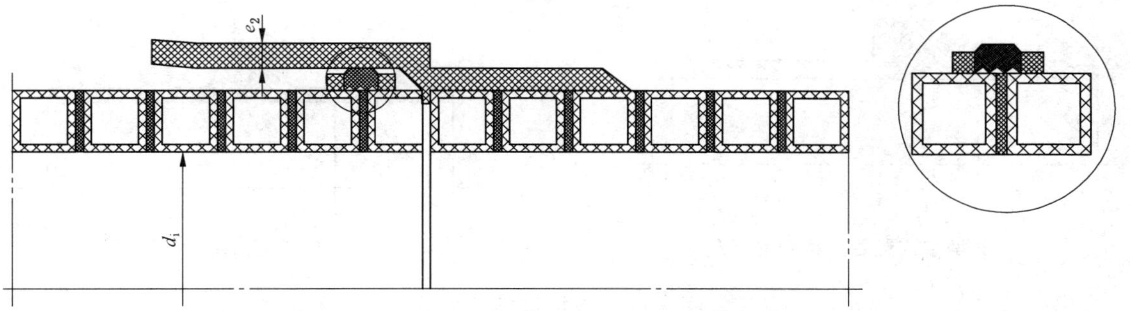

图 C.2　密封件位于插口的连接示意图

c）　热熔对焊连接方式，见图 C.3。

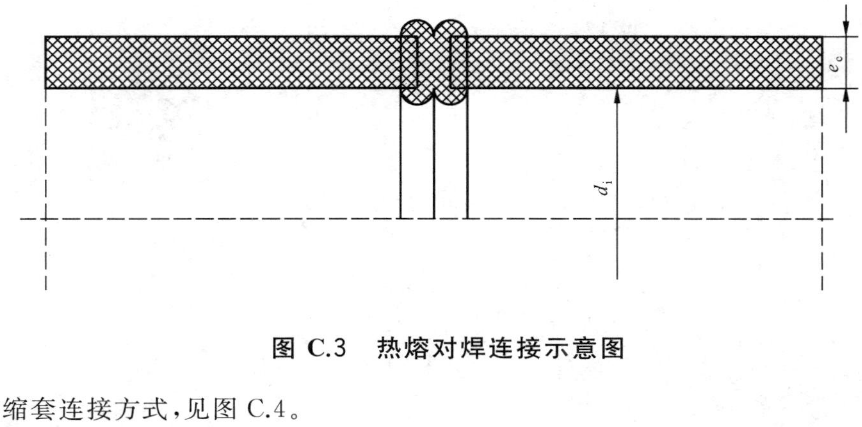

图 C.3　热熔对焊连接示意图

d）　热收缩套连接方式，见图 C.4。

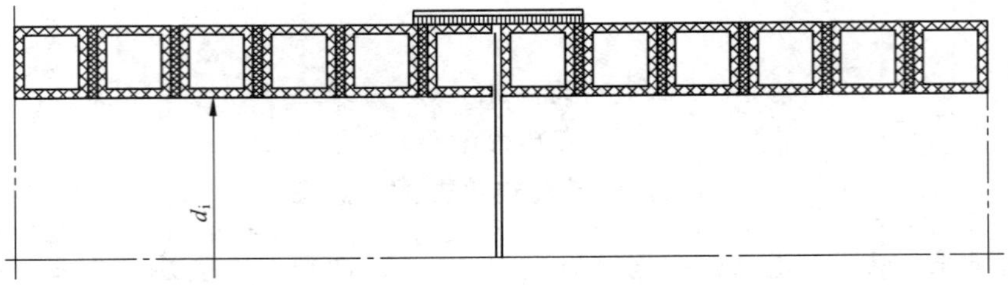

图 C.4　热收缩套连接示意图

e)　电热熔带连接方式,见图 C.5。

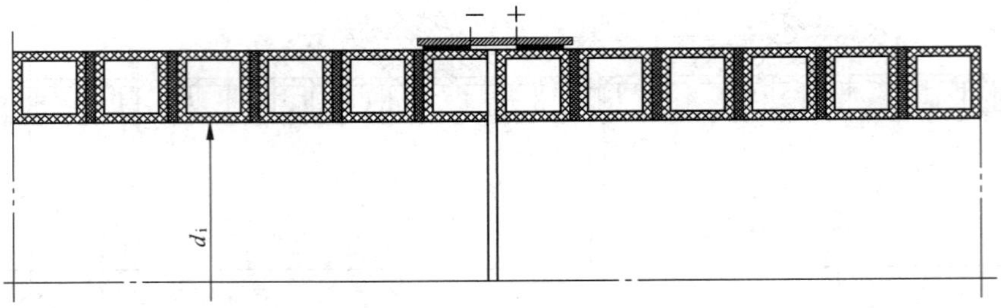

图 C.5　电热熔带连接示意图

f)　法兰连接方式,见图 C.6。

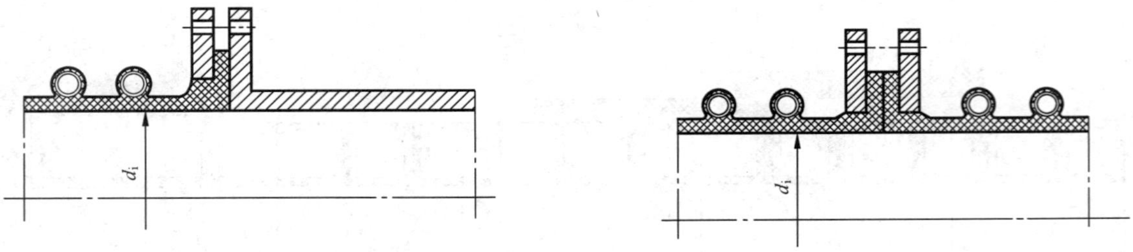

a)　B 型结构壁管与钢管的连接

b)　B 型结构壁管的连接

图 C.6　法兰连接示意图

附 录 D
（规范性附录）
拉伸试验样品的制备方法

D.1 试样的形状和尺寸

熔接处的拉伸力试样的形状和尺寸如图 D.1 所示，焊接或熔接连接的拉伸力试样的形状和尺寸如图 D.2 所示，试样应包括整个管材壁厚(结构壁高度)。

单位为毫米

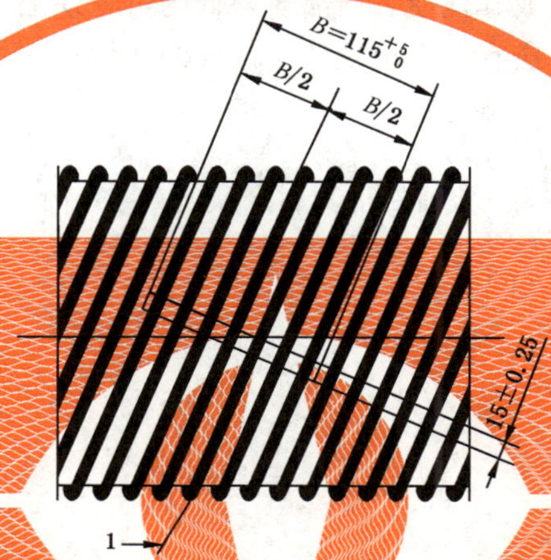

说明：

1——熔缝。

图 D.1 熔接处的拉伸力制备试样的位置和尺寸

单位为毫米

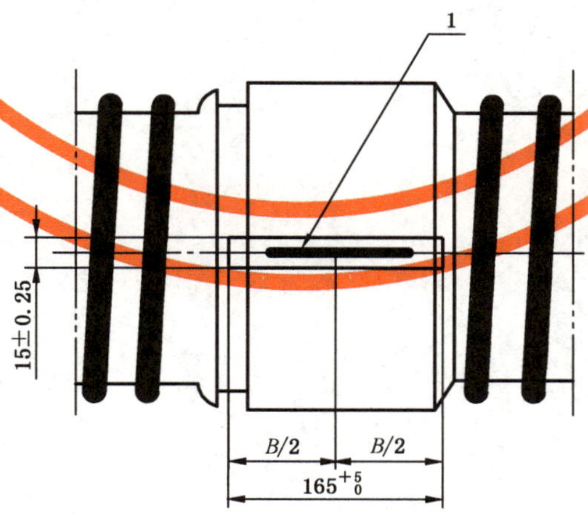

说明：

1——熔接区。

图 D.2 焊接或熔接连接的拉伸力制备试样的位置和尺寸

D.2 试样制备

D.2.1 取样

管材生产至少 15 h 后方可取样，将管材圆周五等分，在每等份上未受热、没有冲击损伤的部分，垂直于熔缝方向切下一个长方形样条，从每一个样条中制取一个试样。

D.2.2 试样尺寸的修整

如果切割下的试样的尺寸与图 D.1 不符，试样的尺寸可以被修整，修整中应注意：

a) 修整中避免试样发热；

b) 试样表面不应损伤、裂痕或其他使表面品质降低的可见缺陷；

c) 如果试样上有多个熔缝，应有一个熔缝位于试样的中间；

d) 在拉伸范围内至少应有一个熔缝。

注 1：任何偏差都会影响拉伸结果。

注 2：为保证拉伸范围内的熔缝，试样可以加长，如果必要，夹具夹持面上的熔缝可以去掉，或用专用夹具夹持。

附　录　E
（规范性附录）
弹性密封圈接头的密封试验方法

E.1　概述

本附录规定了基本试验方法，评定埋地用热塑性塑料管道系统中弹性密封圈型接头的密封性能。

E.2　试验方法

E.2.1　内部静液压试验

E.2.1.1　原理

将管材和（或）管件组装起来的试样，加上规定的一个内部静液压 P_1 来评定其密封性能。如果可以，接着再加上规定的一个较高的内部静液压 P_2 来评定其密封性能（见 E.2.1.4.4）。

每次加压要维持一个规定的时间，在此时间应检查接头是否泄漏（见 E.2.1.4.5）。

E.2.1.2　设备

E.2.1.2.1　端密封装置

有适当的尺寸和使用适当的密封方法把组装试样的非连接端密封。该装置的固定方式不应在接头上产生轴向力。

E.2.1.2.2　静液压源

连接到一头的密封装置上，并能够施加和维持规定的压力（见 E.2.1.4.5）。

E.2.1.2.3　排气阀

能够排放组装试样中的气体。

E.2.1.2.4　压力测量装置

能够检查试验压力是否符合规定的要求（见 E.2.1.4）。

注：为减少所用水的总量，可在试样内放置一根密封管或芯棒。

E.2.1.3　试样

试样由一段或几段管材和（或）一个或几个管件组装成，至少含一个弹性密封圈接头。

被试验的接头应按照制造厂家的要求进行装配。

E.2.1.4　步骤

E.2.1.4.1　下列步骤在室温下，用 23 ℃±2 ℃的水进行。

E.2.1.4.2　将试样安装在试验设备上。

E.2.1.4.3　根据 E.2.1.4.4 和 E.2.1.4.5 进行试验时，观察试样是否泄漏。并在试验过程中和结束时记下任何泄漏或不泄漏的情况。

E.2.1.4.4 试验压力：P_1 为 0.005×(1±10%)MPa；P_2 为 $0.05^{+10\%}_{0}$ MPa。

E.2.1.4.5 在组装试样中装满水，并排放掉空气。为保证温度的一致性，直径 E_e 小于 400 mm 的管应将其放置至少 5 min，大于或等于 400 mm 的管放置至少 15 min。在不小于 5 min 的期间逐渐将静液压力增加到规定试验压力 P_1 或 P_2，并保持该压力至少 15 min，或者到因泄漏而提前中止。

E.2.1.4.6 在完成了所要求的受压时间后，减压并排放掉试样中的水。

E.2.2 内部负气压试验(部分真空)

E.2.2.1 原理

使几段管材和(或)几个管件组装成的试样承受规定的内部负气压(部分真空)经过一段规定的时间，在此时间内通过检测压力的变化来评定接头的密封性能。

E.2.2.2 设备

设备(见图 E.1)应至少符合 E.2.1.2.1 和 E.2.1.2.4 中规定的设备要求，并包含一个负气压源和可以对规定的内部负气压测定的压力测量装置(见 E.2.2.4.3 和 E.2.2.4.6)。

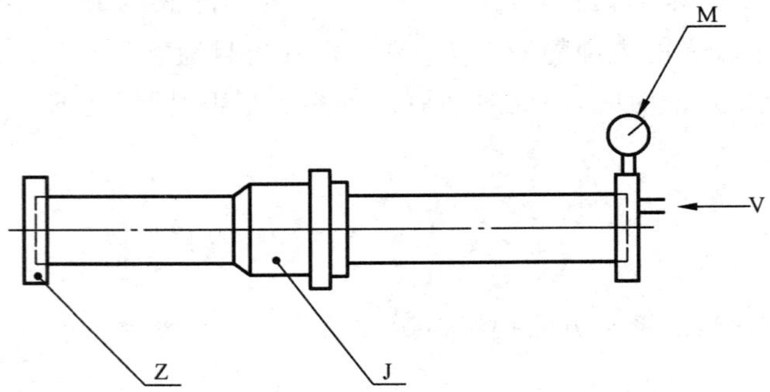

说明：

J ——试验状态下的接头；

M——压力表；

V——负气压；

Z ——终端密封装置。

图 E.1 内部负气压试验的典型示意图

E.2.2.3 试样

试样由一节或几节管材和(或)一个或几个管件组装成，至少含一个弹性密封圈接头。

被试验的接头应按照制造厂家的要求进行装配。

E.2.2.4 步骤

E.2.2.4.1 下列步骤在环境温度为 23 ℃±5 ℃的范围内进行，在按照 E.2.2.4.5 试验时温度的变化不可超过 2 ℃。

E.2.2.4.2 将试样安装在试验设备上。

E.2.2.4.3 内部负气压(部分真空)试验压力 P_3 为 −0.03×(1±5%)MPa。

E.2.2.4.4 按照 E.2.2.4.3 的规定使试样承受一个初始的内部负气压 P_3。

E.2.2.4.5 将负气压源与试样隔离。测量内部负压，15 min 后确定并记下局部真空的损失。

E.2.2.4.6 记录局部真空的损失是否超出 P_3 的规定要求。

E.3 试验条件

E.3.1 条件A:没有任何附加的变形或角度偏差

由一节或几节管材和(或)一个或几个管件组装成的试样在试验时,不存在由于变形或偏差分别作用到接头上的任何应力。

E.3.2 条件B:径向变形

E.3.2.1 原理

在进行所要求的压力试验前,管材和(或)管件组装成的试样已受到规定的径向变形。

E.3.2.2 设备

E.3.2.2.1 设备应能够同时在管材上和另外在连接密封处产生一个恒定的径向变形,并增加内部静液压(见图E.2)。它应符合E.2.1.2和E.2.2.2。具体如下:

a) 机械式或液压式装置,作用于沿垂直于管材轴线的垂直面自由移动的压块,能够使管材产生必需的径向变形(见E.3.2.3)。装置应符合以下条件:

1) 对于直径大于或等于400 mm管材,每一对压块应该是椭圆形的,以适合管材变形到所要求的值时预期的形状,或者配备能够适合变形管材形状的柔性带或橡胶垫。

2) 压块宽度 b_1 应符合表E.1规定。

表E.1 测量管材径向变形时的压块宽度

单位为毫米

外径 d_e	宽度 b_1
$d_e \leqslant 710$	100
$710 < d_e \leqslant 1\ 000$	150
$d_e > 1\ 000$	200

3) 承口端与压块之间的距离 L 应为 $0.5\ d_e$ 或者100 mm,取其中的较大值。

4) 对于有外部肋的结构壁管材,压块应至少覆盖两条肋。

b) 机械式或液压式装置,作用于沿垂直于管材轴线的垂直面自由移动的压块,能够使连接密封处产生必需的径向变形(见E.3.2.3)。压块宽度 b_2 应符合表E.2规定。

表E.2 测量管材连接密封处径向变形时的压块宽度

单位为毫米

外径 d_e	宽度 b_2
$d_e \leqslant 110$	30
$110 < d_e \leqslant 315$	40
$d_e > 315$	60

c) 试验设备不可支撑接头抵抗内部试验压力产生的端部推力。

E.3.2.2.2 图E.2所示为允许有角度偏差(E.3.3)的典型装置。

E.3.2.2.3 对于密封圈(一个或几个)放置在管材插口上的接头,使连接密封处径向变形的装置应该放置得使压块轴线与密封圈(一个或几个)的中线对齐,除非密封圈的定位使装置的边缘与承口的端部近到不足 25 mm,如图 E.3 所示。在这种情况下,压块的边缘应该放置到使 L_1 至少为 25 mm,如果可能(例如,承口长于 80 mm),L_2 至少也为 25 mm(见图 E.3)。

E.3.2.3 步骤

使用机械式或液压式装置,对管材和连接密封处施加必需的压缩力,F_1 和 F_2(见图 E.2),从而形成管材变形(10±1)%、承口变形(5±0.5)%,造成最小相差是管材公称外径的 5 %的变形。

E.3.3 条件 C:角度偏差

E.3.3.1 原理

在进行所要求的压力试验前,由管材和(或)管件组装成的试样已受到规定的角度的偏差。

E.3.3.2 设备

设备应符合 E.2.1.2 和 E.2.2.2 的要求。另外它还应能够使组装成的管材接头达到规定的角度偏差(见 E.3.3.3),图 E.2 所示为典型示例。

E.3.3.3 步骤

E.3.3.3.1 角度偏差 α 如下:

a) $d_e \leqslant 315$ mm 时,$\alpha = 2°$;

b) 315 mm $< d_e \leqslant 630$ mm 时,$\alpha = 1.5°$;

c) $d_e > 630$ mm 时,$\alpha = 1°$。

E.3.3.3.2 如果设计连接允许有角度偏差 β,则试验角度偏差是设计允许角度偏差 β 和角度偏差 α 的总和。

单位为毫米

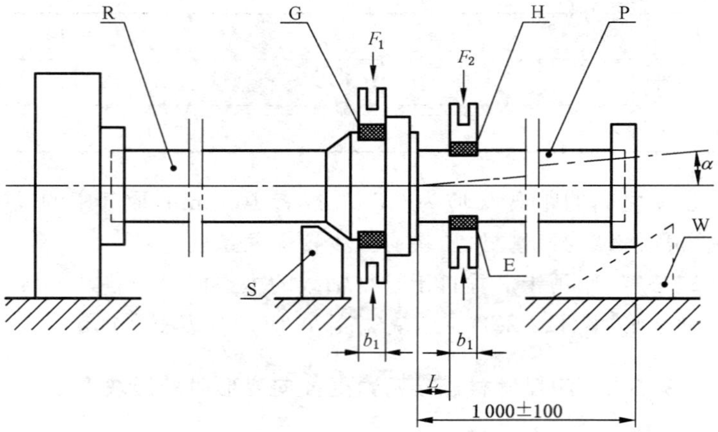

说明:

E——柔性带或椭圆形压块;

G——承口变形的测量点;

H——管材变形的测量点;

P——管材;

R——管材或管件;

S——承口支撑;

W——可调支撑;

α——总的角度偏差。

图 E.2 产生径向变形和角度偏差的典型示意图

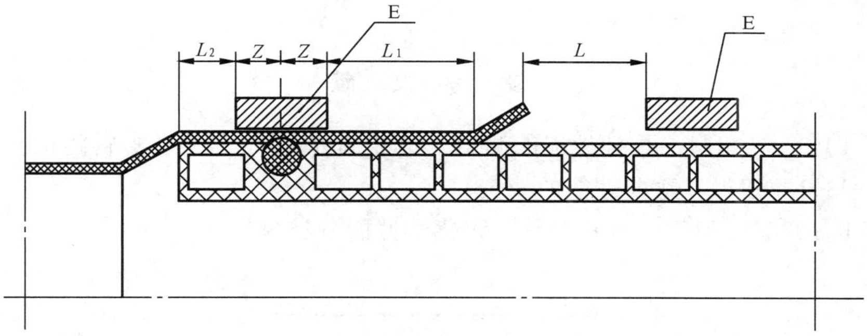

说明：
E——压块。

图 E.3 在连接密封处压块的定位

E.4 试验报告

试验报告应包含下列内容：

a) 本试验方法及参照的标准；
b) 选择的试验方法及试验条件；
c) 管件、管材、密封圈包括接头的名称；
d) 以摄氏度标注的室温 T；
e) 在试验条件 B 下：
——管材和承口的径向变形；
——从承口嘴部到压块的端面之间的距离 L，以 mm 标注。
f) 在测试条件 C 下：
——受压的时间，以 min 标注；
——设计连接允许有角度偏差 β 和角度 α，以度标注。
g) 试验压力，以 MPa 标注；
h) 受压的时间，以 min 标注；
i) 如果有泄漏，报告泄漏的情况以及泄漏发生时的压力值；或者是接头没有出现泄漏的报告；
j) 可能会影响测试结果的任何因素，比如本试验方法中未规定的意外或任意操作细节；
k) 试验日期。

参 考 文 献

［1］ GB/T 1040.2 塑料 拉伸性能的测定 第2部分：模塑和挤塑塑料的试验条件
［2］ GB/T 9341 塑料 弯曲性能的测定
［3］ ISO/TR 10358 塑料管材和管件—耐化学性能分类报告

ICS 07.080
A 40

中华人民共和国国家标准

GB/T 19495.9—2017

转基因产品检测 植物产品液相芯片检测方法

Detection of genetically modified organisms and derived products—Liquid bead array detection for plant products

2017-12-29 发布

2018-07-01 实施

中华人民共和国国家质量监督检验检疫总局
中国国家标准化管理委员会 发布

前 言

GB/T 19495《转基因产品检测》已经或计划发布以下部分：

——GB/T 19495.1 转基因产品检测 通用要求和定义；

——GB/T 19495.2 转基因产品检测 实验室技术要求；

——GB/T 19495.3 转基因产品检测 核酸提取纯化方法；

——GB/T 19495.4 转基因产品检测 核酸定性 PCR 检测方法；

——GB/T 19495.5 转基因产品检测 核酸定量 PCR 检测方法；

——GB/T 19495.6 转基因产品检测 基因芯片检测方法；

——GB/T 19495.7 转基因产品检测 抽样和制样方法；

——GB/T 19495.8 转基因产品检测 蛋白质检测方法；

——GB/T 19495.9 转基因产品检测 植物产品液相芯片检测方法；

——GB/T 19495.10 转基因产品检测 植物产品通用检测方法；

——GB/T 19495.11 转基因产品检测 植物产品数字 PCR 检测方法；

——GB/T 19495.12 转基因产品检测 苜蓿实时荧光 PCR 检测方法。

……

本部分是 GB/T 19495 的 9 部分。

本部分按照 GB/T 1.1—2009 给出的规则起草。

本部分由全国生化检测标准化技术委员会(SAC/TC 387)提出并归口。

本部分由中国检验检疫科学研究院起草。

本部分主要起草人：王慧煜、付伟、杜智欣、韩雪清、魏霜、梅琳、朱鹏宇、刘佳佳、王晨光、邓婷婷、朱水芳、陈颖。

转基因产品检测
植物产品液相芯片检测方法

1 范围

GB 19495 的本部分规定了转基因成分的液相芯片定性检测方法。

本部分适用于玉米、大豆、油菜、水稻、棉花等转基因植物及其产品 CaMV35S 和 NOS 基因的定性检测。

2 规范性引用文件

下列文件对于本文件的应用是必不可少的，凡是注日期的引用文件，仅注日期的版本适用于本文件。凡是不注日期的引用文件，其最新版本(包括所有的修改单)适用于本文件。

GB/T 6682 分析实验室用水规格和试验方法

GB/T 19495.1 转基因产品检测 通用要求和定义

GB/T 19495.3 转基因产品检测 核酸提取纯化方法

GB/T 19495.7 转基因产品检测 抽样和制样方法

3 缩略语

下列缩略语适用于本文件。

PCR：聚合酶链式反应(Polymerase Chain Reaction)

MFI：中位荧光强度值(Median Fluorescence Intensity)

SA-PE：链霉亲和素-藻红蛋白(Streptavidin R-Phycoerythrin)

4 原理

液相芯片技术以荧光编码微球为基础，微球表面带有大量的活性基团，可与核酸探针、抗原、抗体等分子偶联。微球在制备过程中掺入了红色和橙色两种染料按照比例混合而成的荧光染料，两种染料分通过不同配比赋予了微球不同的颜色，从而把微球分为很多种，每种微球特异性的偶联针对目的 DNA 序列的寡核苷酸探针，就可以标记 100 种不同的探针分子。然后依次加入目的分子和带有荧光的报告分子，不同微球上的探针分子与不同的目的分子实现特异性结合，形成一个灵活性的液相芯片系统。该方法的信号识别与检测技术是流式细胞术，它可以将微球体快速排成单列通过检测通道，使用红色和绿色两束激光对单个微球进行照射，红色激光通过分辨微球本身的光谱学指纹将微球分类对反应进行定性；绿色激光通过检测微球上结合的荧光报告分子量对反应进行定量。所得到的荧光信号经过光电倍增管后经电脑处理，最后对数据进行分析，得出结果。检测时，液相芯片检测仪只记录两种荧光同时出现时的荧光信号，不记录未结合的荧光报告分子信号。

本标准针对通用筛选元件 CaMV35S 启动子和 NOS 终止子设计选取特异性引物和探针进行液相芯片检测，并根据检测结果来判定 CaMV 35S 启动子和 NOS 终止子的外源筛选元件成分。

5 试剂与材料

除非有特殊说明,仅使用分析纯试剂和符合 GB/T 6682 规定的一级水。

5.1 DNA 提取试剂盒

推荐针对不同的样品基质类型选取不同的基因组提取试剂盒。

5.2 18srRNA 基因引物和探针

18s-F:5'-CCTGAGAAACGGCTACCAT-3'
18s-R:5'-生物素-CGTGTCAGGATTGGGTAAT-3'
18s-P:5'-氨基-12 个碳基-TGCGCGCCTGCTGCCTTCCT-3'

5.3 CaMV35S 启动子基因引物和探针

CaMV35S-F:5'-ATTGATGTGATATCTCCACTGACGT-3'
CaMV35S-R:5'-生物素-CCTCTCCAAATGAAATGAACTTCCT-3'
CaMV35S-P:5' - 氨基-12 个碳基-CCCACTATCCTTCGCAAGACCCTTCCT-3'

5.4 NOS 终止子基因引物和探针

NOS-F:5'-CATGTAATGCATGACGTTATTTATG-3'
NOS-R:5'-生物素-TTGTTTTCTATCGCGTATTAAATGT-3'
NOS-P:5' - 氨基-12 个碳基-ATGGGTTTTTATGATTAGAGTCCCGCAA-3'

5.5 荧光微球

羧基荧光微球,有 5.6 μm 或者 6.5 μm 两种规格,不同编号微球可偶联不同探针。

5.6 10×PCR 缓冲液

用于 PCR 扩增反应,含有 Tris-HCl(pH 8.3)、KCl 和 $MgCl_2$。

5.7 dNTP 溶液

含有 dATP、dTTP、dCTP 和 dGTP(各 2.5 mmol/L)。

5.8 Ex Taq DNA 聚合酶

具有 3'→5'核酸外切酶活性的耐热性 DNA 聚合酶(5 IU/μL)。

5.9 TMAC 杂交液

氯化四甲胺(tetramethylammonium chloride)杂交液。

6 仪器与设备

6.1 Ⅱ级生物安全柜。
6.2 涡旋震荡仪。
6.3 PCR 仪,平均温度变化速度 0.1 ℃/s。

6.4 液相芯片检测仪，报告激光：532 nm；分类激光：635 nm。

7 操作步骤

7.1 抽样

按照 GB/T 19495.1 和 GB/T 19495.7 的规定执行。

7.2 制样

按照 GB/T 19495.1 和 GB/T 19495.7 的规定执行。

7.3 试样预处理

按照 GB/T 19495.1 和 GB/T 19495.3 的规定执行。

7.4 DNA 模板制备

按照 GB/T 19495.1 和 GB/T 19495.3 的规定执行。

7.5 PCR 反应

7.5.1 PCR 反应体系和反应条件

7.5.1.1 PCR 反应体系

PCR 反应体系应在Ⅱ级生物安全柜中操作。50 μL 反应体系中含 10×PCR Buffer 5 μL，2.5 mmol/L dNTP 4 μL，10 μmol/L 的上下游引物(包括 18s-F、18s-R、CaMV35S-F、CaMV35S-R、NOS-F 和 NOS-R)各 1 μL，DNA 模板 1 μL(100 ng)，Ex Taq 酶 0.5 μL，补双蒸水至终体积 50 μL。每个 DNA 样品做 2 个平行管(若平行误差超过 10%，应重新检测)。加样时应使样品 DNA 溶液完全加入反应液中，不要粘附于管壁上，加样后应尽快盖紧管盖，用涡旋震荡仪混匀。

7.5.1.2 PCR 反应条件

95 ℃预变性 5 min；94 ℃变性 30 s，58 ℃退火 30 s，72 ℃延伸 30 s，35 个循环；72 ℃延伸 10 min。

7.5.1.3 对照设置

在液相芯片检测样品的同时，应设置阴性对照与空白对照，以与试样相同种类的非转基因植物基因组 DNA 作为阴性对照；以水作为空白对照。

各对照的 PCR 反应体系中，除模板外，其余组分及 PCR 反应条件与 7.5.1.1 相同。

7.5.2 仪器设置

设定样品名称、探针编号和类型，微球数量等。

7.5.3 杂交反应体系与杂交反应条件

7.5.3.1 杂交反应体系

50 μL 杂交反应体系中包括：1.5×TMAC 杂交液 33 μL，与 18s-P、CaMV35S-P、NOS-P 三种探针(探针浓度为 100 μmol/L)偶联的微球各 0.5 μL(每种微球约 5 000 个)，Tris 盐酸盐(pH＝8)缓冲液 15 μL，PCR 产物 2 μL，空白孔以 2 μL Tris 盐酸盐(pH ＝8)缓冲液取代 PCR 产物，阴性对照孔加 2 μL

阴性 PCR 产物。

7.5.3.2 杂交反应条件

95 ℃变性 5 min,58 ℃杂交 30 min,加入 1×TMAC 杂交液稀释的 SA-PE(2 μg/mL)100 μL,58 ℃ 孵育 10 min。

7.5.4 杂交结果检测

按预先设定的样品摆放顺序将杂交后的反应液转移到检测板上,运行仪器进行荧光检测。

8 结果分析与表述

8.1 总则

在设置的读数时间内,荧光编码微球个数≥20 个,表明用于计数的荧光编码微球数量有效,所产生的中位荧光强度(MFI)值可信;各个荧光编码微球的空白对照 MFI 均不高于 300,表明结果有效,试验可进行结果判定;若内标准基因未出现阳性结果,说明实验不成功,需重新进行检测。

8.2 结果判定

测试样品的中位荧光强度(MFI)大于或等于空白对照值的 3 倍即可判为阳性结果。

测试样品的中位荧光强度(MFI)大于空白对照值的 2 倍小于空白对照值 3 倍判为可疑,需进行重复检测或采用其他方法确认。

测试样品的中位荧光强度(MFI)小于空白对照值的 2 倍即可判为阴性结果。

8.3 试样检测结果分析和表述

8.3.1 内标准基因出现阳性结果,并且外源 CaMV35S 或 NOS 基因的任何一个检出阳性,这表明试样中检测出了 CaMV35S 或 NOS 基因,表述为“试样中检测出了 CaMV35S 或 NOS 基因成分,检测结果为内源 18SrRNA 基因出现阳性结果,CaMV35S 或 NOS 基因出现阳性结果,检测灵敏度为 0.01%”。

8.3.2 内标准基因出现阳性结果,而 CaMV35S 或 NOS 基因未检出阳性,这表明试样中未检测出 CaMV35S 或 NOS 基因成分,表述为“试样中内源 18SrRNA 基因出现阳性结果,检测灵敏度为 0.01%,未检测出 CaMV35S 或 NOS 基因成分”。

ICS 65.060.10
T 69

中华人民共和国国家标准

GB/T 19498—2017
代替 GB/T 19498—2004

农林拖拉机防护装置静态试验方法和验收技术条件

Protective structures on agricultural and forestry tractors—Static testing method and accepting condition

(OECD code 4:2012,OECD standard code for the official testing of protective structures on agricultural and forestry tractors(static test),MOD)

2017-09-29 发布　　2018-04-01 实施

中华人民共和国国家质量监督检验检疫总局
中国国家标准化管理委员会　发布

前　言

本标准按照 GB/T 1.1—2009 给出的规则起草。

本标准代替 GB/T 19498—2004《农林拖拉机防护装置　静态试验方法和验收技术条件》。

本标准与 GB/T 19498—2004 相比，除编辑性修改外主要技术变化如下：

——将无配重拖拉机质量不小于 800 kg 调整为无配重拖拉机质量不小于 600 kg，增加“质量比不超过 1.75。”(见第 1 章，2004 年版第 1 章)；

——规范性引用文件增加了 GB/T 6236—2008 和 GB/T 6960.7—2007(见第 2 章，2004 年版第 2 章)；

——将座位参考点调整为驾驶座标志点(正文)；

——术语和定义增加了“防护装置、车轮或履带中心面、轮距、拖拉机中心面、轴距、最大允许质量、参考质量、质量比”(见第 3 章)；

——符号增加了“a_h、a_v”(见第 5 章)；

——增加了有弯曲构件的防护装置宽度的示例(见 8.2 的图 6)；

——增加了如果防护装置由弯曲的构件组成且没有合适的边缘存在的纵向加载试验(见 8.5.2)；

——修改了对其他型号拖拉机的适用性(见 8.9，2004 年版 4.9、4.10)；

——删除了防护装置的低温性能试验(见 2004 年版 4.12)；

——修改了试验报告样本(见附录 B，2004 年版附录 A)。

本标准使用重新起草法修改采用 OECD Code 4:2012《农业和林业拖拉机防护装置强度试验方法(静态)》(英文版)。

本标准与 OECD Code 4:2012 相比在结构上有较多调整，附录 A 中列出了本标准与 OECD Code 4:2012 的章条编号对照一览表。

本标准与 OECD Code 4:2012 的技术性差异及其原因如下：

——增加了第 2 章“规范性引用文件”，以符合 GB/T 1.1 的编写规定(见第 2 章)。

——增加引用标准 GB/T 6960.1—2007 和 GB/T 6960.7—2007(见第 3 章)；

——用修改采用国际标准的 GB/T 6236 代替 ISO 5353(见第 3 章)；

——用非等效采用国际标准的 GB/T 700—2006、GB/T 3274—2007 代替 ISO 630:1995、ISO 630:1995/Amd1:2003(见附录 B)。

——删除了防护装置的低温性能试验，因为金属材料低温性能试验已有 GB/T 229—2007《金属材料夏比摆锤冲击试验方法》。

——删除了安全带固定件的性能试验，因为已有专门的安全带标准。

本标准做了下列编辑性修改：

——修改了标准名称；

——增加了附录 A(资料性附录)“本标准与 OECD Code 4:2012 相比的结构变化情况”；

——增加单位换算的内容。

本标准由中国机械工业联合会提出。

本标准由全国拖拉机标准化技术委员会(SAC/TC 140)归口。

本标准起草单位：中国一拖集团有限公司、山东省农业机械科学研究院、洛阳西苑车辆与动力检验所有限公司。

本标准主要起草人：宋玉平、陈明传、王风雨、蔡中伟、杜建刚、徐惠娟、韩兴昌、锁永永、李先鹏。

本标准所代替标准的历次版本发布情况为：

——GB/T 19498—2004。

农林拖拉机防护装置
静态试验方法和验收技术条件

1 范围

本标准规定了农业、林业拖拉机防护装置的静态试验方法和验收技术条件。

本标准适用于拖拉机不带配重质量不小于 600 kg、质量比不超过 1.75、后轮最小轮距大于 1 150 mm、至少有两根轴的配充气轮胎的轮式拖拉机或履带拖拉机。

本标准不适用于下列各类型的拖拉机：割草机、葡萄园用窄轮距拖拉机、用于顶部空间有限的建筑物或果园内的低轮廓拖拉机、高架式(高地隙)拖拉机和某些特殊的林业机械(如集材拖拉机)。

2 规范性引用文件

下列文件对于本文件的应用是必不可少的。凡是注日期的引用文件，仅注日期的版本适用于本文件。凡是不注日期的引用文件，其最新版本(包括所有的修改单)适用于本文件。

GB/T 700—2006 碳素结构钢(ISO 630:1995, NEQ)

GB/T 3274—2007 碳素结构钢和低合金结构钢热轧厚钢板和钢带(ISO 13976:2005,ISO 630:1995, NEQ)

GB/T 6236—2008 农林拖拉机和机械 驾驶座标志点(ISO 5353:1995,MOD)

GB/T 6960.1—2007 拖拉机术语 第1部分:整机

GB/T 6960.7—2007 拖拉机术语 第7部分:驾驶室、驾驶座和覆盖件

3 术语和定义

GB/T 6236—2008、GB/T 6960.1—2007 和 GB/T 6960.7—2007 界定的以及下列术语和定义适用于本文件。

3.1

农林拖拉机 agricultural and forestry tractors

至少有两根轴的自走式的轮式或履带式车辆，主要用于下列基本的农业和林业用途：

——牵引拖车；

——携带、牵引或推动农业和林业机具或机械，并可根据需要，在拖拉机行进或停车状态时为配套机具提供动力。

3.2

防护装置 protective structure

避免或减少在正常使用中车辆翻滚对驾驶员造成伤害的结构，主要有安全驾驶室或框架构成。

特征是具有一个足够大的规定空间作为容身区，当驾驶员坐在结构包层内部或坐在由一系列从结构外部边界到拖拉机的任何可能接触地面部分的直线所围成的空间里时，都能对驾驶员起到保护作用，且在拖拉机发生翻倒时使拖拉机保持在翻倒后的位置不动。

3.3

车轮或履带中心面 median plane of the wheel or track

与轮辋或履带两侧外表面等距的平面。

3.4

轮距 track

通过车轮轴线的垂直平面同车轮中心面的交线在支承平面上交于一点，如果 A 点和 B 点是拖拉机同一轴上两个车轮如此定义的两点，则对单排轮，轮距是 A 点与 B 点之间的距离；对双排轮，轮距是指两对车轮中心面之间的距离。

注：此定义对前后轮、均适用。

对履带拖拉机，轮距是指两履带中心面之间的距离。

3.5

拖拉机中心面 median plane of the tractor

将拖拉机后轴 A 点和 B 点调至最外端的极限位置(它给出轮距最大值)，与 AB 线中点处正交的垂直平面。

3.6

轴距 wheelbase

通过前、后轮轮距 AB 的两条直线，分别作两个垂直平面，这两个平面间的距离。

3.7

基准面 reference plane

为沿拖拉机纵向且通过驾驶座标志点和方向盘中心的垂直平面。一般情况下，与拖拉机中心面重合。在加载过程中，假定随座椅和方向盘一起水平移动，但仍保持同拖拉机或防护装置的地板垂直。

3.8

容身区 clearance zone

相对于基准面和驾驶座标志点(SIP)定义的，见表 1 和图 1～图 3。

表 1 容身区的尺寸

线段	尺寸/mm	备注	线段	尺寸/mm	备注
A_1A_0	100	最小	D_0E_0	300	最小
B_1B_0	100	最小	J_0E_0	300	最小
F_1F_0	250	最小	A_1A_2	500	最小
F_2F_0	250	最小	B_1B_2	500	最小
G_1G_0	250	最小	C_1C_2	500	最小
G_2G_0	250	最小	D_1D_2	500	最小
H_1H_0	250	最小	I_1I_2	500	最小
H_2H_0	250	最小	F_0G_0	—	视具体的拖拉机而定
J_1J_0	250	最小	I_0G_0	—	
J_2J_0	250	最小	C_0D_0	—	
E_1E_0	250	最小	E_0F_0	—	
E_2E_0	250	最小			

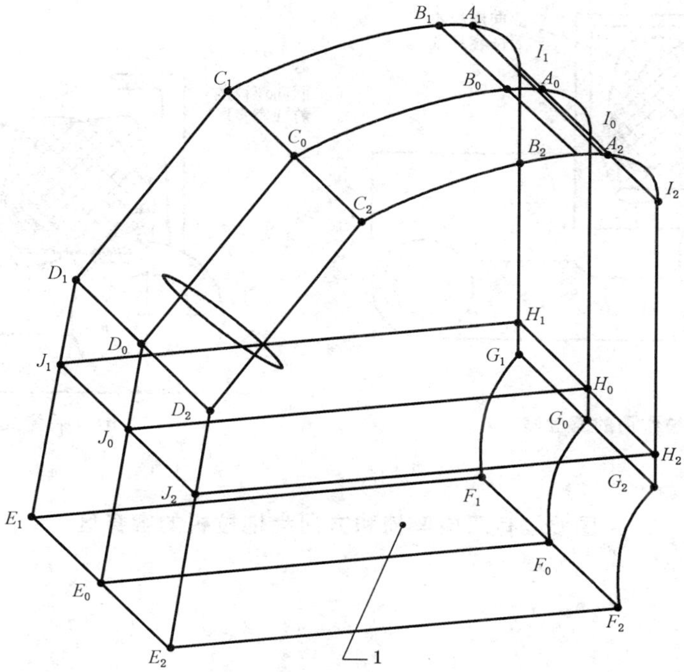

说明：

1——驾驶座标志点。

注：尺寸见表1。

图1　容身区

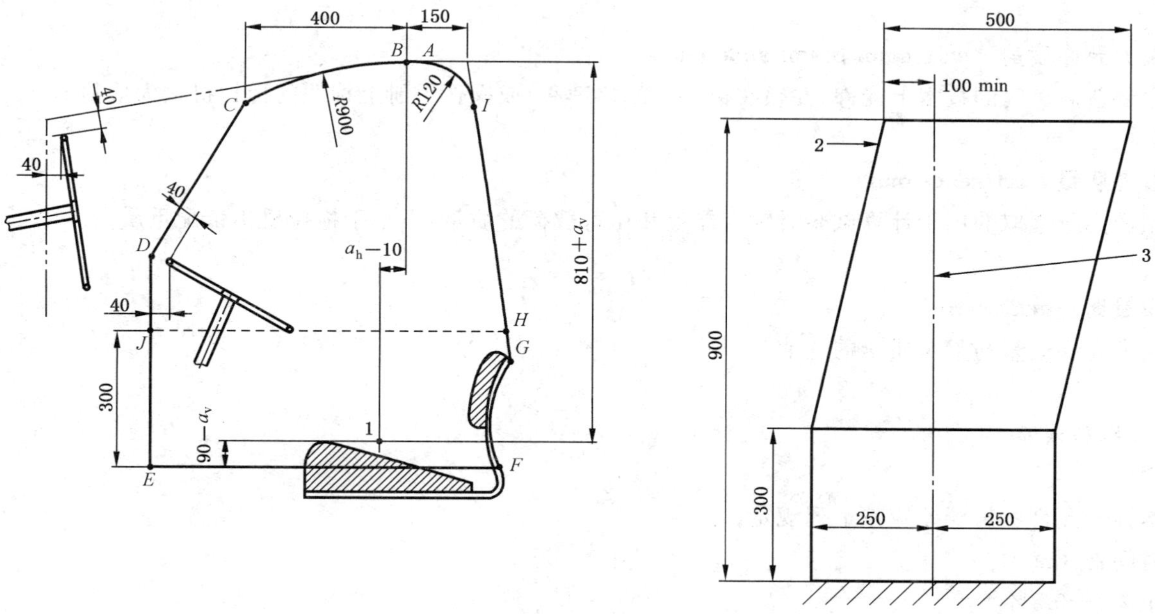

a）　侧视图

b）　前/后视图

说明：

1——驾驶座标志点；

2——载荷；

3——垂直基准面。

图2　容身区

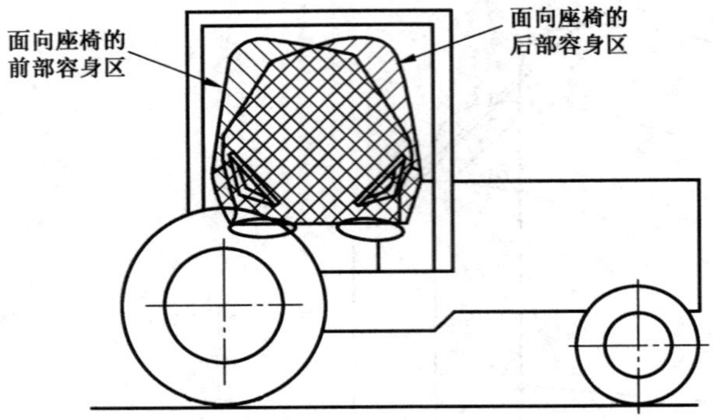

a） 起防护作用的驾驶室

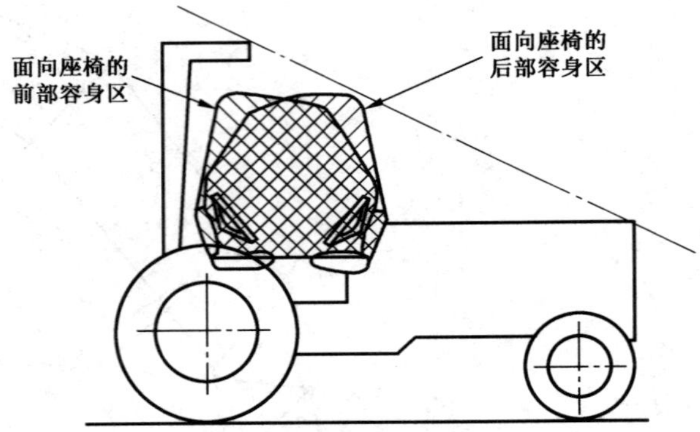

b） 后置式防翻架

图 3 有双向座椅和方向盘拖拉机的容身区

3.9

质量 mass

3.9.1

不带配重质量 unballasted mass

拖拉机处于使用状态，燃油箱、管路和散热器均充满，防护装置安装有覆盖件，行走装置或前驱动轮配置正常使用所要求的的附加部件，除驾驶员的质量，拖拉机不带配重时的质量。如为装充气轮胎的拖拉机，则轮胎内无液体配重。

3.9.2

最大允许质量 maximum permissible mass

由制造商声明的技术上允许、并须在拖拉机的铭牌和/或操作手册上标明的拖拉机最大质量。

3.9.3

参考质量 reference mass

制造商所选取的用于计算试验时输入能量和压垮载荷的质量，不小于拖拉机不带配重质量。

3.9.4

质量比 mass ratio

最大允许质量与参考质量的比值。

4 允许测量误差

本标准允许测量误差应按下列规定：

时间：±0.2 s

距离：±0.5%

力：±1.0%

质量：±0.5%

5 符号

下列符号适用于本文件：

a_h　　座椅水平调节的一半，单位为毫米(mm)

a_v　　座椅垂直调节的一半，单位为毫米(mm)

D　　防护装置在加载点沿加载方向的变形量，单位为毫米(mm)

D'　　用于计算所要求能量的防护装置的变形量，单位为毫米(mm)

E_{IS}　　侧向加载时所吸收的输入能量，单位为焦耳(J)

E_{IL1}　　纵向加载时所吸收的输入能量，单位为焦耳(J)

E_{IL2}　　第二次纵向加载时所吸收的输入能量，单位为焦耳(J)

F　　静载力，单位为牛顿(N)

F_{max}　　加载时(不包括超载试验)出现的最大静载力，单位为牛顿(N)

F'　　用于计算所要求能量的力，单位为牛顿(N)

M　　用于计算能量和压垮力的质量，单位为千克(kg)

6　试验时座椅位置的确定和调整

试验时座椅位置的确定和调整按下列规定进行：

——若座椅位置可调，则将座椅调到后部最上的位置。

——若座椅靠背可调，则将座椅靠背调到中间位置。

——若座椅是带有悬架的，则应将悬架锁定在其行程的中部，除非与座椅生产厂的规定明显相反。

——若座椅只能前后、上下调节，则通过驾驶座标志点的纵向轴线应与通过拖拉机方向盘中心的纵向垂直平面平行，且两者间距不能超过 100 mm。

7　容身区的确定

7.1　单向行驶拖拉机容身区的确定

单向行驶拖拉机的容身区由以下 a)～j)确定。将拖拉机停在水平地面上，按照第 6 章调节座椅及其位置，并将方向盘调到以坐姿操纵时的中间位置(如果可调时)。在此情况下，容身区为以下定义的平面所包容的区域：

a)　驾驶座标志点(SIP)上面($810+a_v$)mm 的一个水平面($A_1B_1B_2A_2$)。直线 B_1B_2 位于 SIP 点后(a_h-10)mm 处；

b)　同基准面垂直的一个斜平面($G_1G_2I_2I_1$)。此斜平面包括直线 B_1B_2 后 150 mm 处的一个点和座位靠背最后面的一个点；

c)　同基准面垂直的一个圆柱面($A_1A_2I_2I_1$)。它同 7.1 a)、7.1 b)定义的平面相切，其半径为 120 mm；

d)　同基准面垂直、半径为 900 mm 的圆柱面($B_1C_1C_2B_2$)，同 7.1 a)所定义的平面相切于直线 B_1B_2，并由该处向前延伸 400 mm；

e)　同基准面垂直的一个斜平面($C_1D_1D_2C_2$)，此平面连接 7.1 d)所定义的平面前沿、且从方向盘外沿前面 40 mm 处穿过。在高位方向盘情况下，此平面与 B_1B_2 向前延伸的 7.1 d)所定义的圆柱面相切；

f)　同基准面垂直、且离方向盘外沿前 40 mm 处的一个垂直平面($D_1E_1E_2D_2$)；

g)　经过驾驶座标志点(SIP)下方($90-a_v$)mm 处的点的一个水平面($E_1F_1F_2E_2$)；

h)　如有必要，可以画出一个同基准面垂直的曲面($G_1F_1F_2G_2$)，它从 7.1 b)定义的平面最下边起到7.1 g)定义的水平面止，且同座位靠背在全长内接触；

i) 垂直平面($J_1E_1F_1G_1H_1$)和($J_2E_2F_2G_2H_2$)，这些平面应从平面 $E_1F_1F_2E_2$ 向上延伸300 mm，E_1E_0 和 E_2E_0 的距离应为250 mm；

j) 两个倾斜的平行平面($A_1B_1C_1D_1J_1H_1I_1$)和($A_2B_2C_2D_2J_2H_2I_2$)，使承载那一侧的平面上边缘距离基准面不小于100 mm。

7.2 双向行驶拖拉机容身区的确定

由双向行驶的拖拉机(座椅和方向盘可调转180°)的座椅和方向盘两个位置所确定的两个容身区所形成的包容区(见图3)。

7.3 选装座椅

7.3.1 对于安装选装座椅的拖拉机，试验期间应使用包含所有可选座椅的驾驶座标志点的容身区，其防护装置不侵入较大的容身区，该容身区已考虑了这些座椅的不同标志点。

7.3.2 若在试验后再提供新的选装座椅，则测定环绕新驾驶座标志点的容身区是否落在原试验座椅的容身区内。否则，重新另做试验。

8 规则和说明

8.1 通用规则

8.1.1 防护装置既可由拖拉机厂制造也可以由另一家独立的公司制造。无论哪种情况，只有在装用它的拖拉机上进行试验时才有效。防护装置配多种型号拖拉机时，应对每种型号拖拉机进行试验。但是试验站可以证明，在下列情况下强度试验结果仍然有效，即该型号拖拉机是在原型号上改进了发动机、传动系、转向和前悬架变型而得(见8.9对其他型号拖拉机的适用性)。另一方面，几种防护装置可以在同一种型号的拖拉机上进行试验。

8.1.2 用于进行静载试验的防护装置，应以常规方式安装在所配的拖拉机或拖拉机底盘上，拖拉机底盘安装应是完整的，拖拉机底盘应包括所有的辅助支架和可能受施加于防护装置上的载荷影响的其他部件。

8.1.3 对"串联"式拖拉机，应使用装有防护装置的那部分拖拉机的质量。

8.1.4 防护装置可以是仅为拖拉机翻车时保护驾驶员而设计。在这种防护装置上可以安装一种多少具有临时性的为保护驾驶员的防寒装置，它通常可由驾驶员在天气暖和时拆除。然而也用某些比较完善的防护装置，在这种装置上覆盖件是永久性的，用打开窗户或风窗的办法在天气暖和时通风。由于这些覆盖件可以增加构件的强度，但也可能在发生事故时它正好没有装上。因此在对防护装置进行试验时，凡能由驾驶员拆除的一切零件均应拆除，凡能打开的车门、天窗锁和窗户等也应拆下或将它们全部打开，以便试验时不增加防护装置的强度。应特别说明这些附件在打开状态下在翻车时是否会危及驾驶员的人身安全。

本标准所指的试验仅为对防护装置的试验。非临时性的覆盖件也应包括在试验的防护装置中。

在技术参数说明中应包括有关临时性覆盖件的描述。所有的玻璃或类似的易碎材料在试验前应拆除，对于试验时可能造成不必要损坏的对防护装置的强度和尺寸又无影响的拖拉机和防护装置的部件，如果厂方希望，可在试验前拆除。试验期间不得对防护装置进行维修和调整。

8.1.5 对于由制造厂安装的对防护装置起加强作用的拖拉机上任何零部件(如挡泥板)，应在报告中加以叙述并给出测试结果。

8.2 试验设备

为验证试验中是否侵入容身区，应使用表 1 和图 1～图 3 规定的试验装置。

——水平加载试验

水平加载试验见图 4～图 8。水平加载试验中应使用下列装置：

a) 使用的材料、装置及固定方法，保证将拖拉机底盘牢固地固定在地面上，不受车轮支撑。

b) 对防护装置施加水平力的装置，加载装置应保证载荷均匀分布在与加载方向垂直的作用面上。

  1) 加载梁的长度不小于 250 mm 但不大于 700 mm，并且为 50 mm 的整数倍。加载梁的垂直宽度为 150 mm。

  2) 加载梁同防护装置接触的边缘圆角半径不大于 50 mm。

  3) 使用万向节或类似装置，以保证加载装置不妨碍防护装置沿加载方向以外的任何方向转动或移动。

  4) 加载梁在防护装置上所确定的直线不垂直加载方向时，应将间隙填满使载荷在整个加载梁上均匀分布。

c) 测量力及沿加载方向相对于拖拉机底盘的变形所用的设备。为保证精度，测量应连续进行。测量装置的安装位置应保证能在加载点及沿加载方向记录力和变形。

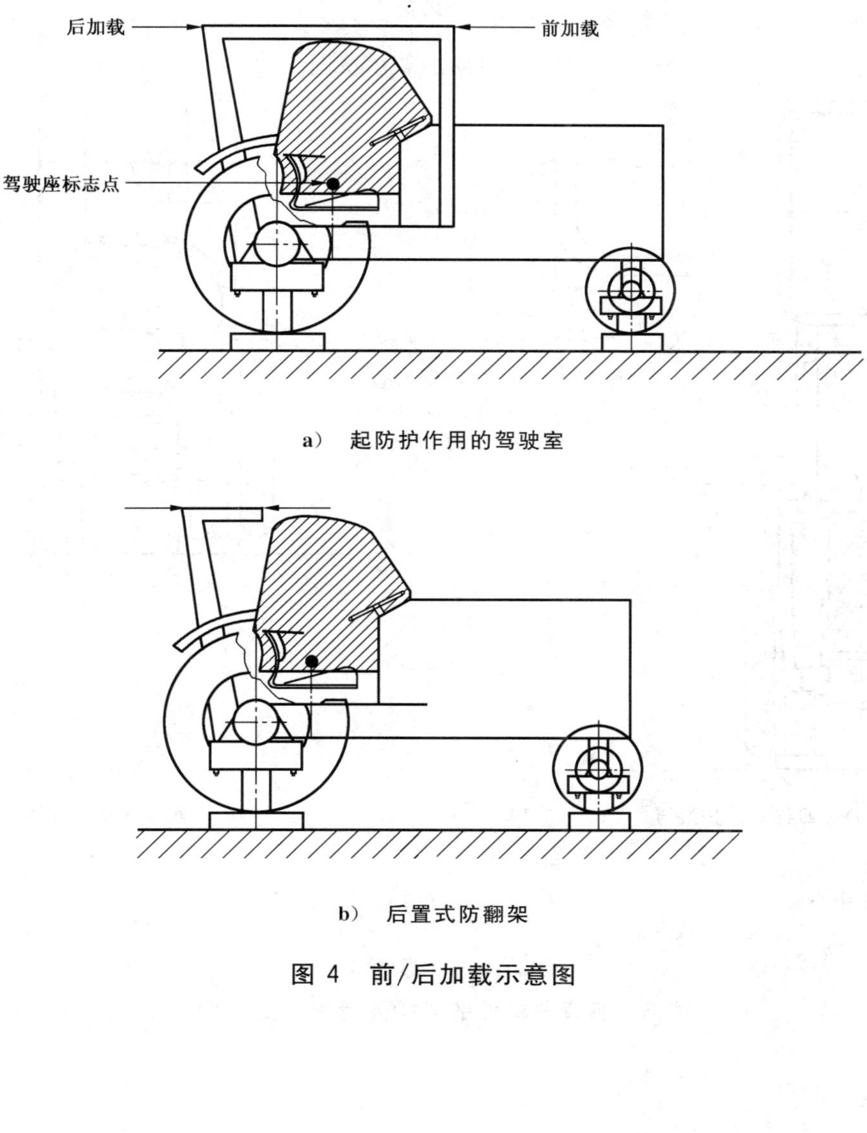

a) 起防护作用的驾驶室

b) 后置式防翻架

图 4 前/后加载示意图

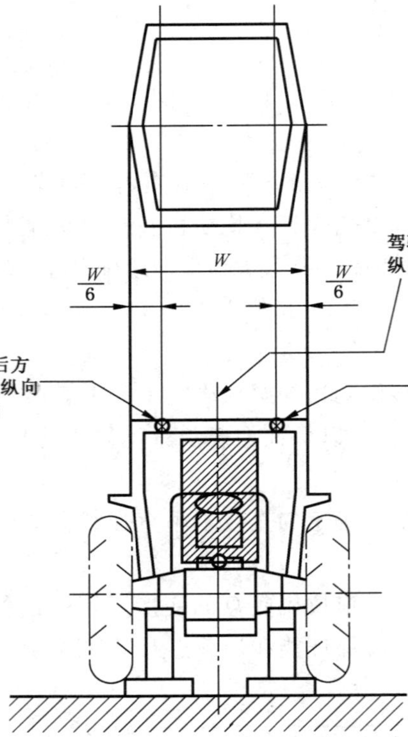

图 5　纵向加载示意图

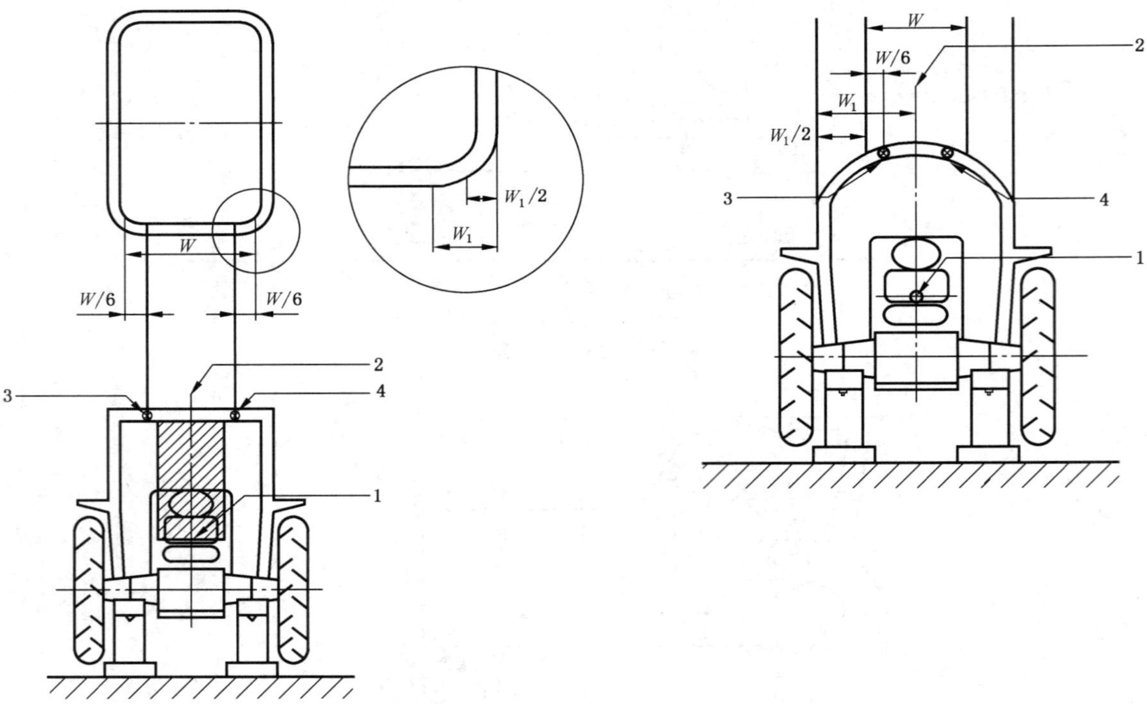

a)　四柱式防护装置　　　　b)　两柱式防护装置

说明：

1——驾驶座标志点；

2——SIP，纵向中心面；

3——从前/后方第二次纵向加载点；

4——从前/后方纵向加载点。

图 6　有弯曲构件的防护装置宽度的示例

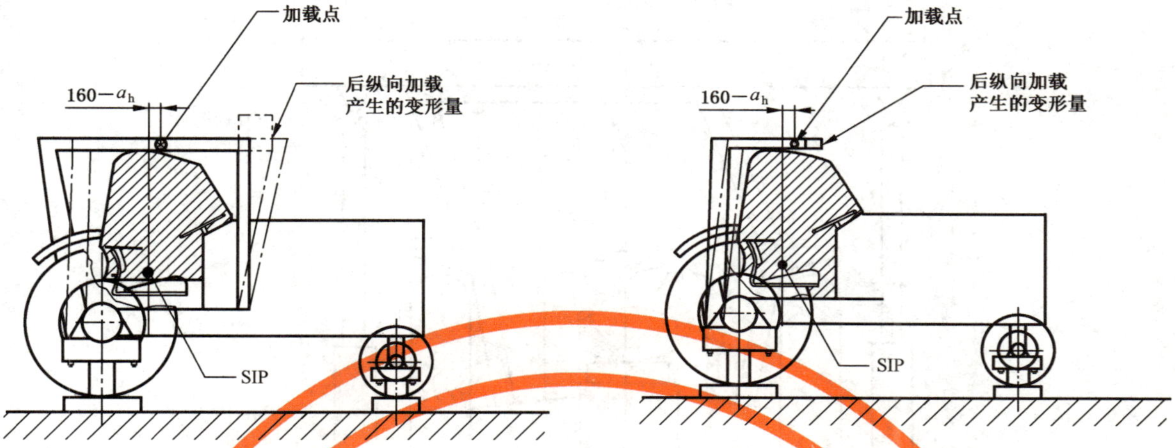

a) 起防护作用的驾驶室　　b) 后置式防翻架

图 7 侧向加载示意图(侧视图)

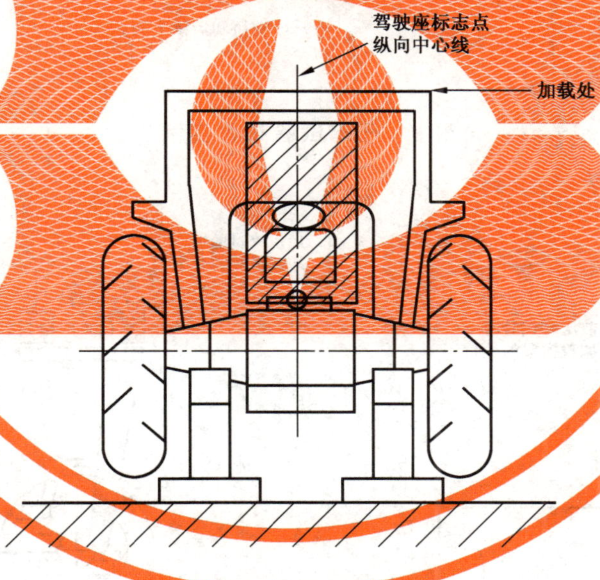

图 8 侧向加载示意图(后视图)

——压垮试验

压垮试验见图 9～图 11。压垮试验中应使用下列装置：

a) 使用的材料、装置及固定方法，保证将拖拉机底盘牢固地固定在地面上，不受车轮支撑。

b) 可对防护装置施加垂直向下作用力的设施，包括一根宽 250 mm 的刚性梁。

c) 测量施加的总垂直作用力的装置。

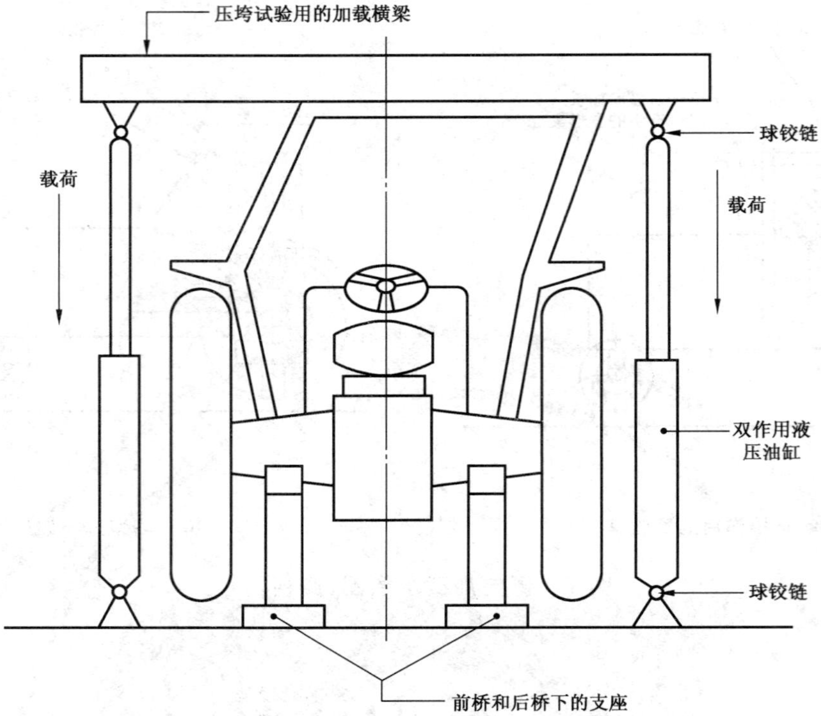

图 9　压垮试验布置实例

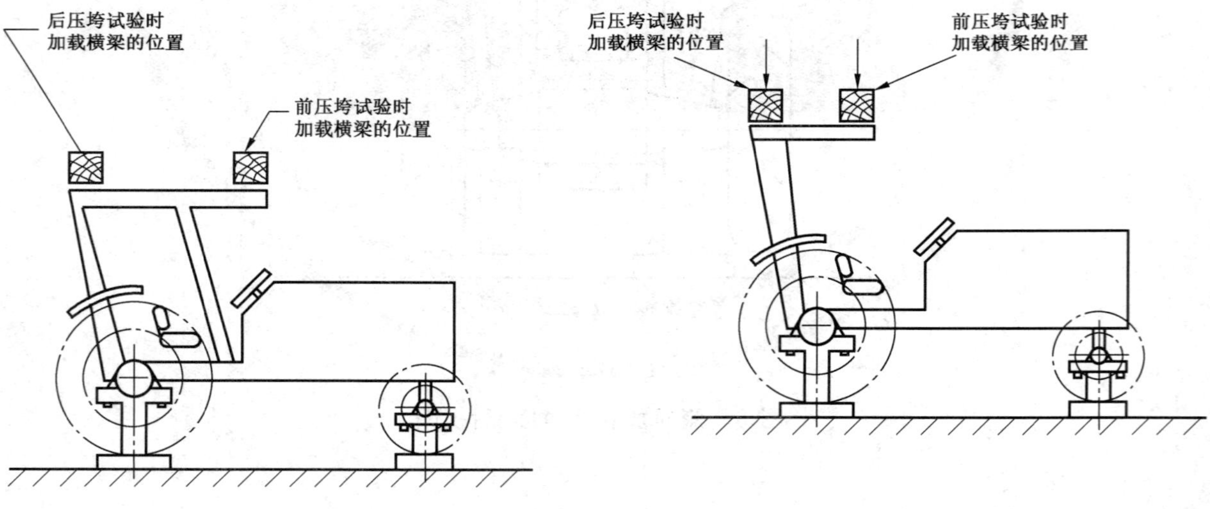

a）　起防护作用的驾驶室　　　　b）　后置式防翻架

图 10　前/后压垮试验时加载横梁的放置位置

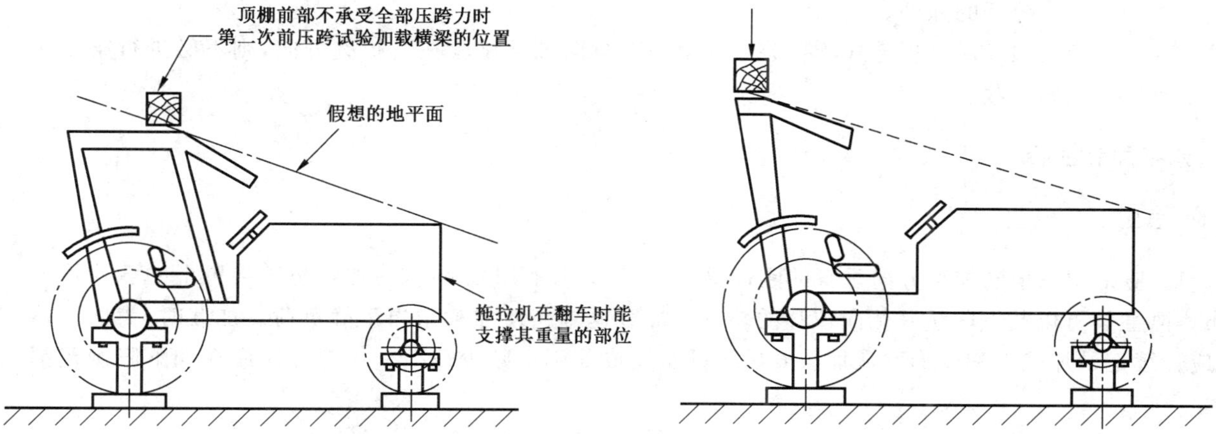

图 11　前部不能承受全部压垮力，压垮试验时加载横梁的放置位置

8.3　试验条件

8.3.1　防护装置应符合其产品技术规范，并应按拖拉机生产厂规定的安装方法安装到相应型号的拖拉机底盘上。

8.3.2　试验装置应紧固到试验台底座上，使连接试验装置和试验台底座的各零件在加载时相对于防护装置无显著变形。在负载下，除连接试验装置最初的支撑外，加载时试验装置不得有来自外部的任何支撑。

8.3.3　如轮距或轨距可调，应将其调整到在试验中不与防护装置相干涉的位置。

8.3.4　防护装置上应安装必要的仪器，以获得所要求的加载力-变形量数据。

8.3.5　全部试验应在同一防护装置上进行。试验期间不得对防护装置进行维修或加固。

8.3.6　全部试验结束后，应测量并记录防护装置的永久变形量。

8.4　试验顺序

试验应按如下顺序进行：

a)　纵向加载试验

对后桥重量不少于 50% 总质量的轮式或履带拖拉机，应从后面施加纵向载荷；其他拖拉机应从前面施加纵向载荷。

b)　第一次压垮试验

应在防护装置纵向加载同一端进行第一次压垮试验。

c)　侧向加载试验

如座椅侧置或防护装置强度不对称，应将侧向载荷加在最可能导致容身区遭到侵犯的那一侧。

d)　第二次压垮试验

应在防护装置第一次纵向加载的相对一端进行第二次压垮试验。如防护装置为双柱式，第二次压垮试验可以在第一次压垮试验的同一处进行。

e)　第二次纵向加载试验

1)　对安装可折叠式(如双柱式)或可倾翻式(如非双柱式)防护装置的拖拉机，如存在以下任一种情况，则应进行第二次纵向加载：

——在特殊使用条件下临时折叠起防护装置；

——为便于维护而设计的可倾翻式防护装置，倾翻机构与翻车防护装置结构在整体上是分开的除外。

2) 如果对可折叠式防护装置的第一次纵向加载试验在其折叠方向，则不必进行第二次纵向加载。

8.5 水平加载试验

8.5.1 总则

8.5.1.1 应采用一根同加载方向垂直的刚性梁[见 8.2 中水平加载 b)]，使加到防护装置上的载荷均匀分布。刚性梁可以装上防止其侧向位移的装置。加载速率应使加载相当于静负荷。加载时，为保证精度，应连续记录加载力和变形。从加载开始至试验完成前不得减少载荷。加力方向应在如下限制范围之内：

——试验开始时(无载)：$\pm 2°$

——试验期间(载荷下)：水平线以上$+10°$

水平线以下$-20°$

如果加载状态下的变形速率不大于 5 mm/s，则认为该载荷是静载荷。

8.5.1.2 如果加载点处没有横梁构件，则用一根不增加框架强度的替代试验梁。

8.5.2 纵向加载试验

纵向加载试验见图 4 和图 5。

施加的载荷应水平并平行于拖拉机中心面。如果是从后面施加载荷[见 8.4a)]，纵向载荷和侧向载荷不应施加在拖拉机中心面的同一侧。如果是从前面施加纵向载荷，则它应加在侧向载荷的同一侧。

载荷应加在防护装置最上面的横向构件(即翻车时可能首先触地的部分)上。加载点应在防护装置从顶部侧边缘向里六分之一宽度处。防护装置的宽度应是平行于拖拉机中心面并同防护装置外侧端点相切的两条直线间的距离。这两条直线在与最上面横向构件顶部相切的水平面内。

如果防护装置由弯曲的构件组成且没有合适的边缘存在，则通常依照以下的步骤确定防护装置宽度。试验工程师应确认发生非对称前/后倾翻(例如使防护装置单侧承受初始撞击的前/后倾翻)时，防护装置最先触地的弯曲构件。宽度端点应为防护装置上部直边或弯曲构件过渡外圆半径的中点。若防护装置存在多个弯曲构件，试验工程师应为每一个构件建立地平线来确定哪个面先触地。如图 6 所示。

注意：如果是弯曲构件，则只需在纵向加载时考虑防护装置末端的宽度。

载荷均布梁的长度(见 8.2 中水平加载 b))应不小于防护装置宽度的三分之一、又不比这个最小值大 49 mm。

在下列情况下应停止纵向加载：

——防护装置所吸收的能量不小于所要求的输入能 E_{IL1}：

$$E_{IL1}=1.4M \qquad (1)$$

——防护装置侵入容身区或容身区出了防护装置的保护范围(见 8.8)。

8.5.3 侧向加载试验

侧向加载试验见图 7 和图 8。

侧向载荷应水平施加并与拖拉机中心面成 90°。载荷应加在驾驶座标志点前$(160-a_h)$mm 处的防护装置最上端。双向行驶拖拉机(座椅和方向盘可调转 180°)的加载点在两驾驶座标志点间的中点处防护装置的最上端。

如果能肯定拖拉机侧翻时防护装置侧边的某个特定部位首先触地，则加载点应选在此处，但该处应能保证 8.5.1.1 规定的载荷均匀分布。双柱式防护装置的侧向载荷应加在承载侧最上面的防护构件处;不考虑驾驶座标志点的位置。

加载梁的长度不小于 250 mm 但不大于 700 mm,并且为 50 mm 的整数倍。加载梁的垂直宽度为 150 mm。

在下列情况下应停止侧向加载:

——防护装置所吸收的能量不小于所要求的输入能 E_{IS}:

$$E_{IS}=1.75M \quad\quad (2)$$

——防护装置侵入容身区或容身区出了防护装置的保护范围(见 8.8)。

8.6 压垮试验

8.6.1 后压垮试验

后压垮试验(见图 9、图 10):

a) 加载横梁置于防护装置后面顶部构件上,使压垮合力在垂直基准面内。应施加的压垮力 F 为:

$$F=20\ M \quad\quad (3)$$

防护装置不再有任何可见的变形后,再维持此压垮力 5 s。

b) 防护装置顶棚后部承受不了全部压垮力时,应将此力一直加至顶棚变形与一个平面重合为止,该平面为拖拉机翻车时防护装置上面部分同拖拉机后部能够支撑拖拉机的部分重合的一个平面。然后卸去此力,将加载梁移到拖拉机完全翻车时可能支撑住拖拉机的防护装置的那部分上,再施加压垮力 F。

8.6.2 前压垮试验

前压垮试验(见图 9~图 11):

a) 加载横梁置于防护装置前面顶部构件上,使压垮合力在垂直基准面内。应施加的压垮力 F 为:

$$F=20\ M \quad\quad (4)$$

防护装置不再有任何可见的变形后,再维持此压垮力 5 s。

b) 防护装置顶棚前部承受不了全部压垮力(见图 11)时,应将此力一直加至顶棚变形与一个平面重合为止,该平面为拖拉机翻车时防护装置上面部分同拖拉机前部能够支撑住拖拉机的部分重合的一个平面。然后卸去此力,将加载梁移到拖拉机完全翻车时可能支撑住拖拉机的防护装置的那部分上,再施加压垮力 F。

8.7 第二次纵向加载试验

第二次纵向加载试验见图 4 和图 5 。加载方向与第一次纵向加载相反,位置离第一次纵向加载点最远的那个角。

在下列情况下应停止纵向加载:

——防护装置所吸收的能量不小于所要求的输入能 E_{IL2}:

$$E_{IL2}=0.35\ M \quad\quad (5)$$

——防护装置侵入容身区或容身区出了防护装置的保护范围(见 8.8)。

8.8 验收条件

试验时及所有试验完成后,如防护装置满足下列条件则认为合格:

a) 在各项试验期间,不得有任何零件侵入容身区。试验时不得有任何零件撞击座位。同时,容身区不应超出防护装置的保护范围。如果拖拉机朝试验加载的方向翻车时容身区的任何部分同地平面接触则认为它已失去了防护装置的保护。为评价此项，应装用生产厂规定的最小规格的标准轮胎，并将轮距调整到最窄。

b） 对折腰转向拖拉机应假定其两部分的中心面是在一条直线上。

c） 最后一次压垮试验后，测量记录防护装置的永久变形，因此在试验开始前应测量防护装置主要构件相对于驾驶座标志点的位置，然后测量记录各构件由静载试验引起的位移并测量防护装置顶棚前、后各构件在高度上的任何变化。

d） 在规定的各项水平加载试验中，对满足所要求吸收能量的点上，加载力应达到所要求的吸收能量瞬间的加载力不得低于 $0.8F_{max}$。

e） 防护装置在吸收了规定的能量后，如果获得最后5% 变形时的加载力减少超过3%（见图12～图14），则应做一次超载试验。超载试验说明如下：

1） 超载试验应接着水平加载试验进行，载荷以原先所要求能量的5% 增量增加，直至附加能量最大达到原要求能量的20%。

2） 满足下列条件之一，将认为超载试验是成功的：

——如果吸收了5%、10% 或15% 的附加能量之后，对于每次5% 的增量，加载力下降不到3%，并且保持加载力大于 $0.8F_{max}$；

——如果吸收了20% 的附加能量之后，加载力仍大于 $0.8F_{max}$。

3） 在超载试验期间，允许由于弹性变形导致的破损或裂纹、或侵入容身区、容身区失去保护。但在卸去载荷以后，防护装置不应侵入容身区，容身区应完全在防护装置的保护范围之内。

f） 在两次压垮试验中，应能承受所要求的力。

g） 防护装置不应有在翻车时可能严重伤害驾驶员或由于防护装置变形而夹住驾驶员（如腿或脚）的凸出的零、部件。

h） 其他部件不得对驾驶员造成严重伤害。

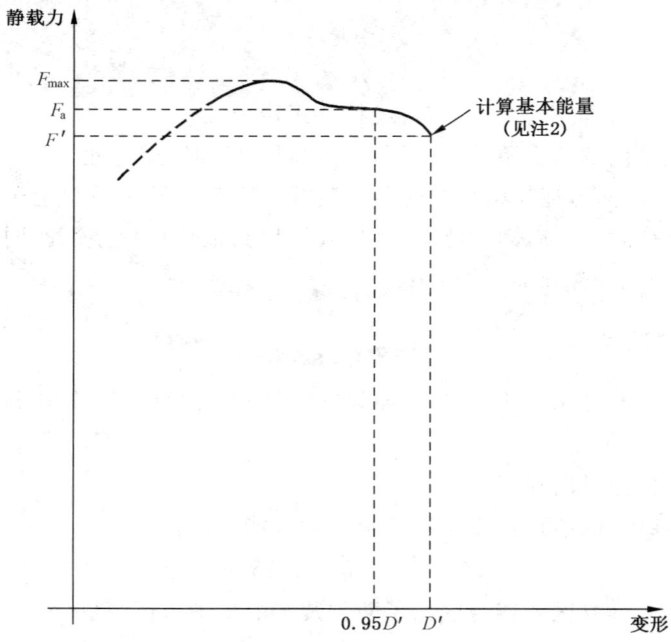

注1：F_a 为相对于 $0.95D'$ 变形时的静载力。

注2：当 $F_a \leqslant 1.03F'$ 时不需进行超载试验。

图12　免作超载试验时的力-变形曲线

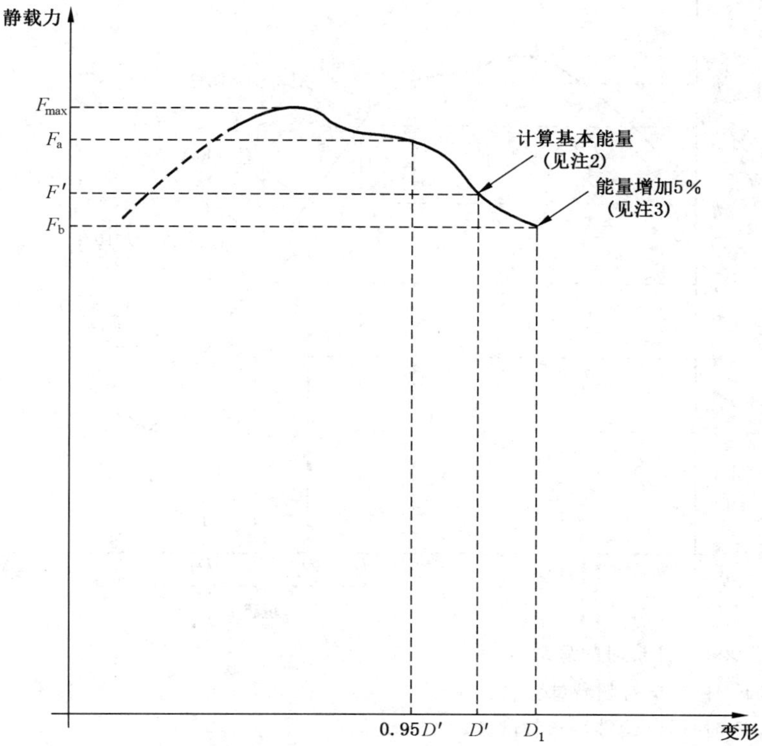

注 1：F_a 为相对于 0.95D'变形时的静载力。

注 2：当 $F_a > 1.03F'$时需进行超载试验。

注 3：若 $F_b > 0.97F'$和 $F_b > 0.8F_{max}$，符合超载试验性能要求。

图 13　超载试验时的力-变形曲线

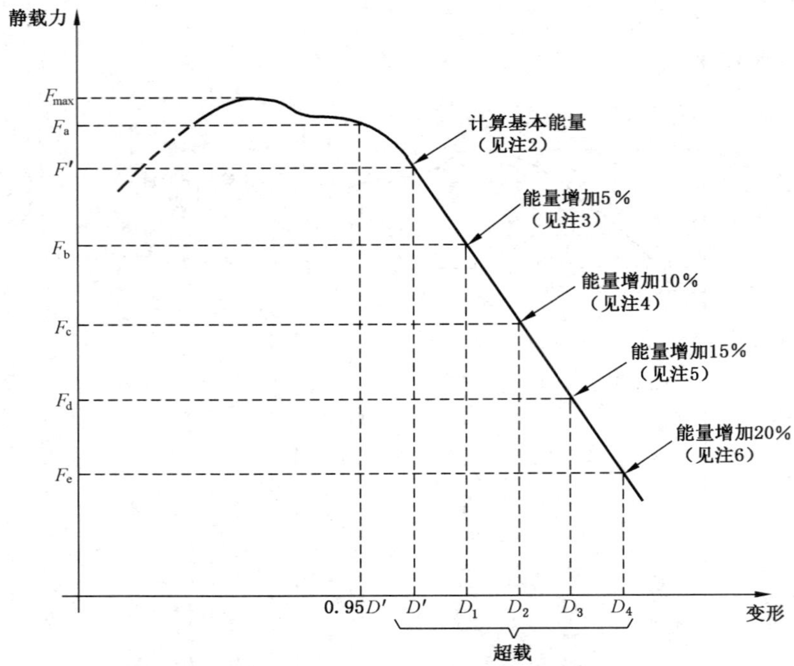

注 1：F_a 为相对于 0.95D′变形时的静载力。

注 2：当 $F_a>1.03F'$时，需进行超载试验。

注 3：当 $F_b<0.97F'$时，需继续进行超载试验。

注 4：当 $F_c<0.97F_b$时，需继续进行超载试验。

注 5：当 $F_d<0.97F_c$时，需继续进行超载试验。

注 6：当 $F_e>0.8F_{max}$，符合超载试验性能要求。

注 7：若在各超载试验时，静载力低于 $0.8F_{max}$，则认为超载试验失败。

图 14　附加超载试验时的力-变形曲线

8.9　对其他型号拖拉机的适用性

8.9.1　行政扩展

当原始报告中所列的拖拉机或防护装置的商标、命名或市场信息有改动时，出具原始报告的试验站可出具“行政扩展报告”，这个扩展报告要包含原始报告。

8.9.2　技术扩展

当拖拉机、防护装置或防护装置和拖拉机的连接方式发生技术性改变时，在以下情况下，出具原始报告的试验站可出具“技术扩展报告”：

a)　试验结果扩展至其他型号拖拉机

如果防护装置和拖拉机满足下列 8.9.2 a)1)～8.9.2 a)5)之条件，则没有必要对每种型号的拖拉机都进行水平加载试验和压垮试验。

1)　新扩展机型应与原试验机型的结构完全一样。

2)　所要求的能量未超过原试验所计算能量的 5%，以履带代替轮胎的变形拖拉机同样适用本条规定。

3)　与拖拉机的连接方法及拖拉机上安装防护装置的部件是相同的。

4)　挡泥板和发动机罩等可以对防护装置提供支撑的一切部件，都是相同的。

5） 座椅在防护装置中的位置和关键尺寸以及防护装置在拖拉机上的相对位置，能保证容身区在整个试验过程中仍然处在已变形防护装置的保护范围内（这需要用与原始报告相同的基准（座椅参考点[SRP]或驾驶座标志点[SIP]）确定的容身区来审核）。

b） 有改动的防护装置试验结果扩展

当8.9.2 a）不能满足时，需要按照以下步骤来进行。如果防护装置与拖拉机之间的安装型式不一致，则不适用本条（例如悬挂装置代替橡胶支撑）：

1） 改动不影响初始试验结果（例如，在防护装置的非关键位置处，作为附件，焊接安装板）。具有不同的SIP位置的附加座椅（确保在整个试验过程中，新的容身区仍然处在已变形防护装置的保护范围内）。

2） 改动对初始试验结果可能有影响，但不至于影响防护装置的验收结论（例如，对防护装置的某个部件改动，或对防护装置与拖拉机的连接方式改动）。可以做一个验证试验，并将验证试验结果列在扩展报告上。

该类型的扩展有以下限制条件：

ⅰ 没有验证试验的情况下，最多允许不超过5次扩展。

ⅱ 如果本标准中的验收条件都能满足，而且在水平加载试验中，当达到要求能量时的力值与原始试验中在达到要求能量时的力值相差不超过±7%，另外在水平加载试验中，当达到要求能量时的变形值与原始试验中在达到要求能量时的变形值相差也不超过±7%。只有满足以上3个条件，验证试验的结果才可以接受。

ⅲ 一个扩展报告中可以包含防护装置多个方面的改进，前提是这些改进是基于同一个防护装置的不同方面而进行的。一个扩展报告中只能包含一个验证试验。未检测的项目需要在扩展报告中单独说明。

3） 生产商声明的增加参考质量的防护装置已经过测试。若生产商希望保持同一个批准编号，则可以在验证试验完成之后发布一个扩展报告[8.9.2 b)2)ⅱ中规定的±7%限制在此不适用]。

8.10 标识

8.10.1 标识是可选择的。采用标识应至少包含下列内容：

——防护装置制造厂的名称和地址；

——防护装置的识别编号（设计号或出厂编号）；

——安装防护装置的拖拉机牌号、型号及出厂编号；

——防护装置试验报告批准号。

8.10.2 铭牌应经久、耐用，并固定到防护装置上醒目、不易受周围环境损毁的地方。

8.11 试验报告

试验报告应按附录B的规定。

附　录　A
（资料性附录）
本标准与 OECD Code 4:2012 相比的结构变化情况

本标准与 OECD Code 4:2012 相比，章条编号发生了变化，具体对照情况见表 A.1。

表 A.1　本标准与 OECD Code 4:2012 的章条编号对照情况

本标准章条编号	对应 OECD Code 4:2012 标准章条编号
1	2
2	
3　引导语	1.5.1
3.1	1.1
3.2	1.2
3.3	1.3.1
3.4	1.3.2
3.5	1.3.3
3.6	1.4
3.7	1.6.1
3.8	1.6.1
3.9	1.7
4	1.8
5	1.9
6	1.5.2
7	1.6.2、1.6.3、1.6.4
8	3
附录 A	
附录 B	附录

附　录　B
（规范性附录）
试验报告样本

——防护装置制造厂的名称和地址：
——提交试验的单位：
——防护装置的商标：
——防护装置的型号：
——试验日期、地点和样品编号：

B.1　试验拖拉机的技术参数

B.1.1　安装被试防护装置拖拉机的信息

B.1.1.1　拖拉机的商标(可能与拖拉机制造商名称不同)：
型号：
型式：2WD 或 4WD；橡胶或金属履带(如适用)；4WD 铰接式或 4WD 双胎铰接式(如适用)

B.1.1.2　**编号**

出厂编号：
样品编号：

B.1.2　不带配重质量(带防护装置、无驾驶员)

前	kg
后	kg
总计	kg

拖拉机最大允许质量：　kg
用于计算加载能量和压垮力的参考质量：　kg
质量比(最大允许质量/参考质量)：

B.1.3　最小轮距和轮胎规格

	最小轮距/mm	轮胎规格
前		
后		

B.1.4　拖拉机座椅

——拖拉机是否有可双向行驶的操作位置(座椅和方向盘可调转 180°)：　是/否
——座椅的牌号(商标)/型号/型式：
——可选装座椅的牌号(商标)/型号/型式及驾驶座标志点(SIP)的位置：
[座椅 1 及其驾驶座标志点(SIP)位置的描述]

[座椅 2 及其驾驶座标志点(SIP)位置的描述]

[座椅__及其驾驶座标志点(SIP)位置的描述]

——座椅安全带固定件：　　　　型式

——拖拉机座椅连接件：　　　　型式

——其他座椅部件：　　　　　　型式

——座椅总质量：　　　　　　　kg

B.2 防护装置技术参数

B.2.1 从侧面及后面表示安装细节的照片(包括挡泥板)。

B.2.2 从侧面及后面表示防护装置驾驶座标志点(SIP)位置、安装细节和翻车时拖拉机前部能起到支撑作用的部位(如果需要)的总布置图。带防护装置的拖拉机外部和内部等主要尺寸应标注在图上。

B.2.3 简要叙述防护装置的构成：

——结构型式；

——安装细节；

——翻车时拖拉机前部能起到支撑作用的部位细节(如果需要)；

——进出防护装置和紧急出口的方式；

——是否有附加框架：　　是/否

B.2.4 防护装置可否倾翻/可否折叠：

——可否倾翻　　是/否

必要时请说明倾翻时是否使用工具：　　是/否

——可否折叠　　是/否

必要时请说明折叠时是否使用工具：　　是/否

B.2.5 尺寸

按 3.7.2 的规定安装和调整座椅和座椅靠背后，测量相关尺寸。

当拖拉机可装有不同的可选座椅或具有可双向行驶位置(座椅和方向盘可调转 180°)时，应分别测量相对于各驾驶座标志点的尺寸(SIP1，SIP2，等等)。

——顶棚离驾驶座标志点的高度：　　mm

——顶棚离拖拉机地板的高度：　　mm

——在驾驶座标志点上面($810+a_v$)mm 处防护装置的内部宽度：　　mm

——在驾驶座标志点上面方向盘中心处水平面内防护装置的内部宽度：　　mm

——从方向盘中心到防护装置右边的距离：　　mm

——从方向盘中心到防护装置左边的距离：　　mm

——从方向盘边缘到防护装置的最小距离：　　mm

——在驾驶座标志点上面($810+a_v$)mm 处到防护装置后边的水平距离：　　mm

——倾翻时支撑拖拉机的拖拉机前端最硬点的位置(相对于后轴)(如果需要)：

水平距离　　mm

垂直距离　　mm

B.2.6 防护装置所用材料的技术规格

防护装置所用钢材的技术规格应符合 GB/T 700—2006、GB/T 3274—2007 的要求。

B.2.6.1 主框架： （零件—材料—尺寸）

——钢号和相关标准

B.2.6.2 安装支架： （零件—材料—尺寸）

——钢号和相关标准

B.2.6.3 装配和安装用螺栓： （零件—尺寸）

B.2.6.4 顶棚(若安装)： （零件—材料—尺寸）

B.2.6.5 覆盖件(若安装)： （零件—材料—尺寸）

B.2.6.6 玻璃(若安装)： （型号—等级—尺寸）

B.2.6.7 倾翻时支撑拖拉机的拖拉机前端最硬点(如果需要)： （型号—等级—尺寸）

B.2.7 拖拉机制造厂对原防护装置进行加固的细节

B.3 试验结果

B.3.1 静载和压垮试验

B.3.1.1 试验条件

水平加载试验是在：

——左后方/右后方

——右前方/左前方

——右侧边/左侧边

用于计算加载能量和压垮力的质量： kg

施加的能量和力：

——后部： kJ

——前部： kJ

——侧面： kJ

——压垮力： kN

B.3.1.2 试验后对永久变形量的测量

B.3.1.2.1 各项试验后所测得的防护装置的最大永久变形量

后部(朝前/朝后)

——左边： mm

——右边： mm

前部(朝前/朝后)

——左边： mm

——右边： mm

侧面(向左/向右)

——前面： mm

——后面： mm

顶部(朝下/朝上)

——后面 左边： mm

右边： mm

——前面 左边： mm

右边：　　　　　　　　　　　　　　　　　　　　　　　　　　　　mm

B.3.1.2.2　侧向加载试验时瞬时变形和永久变形之间的总差值(弹性变形)：　　　　　　mm

声明：

该防护装置经试验达到了保护容身区的验收条件。本防护装置为符合本标准规定的翻车时能起到保护作用的防护装置。

B.3.1.3　曲线图表

试验报告应附有各种试验中的力与变形的曲线图。

如需进行水平超载试验，则应对超载原因加以叙述，且应给出一份在超载试验时的力与变形的曲线图。

B.3.2　安装该防护装置的拖拉机

<table>
<tr><th rowspan="3">商标</th><th rowspan="3">型号</th><th rowspan="2">型式</th><th colspan="3">质　量</th><th rowspan="2">可否倾翻</th><th rowspan="2">轴距</th><th colspan="2">最小轮距</th></tr>
<tr><th>前轮</th><th>后轮</th><th>总质量</th><th>前</th><th>后</th></tr>
<tr><th>2/4 WD</th><th>kg</th><th>kg</th><th>kg</th><th>是/否</th><th>mm</th><th colspan="2">mm</th></tr>
<tr><td></td><td></td><td></td><td></td><td></td><td></td><td></td><td></td><td></td><td></td></tr>
<tr><td></td><td></td><td></td><td></td><td></td><td></td><td></td><td></td><td></td><td></td></tr>
<tr><td></td><td></td><td></td><td></td><td></td><td></td><td></td><td></td><td></td><td></td></tr>
<tr><td></td><td></td><td></td><td></td><td></td><td></td><td></td><td></td><td></td><td></td></tr>
</table>

ICS 33.040
M 40

中华人民共和国国家标准

GB/T 19516—2017
代替 GB/T 19516—2004

高速公路有线紧急电话系统

Wired-emergency telephone system of expressway

2017-10-14 发布　　2018-05-01 实施

中华人民共和国国家质量监督检验检疫总局
中国国家标准化管理委员会　发布

前 言

本标准按照 GB/T 1.1—2009 给出的规则起草。

本标准代替 GB/T 19516—2004《高速公路有线紧急电话系统技术要求》。与 GB/T 19516—2004 相比，除编辑性修改外主要技术变化如下：

——标准名称变更为《高速公路有线紧急电话系统》；

——增加了本标准使用的术语和定义（见第 3 章）；

——增加了高速公路有线紧急电话系统的结构和分类的相关规定（见第 4 章）；

——修改了功能要求的内容（见 5.1、5.3.2 和 5.4.2，2004 年版的 3.3.3 和 3.4.2）；

——增加了主要性能要求（见 5.2）；

——增加了对光纤型系统的信号特性要求（见 5.3.3.1）；

——修改了路侧分机的环境适应性、电气安全性和防雷电性能要求（见 5.4.1，2004 年版的 3.4.1、3.4.7和 3.4.9）；

——增加了路侧分机的电源适应性要求（见 5.4.1.3）；

——修改了路侧分机话音特性要求（见 5.4.4，2004 年版的 3.4.4）；

——修改了路侧分机的供电要求（见 5.4.5，2004 年版的 3.4.5）；

——修改了传输介质的技术要求（见 5.5，2004 年版的 3.5）；

——修改了其他技术要求（见 5.6，2004 年版的 3.6）；

——增加了技术要求相对应的试验方法的相关规定（见第 6 章）；

——增加了对产品检验规则的相关规定（见第 7 章）；

——增加了对产品标志、包装、运输和贮存的相关规定（见第 8 章）；

——增加了控制台互联的详细规定（见附录 A）；

——修改了与监控系统计算机通信的规程要求（见附录 B，2004 年版的附录 A）。

本标准由全国交通工程设施（公路）标准化技术委员会（SAC/TC 223）提出并归口。

本标准起草单位：北京公科飞达交通工程发展有限公司。

本标准主要起草人：庞恩强、郑烁、张少先、李水泉、刘强、田新广、裴健康。

本标准所代替标准的历次版本发布情况为：

——GB/T 19516—2004。

高速公路有线紧急电话系统

1 范围

本标准规定了高速公路有线紧急电话系统(以下简称"紧急电话系统")的结构与分类、技术要求、试验方法、检验规则、标志、包装、运输和贮存。

本标准适用于高速公路使用的光纤型、电缆型紧急电话系统,其他应用场合可参照使用。

2 规范性引用文件

下列文件对于本文件的应用是必不可少的。凡是注日期的引用文件,仅注日期的版本适用于本文件。凡是不注日期的引用文件,其最新版本(包括所有的修改单)适用于本文件。

GB/T 191 包装储运图示标志

GB 5080.7 设备可靠性试验 恒定失效率假设下的失效率与平均无故障时间的验证试验方案

GB 5768.2 道路交通标志和标线 第2部分:道路交通标志

GB/T 13849.1 聚烯烃绝缘聚烯烃护套市内通信电缆 第1部分:总则

GB/T 13849.3 聚烯烃绝缘聚烯烃护套市内通信电缆 第3部分:铜芯、实心或泡沫(带皮泡沫)聚烯烃绝缘、填充式、挡潮层聚乙烯护套市内通信电缆

GB/T 15279—2002 自动电话机技术条件

JT/T 817 公路机电系统设备通用技术要求及检测方法

YD/T 1117 全光纤型分支器件技术条件

ITU-T G.652 单模光纤和光缆的特性(Characteristics of a single-mode optical fibre cable)

3 术语和定义

下列术语和定义适用于本文件。

3.1

紧急电话控制台 emergency telephone console

位于隧道管理所或监控中心、分中心的用于操作路侧分机并具有系统管理功能的一组设备(以下简称"控制台")。其中的主要设备称作主控机。

3.2

控制台互联 interconnection of emergency telephone console

多套控制台之间的相互连接,连接后可互为代管。

3.3

无源光纤网络 passive optical network;PON

一种无源纯光纤介质网络。

3.4

光分路器 light-way divider

PON中用于光信号功率耦合及分配的无源光器件。

4 系统结构和分类

4.1 系统结构

4.1.1 紧急电话系统由三部分组成:控制台、路侧分机和传输介质。

4.1.2 系统结构应为树形、环形或总线结构。

4.1.3 控制台至少包括:主控机(含计算机)、值班话机、录音单元(可含于主控机内)。

4.2 系统分类

4.2.1 光纤型系统

4.2.1.1 通过通信光缆及其中继设备连接控制台和路侧分机的紧急电话系统,应能够中间接入通信系统以满足各种场合的需要。

4.2.1.2 光纤型系统宜采用PON工作方式,以最大限度地提高系统可靠性。

4.2.1.3 光纤型系统宜预留路侧广播通道及控制信号。

4.2.2 电缆型系统

通过通信电缆及其中继设备连接控制台和路侧分机的紧急电话系统,应能够中间接入通信系统以满足各种场合的需要。

5 技术要求

5.1 主要功能

本系统是供公路使用者处于困境中求援时所使用,具有以下主要功能:

a) 接受求援者的呼叫申请;
b) 自动判断求援者的呼叫位置;
c) 使话务员与求援者进行全双工通话;
d) 对呼叫进行统计处理;
e) 对通话进行录音,可存储的录音时长应大于2 000 h;
f) 自检功能。

5.2 主要性能

5.2.1 系统应具有同时接听至少两台路侧分机呼叫的能力。

5.2.2 任何一台或多台路侧分机故障均不能影响其他路侧分机的正常工作。

5.2.3 呼叫、通话过程中,要求应无嗡嗡声、沙沙声及振鸣、啸叫等杂音。

5.3 控制台

5.3.1 工作条件

5.3.1.1 安装环境:机房内。

5.3.1.2 电源适应性、环境适应性、电气安全性按照JT/T 817中对机房内机电设备的技术要求执行。

5.3.2 功能要求

5.3.2.1 通话处理

5.3.2.1.1 接收路侧分机的呼叫，识别呼叫分机的位置，以振铃音和显示方式给出提示。
5.3.2.1.2 当同时有多个呼叫，应能接受每一个呼叫，并对其进行排队处理。
5.3.2.1.3 可对任一通话进行自动录音，并可记录日期、时间等信息。
5.3.2.1.4 可对任一路侧分机进行回呼。
5.3.2.1.5 能够建立和拆除话务员与呼叫分机之间的话音通路。

5.3.2.2 系统自检

5.3.2.2.1 具有对路侧分机、电池电压等进行检测的功能，至少应能够按下列三种方式进行检测：
——定期自动巡检；
——人工巡检；
——人工抽检。
5.3.2.2.2 当进行系统自检时，不能影响正常接收、处理路侧分机的呼叫。
5.3.2.2.3 具有自动和人工启动系统自检并进行异常告警的功能。

5.3.2.3 统计查询

5.3.2.3.1 具有对呼叫及处理情况进行记录、分类统计并输出的功能。
5.3.2.3.2 具有对系统检测结果进行记录、分类统计并输出的功能。
5.3.2.3.3 具有录音回放功能，可按条件检索到某条通话记录，并播放其对应的通话录音。

5.3.2.4 其他

5.3.2.4.1 控制台应具有相互之间互联功能，可相互接管或由上级控制台接管本控制台功能。互联接口应符合附录 A 的要求。
5.3.2.4.2 控制台应能合并广播控制功能，并同时控制紧急电话和广播系统设备。
5.3.2.4.3 配置与监控系统计算机通信接口，按附录 B 的规定向监控系统计算机传送紧急电话系统的使用状态和设备状态。

5.3.3 信号特性

5.3.3.1 光纤型系统

5.3.3.1.1 工作波长：1 310 nm/1 550 nm。
5.3.3.1.2 发送光功率：不小于－5 dBm。
5.3.3.1.3 接收灵敏度：不大于－34 dBm。
5.3.3.1.4 接收光功率动态范围：不小于 26 dB。
5.3.3.1.5 光连接器类型：FC/PC 或 SC/PC。

5.3.3.2 电缆型系统

5.3.3.2.1 呼叫信号、系统检测信号、数据及应答信号等应为平衡传输的电平信号或调制信号。
5.3.3.2.2 经 15 km 仿真线传输，信号传输误码率不大于 10^{-6}。

5.3.4 话音特性

主控机配备的值班话机，其通话传输特性需符合 GB/T 15279—2002 中 4.2 的要求。

5.3.5 振铃特性

振铃声压级应可调，其最大声压级应不小于 80 dB(A)。

5.4 路侧分机

5.4.1 工作条件

5.4.1.1 安装环境：户外无气候防护。

5.4.1.2 环境温度：按照 JT/T 817，分为四级，各级代号及温度范围如下：

——S2 级：−5 ℃～+55 ℃；

——A 级：−20 ℃～+55 ℃；

——B 级：−40 ℃～+50 ℃；

——C 级：−55 ℃～+45 ℃。

5.4.1.3 电源适应性、环境适应性、电气安全性、防护等级、防雷电性能按照 JT/T 817 中对室外机电设备的技术要求执行。

5.4.2 功能要求

5.4.2.1 具有发出呼叫信号的功能，此呼叫信号应能给出自己所在位置。呼叫后，有等待信号或提示语音。

5.4.2.2 通话采用免提方式，通过扬声器和麦克风与控制台进行双向通话。

5.4.2.3 接收来自控制台的呼叫信号，并根据控制命令建立和拆除话音通路。

5.4.2.4 接收来自控制台的检测信号，并配合控制台完成检测过程。

5.4.3 信号特性

符合 5.3.3 的规定。

5.4.4 话音特性

5.4.4.1 声压级

在 200 Hz～3 400 Hz 频率范围内，A 计权声压级应不小于 90 dB(A)。

5.4.4.2 非线性失真

路侧分机在通话状态时，1 000 Hz 时的非线性失真应不大于 5%。

5.4.5 供电要求

5.4.5.1 路侧分机应能在没有蓄电池情况下，仅靠交流供电工作。

5.4.5.2 采用蓄电池供电时，应能够对蓄电池进行充电。

5.4.5.3 当采用太阳能充电方式时，路侧分机应能够连续工作不少于 40 天。

5.4.6 结构与标志

5.4.6.1 路侧分机箱体底部与基础应通过机械结构可靠连接。

5.4.6.2 路侧分机高度应在 1 800 mm～2 000 mm 之间（不含太阳能电池），横截面长、宽均应在 300 mm～400 mm 之间。

5.4.6.3 路侧分机外观颜色规定为国标色 R05 桔红。

5.4.6.4 路侧分机机箱和内部电气部件应具有防雨、防潮湿、防腐蚀能力。

5.4.6.5 送话器距地面的高度为(140±5)cm;受话器距地面的高度为(150±5)cm。

5.4.6.6 在机箱的上部,迎车与面向车道的两个侧面上应有表示紧急电话的反光标志,标志的图案和颜色应符合 GB 5768.2,尺寸为 387 mm×280 mm,亮度为高强级。

5.4.6.7 机箱前面板上应有操作使用的说明或图案,表达应简单明了。

5.4.7 可靠性

5.4.7.1 路侧分机的平均无故障时间 MTBF 应不小于 30 000 h。

5.4.7.2 按键可靠工作次数大于 10 000 次。

5.5 传输介质

5.5.1 电缆

采用实心聚乙烯绝缘铝塑复合带填充型对绞电缆(HYAT 型),线径为 0.9 mm 或 0.7 mm,其机械物理性能及电气性能应符合 GB/T 13849.1 和 GB/T 13849.3 的要求。

5.5.2 光缆

系统应选用单模光纤,其性能应不低于 ITU-T G.652 的规定。

5.5.3 光分路器

光分路器性能应符合 YD/T 1117 的技术要求。

5.6 其他

5.6.1 路侧分机应采用免提通话方式,不应采用手柄摘机通话方式。

5.6.2 路侧分机只应与控制台值班话机进行通话,分机间不应进行通话。

5.6.3 路侧分机应采用单键呼叫方式,不应采用拨号呼叫方式。

5.6.4 控制台应采取自动录音方式,不应采取半自动或人工录音方式。

5.6.5 可采用无源或(和)有源的方式延长系统的传输距离。

6 试验方法

6.1 试验条件

6.1.1 环境温度:15 ℃~35 ℃。

6.1.2 相对湿度:35%~75%。

6.1.3 声场:自由声场。

6.1.4 环境噪声:不大于 35 dB(A)。

6.1.5 大气压力:85 kPa ~106kPa。

6.2 试验用仿真线

1 km、芯线直径为 0.9 mm 的电话电缆仿真线如图 1 所示。公里数增加时可将图 1 电路串联叠加。

6.3 功能

连接一模拟系统,要求包括主控机、传输线和路侧分机。按 5.1、5.2、5.3.2 和 5.4.2 所列功能和性能要求逐项进行检验，并填写记录表格。

6.4 信号特性

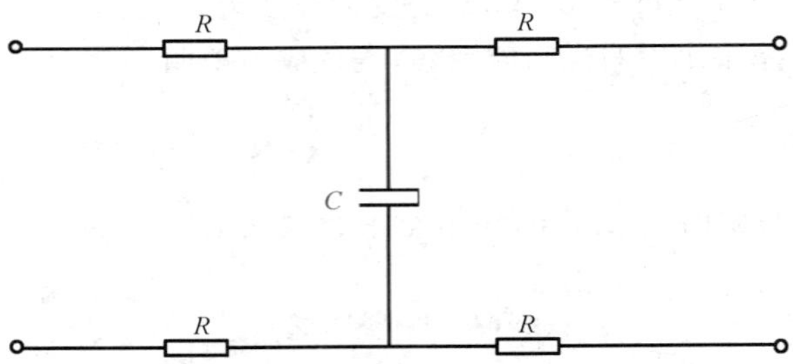

图 1 试验用仿真线

说明：
$R=(15\pm0.5)\Omega$，$C=(47\pm0.5)$nF。

6.4.1 发送光功率试验

试验连接如图 2 所示，启动发送模块进入正常发光工作状态后，在 S 点用光功率计测量发送模块的出纤光功率。

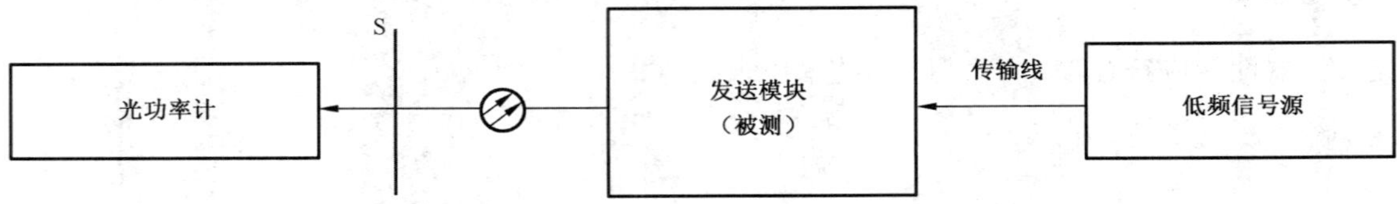

图 2 发送光功率试验

6.4.2 光接收灵敏度试验

试验连接如图 3 所示。

试验步骤：

a) 按照图 3 所示连接好测试系统，开启低频信号发生器，失真度测试仪；
b) 将低频信号发生器电平调至 1 kHz/1 Vpp；
c) 连通 B 和 A 之间的光通信通路，使得 B 输出音频信号；
d) 将光可变衰减器调整在适当位置，使其输出口的光功率大约在灵敏度点略小；
e) 缓慢减少光可变衰减器的衰减量，增加被测模块的输入光功率，直至失真度刚刚达到 5%或指示值开始跳变为止；
f) 用光功率计测得 A 此时的输入光功率，即为 A 接收模块的灵敏度。

6.4.3 电信号传输误码率试验

试验连接如图 4 所示，分别将主控机和路侧分机作为发送端，将发送电平调至最大，连续测试 2 h，读取其误码率。

6.5 振铃特性试验

试验连接如图 5 所示，调节振铃音量，测试其声压级。

6.6 声压级试验

试验连接如图 6 所示，声级计置于路侧分机扬声器正前方 400 mm 处，主控机送出一 0 dBm 正弦音频信号，调节分机音量使失真度不大于 5%，在频率 200 Hz～3 400 Hz 范围内按 400 Hz 间隔频率点测试其声压级。

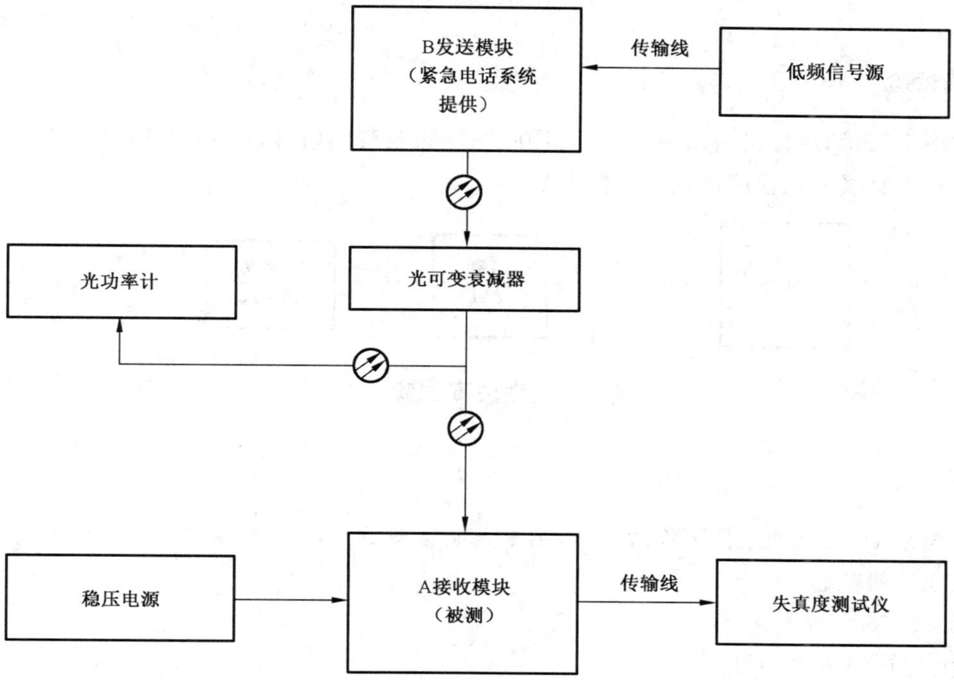

图 3　光接收灵敏度试验

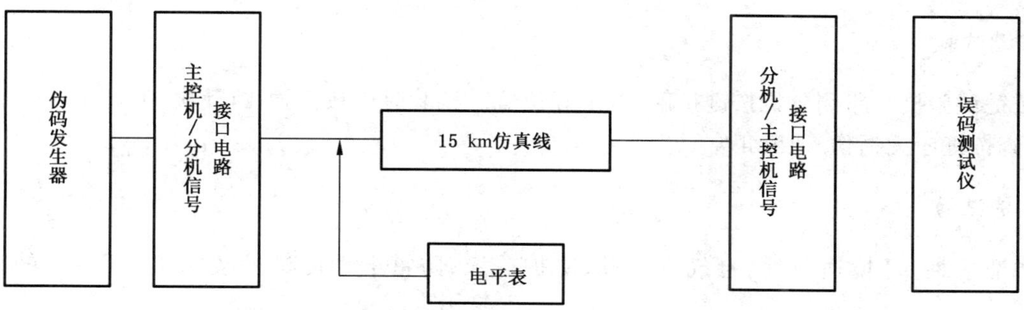

图 4　电信号传输误码率试验

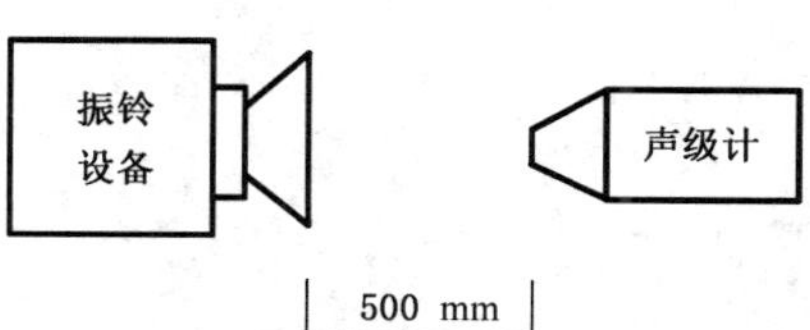

图 5　振铃特性试验

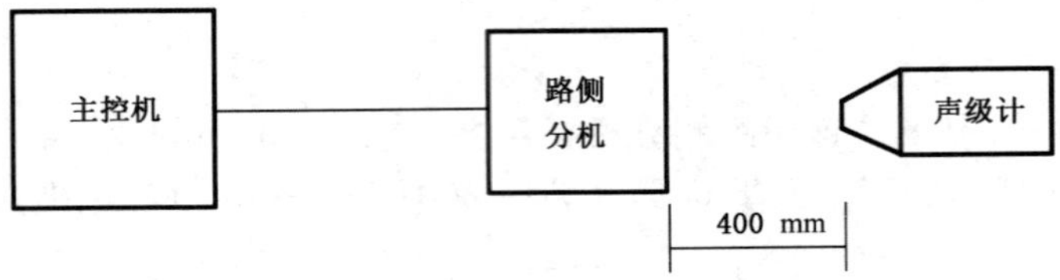

图 6 声压级试验

6.7 非线性失真试验

试验连接如图 7 所示，主控机送出一 0 dBm、1 000 Hz 正弦音频信号，调节分机音量使输出声压级达到 90 dB(A)，用失真度测试仪测量其非线性失真。

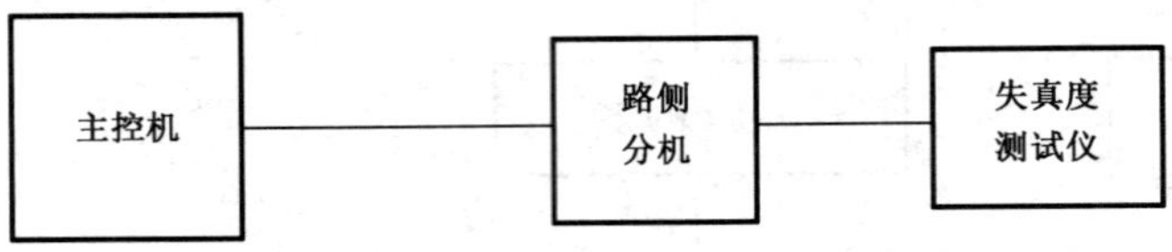

图 7 非线性失真试验

6.8 供电试验

路侧分机加电启动，在下列条件下连续工作，测量其能够满足 5.4.5.3 要求的连续工作天数：

a) 连续处于待机状态；

b) 无充电；

c) 每 24 h 工作 15 min。

6.9 MTBF 试验

按照 GB 5080.7 的规定，采用序贯试验方案进行。

6.10 按键试验

将按键试验机与路侧分机按键接触、调整好位置。试验时以按键通-断计次，累计 10 000 次。试验完毕，检查按键应无损伤，通断正常。

6.11 其他试验

电源适应性、环境适应性、电气安全性、防护等级、防雷电性能试验按照 JT/T 817 的试验方法进行。

7 检验规则

7.1 一般规则

设备的检验分为型式检验和出厂检验。

7.2 型式检验

7.2.1 凡有下列情况之一时，应进行型式检验：

a) 新产品试制定型鉴定或老产品转厂生产；

b) 正式生产后，如结构、材料、工艺有较大改变，可能影响产品性能时；

c) 产品停产半年以上，恢复再生产时；

d) 连续批量生产，每年一次；

e) 国家质量监督机构提出抽查要求。

7.2.2 型式检验的样品应从出厂检验合格的产品中随机抽取样品。

7.2.3 型式检验的项目按表1的规定。

7.3 出厂检验

7.3.1 产品出厂检验由产品生产企业质量检验部门按表1的规定逐项进行检验。

7.3.2 出厂检验中，若出现一项不合格，则应返修，返修后重新对不合格项进行检验。若仍不合格，则判为不合格品。

表1 型式检验和出厂检验项目

序号	项目名称	技术要求	试验方法	型式检验	出厂检验
1	主要功能	5.1、5.3.2、5.4.2	6.3	√	√
2	主要性能	5.2	6.3	√	×
3	工作条件	5.3.1、5.4.1	6.11	√	×
4	信号特性	5.3.3、5.4.3	6.4	√	√
5	振铃特性	5.3.5	6.5	√	×
6	话音特性	5.4.4	6.6、6.7	√	√
7	供电要求	5.4.5	6.8	√	×
8	可靠性	5.4.7	6.9、6.10	√	×
注：√为检验项目，×为不检验项目。					

8 标志、包装、运输和贮存

8.1 标志

8.1.1 产品标志

产品标志可采用铭牌或直接喷刷、印字等形式，标志应清晰，其颜色要有益于识别且不易随自然环境的变化而褪色、脱落。产品标志上应注明：

a) 生产企业名称、地址及商标；

b) 产品名称及型号规格；

c) 产品编号；

d) 制造日期。

8.1.2 包装标志

包装标志应符合GB/T 191的规定，应标有“易碎物品”“向上”和“怕雨”等图案，还应在包装箱上印刷以下内容：

a) 生产企业名称、地址及商标；

b) 产品名称及型号规格；

c) 本标准号；

d) 重量；

e) 外形尺寸；

f) 数量；

g) 包装储运图示标志；

h) 产品编号。

8.2 包装

8.2.1 产品的外包装箱宜选择瓦楞纸箱，内部宜用聚胺脂泡沫板和塑料泡沫等材料缓冲。包装应牢固可靠，能适应常用运输工具运送。

8.2.2 产品包装箱内应随带如下文件：

a) 产品合格证；

b) 装箱单；

c) 随机备用附件清单；

d) 其他有关技术资料。

8.3 运输

包装好的产品可用常规运输工具运输，运输过程应避免剧烈振动、雨雪淋袭、太阳久晒、接触腐蚀性气体及机械损伤。

8.4 贮存

产品应贮存于通风、干燥、无酸碱及腐蚀性气体的仓库中，周围应无强烈的机械振动及强磁场作用。

附　录　A
（规范性附录）
控制台互联要求

A.1　互联规则

同级的控制台之间互联时，可由一个控制台代管另外控制台管理的路侧分机。

上、下级的控制台之间互联时，一个上级控制台可以下辖多个下级控制台，但是一个下级控制台只能属于一个上级控制台。上级控制台可以代管下级控制台管理的路侧分机，但是下级控制台不能代管上级控制台管理的路侧分机。

上级控制台可以对下级控制台主动切换控制权。

A.2　通信规程

A.2.1　数据接口

数据接口采用以太网接口（RJ45 型连接器）或 EIA RS232C（DB-25 或 DB-9 型连接器）。

A.2.2　音频接口

音频接口采用两线音频接口，阻抗 600 Ω。

A.2.3　字符编码

采用十六进制字符编码。

A.2.4　帧格式

通讯帧的格式见表 A.1。

表 A.1　帧格式的定义

序号	名称	长度/字节	说明
1	帧起始符	1	STX(02H)
2	特征字节	1	见报文格式说明
3	报文数据长度	1	长度为 N
4	报文数据内容	N	见报文格式说明
5	校验和	1	从特征字节到报文数据，所有字节的和
6	帧结束符	1	ETX(03H)

A.3　报文格式说明

所有报文分为四大类：应答、对讲、互联、检测。每个报文的特征字节、数据长度、数据内容及内容说明见表 A.2。生产厂家可根据需要对报文进行扩展，扩展报文的特征字节宜在 A0H～AFH 段内选取。

表 A.2 报文格式说明

报文分类	报文名称	特征字节	传输方向	数据长度/字节	数据内容			
					序号	长度/字节	含义	说明
应答类	应答报文	06H	双向	1	1	1	原特征字节	所应答报文的特征字节
对讲类	呼上报文	21H	下→上	4	1	4	设备编号	低字节在前，高字节在后
	呼上连线结果报文	22H	上→下	5	1	4	设备编号	低字节在前，高字节在后
					2	1	连线结果	0＝成功，非 0 为失败原因，详见失败原因代码[a]
	呼下报文	23H	上→下	4	1	4	设备编号	低字节在前，高字节在后
	呼下连线结果报文	24H	下→上	5	1	4	设备编号	低字节在前，高字节在后
					2	1	连线结果	0＝成功，非 0 为失败原因，详见失败原因代码[a]
	拆线报文	25H	上→下	4	1	4	设备编号	低字节在前，高字节在后
	拆线完成报文	26H	下→上	4	1	4	设备编号	低字节在前，高字节在后
互联类	代管切换报文	41H	上→下	1	1	1	控制命令	0＝下级控制台自管；1＝上级控制台代管
	代管切换结果报文	42H	下→上	1	1	1	切换结果	0＝失败；1＝成功
	代管切换请求报文	43H	下→上	1	1	1	控制命令	0＝下级控制台自管；1＝上级控制台代管
	代管切换请求应答报文	44H	上→下	1	1	1	请求应答	0＝不同意；1＝同意
	同步设备信息报文	45H	上→下	1	1	1	设备范围标志	0＝只包括该下级控制台直接管理的分机；1＝包括该下级控制台下辖的所有分机
	设备信息报文	46H	下→上	37	1	4	设备编号	低字节在前，高字节在后
					2	2	设备总数	低字节在前，高字节在后
					3	20	设备名称	设备的名称
					4	10	桩号	设备的桩号
					5	1	主侧标志	1＝主侧；0＝副侧
检测类	设备状态数据请求报文	91H	上→下	4	1	4	设备编号	低字节在前，高字节在后
	设备状态数据报文	92H	下→上	6	1	4	设备编号	低字节在前，高字节在后
					2	1	设备状态	0＝正常；1＝故障
					3	1	工作状态	0＝待机；1＝呼叫；2＝通话；3＝广播
[a] 失败原因代码：1＝控制命令无效；2＝分机编号无效；3＝内容无效。								

A.4 通信流程

A.4.1 呼上

下级控制台发送呼上报文,上级控制台收到后回复应答报文。然后上级控制台准备话音通路,再发送呼上连线结果报文,将话音通路准备情况通知下级控制台。下级控制台收到后回复应答报文,再判断话音通路准备情况——成功则开始通话;失败则拆除话音通路。

A.4.2 呼下

上级控制台发送呼下报文,下级控制台收到后回复应答报文。然后下级控制台准备话音通路,再发送呼下连线结果报文,将话音通路准备情况通知上级控制台。上级控制台收到后回复应答报文,再判断话音通路准备情况——成功则开始通话;失败则拆除话音通路。

A.4.3 拆线

上级控制台发送拆线报文,下级控制台收到后回复应答报文。然后下级控制台开始拆除话音通路,完成之后再发送拆线完成报文,通知上级控制台。上级控制台收到后回复应答报文,通话结束。

A.4.4 代管切换

上级控制台发送代管切换报文,下级控制台收到后回复应答报文。然后下级控制台根据当前状态,发送代管切换结果报文,将结果通知上级控制台。上级控制台收到后回复应答报文,通讯结束。

A.4.5 代管切换请求

下级控制台发送代管切换请求报文,上级控制台收到后回复应答报文。然后由上级控制台的值班人员决定是否同意,再发送代管切换请求应答报文,将结果通知下级控制台。下级控制台收到后回复应答报文,通讯结束。

A.4.6 同步设备信息

由于上级控制台要存储下级控制台管理的路侧分机的信息,并与下级控制台保持一致,因此需要从下级控制台获得这些信息。

上级控制台发送同步设备信息报文,下级控制台收到后回复应答报文。然后下级控制台逐个将路侧分机信息发送给上级控制台,直到最后一个。上级控制台每收到一条设备信息报文,均回复应答报文。

A.4.7 设备状态数据请求

上级控制台能够检测下级控制台的设备的工作状态。上级控制台发送设备状态数据请求报文,下级控制台收到后回复应答报文。然后开始检测设备状态,检测完毕后,发送设备状态数据报文。上级控制台收到后回复应答报文,通讯结束。

A.4.8 设备状态数据主动上报

当设备状态变化时,下级控制台能够主动上报设备状态数据。上级控制台收到设备状态数据报文后回复应答报文,通讯结束。

附　录　B
（规范性附录）
与监控系统计算机通信规程

B.1　通信规程

B.1.1　电气接口

采用 EIA RS232 C(DB-25 或 DB-9 型连接器),也可以采用以太网接口(推荐采用 UDP 方式)。

B.1.2　字符编码

采用十六进制字符编码。

B.1.3　帧格式

通讯帧的格式见表 B.1。

表 B.1　帧格式的定义

序号	名称	长度/字节	说明
1	帧起始符	1	STX(02H)
2	特征字节	1	见报文格式说明
3	报文数据长度	1	长度为 N
4	报文数据内容	N	见报文格式说明
5	校验和	1	从特征字节到报文数据,所有字节的和
6	帧结束符	1	ETX(03H)

B.2　报文格式说明

报文分为:设备状态数据请求、设备状态数据、确认应答。每个报文的特征字节、数据长度、数据内容及内容说明见表 B.2。

B.3　通信流程

B.3.1　设备状态数据请求

监控系统计算机能够检测设备工作状态。监控系统计算机发送设备状态数据请求报文,紧急电话主控机收到后回复应答报文。然后开始检测设备状态,检测完毕后,发送设备状态数据报文。监控系统计算机收到后回复应答报文,通讯结束。

B.3.2　设备状态数据主动上报

当设备状态变化时,紧急电话主控机能够主动上报设备状态数据。监控系统计算机收到设备状态数据报文后回复应答报文，通讯结束。

表 B.2 报文格式说明

<table>
<tr><th rowspan="2">报文名称</th><th rowspan="2">特征字节</th><th rowspan="2">传输方向</th><th rowspan="2">数据长度/字节</th><th colspan="4">数据内容</th></tr>
<tr><th>序号</th><th>长度/字节</th><th>含义</th><th>说明</th></tr>
<tr><td>设备状态数据请求</td><td>91H</td><td>监控计算机至紧急电话主控机</td><td>4</td><td>1</td><td>4</td><td>设备编号</td><td>低字节在前，高字节在后</td></tr>
<tr><td rowspan="3">设备状态数据</td><td rowspan="3">92H</td><td rowspan="3">紧急电话主控机至监控计算机</td><td rowspan="3">6</td><td>1</td><td>4</td><td>设备编号</td><td>低字节在前，高字节在后</td></tr>
<tr><td>2</td><td>1</td><td>设备状态</td><td>0＝正常；1＝故障</td></tr>
<tr><td>3</td><td>1</td><td>工作状态</td><td>0＝待机；1＝呼叫；
2＝通话；3＝广播</td></tr>
<tr><td>应答</td><td>06H</td><td>双向</td><td>1</td><td>1</td><td>1</td><td>原特征字节</td><td>所应答报文的特征字节</td></tr>
</table>

ICS 29.260.20
K 35

中华人民共和国国家标准

GB/T 19518.1—2017
代替 GB 19518.1—2004

爆炸性环境　电阻式伴热器　第1部分：通用和试验要求

Explosive atmospheres—Electrical resistance traces heating—Part 1: General and testing requirements

(IEC 60079-30-1:2007, Explosive atmospheres—Part 30-1: Electrical resistance traces heating—General and testing requirements, MOD)

2017-07-31 发布　　　　2018-02-01 实施

中华人民共和国国家质量监督检验检疫总局
中国国家标准化管理委员会　发布

前　言

GB/T 19518《爆炸性环境　电阻式伴热器》分为两个部分：

——第 1 部分：通用和试验要求；

——第 2 部分：设计、安装和维护指南。

本部分为 GB/T 19518 的第 1 部分。

本部分按照 GB/T 1.1—2009 给出的规则起草。

本部分代替 GB 19518.1—2004《爆炸性气体环境用电气设备　电阻式伴热器　第 1 部分：通用和试验要求》。

与 GB 19518.1—2004 相比，主要技术变化如下：

——增加了几个术语：并联伴热器(见 3.20)、温度报警装置(见 3.31)、温度控制装置(见 3.32)、温度限制装置(见 3.34)和伴热比(见 3.39)；

——增加了制造商的质量方案中包括热安全性的要求(见 5.1.12)；

——增加了防水试验，浸水时间为 14 天(见 5.1.8)。

本部分使用重新起草法修改采用 IEC 60079-30-1：2007《爆炸性环境　第 30-1 部分：电阻式伴热器　通用和试验要求》。

本部分与 IEC 60079-30-1：2007 相比，主要技术性差异如下：

——关于规范性引用文件，本部分做了具有技术性差异的调整，以适用我国的技术条件，调整的情况集中反映在第 2 章"规范性引用文件"中，具体调整如下：

- 用修改采用国际标准的 GB 3836.1—2010 代替 IEC 60079-0：2004；
- 用等同采用国际标准的 GB 3836.3—2010 代替 IEC 60079-7：2001；
- 用等同采用国际标准的 GB 3836.14—2014 代替 IEC 60079-10：2002；
- 用等同采用国际标准的 GB/T 16895.20 代替 IEC 60364-5-55；
- 删除 IEC 60079-30-2 和 IEC 60050-151。

本部分做了下列编辑性修改：

——修改了标准名称。

本部分由中国电器工业协会提出。

本部分由全国防爆电气设备标准化技术委员会(SAC/TC 9)归口。

本部分主要起草单位：南阳防爆电气研究所、国家防爆电气产品质量监督检验中心、赛盟伴热工程(上海)有限公司、无锡恒业电热电器有限公司、江阴市华能电热器材有限公司、无锡博睿奥克电气有限公司、安邦电气集团有限公司。

本部分主要起草人：李书朝、张刚、杨晨、赵钧、顾贤、何大庆、高大国、孙景富。

本部分所代替标准的历次版本发布情况为：

——GB 19518.1—2004。

引　言

GB/T 19518 的本部分全面概述了爆炸性气体环境用表面电加热设备的基本要求和试验要求。本部分中的要求被认为是对 1 区或 2 区的最低要求，对于本部分涉及的已经出现在国家标准或国际标准中的内容，在本部分中对其进行了核对及补充。

爆炸性环境　电阻式伴热器
第1部分:通用和试验要求

1　范围

GB/T 19518的本部分规定了在爆炸性气体环境中电阻式伴热器应用的通用和试验要求。

本部分适用于爆炸性气体环境用电阻式伴热器,可包括工厂装配或现场(工地)装配的装置,既可以是按照制造商的使用说明装配和/或端接的串联伴热电缆、并联伴热电缆,也可以是伴热垫和伴热板。

本部分还包括伴热器使用的端接要求和控制方法,本部分中所涉及的危险场所见GB 3836.14—2014中的定义。

2　规范性引用文件

下列文件对于本文件的应用是必不可少的。凡是注日期的引用文件,仅注日期的版本适用于本文件。凡是不注日期的引用文件,其最新版本(包括所有的修改单)适用于本文件。

GB 3836.1—2010　爆炸性环境　第1部分:设备　通用要求(IEC 60079-0:2007,MOD)

GB 3836.3—2010　爆炸性环境　第3部分:由增安型"e"保护的设备(IEC 60079-7:2006,IDT)

GB 3836.14—2014　爆炸性环境　第14部分:场所分类　爆炸性气体环境(IEC 60079-10-1:2008,IDT)

GB/T 16895.20　建筑物电气装置　第5部分:电气设备的选择和安装　第55章:其他设备　第551节:低压发电设备(GB/T 16895.20—2003,IEC 60364-5-551:1994,IDT)

3　术语和定义

GB 3836.1—2010和GB 3836.3—2010界定的以及下列术语和定义适用于本文件。

注:爆炸性环境中的其他术语和定义见GB/T 2900.35—2008。

3.1

环境温度　ambient temperature

环绕被考核对象周围的温度。当伴热器被保温层包裹时,环境温度指保温层外部的温度。

3.2

分支回路　branch circuit

安装在电路过电流保护装置与伴热器之间的线路部分。

3.3

连接件(接头)　connections (terminations)

3.3.1

冷端引线　cold lead

用于连接伴热器到分支回路的单根或多根绝缘导线,该导线不产生明显的热量。

3.3.2

终端连接件　end termination

位于伴热器供电端的对应端(或另一端)可能产生热量的连接件。

3.3.3

电源连接件　power termination

位于伴热器供电端的连接件。

3.4

三通件　tee

为串联或并联伴热器的电气连接提供的三通或分支部件。

3.5

盲管　dead leg

同正常流动的管线隔开的、可为热损失提供参考的工艺管段。

3.6

设计负载　design loading

在最不利条件下,考虑了电压和电阻的偏差和适当的安全系数之后,符合设计要求的最小功率。

3.7

工厂装配　factory fabricated

在工厂将伴热器,包括必需的接头和连接件,装配成整套的装置或单元。

3.8

现场装配　field-assembled

在工作现场将散装提供的伴热器与连接元件装配成单元。

3.9

热损失　heat loss

从管道、容器或设备散逸到周围环境中的能量。

3.10

散热件　heat sink

工件上传递并消散热量的部位。

注:典型的散热件为管托、管线支架和大件物品,如阀门执行机构或泵体。

3.11

辅助传热材料　heat-transfer aids

导热材料,如金属箔带或导热胶泥等,用于提高从伴热源向工件的传热效率。

3.12

伴热垫　heating pad

由并联或串联热元件组成的伴热器,具有足够的柔性,能适应被伴热表面的形状。

3.13

伴热板　heating panel

由并联或串联热元件组成的非柔性伴热器,工厂预制成适合被伴热表面的通常形状。

3.14

上限温度　high-limit temperature

包括管道、流体和伴热系统在内的整个系统的最高容许温度。

3.15

最高耐受温度　maximum withstand temperature

对伴热器及其元器件的热稳定性不会产生不利影响的最高操作温度或暴露温度。

3.16

金属防护层　metallic covering

用来向伴热器和/或电气接地电路提供物理保护的金属护套或金属编织层。

3.17

最低环境温度　minimum ambient temperature

规定热损失计算所基于的最低环境温度，在此规定要求下伴热器能够正常操作和运行。

3.18

工作电压　operating voltage

伴热器工作状态下被施加的实际电压。

3.19

外护套　over jacket

在金属护套、防护层或铠装层外使用的用以防腐的绝缘材料连续层。

3.20

并联伴热器　parallel trace heater(s)

在连续型或分节型伴热器内的热元件采用并联的电气连接，使单位长度的功率密度保持恒定，而无需考虑连续型伴热器的长度或分节型伴热器的分节数量。

3.21

功率密度　power density

功率输出密度，对于伴热带或电缆以瓦特每米(W/m)表示；对于伴热垫或伴热板以瓦特每平方米(W/m^2)表示。

3.22

额定输出功率　rated output power

在额定电压、温度和长度条件下的总功率或伴热电缆、伴热器每单位长度或每单位面积上的功率，通常用瓦特每米(W/m)或瓦特每平方米(W/m^2)表示。

3.23

额定电压　rated voltage

伴热器操作和运行特性所涉及的电压。

3.24

出厂试验　routine test

制造过程中或完成后对每个单项所做的合格试验。

3.25

串联伴热器(组)　series trace heater(s)

热元件采用串联的电气连接与单一电流通路相连，伴热器在给定温度和长度条件下具有特定的电阻值。

3.26

护套　sheath

包裹在伴热器或电缆外面、保护其免受周围环境影响(腐蚀、潮湿等)的均匀而连续金属或非金属外套。见**外护套**(3.19)。

3.27

护套温度　sheath temperature

护套可能暴露在周围环境中的最外层连续护套的温度。

3.28

稳态结构　stabilized design

通过设计和使用状态的规定，使伴热器的温度在最不利条件下稳定在最高上限温度以下，而不需用限温保护的结构。

3.29

起动电流　start-up current

伴热器通电后的响应电流。

3.30

系统文件　system documentation

由供货商提供的、能够满足对伴热系统的理解、安装和安全使用的信息。

3.31

温度报警装置　temperature alarm device

当传感器的温度超出规定温度范围时能发出报警的装置。

3.32

温度控制装置　temperature control device

使温度维持在规定温度范围内的装置。

3.33

温度控制器　temperature controller

将某种方式的温度传感和伴热器的电源控制功能整合为一体的装置或成套装置。

3.34

温度限制装置　temperature limiting device

用于为防止出现超过允许最高表面温度的上限温度(如:故障情况下)而关断伴热器电源的装置。

3.35

保温层　thermal insulation

具有空气泡或气泡、空隙或热反射表面，恰当使用时能减缓热传导的材料。

3.36

伴热器　trace heater

以电阻发热为原理产生热量，通常包括带有适当绝缘和保护的一根或多根导线或导电材料的装置。

3.37

伴热器单元(伴热器元件)　trace heater unit (trace heater set)

依照制造商说明书适当连接的串联型、并联型伴热电缆、伴热垫或伴热板。

3.38

伴热　trace heating

外部使用伴热电缆、伴热垫、伴热板和相关元件，以提高或保持管道、罐及相关设备内介质温度的方法。

3.39

伴热比　trace ratio

伴热器的长度与管线长度的比值。

3.40

型式试验　type test

针对产品一项或多项典型特性进行的符合性试验。

3.41

气候防护层　weather barrier

用来保护保温层不受水或其他液体浸入，冰雪、风或机械误伤造成物理损害，以及防止因太阳辐射或环境污染而退化加装在保温层外表面的材料。

3.42

工件　workpiece

伴热器所施加的对象。

注：这些对象的实例包括工艺设备，如管道、容器、罐、阀门、仪表和类似设备。

4　通用要求

4.1　总则

本部分范围内的电阻式伴热器的设计及结构应确保其电气的、热的和机械的耐久性和可靠性，以便在正常使用中不会给使用者或周围环境带来危害。电阻式伴热器及所需元件应首先符合 GB 3836.1—2010 的规定，本部分的要求作为补充和修改。电阻式伴热器的接头作为独立元件，根据适当的应用，应满足 GB 3836.1—2010 所列的一种或多种防爆型式的要求，本部分的要求可作为补充和修改。

伴热器所提供的金属编织层或金属护套应至少覆盖伴热器表面 70%。

如确定伴热器仅用于机械损伤危险性低的场所，可采用 5.1.5 规定的降低负荷冲击试验和 5.1.6 规定的挤压试验，并应按照 6.3 的规定明确标示。

伴热器可以以成套(或工厂预制)方式提供额外的机械保护以满足本部分要求，同时必须在说明书中包含以下声明："不可拆除此机械防护套，没有机械防护套情况下伴热器禁止使用!"。

制造商应标出产品的最高耐受温度(℃)。伴热器所使用的材料，在按 5.1.11 的要求进行试验时，应能承受不低于最高耐受温度＋20 K 的相关试验要求。

本部分中，GB 3836.1—2010 中的第 7 章不适用于伴热器的电气绝缘材料。

4.2　接头和连接件

接头和连接件既可以标识为伴热器整体的一部分，也可以标识为单独元件。在后一种情况下，根据 GB 3836.1—2010 第 13 章的规定，接头和连接件应视为 Ex 元件。作为伴热器整体一部分的接头和连接件，应作为典型伴热器单元的一部分进行试验，见 5.1.1。

4.3　对分支回路的电路保护要求

对用于爆炸性气体环境的伴热系统的最低要求如下：

a)　采取措施使所有导线从电源端起得到隔离；

b)　对每一个分支回路提供过电流保护；

c)　根据系统接地形式采取防止接地故障的保护措施(见 GB/T 16895.20 中的定义)。

对 TT 和 TN 系统采用的接地故障保护装置为：

d)　伴热器分支回路的保护应具备切断高阻接地故障以及短路故障的能力。可通过一个接地故障保护装置或一个带有接地故障保护功能的控制器结合适当的回路保护来完成。可调装置的最佳跳闸动作值为 30 mA，该数字高于所有伴热器供货商定义的伴热器固有电容放电参数。维护和管理中应确保仅由有资质人员检修已安装系统，连续的回路运行是设备或工艺安全运行的保障。如果采用确认响应报警方式时，允许使用无间断接地故障检测系统。

注：对 a)、b)、c)和 d)的要求可由一台装置执行。

对 IT 系统：

e) 应安装电气绝缘监测装置，以保证在任何情况下当电阻不大于 50 Ω/V(额定电压)时断开电源。

4.4 控制和温度要求

4.4.1 总则

在所有可预见的合理条件下，伴热系统应设计成伴热器表面温度被限制在温度组别或点燃温度之下，当温度不高于 200 ℃时低于该温度值 5 K，或当温度高于 200 ℃时低于该温度值 10 K。应通过采用 4.4.2 的稳态结构，或通过采用 4.4.3 的限制最高设备温度的温度控制装置达到上述要求。

当多个伴热器组合在一起(特别是在不同流动条件的管道上)，使用同一台表面测温控制装置时，每一个设计条件都应采用管线稳态结构进行分析。

4.4.2 针对 1 区和 2 区应用的稳态结构

稳态结构应用：当伴热器最高表面温度限定不采用温控器控制时，应采用 5.1.13.2 中定义的系统法或 5.1.13.3 中定义的产品分级法。

4.4.3 控制设计

控制设计应用：当最高表面温度限定要求使用温度控制装置实现时，对于 1 区应符合 a)，对于 2 区应符合 a)或 b)：

a) 对于 1 区应用：保护装置如限温器，应能提供系统断电保护以防止最高表面温度超过最高容许温度。一旦传感器故障或损坏，伴热系统在故障设备更换前应断电。保护装置的操作应独立于温度控制器。保护装置应具备以下特性：
    1) 仅能通过手动方式重新启动；
    2) 仅当正常操作条件恢复后或当开关状态可被连续监控条件下，方可能重新启动；
    3) 重新启动需要锁定工具或钥匙；
    4) 为防止随意操作，温度设定应可靠并加锁；
    5) 当传感器故障时，须切断回路供电。

b) 对于 2 区应用：可以使用具有故障报警的单一温控装置，如果这样，应采取足够的报警监测措施，例如 24 h 监测。

注：如果制造商不提供控制装置，则宜对选型和安装给予充分的说明。

5 试验

5.1 型式试验

5.1.1 总则

GB 3836.1—2010 中 26.1 的规定和以下补充适用。伴热器被试样品的长度应至少为 3 m，另有规定的除外。进行试验时的温度在 10 ℃～40 ℃之间，另有规定的除外。无论是工厂装配还是现场安装，接头和连接件均被视为伴热器整体的一部分，应进行与伴热器相同的试验，除非另有注明。连接件应包括终端连接件、三通件、两通件和电源连接件，以及伴热电缆进入接线盒的密封接头、附件和密封件。

5.1.2 介电强度试验

介电强度试验应根据表 1 的规定在按 5.1.1 描述所准备的试样上进行。

表 1 介电强度试验电压

额定电压 U	试验电压/V a.c.(r.m.s.)
<30 V a.c.(r.m.s.)	500
<60 V d.c.	500
≥30 V a.c.(r.m.s.)	$2U+1\ 000$
≥60 V d.c.	$\sqrt{2}U+1\ 000$

表中试验电压一栏,U 指额定电压。试验电压应加在导线芯和金属编织层或外套之间,试验电压升压速度在 100 V/s 和 200 V/s 之间,并保持 1 min 不发生电介质击穿。试验电压的波形应为近似正弦波,频率为 45 Hz~65 Hz。

当确定 U 时,应考虑正确使用相对相或相对中性点电压等级。

5.1.3 绝缘电阻试验

绝缘电阻的测量应针对已通过 5.1.2 规定的介电强度试验后的试样进行。绝缘电阻的测量应在导线芯和金属外护层,或者在一个特殊的导电金属带或金属护网之间进行,施加直流 500 V(标称值)电压。测量值应不低于 50 MΩ。

5.1.4 燃烧试验

所有伴热器均应进行燃烧试验,包括那些供货时已组装在工厂预制件内的伴热器。试验应在不通风的房间内进行。伴热器的被试样品长度至少为 450 mm,应将其垂直悬挂。对伴热垫、伴热板等其他形式的伴热器,被试样品的宽度应为 80 mm。

用一张原色的胶粘试纸缠绕被试样品一周,使试纸伸出样品 20 mm。试纸应位于火焰内部蓝色锥形火苗与样品接触点以上 250 mm 处,将一团厚度不超过 6 mm 的干燥纯药棉放置在被试样品的下面,从药棉到火焰施加点的距离为 250 mm。

天然气喷灯火焰的高度应调整为 130 mm,其内部蓝色锥形火苗的高度为 40 mm,如图 1a)所示。喷灯应倾斜 20°角,并将火焰施加到试样上,使火焰内焰蓝色锥形前端触及到被试样品底端以上大约 150 mm 处。火焰应以这样一种方式施加在伴热器上,即使包含喷灯管主轴的垂面与被试样品所在平面保持正确的角度,如图 1b)所示。施加火焰的时间为 15 s,然后移开火焰 15 s 后重新施加,如此重复进行 5 次。

如果伴热器在 5 次施加火焰后持续燃烧不超过 1 min,伴热器上伸出的原色试纸燃烧不超过 25%,且落下的燃烧颗粒未引燃药棉,则试验结果被视为满足要求。

单位为毫米

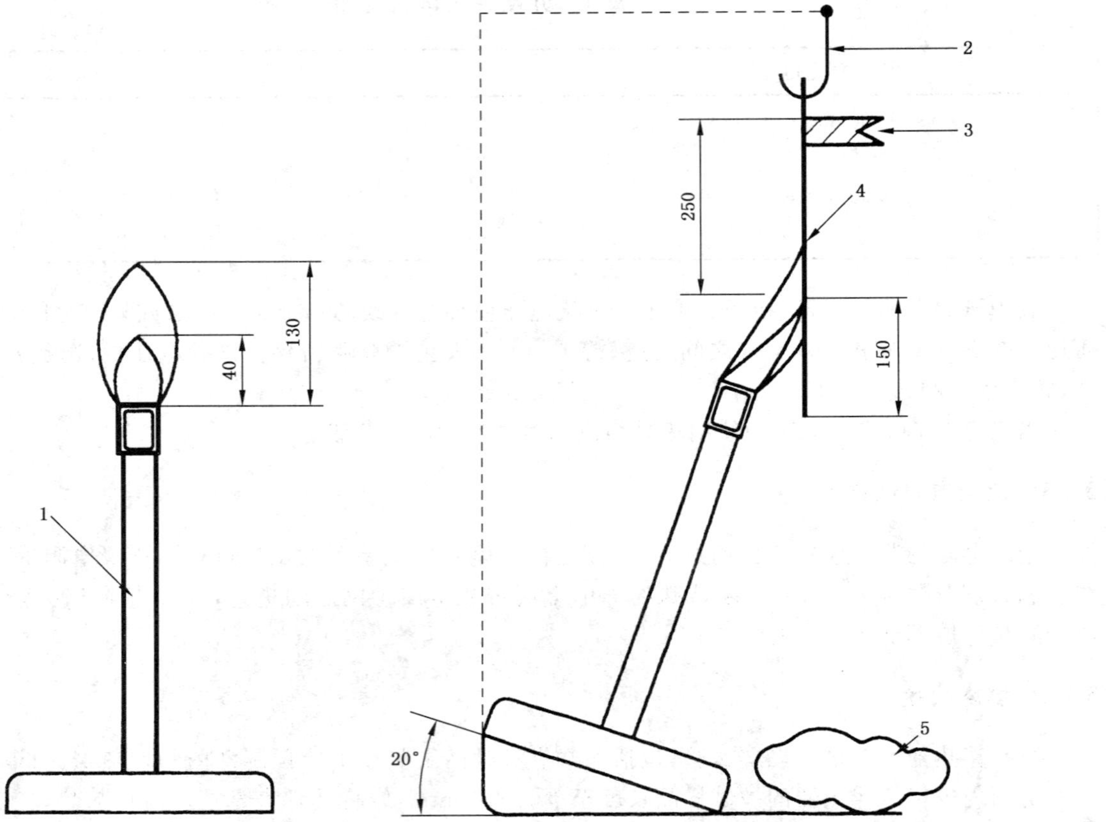

a）　天然气火焰的高度　　　　b）　垂直面与被试电缆成直角

说明：

1——喷灯；

2——吊钩；

3——试纸标记；

4——试样；

5——干燥的药棉。

图 1　燃烧试验

5.1.5　冲击试验

注：电伴热器在大多数情况下都有保温层覆盖，由此能提供一定的机械保护。然而，在某些情况下，伴热器可能不是始终安装在有保温层保护的场所，例如，在保温层安装之前，或者伴热器从保温层中引出进入到接线盒的位置。

将长度约 200 mm 的试样放置在一个钢质平面上，并在其上面平放一段直径为 25 mm 的钢质圆柱，样品位于圆柱中间位置。当用于伴热垫和伴热板试验时，要求钢质圆柱的长度为 25 mm，并带有半径约 5 mm 的光滑倒角（见图 2）。进行试验时，将钢质圆柱水平放置在试样上，当试样为伴热电缆时，钢质圆柱的轴线应与试样垂直。对于横截面为非圆形的伴热电缆来说，其放置的状态应使冲击力沿短轴方向施加（即将伴热电缆平放在钢板上）。

除非试验针对仅用于机械损伤危险性低的场所的电伴热器，否则试验应采用质量为 1 kg 的冲击锤从 700 mm 的高处落下冲击到水平放置的圆柱上（即冲击能量为 7 J）。

仅用于机械损伤危险性低的场所的电伴热器，根据 4.1 的规定，冲击高度可减少到 400 mm（即冲击能量为 4 J）。仅通过 4 J 冲击试验的电阻式伴热器应根据 6.3 的要求明确标识，以警示用户其已降低的机械能力。

完成冲击试验后,在钢质圆柱及冲击锤仍处于试样上的情况下,立即根据5.1.2和5.1.3的规定进行电气绝缘测试,检验是否符合要求。对于MI伴热电缆,如果额定电压超过30 V a.c.,将5.1.2的测试电压降低至$(2U+500)$V a.c.;如果额定电压超过60 V d.c.,将5.1.2的测试电压降低至$(\sqrt{2}U+500)$V d.c.。

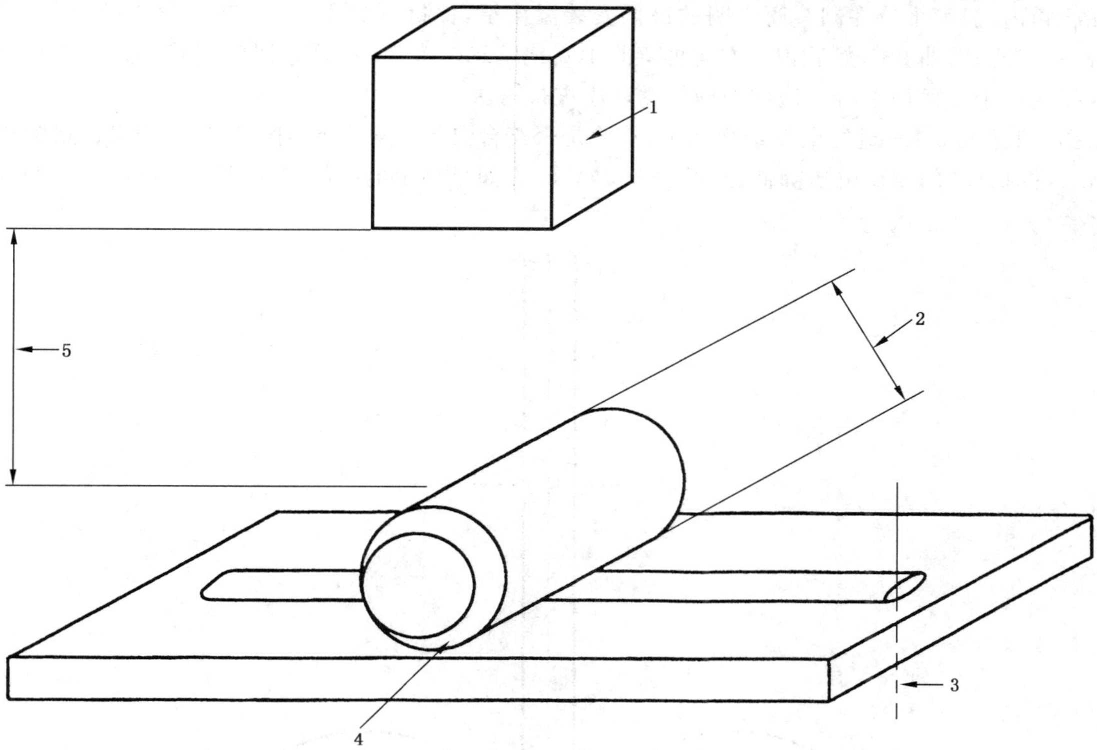

说明:

1——质量为1 kg的冲击锤;

2——直径为25 mm的钢质圆柱;

3——非圆形伴热电缆的短轴线;

4——钢质圆柱总长为25 mm,并且在用于伴热垫和伴热板试验时带有半径为5 mm倒角;

5——冲击锤下落高度:700 mm或400 mm。

图2 冲击试验

5.1.6 挤压试验

将试样放置于钢质平面上。通过一根直径为6 mm、长度为25 mm、端部为半球形的钢棒向试样施加1 500 N的无冲击压力,作用时间为30 s。进行试验时,将钢棒平放在试样上,若试样为伴热电缆,将钢棒与试样垂直交叉放置;若试样为伴热垫,则须保证钢棒与有效元件十字交叉放置。

对于在使用场所受机械损伤危险较小的伴热器来说,压力可降至800 N。仅通过800 N挤压测试的电阻式伴热器应根据6.3的规定明确标识,以警示用户注意其已降低的机械能力。

压力负载施加30 s后,在水平钢棒仍处于试样上施压的情况下,根据5.1.2和5.1.3的规定进行电气绝缘测试,检验是否符合要求。对于矿物绝缘型伴热电缆(MI伴热电缆),如果额定电压超过30 V a.c.,将5.1.2的测试电压降低至$(2U+500)$V a.c.;如果额定电压超过60 V d.c.,将5.1.2的测试电压降低至$(\sqrt{2}U+500)$V d.c.。

注:需要伴热电缆试样长度约200 mm。

5.1.7 冷态弯曲试验

该试验仅针对声称最小弯曲半径小于300 mm的伴热器进行。

系统文件应注明最低安装温度以及最小弯曲半径。

冷态弯曲试验所用的装置如图 3 所示。采用金属卷筒的半径如图 3 所示，或半径等于制造商声明的最小弯曲半径。伴热器试样，不带配套接头或连接件，安装在设备上，如图 3 所示。设备和试样均应放置在冷箱内，温度维持在制造商声明的最低安装温度下，保持不少于 4 h。在此阶段结束前，试样应被绕着一个卷筒弯曲 90°，然后相反方向再弯曲 180°绕第二个卷筒，再竖直回到初始位置。所有弯曲操作应保持在一个平面内进行。这样的操作循环应进行三次。

根据 5.1.2 和 5.1.3 进行电气绝缘测试，检验是否符合要求。对于 MI 伴热电缆，如果额定电压超过 30 V a.c.，将 5.1.2 的测试电压降低至$(2U+500)$V a.c.；如果额定电压超过 60 V d.c.，将 5.1.2 的测试电压降低至$(\sqrt{2}U+500)$V d.c.。

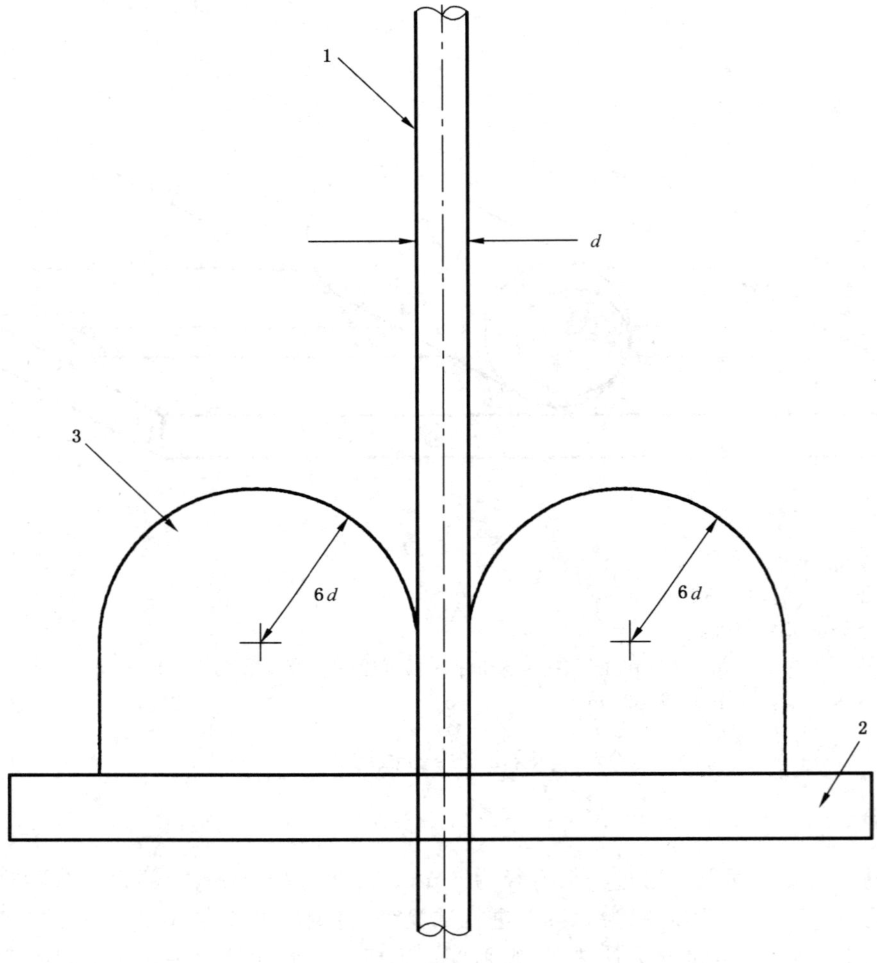

说明：

1 ——伴热电缆试样；

2 ——钢制底座；

3 ——金属卷筒；

d ——伴热器直径或一次弯曲平面，制造商另有规定的除外。

图 3 冷态弯曲试验-型式试验

5.1.8 防水试验

将伴热器试样(接头或尾端导体暴露部分除外)浸入 10 ℃～25 ℃的自来水中 14 天。

根据 5.1.2 和 5.1.3 进行电气绝缘测试，检验是否符合要求。对于 MI 伴热电缆，如果额定电压超过 30 V a.c.，将 5.1.2 的测试电压降低至($2U+500$)V a.c.；如果额定电压超过 60 V d.c.，将 5.1.2 的测试电压降低至($\sqrt{2}U+500$)V d.c.。

5.1.9 整套元件耐潮试验

将包含整套元件的伴热器试样放置在自来水中，给排水装置如图 4 所示。对于伴热垫或伴热板，如果设备带有冷端引线应采用。开始注入水流并使试样完全浸入水中。此时，停止注水并给伴热器通电，然后设备开始排水。从水流开始注入到水流完全排空的全部时间应不超过 4.5 min，但不少于 2.5 min。当水流排空后伴热器应继续通电 30 s。然后停止伴热器通电，开始下一个循环的水流注入。试验应持续 24 h。全部试验完成后，应根据 5.1.2 要求进行介电强度试验。对于 MI 伴热电缆，如果额定电压超过 30 V a.c.，将 5.1.2 的测试电压降低至($2U+500$)V a.c.；如果额定电压超过 60 V d.c.，将 5.1.2 的测试电压降低至($\sqrt{2}U+500$)V d.c.。伴热器的连接件浸水后，应检查确认其没有水渗入。

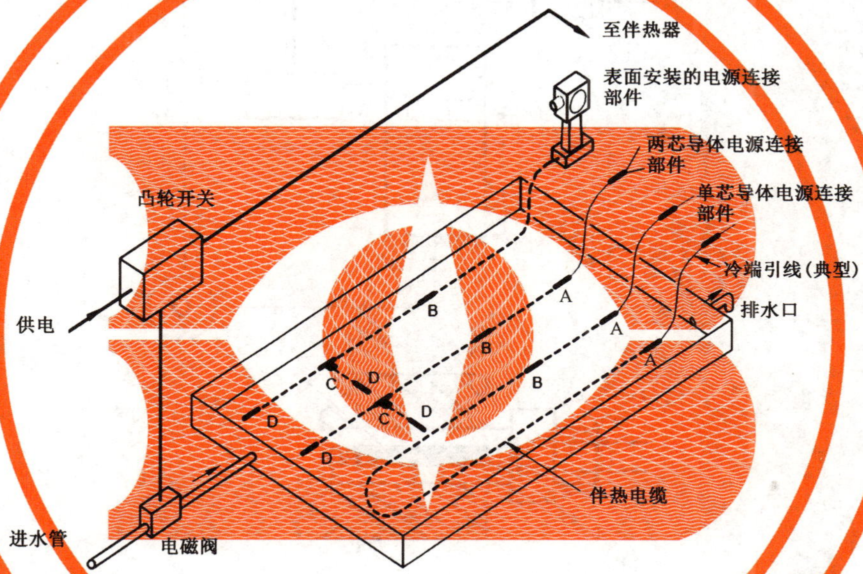

说明：

A——成套电源连接件；

B——成套两通件；

C——成套三通件；

D——成套尾端连接件。

图 4 整体元件耐潮试验

5.1.10 额定输出功率校验

伴热电缆、伴热板或伴热垫的额定输出功率应按以下两种方法之一进行校验，制造商可以选择：

a) 电阻：在规定温度条件下测定单位长度上的直流电阻应在制造商声明的公差范围之内；

b) 输出功率：伴热电缆输出功率的测定，是通过将 3 m～6 m 长的单根伴热电缆试样安装在如图 5所示的直径为 50 mm 或更大的碳钢管上进行。试样按照制造商的安装说明安装。试验装置被厚度为 25 mm 的保温层完全包裹。对于伴热垫或伴热板，试验是在液冷式金属平板上进行的，金属平板及表面的伴热垫或伴热板被厚度为 25 mm 保温层覆盖。

选择适当的热传导液体以充分的流速在管道内循环以形成涡流，从而可以使流体和管道之间的温差忽略不计。热传导液体的温度保持恒定。通过设在管道进口和出口处的热电偶校验这些参数。液体流速应保持在从管道一端到另一端形成的温度差不超过 2 K。

伴热电缆的热输出功率是在三个管线温度下进行测量，这三个温度代表了伴热产品的整个运行范围。伴热电缆在额定电压下通电并达到平衡。在每一试验温度下都要记录下电压、电流、液体温度，以及试样长度。三个独立的测量分别在三个试样上进行。测量结果应在制造商声明的公差范围内。

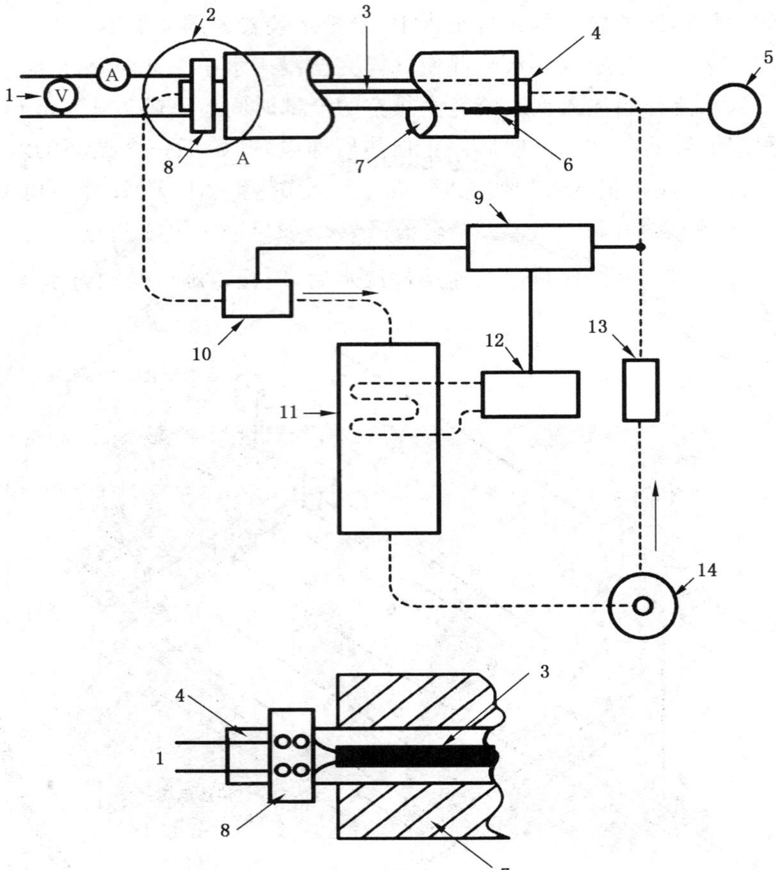

说明：

1——可控制电压的电源；

2——见详图 A；

3——伴热器；

4——50 mm 外径或更大的试验管道；

5——温度显示器；

6——热电偶；

7——玻璃纤维保温材料，最小厚度为 25 mm，密度约为 3.25 kg/m^3；

8——电气接线端子；

9——温度控制器；

10——在线加热器；

11——热交换器；

12——冷却器；

13——流量计；

14——泵。

图 5　额定输出功率校验

5.1.11 电气绝缘材料的热稳定性

伴热器电气绝缘材料的热稳定性应在试样或样品上进行校验。试样应在制造商声明的最高耐受温度加 20 K,但不低于 80 ℃的条件下存放至少 4 周。根据 5.1.2 和 5.1.3 的规定,对试样或样品进行电气绝缘测试,检验是否符合要求。对于 MI 伴热电缆,如果额定电压超过 30 V a.c.,将 5.1.2 的测试电压降低至 $(2U+500)$V a.c.;如果额定电压超过 60 V d.c.,将 5.1.2 的测试电压降低至 $(\sqrt{2}U+500)$V d.c.。

对于由吸潮材料制成的伴热器的防潮密封连接件(例如:MI 电缆的冷端密封),应在(80±2)℃且相对湿度不低于 90%的条件下存放 4 周。根据 5.1.2 和 5.1.3 的规定,对试样或样品进行电气绝缘测试,检验是否符合要求。对于 MI 伴热电缆,如果额定电压超过 30 V a.c.,将 5.1.2 的测试电压降低至 $(2U+500)$ V a.c.;如果额定电压超过 60 V d.c.,将 5.1.2 的测试电压降低至 $(\sqrt{2}U+500)$V d.c.。

5.1.12 热安全性要求

在爆炸性气体环境下,应严格保证伴热器的最高表面温度低于爆炸性气体环境的点燃温度。制造商的质量方案中应说明伴热产品的热安全性与时间的关系。

5.1.13 最高表面温度的测定

5.1.13.1 总则

注:在爆炸性气体环境中,保证伴热器护套最高表面温度低于爆炸性气体环境的点燃温度是非常关键的。护套最高表面温度取决于伴热器的功率密度、综合传热系数和被加热表面的最高可能温度。制造商根据这些因素来确定伴热器的护套最高表面温度。

应确定伴热器护套的最高温度,以保证伴热器的安全使用。护套最高表面温度应不超过温度组别,以及工件材料、伴热器材料和保温层的最高暴露温度。

最大容许功率密度和制造商声明的表面温度应通过下列两种方法之一进行试验:

a) 系统模拟法(见 5.1.13.2),用于验证制造商的设计方法和计算。该方法通过特定的试验,使伴热器承受制造商声称的设计能力及预测的护套表面温度的试验条件;

b) 产品分级法(见 5.1.13.3),该方法的最高护套温度是在人工模拟最恶劣条件下达到的。

5.1.13.2 系统模拟法,设计验证方法

5.1.13.2.1 对于伴热电缆,试验装置(见图 6)由管径在 50 mm~150 mm 之间的 3 m 水平管段和 1.5 m 垂直管段构成。在水平管段的中部安装一个法兰闸阀或其他阀门(如蝶阀、截止阀等);在垂直管段的中部安装法兰。伴热电缆的安装方法应按照制造商的安装说明。采用热电偶测量管道、阀门的表面温度和伴热器护套温度。热电偶应放置在预先设定的热点上。管系应采用至少为 25 mm 厚的保温层保温,并按制造商的安装说明进行安装。管道末端应封堵并保温。试验时的环境温度应不超过 40 ℃,有更高规定温度时除外。伴热器的电源电压应为其额定电压的 110%。系统温度应稳定,并记录热电偶的读数。测得的表面温度应不超过制造商计算值加 10 K,并且不应超过 4.4.1 规定的温度。

5.1.13.2.2 对于伴热垫、伴热板和其他表面伴热器,根据制造商的安装说明,应安装在 6 mm 厚的钢板上的代表性部位上。从表面伴热器的任何边缘到钢板的距离均不得超过 25 mm。热电偶应安装在预先设定的热点上。钢板的被加热面应覆盖厚度至少为 25 mm 的保温层。钢板垂直放置在稳定的室温环境中。表面伴热器的电源电压应为其额定电压的 110%。达到稳定后,记录热电偶的读数及环境温度。测量所得的表面温度应不超过制造商计算值的 10 K。

5.1.13.2.3 其他的或附加的类似操作条件可以考虑。

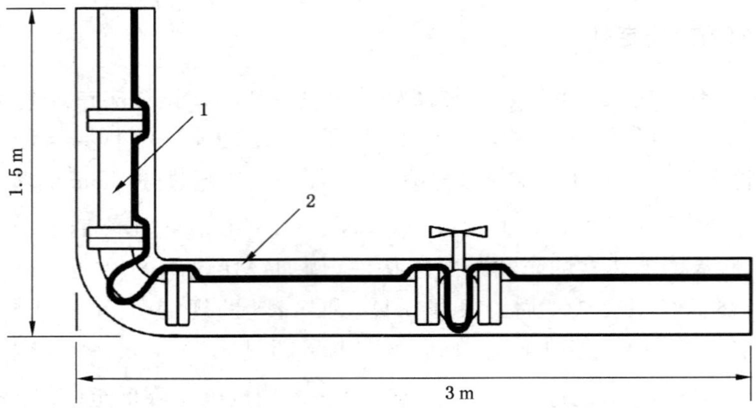

说明：

1——50 mm～150 mm 公称直径的管道；

2——玻璃棉保温材料，最小厚度 25 mm，密度约 3.25 kg/m^3。

图 6　用系统模拟法校验表面温度

5.1.13.3　产品分级法

将至少 1.5 m 长的伴热电缆试样，松弛地绕成盘状放置在一台强制空气循环的烘箱内。试样应在伴热器输出功率误差的上偏差之内。应使用有代表性的热电偶来监测试样护套的温度，并应安装在距每端 500 mm 处。另一只热电偶用来监测烘箱内的温度。伴热器的电源电压应为其额定电压的 110%，烘箱的环境温度应从环境温度起，以每 15 K 为一档递增。在每一个温度上应停留足够的时间，以使烘箱温度和伴热器护套温度稳定并达到热平衡。在每个温度等级上应记录烘箱和伴热器表面温度，直到二者间的温差（ΔT）不大于 5 K。应根据试验数据画出一条曲线，在 5 K 的温差点划出一条直线与曲线相切，并延长至与横座标轴相交。交点上的温度读数应作为护套最高温度，如图 7 所示。

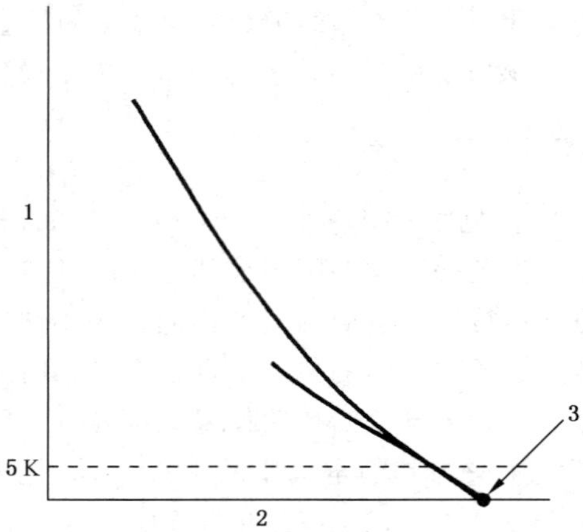

说明：

1——试样温度减去烘箱空气温度（T_S-T_0），K；

2——烘箱温度（T_0），℃；

3——记录的 T_S 值，℃。

图 7　使用产品分级法的护套最高温度

5.1.14 启动电流的校验

伴热器的启动电流应在制造商标明的最低环境温度参数下测量。应将至少 1 m 长的伴热电缆试样，按制造商的使用说明书安装在一根直径最少为 50 mm 的充满流体的钢管或实心的圆钢上，对于伴热板和伴热垫，则应安装在平面金属散热体上。试验装置外应全部覆盖保温层，并在最低环境温度条件下放置至少 4 h。

注：本试验可采用 5.1.10 所述的试验装置。

经过一定放置时间以后，应向试样施加额定电压，并记录从 0 s～300 s 的时间内的电流(有效值)-时间特性。被记录的起动电流应为三个试样中电流最大者。此电流-时间特性不应大于制造商的声明值。

5.1.15 金属防护层电阻校准

应在 10 ℃～40 ℃的温度条件下，对至少 3 m 长的伴热器的金属防护层的电阻进行测量。应采用有代表性的伴热板或伴热垫试样。测得的电阻值不应超过制造商声明的值。

5.2 出厂试验

5.2.1 介电强度试验

每一供应长度、批次或配套的产品，无论是批量生产还是单独加工，均应按 5.1.2 的规定进行介电强度试验。对于 MI 伴热电缆，如果电缆额定电压超过 30 V a.c.，测试电压为($2U+500$)V a.c.；如果电缆额定电压超过 60 V d.c.，测试电压为($\sqrt{2}U+500$)V d.c.。

在金属编织层或连续金属防护层之外用于防腐蚀的聚合物防护层(外护套)，应浸入水中承受交流 1 000 V 介电强度试验。作为浸水试验的替代方法，伴热器的电气绝缘也可在干燥条件下进行火花试验，其最低试验电压为 3 000 V a.c.(r.m.s.)，其频率为 2 500 Hz～3 500 Hz 的正弦波。对于 3 000 Hz 的电源，伴热器通过火花试验装置的速度(用 m/s 表示)，不应超过电极长度的 3.3 倍(用 cm 表示)。

5.2.2 额定输出功率的校验

并联式伴热器的每一制造长度的额定输出功率的线性应采用连续或统计学的试验方法进行验证。串联伴热器或恒定电阻的伴热器每一长度的额定输出功率，应在额定电压和给定温度下，通过测量直流电阻、电导率或电流进行验证。应建立试验测量判据，或者与 5.1.10 规定的输出功率验证相比较。若采用统计法，试验结果应能代表 95%或更高的产品的总体可靠性。输出功率应表明它是测量所得，并与制造商声明的偏差范围的符合率为 95%。

6 标志

6.1 伴热器产品标志

伴热器表面除应按照 GB 3836.1—2010 的要求清晰、永久地标识外，还应包含以下信息。对于带有工厂装配连接件或表面无法实现清晰印刷的伴热器，标志应采用耐久性的标牌/标签永久地固定在距离电源连接件或密封接头 75 mm 的范围内。

a) 对于增安型应采用符号“e”表示伴热器的防爆型式，但不排除与伴热器配套提供或推荐使用的元件采用其他适当的防爆型式；
b) 要求的序列号或批号可以用生产年、月、日期编号或等效内容替代；
c) 并联电缆的额定或工作电压，或串联电缆的最高工作电压；

d) 额定电压下的单位长度输出功率(对于输出功率随温度变化的伴热器还应标明相关温度),或串联型电缆单位长度的电阻欧姆值,或适用的操作电流或总功率。

6.2 现场组装元件标志

可现场组装的元件安装后,除应根据 GB 3836.1—2010 要求标志外,还应包含以下信息。如果元件只有很小的表面或表面无法实现清晰印刷,标志可以设置在最小的单元外壳上而不是元件本身。

a) 生产年、月,日期编号,有效的序列号或等效内容;

b) 适用环境要求,如防护等级(IP 代码),及使用场所要求。

6.3 安装说明

制造商应提供伴热器及元件产品的详细安装说明。当端接/安装说明完全等同时,不同元件和伴热器的说明可以整合在一起。说明应明确阐述产品及应用环境,并包括以下信息。

任何针对安全使用的特殊条件,包括下述项 f)的内容,均应在安装说明中描述并遵循防爆合格证的规定,且产品及防爆合格证均应标志符号"X"。

说明包括信息如下:

a) 使用目的;

b) 适用时,声明"适用于"(或相当)及适用伴热器列表,或适用连接件列表;

c) 声明"每个回路均要求接地故障保护";

d) 声明"安装或维修前所有电源回路断电";

e) 声明"安装前及安装过程中保持伴热器及连接件端部干燥";

f) 对于明确用于降低冲击和/或挤压水平(场所)的伴热器,应声明"警告:仅用于低机械损伤风险的场所";

g) 对于伴热器,声明"伴热器的金属护套/编织层必须与适当的接地端子连接";

h) 声明"现场伴热器应在适当位置和/或以适当频度沿回路设置明显的警告符号或标志"。

ICS 29.260.20
K 35

中华人民共和国国家标准

GB/T 19518.2—2017
代替 GB/T 19518.2—2004

爆炸性环境　电阻式伴热器
第2部分：设计、安装和维护指南

**Explosive atmospheres—Electrical resistance traces heating—
Part 2：Application guide for design，installation and maintenance**

（IEC 60079-30-2：2007，Explosive atmospheres—
Part 30-2：Electrical resistance traces heating—
Application guide for design，installation and maintenance，MOD）

2017-12-29 发布　　　　2018-07-01 实施

中华人民共和国国家质量监督检验检疫总局
中国国家标准化管理委员会　发布

前　言

GB/T 19518《爆炸性环境　电阻式伴热器》分为两个部分：

——第1部分：通用和试验要求；

——第2部分：设计、安装和维护指南。

本部分为GB/T 19518的第2部分。

本部分按照GB/T 1.1—2009给出的规则起草。

本部分代替GB/T 19518.2—2004《爆炸性气体环境用电气设备　电阻式伴热器　第2部分：设计、安装和维护指南》。

与GB/T 19518.2—2004相比，主要技术变化如下：

——伴热器选择中增加“伴热器性能和平衡条件”(见6.6.2)；

——最高温度确定中增加“PTC特性法”和“使用温度限制装置或控制装置法”(见6.7.1和6.7.2)；

——安装准备工作中增加“设备确认”(见8.2.3)；

——伴热回路安装中增加“目视检查”“绝缘电阻测试”和“确定电源位置”(见8.3.3、8.3.4和8.3.6)；

——伴热回路终端连接中增加“连接附件”“接地要求”和“伴热器回路绝缘电阻测试”(见8.3.8.1、8.3.8.5和8.3.8.8)；

——监控装置安装中增加“设备适用性的确认”“温控器和监控装置”“温控器操作、校准和使用”和“必要的修改”(见8.4.2、8.4.3、8.4.5和8.4.6)；

——传感器的注意事项中增加几种特定安装方法注意的事项(见8.4.4.2～8.4.4.5)；

——保温系统安装中增加“现场安装的回路绝缘电阻测试”“目视检查”和“文件”(见8.5.5～8.5.7)；

——增加“配线的安装及与支路的协调”(见8.6)；

——“调试”中增加“功能检查和最后文件”(见8.7.2)。

本部分使用重新起草法修改采用IEC 60079-30-2：2007《爆炸性环境　第30-2部分：电阻式伴热器设计、安装和维护指南》。

本部分与IEC 60079-30-2：2007相比，主要技术性差异如下：

——关于规范性引用文件，本部分做了具有技术性差异的调整，以适用我国的技术条件，调整的情况集中反映在第2章“规范性引用文件”中，具体调整如下：

- 用修改采用国际标准的GB 3836.1—2010代替IEC 60079-0：2004；
- 用修改采用国际标准的GB 3836.2—2010代替IEC 60079-1：2003；
- 用等同采用国际标准的GB 3836.3—2010代替IEC 60079-7：2001；
- 用等同采用国际标准的GB 3836.14—2014代替IEC 60079-10：2002；
- 用修改采用国际标准的GB/T 3836.15—2017代替IEC 60079-14：1996；
- 用等同采用国际标准的GB/T 3836.16—2017代替IEC 60079-17：1996；
- 用修改采用国际标准的GB/T 19518.1—2017代替IEC 60079-30-1：2006；
- 删除IEC 60050-426。

本部分做了下列编辑性修改：

——修改了标准名称。

本部分由中国电器工业协会提出。

本部分由全国防爆电气设备标准化技术委员会(SAC/TC 9)归口。

本部分主要起草单位：南阳防爆电气研究所、国家防爆电气产品质量监督检验中心、滨特尔热控技术(上海)有限公司、赛盟伴热工程(上海)有限公司、江阴市华能电热器材有限公司、无锡博睿奥克电气有限公司、无锡恒业电热电器有限公司、安邦电气集团有限公司。

本部分主要起草人:孙景富、李书朝、张刚、吴静、杨晨、顾贤、何大庆、赵钧、李贻连。

本部分所代替标准的历次版本发布情况为:

——GB/T 19518.2—2004。

爆炸性环境　电阻式伴热器
第2部分：设计、安装和维护指南

1　范围

GB/T 19518的本部分对可能产生爆炸性气体环境用电阻式伴热系统的应用提出了指南，危险场所0区除外。

本部分对电阻式伴热器和关联的监控装置的设计、安装、维护和修理提出了建议。本部分既不包括那些靠感应加热、集肤效应或直接管线加热的装置，也不包括那些拟用于应力释放的装置。

本部分的要求是对GB/T 19518.1—2017的补充。

2　规范性引用文件

下列文件对于本文件的应用是必不可少的。凡是注日期的引用文件，仅注日期的版本适用于本文件。凡是不注日期的引用文件，其最新版本（包括所有的修改单）适用于本文件。

GB 3836.1—2010　爆炸性环境　第1部分：设备　通用要求（IEC 60079-0：2007，MOD）

GB 3836.2—2010　爆炸性环境　第2部分：由隔爆外壳“d”保护的设备（IEC 60079-1：2007，MOD）

GB 3836.3—2010　爆炸性环境　第3部分：由增安型“e”保护的设备（IEC 60079-7：2006，IDT）

GB 3836.14—2014　爆炸性环境　第14部分：场所分类　爆炸性气体环境（IEC 60079-10-1：2007，IDT）

GB/T 3836.15—2017　爆炸性环境　第15部分：电气装置的设计、选型和安装（IEC 60079-14：2007，MOD）

GB/T 3836.16—2017　爆炸性环境　第16部分：电气装置的检查与维护（IEC 60079-17：2007，IDT）

GB/T 19518.1—2017　爆炸性环境　电阻式伴热器　第1部分：通用和试验要求（IEC 60079-30-1：2007，MOD）

3　术语和定义

GB 3836.1—2010、GB 3836.2—2010和GB 3836.3—2010界定的以及下列术语和定义适用于本文件。

注：用于爆炸性环境的其他术语和定义见GB/T 2900.35—2008。

4　使用条件

4.1　总则

本部分是对GB/T 3836.15—2017和GB 3836.16—2017要求的补充。

如果伴热系统安装在爆炸性气体环境中，应规定危险场所详细分类（GB 3836.14—2014）。该规定应说明危险区域(1 区或 2 区)、GB 3836.1—2010 规定的气体类别(ⅡA、ⅡB 或ⅡC)和温度组别。如果在特殊条件下使用或现场条件可能特别恶劣,那么这些条件应在伴热器技术条件中说明。

如果伴热系统安装在移动式设备或可更换的撬块上,该伴热系统应设计成适应其可能使用的最不利条件。

如果伴热系统某些部件可能暴露于环境中,则这些部件应适用于这些环境。

4.2 腐蚀性区域

宜检查电伴热系统的所有部件,以验证它们在系统使用寿命期间与可能遇到的任何腐蚀性材料的相容性。运行在腐蚀场所中的伴热系统与运行在非腐蚀场所中伴热系统相比,出现故障的可能性更大。如果保温防护层被腐蚀、管线和容器发生泄露并可能渗入保温层中,会使保温系统的效果大大降低。另外宜特别注意管道系统及电伴热系统选用的材料,因为这影响到电伴热系统有效的漏电/接地故障回路。使用非金属或复合的管道系统可能会给漏电/接地故障的回路带来更多的麻烦,对管道系统宜予以特别考虑。在施工安装时的漏电/接地故障回路可能会因在工厂运行期间的腐蚀而性能下降。

4.3 工艺温度准确度

4.3.1 类型Ⅰ

类型Ⅰ是指该温度宜保持在最低点之上,可采用环境温度感应控制,可由单个控制装置和配电盘对大片区域的供电进行控制。该控制类型在不需要时仍有热量输入,且温度偏差较大,通过使用盲管控制技术可提高能效(见 6.13)。

4.3.2 类型Ⅱ

类型Ⅱ是指温度保持在适当的范围内,通常采用机械式管线温度传感器。

4.3.3 类型Ⅲ

类型Ⅲ是指温度宜控制在一个较窄的范围内,采用热电偶或热电阻温度传感器(RTD)的管道感温控制器可以现场(工地)校准,并在选择温度报警和监控功能上提供很大的灵活性。加热功率输入可在规定的范围和时间段内加热或使流体温度升高,或两者同时发生。类型Ⅲ对介质的流动情况和保温系统有较严格的要求。

4.4 安装条件

如果伴热系统任何部件的故障可能引起安全或工艺问题,那么伴热系统就被视为整个工艺的关键部分。按照 4.3 所述的温度控制类型,连同表 1 所述的回路监测关键程度,可确定所使用的温度控制和回路监测要求。

表 1 工艺类型

伴热器是否是工艺的关键部分	要求的工艺温度准确度		
	最低点之上 类型Ⅰ	在适当的范围内 类型Ⅱ	在较窄的范围内 类型Ⅲ
是:关键(C-) 否:非关键(NC-)	C-Ⅰ NC-Ⅰ	C-Ⅱ NC-Ⅱ	C-Ⅲ NC-Ⅲ

当伴热对工艺起关键作用时，宜考虑采用回路监测正确运行、故障报警和备用(冗余)伴热器。当监控和报警系统显示系统出现故障时，辅助的或备用的伴热控制装置可以自动启动，这有时称为“冗余”。备用伴热器允许在不停车时进行维护和检修，并可用于提高可靠性。

5 保温

5.1 总则

保温层的选择、安装与维护应被视为对电伴热系统的性能起关键作用。保温系统一般用于防止大量散热损失，由伴热系统来弥补散失的热量。因此保温将直接影响系统总体的性能。

保温层的主要功能是，在高于环境温度的条件下，降低从工作表面散热的速度，这样可以：

——降低运行成本；

——改善系统性能；

——提高系统输出能力。

在对电伴热的管线、容器或其他机械设备进行热损失分析之前，建议了解保温系统的选择，考虑的主要因素如下：

——保温材料的选择；

——气候防护层的选择(保护层)；

——经济保温厚度的选择；

——选择合适的保温层尺寸。

5.2 保温材料的选择

选择保温材料时须考虑以下几个重要问题，这些因素宜得到考虑，按照用户的标准使选择方案最佳：

——温度级别；

——保温材料的热导率，λ；

——机械性能；

——化学稳定性和耐腐蚀性；

——耐潮性；

——安装时人员的健康风险；

——耐火性；

——失火时产生的毒性；

——成本。

通常可使用的保温材料包括：

——膨胀蛭石；

——岩棉；

——泡沫玻璃；

——聚氨酯泡沫；

——玻璃棉；

——硅酸钙；

——聚亚氨酯；

——珍珠岩。

对于软质保温材料(岩棉、玻璃棉等)来说,在多数情况下可通过将保温材料扎紧的办法,使用与管道实际尺寸相同的保温层。宜注意防止将伴热器夹在保温材料中,因为这样会损坏伴热器或限制其正常的传热。作为可供选择的方案,也可采用比管道尺寸大一号的保温层尺寸,以便能容易地将管道和电伴热器包裹起来。对于硬质保温材料(硅酸钙、膨胀蛭石、泡沫玻璃等)来说,如果切割的形状适合沿轴向拼接,保温层尺寸也可以与管道尺寸相同。这种类型的安装方式通常被称作错缝拼接法。另外,可以选择大一号的保温层尺寸以适合伴热器。在所有情况下,保温层尺寸和厚度均宜明确规定。

5.3 气候防护层(保护层)的选择

电伴热系统的正常运行取决于保温材料的干燥性。通常情况下,电伴热输出的功率不足以干燥潮湿的保温材料。有些保温材料从管线上拆下来后,即使对其进行强制干燥处理,也不能使之恢复到吸湿前原有的特性。

直管可以用金属保护层、聚合物或胶泥系统作为气候防护层。当使用金属保护层保护时,宜形成"S"形的轴向接缝并保持平滑,端部的环形接缝宜使用绑扎带扎紧,并在外边沿上或重叠处涂密封胶(见图1)。

没有密封胶的搭接或封闭防护层不能有效地防潮,因为在暴风雨期间大量的雨水能透过单个的未密封的接合处渗透到保温材料内。

所用气候防护层的型式至少宜具备以下几个条件:

——有效的防潮性;

——场所中的化学抗腐蚀性;

——防火要求;

——耐机械损坏能力;

——成本。

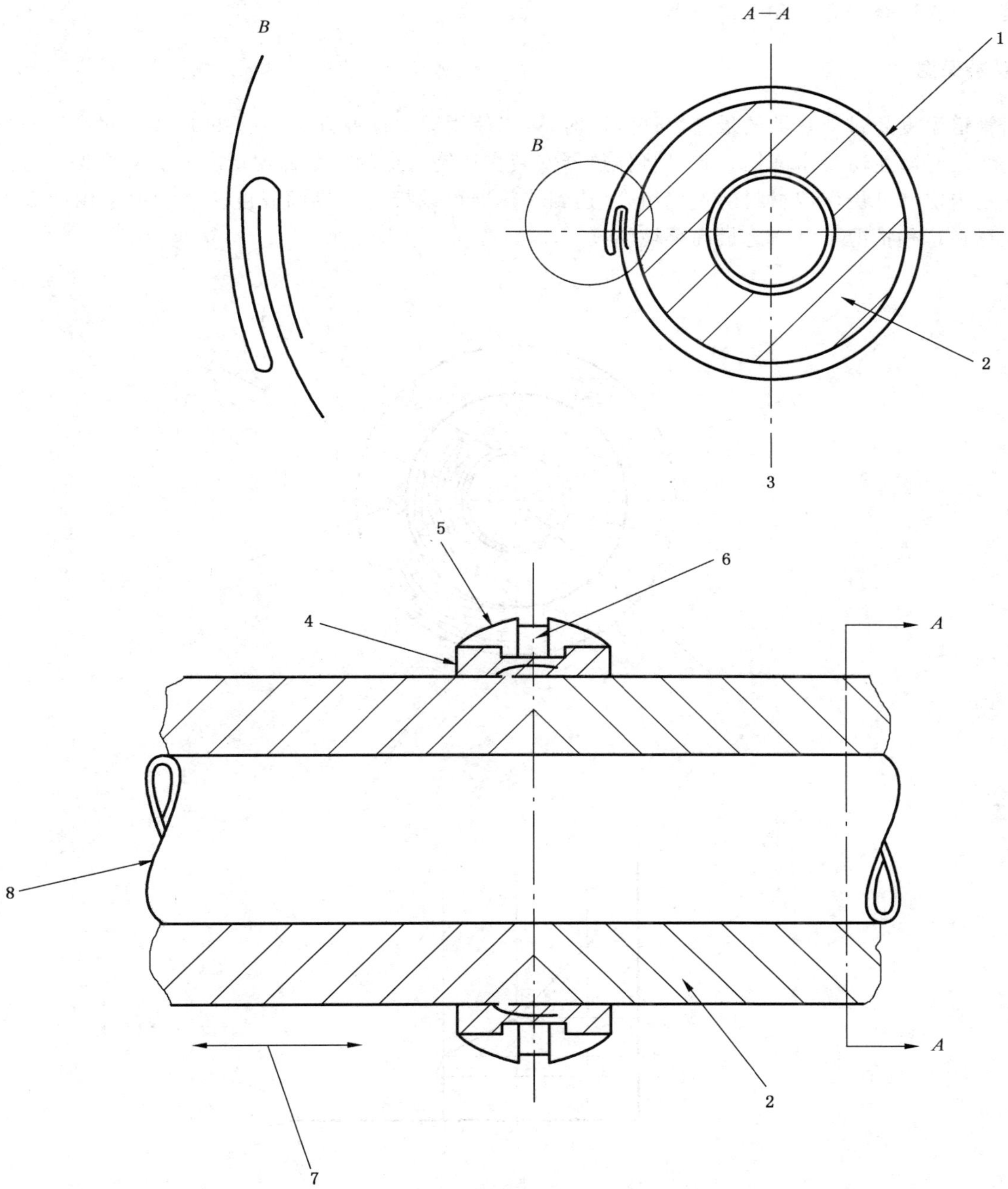

说明：

1——金属外防护层；
2——保温层；
3——被保温管道；
4——密封胶；
5——绑扎箍；
6——绝缘绑带；
7——位移；
8——管道。

图 1　保温-气候防护层的安装

5.4　经济厚度的选择

考虑保温材料的经济性，至少要权衡材料和安装的一次成本与材料在使用寿命期间的节能。宜注意实际的保温厚度不总是与公称的保温厚度完全相对应。当选择保温层尺寸时，宜考虑实际的管道保温层尺寸是否适合于管道和电伴热器。

5.5 双层保温

当管道温度超过伴热器的最高容许温度时，可以使用双层保温方法，典型的应用是对高温蒸气管道在停止使用时防止冷凝水冻结。它是将伴热器安装在环绕管道的两个保温层之间。双层保温方法的关键是确定内层和外层保温材料的正确组合，达到伴热器可以接受的界面温度。这种关系用图2加以说明。注意在这种情况下宜考虑最高环境温度。

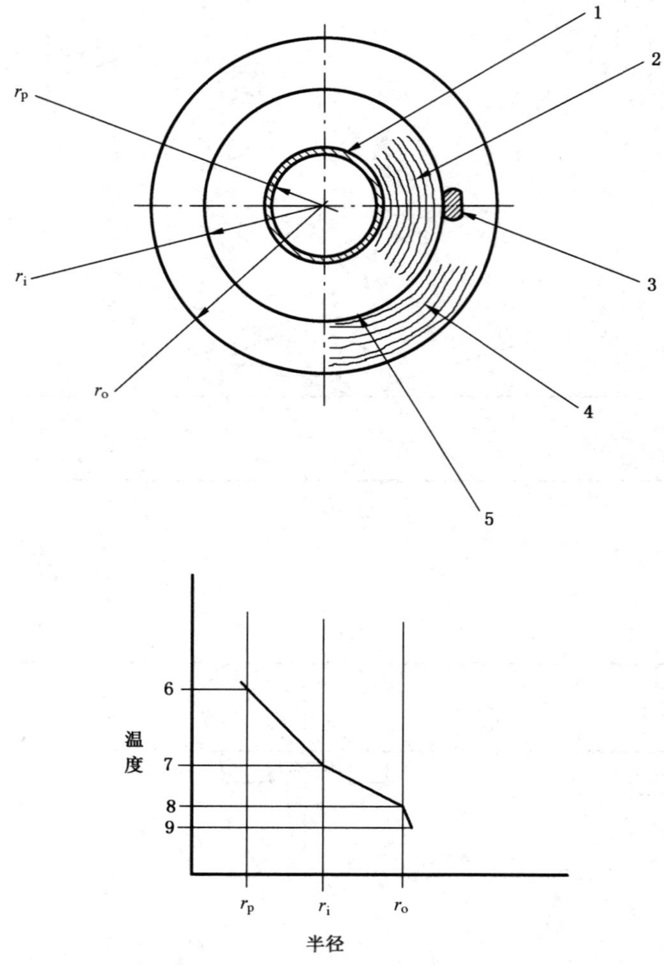

说明：

1——管道；	6——最高管道温度；
2——内保温层；	7——界面温度；
3——伴热器；	8——外保温层表面温度；
4——外保温层；	9——环境温度。
5——金属防护层(铝皮)；	

图2 典型温度分布图

6 系统设计

6.1 引言

为了在规定的条件下达到要求的温度并维持这一温度，每个电伴热的应用都对设计人员提出了特殊的要求。伴热系统与其他设备参数相关，如保温和供电系统。最后的系统将是所有这些部件的组合，为使设计的系统达到要求的性能，宜具备这些参数并设法使这些参数达到要求。

伴热系统的设计应遵从这些场所用电气设备的国家标准和本部分的要求。应考虑系统和工艺设备的维护、能效以及测试安装的系统能否满足操作和安全要求。

当设计爆炸性气体环境用伴热器系统时，考虑到场所划分的要求，宜提出一些附加限制。

设计电伴热系统的相关人员应进行适当的培训，掌握要求的技术。

6.2 伴热的用途和主要要求

选择和安装伴热器是为在以下情况下提供足够的功率：

a) 在最低环境温度时补偿维持工件在规定温度下的热损失，见 6.3 的计算方法；或

b) 在规定时间升高工件的温度或内部物质温度，见 6.4 计算方法；或

c) a)和 b)。

系统加热要求宜在 6.5 基础上乘以安全系数确定。

在 GB/T 19518.1—2017 规定的最不利条件下，电伴热的选择应考虑确定最大可能的系统温度。该温度可降低，例如，通过调节系统参数，使用多根电伴热带减少每单位长度上产生的功率，或选择温度控制装置。即便考虑了最不利的条件，安装的功率超出所需的功率以及伴热器的使用、安装和操作方法均不应造成爆炸性气体环境中爆炸性混合物的爆炸。

6.3 热损失计算

工件热损失计算可由式(1)进行计算：

$$q = k\Delta T \qquad (1)$$

式中：

q ——每单位长度管道的热损失，单位为瓦每米(W/m)；

ΔT——要求的维持温度(T_p)和最低设计环境温度(T_a)之间的温度差，单位为摄氏度(℃)；

k ——系统的导热系数，单位为瓦每米开尔文[W/(m·K)]，为简化起见可视为一个常数。

k 是保温层厚度、尺寸和类型、保温的平均温度、工件的导热系数和外部环境的函数，因此其计算精度取决于系统参数的精度。

给出这些参数之后，管道的热损失可通过更详细的计算确定，当考虑传导参数时式(1)为式(2)形式：

$$q = \frac{2\pi K(T_p - T_a)}{\ln\left(\frac{D_2}{D_1}\right)} \qquad (2)$$

式中：

q ——每单位长度管道的热损失，单位为瓦每米(W/m)；

T_p——要求的维持温度，单位为摄氏度(℃)；

T_a——最低设计环境温度，单位为摄氏度(℃)；

D_1——内保温层内径，单位为米(m)；

D_2——外保温层外径，单位为米(m)；

K ——内保温层在其平均温度下的导热系数，单位为瓦每米开尔文[W/(m·K)]。

热损失更精确的公式可通过区别不同系统保温层特性和合并导热系数，由式(3)给出：

$$q=\frac{(T_p-T_a)}{\frac{1}{\pi D_1 h_i}+\frac{\ln\left(\frac{D_2}{D_1}\right)}{2\pi K_1}+\frac{\ln\left(\frac{D_3}{D_2}\right)}{2\pi K_2}+\frac{1}{\pi D_3 h_{co}}+\frac{1}{\pi D_3 h_o}} \quad \cdots\cdots(3)$$

式中：

D_2——内保温层外径，单位为米(m)(如果有外保温层，外保温层的内径)；

D_3——如果有外保温层，外保温层的外径，单位为米(m)；

K_1——内保温层在其平均温度下的导热系数，单位为瓦每米开尔文[W/(m·K)]；

K_2——当有外保温层时，外保温层在平均温度下的导热系数，单位为瓦每米开尔文[W/(m·K)]；

h_i ——如果从管道到保温层内表面存在空间层，其空气传热系数，单位为瓦每平方米开尔文[W/(m^2·K)]；

h_{co}——如果从外保温层表面到气候防护层存在空间层，其空气传热系数，单位为瓦每平方米开尔文[W/(m^2·K)]；

h_o——气候防护层与周围空气间的传热系数，单位为瓦每平方米开尔文[W/(m^2·K)](对于50 ℃ 以下的低温应用时此项数值的范围一般在 5 W/(m^2·K)～50 W/(m^2·K)之间)。

容器的热损失常常需要进行更复杂的分析来确定总的热损失，宜咨询产品供应商。

为了便于选择产品，大多伴热供应商提供各种维持温度和保温材料的热损失，并通常包括安全系数的简化图表。

6.4 加热计算

在某些装置的运行中，可能需要规定伴热系统能够在一定的时间内把静态产品温度提高。可采用式(4)～式(6)计算在管线上伴热系统需要的传热量：

$$t=H\ln\left\{\frac{q_c-U(T_i-T_a)}{q_c-U(T_f-T_a)}\right\}+\frac{P_1V_{c1}h_f}{q_c-U(T_{sc}-T_a)} \quad \cdots\cdots(4)$$

式中：

U——管道单位长度每度温差的热损失，单位为瓦每米开尔文[W/(m·K)]。

$$U=\frac{1}{\frac{1}{\pi D_1 h_i}+\frac{\ln\left(\frac{D_2}{D_1}\right)}{2\pi K_1}+\frac{\ln\left(\frac{D_3}{D_2}\right)}{2\pi K_2}+\frac{1}{\pi D_3 h_{co}}+\frac{1}{\pi D_3 h_o}} \quad \cdots\cdots(5)$$

H——热时间常数，单位为秒(s)，它是在每度温度下储存在管道、流体和保温层内的总能量除以单位长度每度温差的热损失。

$$H=\frac{P_1C_{p1}V_{c1}+P_2C_{p2}V_{c2}+0.5P_3C_{p3}V_{c3}}{U} \quad \cdots\cdots(6)$$

式中：

P_1 ——管道内介质的密度，单位为千克每立方米(kg/m^3)；

C_{p1} ——介质比热，单位为焦耳每千克开尔文[J/(kg·K)]；

V_{c1} ——管道内部容积，单位为立方米每米(m^3/m)；

P_2 ——管材的密度，单位为千克每立方米(kg/m^3)；

C_{p2} ——管材比热，单位为焦耳每千克开尔文[J/(kg·K)]；

V_{c2} ——管壁体积，单位为立方米每米(m^3/m)；

P_3 ——保温材料密度，单位为千克每立方米(kg/m^3)；

C_{p3} ——保温材料比热，单位为焦耳每千克开尔文[J/(kg·K)]；

V_{c3} ——保温材料体积，单位为立方米每米(m^3/m)；

T_i ——管道初始温度，单位为摄氏度(℃)；

T_f ——流体和管道的最终温度，单位为摄氏度(℃)；

T_a ——环境温度，单位为摄氏度(℃)；

t ——要求的加热时间，单位为秒(s)；

T_{sc} ——相变温度，单位为摄氏度(℃)；

h_f ——介质熔化潜热，单位为焦耳每千克(J/kg)；

q_c ——伴热器输出功率，单位为瓦每米(W/m)。

上述的关系还假定系统密度、容积、导热系数和热损失在相关的温度范围内是常数。注意某些介质在加热过程不发生相变。上述计算是针对直管段，对于泵、阀等装置没有进行特殊考虑。

对于阀、法兰、泵、仪表和其他不规则形状的设备保温可以制成特殊形状，可以由成型制品或保温块，或柔软的可拆卸外罩制成。

未采取隔热或部分采取隔热措施的管道支架或设备需增大功率输入来补偿其较大的热损失。宜采用保温胶泥或纤维材料来填充缝隙和接缝。当采用保温胶泥对不规则表面进行完全保温时，相应加厚保温胶泥的厚度以达到所要求的保温性能。

6.5 热损失设计的安全系数

由于热损失的计算结果是一个理论值，并且没有考虑与实际现场安装相关的不利因素，所以计算值宜考虑安全系数。这个计算用的安全系数宜以用户的要求为依据，其范围一般为10%～25%。增加安全系数通常用来补偿伴热系统的偏差，安全系数宜考虑：

a) 保温降级；
b) 供电电压变化；
c) 分支回路压降；
d) 伴热器压降；
e) 较高温度应用时辐射和传热增强；
f) 安装的保温材料质量。

6.6 伴热器的选择

对于特定的应用，有一些选择电伴热器的基本设计要求，这些要求如下：

a) 伴热器的最高耐受温度应超过可能的工件最高温度(它可能高于正常工作温度)；
b) 伴热器应在规定环境条件下正常运行，例如腐蚀环境或低温环境；
c) 在爆炸性气体环境使用的伴热器应取得防爆合格证。

注：对取得防爆合格证的设备的任何改变都将使合格证无效。

对于任何应用，在最大允许功率密度时使用伴热器既不损坏工件，也不损坏其中的介质。该值有时是非常关键的，如：含有氢氧化钠(烧碱)或其他温度敏感介质的管线、容器，最大允许功率密度应被记录在该系统资料中。可能需要多个伴热器或螺旋缠绕单根伴热带。

如果能满足下列条件，伴热器可以在现场组装：

——安装人员能胜任某些特殊技术要求；

——伴热器通过8.5.5规定的现场试验；

——伴热器按照GB/T 19518.1—2017中6.1的要求进行了标识。

符合上述条件的伴热器在技术上是满足要求的，但仍需要确定每一个伴热器最大容许功率密度。功率密度与伴热器构造、最高耐受温度、要求的伴热器温度组别、工件的最高操作温度以及最高容许温度和保温材料等因素相关。

对于一个特定的伴热器来说，最高允许功率密度应由制造商按照 GB/T 19518.1—2017 中第 5 章中的试验得出的数据而定。选用值应不超过最高耐受温度。每一个伴热器的最高允许功率密度限定值可以根据制造商的数据，也可以根据工艺要求来定，取两者之中较低者。然而，功率密度可根据需要用多根伴热带进一步加以限制。

根据以上要求，设计人员可以选择伴热器的类型、长度或尺寸和负荷。实际安装负荷应不低于设计负荷，而实际功率密度不超过以上得出的值。在系统文件中应记录伴热器的类型、安装负荷和功率密度。

6.6.1 电伴热的具体类型

通常情况下，电伴热的串联和并联由它们的电气特性决定。

串联式伴热器通常使用电导体作为加热元件，因此，供电电压和回路长度就成了每个回路设计的临界参数。带有聚合绝缘的串联式伴热器特别适合长回路安装，带矿物绝缘(MI)和金属护套的伴热器特别适合很高工艺温度的维持。并联式伴热器一般由中间用聚合物隔开两根并联导体或电压来自导体的金属加热元件组成，这些特别适用于防止结冰保护和复杂管线的工艺温度维持。恒功率式伴热器一般是螺旋形缠绕的金属加热元件。

PTC 式伴热器(见 6.7.1)通常由挤压在导体之间的聚合加热元件组成。限制功率式伴热器通常介于上述类型之间，在高工作温度时有比 PTC 式更高的温度输出，在低工作温度时有比恒功率型更低的温度输出。

6.6.2 伴热器性能和平衡条件

根据伴热器的应用和类型可能需要对系统的平衡条件进行评定。不带控制装置的系统、带有温度传感器控制的系统和设计用于爆炸性气体环境(见第 7 章)的系统是一些典型的实例。图 3 显示的是恒功率伴热器和 PTC(正温度系数)伴热器不同倾斜特征的功率输出曲线示例。热损失曲线表示最低环境温度的条件，从图中可以看出，恒功率伴热器在最高温度(80 ℃)时维持工件温度，但由于它也具有最高的输出功率(32 W/m)，因而也具有最高的工作温度。PTC 伴热器具有最陡的倾斜曲线在最低温度(50 ℃)时维持工件温度，但由于它也具有最低的输出功率(23 W/m)，因而也具有最低的工作温度。

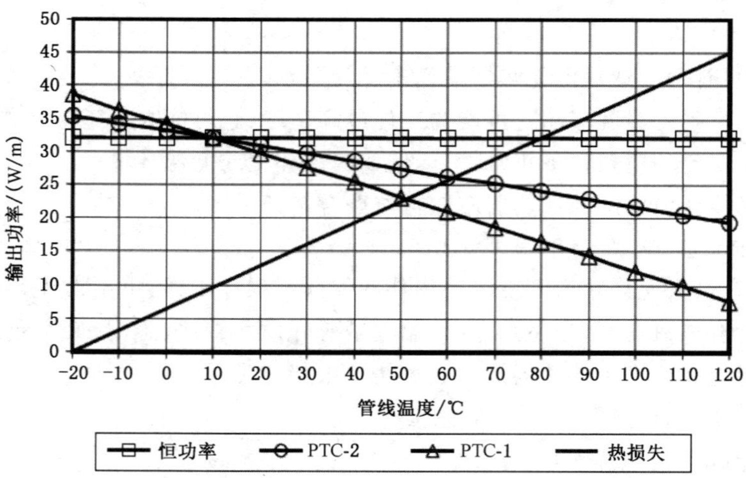

图 3 工件维持的平衡条件

图 4 显示的是相同的示例，只不过是评定上限温度的图例。这种情况下热损失线转换成了最高可能的环境温度，图中交叉点代表在这些条件下的维持温度和功率输出。例如，PTC-1 此时具有比以前(78 ℃)更高的维持温度，但由于输出功率曲线是向下倾斜的，因此输出功率反而减少(18 W/m)。在对稳态结构的上限工作温度进行评定时照样可以采用这种方法。

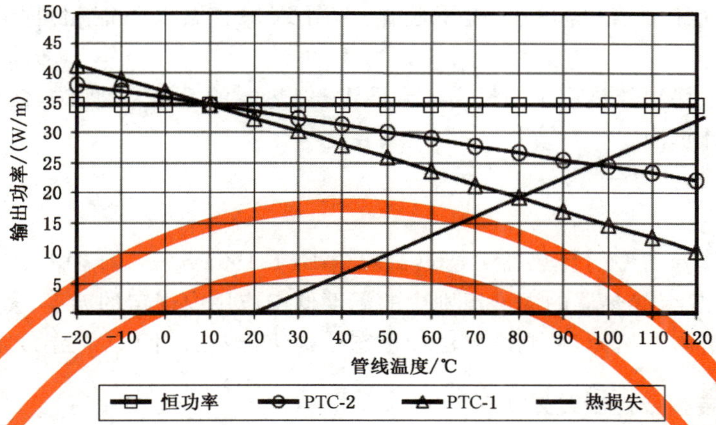

图 4 上限温度评定的平衡条件

不同伴热器的功率输出级别一般由制造商在产品使用说明书中和/或设计方案中给出。多数情况下，PTC 式伴热器的输出功率曲线是基于经验数据，通过类似 GB/T 19518.1—2017 中 5.1.10 规定的试验装置试验确定。

串联式伴热器的输出功率一般是根据电气参数，使用式(7)计算得出：

$$Q=\frac{V^2}{r_s l^2} \quad \cdots\cdots(7)$$

式中：

Q ——伴热器的输出功率，单位为瓦每米(W/m)；

V ——系统电压，单位为伏(V)；

r_s ——每根导线的具体电阻，单位为欧每米(Ω/m)；

l ——每根导线的长度，单位为米(m)。

注意，导线电阻是导线温度的函数，由式(8)给出：

$$r_s=r(1+\alpha\Delta T) \quad \cdots\cdots(8)$$

式中：

r ——20 ℃时导线的电阻，单位为欧每米(Ω/m)；

α ——导电材料类型的 α 系数(1/℃)；

ΔT——导电材料在工作温度和 20 ℃之间的温差，单位为摄氏度(℃)。

认可下列电伴热系统的特性对成功安装很重要：

a) 伴热器的输出功率宜大于系统热损失的功率，包括适当的安全系数。这可通过使用多个通路安装单根合适输出功率的伴热器，或在需要保持输出功率在尽可能低的级别时通过缠绕方式来实现。

b) 宜确定电压偏离或其他随时间改变的系统参数，并通过安全系数进行补偿。

c) 如果工艺温度精度在应用中关键、环境温度范围较大、应用的系统带或不带环境温度控制器，那么应对系统的上限温度进行应用评定。

6.7 最高温度的确定

确定伴热器的最高工作温度对爆炸性气体环境中所有应用是重要的，一些实例如下：

a) 伴热器的最高温度可能接近工件、保温材料或其他系统元件能够承受的最高温度的非金属管线的应用；

b) 带或不带环境温度控制器和达到平衡状态时有潜在高护套温度的应用；

c) 工艺温度精度要求高的关键应用；

d) 假定爆炸性气体环境中温控装置不起作用，导致护套温度不能超过场所中温度组别（见第7章）的应用。

有三种可能的方法保护伴热系统超过高极限温度：伴热器的PTC特性法、使用温度限制装置或控制装置法和稳态结构计算法。

6.7.1 PTC 特性法

随温度升高明显降低功率的伴热器可通过试验（GB/T 19518.1—2017 中 4.4.2、4.4.3 和 5.1.13 规定的）确定温度组别。只要伴热器的温度组别中的温度低于应用中规定的温度，多数应用中就不需要进一步的温度限制控制措施。然而，控制装置法和稳态结构法仍然适用于工艺温度范围较窄系统的运行。

6.7.2 使用温度限制装置或控制装置法

温度限制装置或控制装置应保护伴热系统超过高极限温度，通过通常的感应：

a) 工件或其他应用元件的温度；

b) 伴热器表面的温度；

c) 温度外的其他参数，如电流。

如果传感器或限制/控制装置出现故障，温度限制/控制系统应断开电路。控制装置的具体设计要求见 GB/T 19518.1—2017 中 4.4.3 的规定。

6.7.3 稳态结构计算法

稳态结构是在最不利条件下确定工件和伴热器表面最高温度的原则，这是当热输入等于系统热损失时出现的平衡条件的计算。最不利条件包括：

a) 最高环境温度，一般假定为 40 ℃，另有规定时除外；

b) 无风（有空气）；

c) 使用保温材料导热系数的保守值或最小值；

d) 每一设计均无温度控制装置或模拟一个失效的温度控制装置；

e) 伴热器在规定电压加 10%的情况下工作；

f) 伴热器假定在制造商规定的温度公差上限温度或串联伴热器的最小电阻情况下工作。

这些情况用图示的方式在图 4 中显示。稳态结构的试验在 GB/T 19518.1—2017 中规定。一般来说，伴热器的最高表面温度通过来自评定经验数据的公式或下列理论方法计算。或者，可使用基于这些最不利条件下计算最高表面温度的方案。

6.7.4 护套理论温度计算-金属管道应用

管道可能达到的最高温度是在最高环境温度和伴热器连续通电条件下计算得出的。计算最高可能管道温度的公式是根据热损失公式重新整理得出的：

$$T_{pc}=\frac{Q_{sf}}{\pi}\left[\frac{1}{D_1 h_i}+\frac{\ln\left(\frac{D_2}{D_1}\right)}{2k}+\frac{1}{D_2 h_{co}}+\frac{1}{D_2 h_o}\right]+T_a \quad \cdots\cdots(9)$$

式中：

T_{pc}——计算的最高管道温度，单位为摄氏度（℃）；

注：最高工艺管道温度可以超过此计算值。

Q_{sf}——伴热器输出功率，对于确定稳态结构的温度分级，按110%额定电压和制造商的伴热器输出功率上限进行修正，单位为瓦每米(W/m)；

k ——保温材料平均温度时的导热系数，单位为瓦每米开尔文[W/(m·K)]。

其他代号参见式(3)。为了得出 T_{pc}，式(9)可能需要用迭代法进行计算，因为保温材料的导热系数和伴热带输出功率可能随管道温度的变化而变化。

伴热器护套温度可由式(10)计算：

$$T_{sh}=\frac{Q_{sf}}{UC}+T_{pc} \qquad \cdots\cdots(10)$$

式中：

T_{sh}——伴热器护套温度，单位为摄氏度(℃)；

C ——伴热器周长，单位为米(m)；

U ——总传热系数，单位为瓦每平方米开尔文[W/(m²·K)]。

对于伴热器的不同类型、安装方式和系统配置，总传热系数会有所不同，它是传导、对流和辐射传递方式的组合。对于空气中的圆柱型伴热带(以对流为主)或使用热转换辅助手段(以传导为主)的伴热器来说，U 值可从12 W/(m²·K)～170 W/(m²·K)或更大变化。根据要求，伴热器供应商对规定的应用宜提供 U 的系数，或提供经计算或试验确定的护套温度。

选择伴热器的输出功率 Q_{sf} 应提供稳态结构，且不应超过温度组别或上述任何一个最高温度限制。

6.7.5 护套理论温度计算-非金属管道应用

对于非金属管道应用伴热器，因非金属管道为不易传热的材料，故宜考虑管壁热阻。这些材料的导热系数(k 值)是钢的1/200，随伴热带的输出功率密度不同，在管壁内外侧或罐壁内外侧存在实际温差。高于正常温度(与金属管道和容器比较时)可能有两种不利因素：

a) 可能超过非金属管道的最高容许温度；

b) 可能超过伴热器最高允许温度。

在正常操作条件下伴热器的护套温度原则上从式(10)求出，但是，为求出的 U 值，宜考虑管壁热阻的影响。塑料管道的总传热系数为：

$$\frac{1}{U_p}=\frac{1}{U_m}+\frac{L}{k_p} \qquad \cdots\cdots(11)$$

式中：

U_p ——非金属管道总传热系数，单位为瓦每平方米开尔文[W/(m²·K)]；

U_m——金属管道总传热系数，单位为瓦每平方米开尔文[W/(m²·K)]；

L ——管壁厚度，单位为米(m)；

k_p ——管壁材料的导热系数，单位为瓦每米开尔文[W/(m·K)]。

由于非金属管壁存在热阻，管壁上将有温差。也就是说，外管壁和流体温度与金属管道相比是不同的。因此，宜考虑流体的温度。

对于非金属管道，则

$$T_{sh}=\frac{Q_{sf}}{U_pC}+T_f \qquad \cdots\cdots(12)$$

式中：

T_f——流体温度，单位为摄氏度(℃)。

式(12)是对复杂问题的简化保守公式，它包括了超出本部分范围的一些参数。每个伴热器制造商应提供特定应用条件下的护套温度。

选择的伴热器输出功率应提供稳态结构，并且不应超过温度组别或任何其他最高温度限制。

6.8 设计信息

6.8.1 设计信息文件

为了保证一个可行的伴热设计，设计工作宜使用最新的工艺和管线资料和与伴热系统相适应的有效版本的图纸和技术条件。可能会使用下列的一部分或全部文件：

a) 工艺参数
  1) 场所划分文件；
  2) 系统流程图；
  3) 设备详图(泵、阀、过滤器等)；
  4) 气体或蒸气的点燃温度；
  5) 可能引起管道温度升高的工艺过程，即吹蒸气或放热反应。

b) 管道参数
  1) 设备布置图(平面布置图、截面图等)；
  2) 管道图(平面布置图、轴测图、管线表等)；
  3) 配管技术要求。

c) 保温要求和数据
  1) 保温设计参数；
  2) 保温技术要求；
  3) 保温时间表；
  4) 材料表。

d) 电气参数
  1) 电气图(单线图，电气原理图等)；
  2) 电气设备规格书；
  3) 设备表；
  4) 设备的安装和使用说明；
  5) 材料表。

6.8.2 轴侧图或伴热管线表和负荷表

每个伴热回路的设计宜包括下列内容：

a) 设计数据
  1) 危险场所分类，包括各个场所的最低点燃温度(如有)；
  2) 管道位置或管号；
  3) 管道尺寸、定额和材料；
  4) 保温材料类型、公称尺寸、厚度和 k 值；
  5) 伴热器名称或回路编号；
  6) 维持温度；
  7) 最高工艺温度；
  8) 最低环境温度；
  9) 最高暴露温度(如有)；
  10) 最高护套温度(如有要求)；
  11) 单位长度管道上维持温度下的热损失；

12） 加热参数（有要求时）；
13） 在维持温度下伴热器单位长度的功率；
14） 总功率；
15） 回路电流，启动和稳定状态工况；
16） 材料表。

b） 安装图
1） 设备轴侧安装图；
2） 带管号的管道位置；
3） 电源接线盒、尾端和温度传感器（如有）的位置；
4） 管道长度；
5） 单位长度管道上伴热器的伴热比；
6） 伴热器长度；
7） 用于阀门、管道支架和其他散热件的伴热带裕量；
8） 工作电压；
9） 配电盘的编号或名称、报警和控制设备名称以及设定点。

6.9 供电系统

伴热器分支回路的保护应具备切断高阻接地故障及短路故障的能力（见 GB/T 19518.1—2017 中的 4.3）。应通过一个接地故障保护装置（跳闸动作额定值为 30 mA）或一个带有接地故障保护功能的控制器结合适当的回路来完成，可调装置的最佳跳闸动作值为 30 mA，它高于伴热器供应商规定的伴热器任何原有电容性泄漏特性。

在维护和检查时，保证只能有资质的人员才能操作已安装的系统，并且对设备或工艺过程的安全操作来说必须有不间断的运行电路。如果能够保证报警后的确认，则接地故障时不中断运行是可以接受的。

6.10 低环境温度启动

当伴热系统在低环境温度下启动时，电流保护装置的额定值和特性宜适合于伴热系统在低环境温度下启动。在这些情况下，查阅伴热器制造商的补充说明和建议。

6.11 伴热带较长时

当使用较长的并联伴热带时，由于电压降，伴热带末端的功率密度可能低于起始端功率密度，这时宜考虑伴热器输出功率和温度传感器的位置。

6.12 流动状态分析

在要求关键温度控制的地方，确定伴热回路时应考虑管网中所有的可能流动条件。图 5 给出了被加热罐的示例图解。所有三个伴热器回路需配备各自的管道系统，以维持管道系统的维持温度。当被加热介质从储罐通过管道 A 流动时，1 号和 2 号回路不通电，而非流动管线的 3 号回路仍保持通电进行加热。如果所有三个回路合并成一个，共用一个控制装置，非流动管道 A 或 B 电源被切断，温度降至所要求的维持温度以下。

控制阀的旁通是另一个常见的情况，需要附加回路，如图 6 所示。

这是在回路设计时需特别注意的管道系统的例子。盲管和多个分支系统要求仔细布置伴热装置及其相关控制。

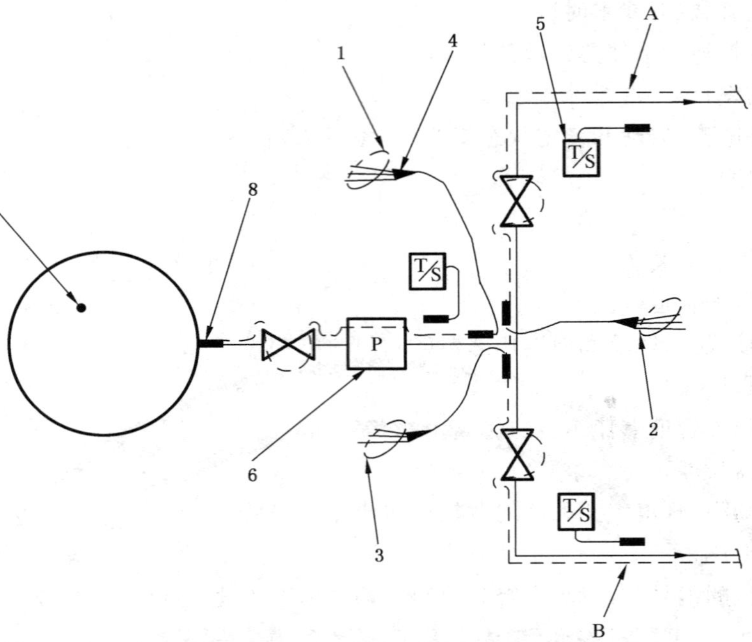

说明：

A——管道 A；
1——回路 1；
2——回路 2；
3——回路 3；
4——冷端连接；
B——管道 B；
5——温度传感器；
6——泵；
7——被加热储罐；
8——热端连接。

图 5　被加热罐示例图

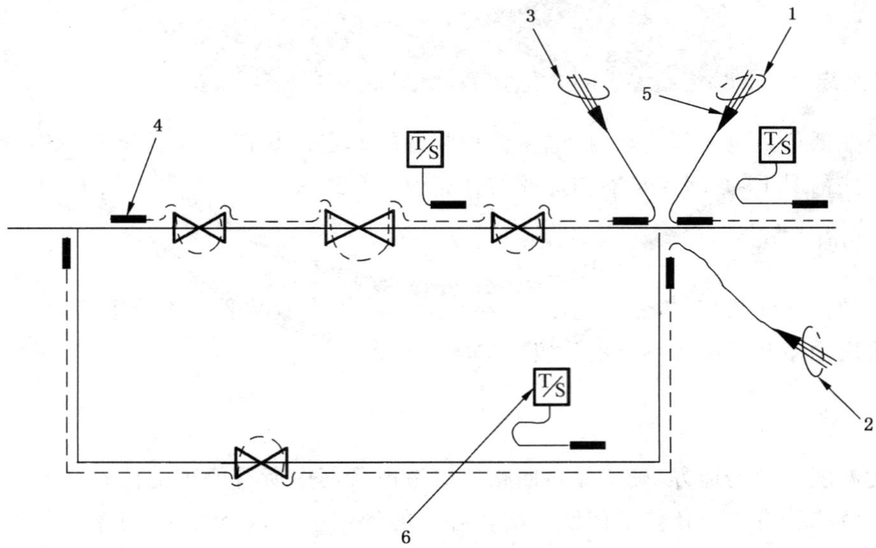

说明：

1——回路 1；
2——回路 2；
3——回路 3；
4——热端连接；
5——冷端连接；
6——温度传感器。

图 6　旁通示例图

6.13 盲管控制方法

这是一种有时用于很复杂管道系统和多分支管路系统的温控方法，它也从节约能源上考虑而保持温控器数量尽可能少。该方法由安装或制作一段管道组成，就像是“盲管”。

a) 它始终是静流状态；

b) 它像其他被控管线一样具有相同的热损失，而不考虑流动条件，各段均被加热。当环境温度变化时，对所有相同时间具有静流条件的管段提供适当的热量。对于流动的管段进行加热可能是没有必要的。盲管方法的优点主要在于平衡一次投资与节能的关系。对温度敏感的产品，当采用这种方法时宜引起注意。

首先宜引起注意的是，控制用盲管部分要有足够的长度，使其温度不受邻近管线中介质流动的影响；其次是温度传感器宜安装在与流动条件无关的位置。

6.14 烟囱效应

对于需要精确温度控制的垂直长管线，由于热流体的对流循环，垂直长管线的底部到顶部可能产生明显的温差，这就可能需要分两段或多段控制回路。垂直长管线的控制回路的最大长度取决于维持温度的裕量和管道内流体的特性。

7 控制和监视

7.1 总则

使用的监控系统应符合本部分规定的使用要求，并符合按 4.3 和 4.4 定义的关键程度和工艺温度准确度所要求的各种工艺型式的使用。

这样的监控装置可提供温度控制，保证不超过上限温度；提供监控伴热器的故障电流、过电流保护、漏电保护和电气隔断。对于伴热系统设计人员规定的特定应用的任何附加要求，应完全符合操作和安全要求。

7.2 机械式控制器

机械式控制器，如温控器，有两种类型：双金属元件、在感温包或感温包与毛细管内膨胀的液体。温度变化会引起位移，使触点接通或断开回路。

机械控制器比较牢固，然而短的传感元件无法组合或安装到控制盘中，现场校验也很不方便。温控器安装在现场。

选择用于机械控制器的温度传感器应考虑传感器和其零部件的最高温度额定值和它需承受的腐蚀条件。

现场安装的毛细管和双金属元件型式的温控器应安装在允许在危险场所使用的防爆型式的外壳中。

7.3 电子式控制器

电子式温控器一般使用热电阻温度传感器(RTD)、铂电阻传感器(PRT)、热敏电阻、热电偶(T/C)或其他温度传感装置。因此，控制器可安装在距传感器几百米远的地方，并且通常安装在控制盘中以便于操作和维护。

这些温控器可以处理传感器的电子信号，以开关方式或相控制方式控制机械式继电器或固态继电器。

7.4 应用的适用性

带有类型Ⅰ工艺温度准确度(按照4.3.1)要求的防冻系统可只用一个简单的环境温度感应控制系统。从节能的角度考虑,例如,对于类型Ⅱ或类型Ⅲ工艺温度准确度(分别按照4.3.2和4.3.3)来说,宜考虑增加环境温度传感控制装置或采用管道传感控制装置。

大多数工艺温度应用是类型Ⅱ或类型Ⅲ,要求有管道温度传感器,通常至少使用一个机械温控器。

对于关键应用和/或温度被控制在较窄范围内(类型Ⅲ)的地方,采用高、低工艺温度和伴热器回路故障报警装置。当条件或作业规程要求时,应采用电子控制装置。系统可以有高、低温度、连续性、接地故障和系统诊断报警及温度高限开关。根据系统要求,高限信号可以报警和/或启动电路保护器。

7.5 控制器的位置

如果适用,电子控制装置通常将控制器组合在符合爆炸危险场所分类要求的共用箱内,宜考虑给出控制器在危险场所以外的分组。如果可能,温控器宜安装在允许自由进出并易于接近的地方,以便于维护或校正。

7.6 传感器的位置

根据危险场所分级和设计规范的要求来确定传感器的数量和位置。

- 传感器宜安装在能代表维持温度的地方。
- 当有两个或多个伴热电缆的交汇处或接合处时,传感器宜安装在距接合处1 m～1.5 m的地方。
- 如果伴热回路既包括管道又包括串联的加热罐或热源,传感器宜安装在系统中距加热罐或热源约1 m～1.5 m的管道上。
- 当管线伴热回路的敷设路线通过不同环境温度的场所(如被加热对象的内部和外部)时,可要求两个传感器和相关控制器来控制管道合适的温度。
- 在选择复杂系统中传感器安装位置之前,对物料流态的所有可能条件都必须进行评定。有关评定的细节见6.12和6.13。
- 控制装置的温度传感器宜被安装在避免直接受伴热器温度影响的地方,该传感器的安装应保证它与工件具有良好的热接触。
- 某些工艺材料和某些管材对温度的敏感性可要求控制装置和高限温装置。控制传感器宜环绕伴热带至少90°安装,上限温传感器可紧贴伴热器安装,安装位置在事先设定的材料或系统最大容许温度减去安全裕度的地方。
- 当在爆炸性气体环境中使用上限温度传感器限制护套温度时,传感器可直接安装在伴热器上,或离开伴热器安装,使其不成为吸热装置。如果不直接安装在伴热器上,事先设定的安装点的温度就要低于护套最低温度,以便补偿管道和护套温度的计算误差。

7.7 报警考虑

7.7.1 总则

报警回路的主要功能是向操作人员报警,显示伴热系统可能运行在设计限值之外,因此,应对其可能的修改动作参数进行检查。各种报警系统的类型和功能都取决于设备的工艺要求(见4.3和4.4)。任何系统或所有的报警可与数字记录设备连接在一起。最常用装置的特性见7.7.2～7.7.4。

7.7.2 伴热回路报警

伴热回路报警器是用来检查伴热器回路电流、电压的损失或伴热回路的连续性,并且包括(但不限于)下列装置：

a) 电流传感器，监控伴热器电流，并且在温度开关闭合情况下，当电流低于预设的最低值时发出报警信号；

b) 电压传感器，监控伴热器(通常是并联式伴热电缆)末端电压或监控安装在伴热器内的返回导线上的电压；

c) 电阻传感器或连续性传感器，当系统断电时监测伴热回路。通常，将低电压信号或脉冲传输到伴热器并进行监测。

7.7.3 温度报警

温度报警具有以下功能：

a) 低温报警：此时显示管道系统和工艺材料温度低于预设的最低值，随后的冷却可能超过允许的设计运行值。温控器可带有报警功能，也可单独设报警装置。

b) 高温报警：此时显示管道系统和工艺材料温度已经超过预设最高值，随后的加热可能超过允许的设计运行值。和低温报警器一样，高温报警器可带有报警功能，也可单独设报警装置。

7.7.4 其他报警

其他可使用的报警包括(但不限于)下列装置：

a) 辅助触点报警：当接触器闭合、电源向伴热回路供电显示报警。它可向操作人员提供接触器正常工作的信息，如果辅助接触器打开或伴热器断路时则不能保证伴热回路的正常运行。

b) 剩余电流保护装置：带有标称交流工作电压 120/240 V 和单一的、可选择动作电流的装置，也有报警触点。这些装置监测电路接地漏电电流。如果回路总漏电电流超过装置选择的动作电流，该装置动作，显示故障并且切断电路电源。此外，这些监测装置可以仅有报警功能。

c) 开关动作报警：该报警通常由温控器上的辅助触点启动。

d) 电流传感器：该传感器是由温度控制旁通开关和电流表，或电流感应继电器和报警装置组成。

e) 诊断报警：该报警是由电子控制器内的诊断电路动作，发出内部控制故障信号或数字处理逻辑电路故障信号。

7.7.5 整体控制

伴热系统控制和报警回路可能有必要与中央(主)控制和监测系统结合在一起。在选择设备时应认真考虑监控功能的兼容性，以保证成功可靠地传输数据。

8 安装建议

8.1 引言

每一伴热系统的设计是符合工艺和装置的具体要求的，因为系统包括大量的现场组装元件，因此，有必要保证在伴热系统安装时，能保证满足设计依据的装置参数有效且附件安装正确。适当的测试和维护对保证满足性能和安全要求来说是必要的。

8.2 准备工作

8.2.1 总则

准备工作应按设计图纸进行，并且以下所列出的项目应在完成之后经过检查。

8.2.2 作业安排和协调

在所有管道和部分设备经过压力测试且所有相关仪器仪表安装到位之前伴热系统的安装不宜进行。要安装伴热器的工件表面应进行除锈、涂防锈油等。任何的尖锐凸出，如焊点、水泥块等应被除去。被加热表面的任何涂敷或抛光必须适合其预定的用途。伴热系统的安装应与工件、保温材料和仪器仪表的工作相协调，以保证作业安排完成的日期。在电伴热完成安装和测试之前不宜安排保温材料的安装作业日程。

8.2.3 设备确认

现场安装设备应进行核查，以便管道长度和容器、阀门、法兰和元件数量与设计图纸一致，伴热器的用量取决于这些项目的数量。现场设备无论何时发生变化，伴热材料的用量都必须进行审核。

8.2.4 材料接收

当收到伴热材料时，应进行全面的检查，其中包括确认型号的正确性、材料的数量和相关文件，应对所有的伴热器进行检查以核对型号、产品和包装标志、额定功率、额定电压、数量和特殊说明。此外，收到的安装说明书、防爆合格证应按照要求进行核查。

8.2.5 储存和搬运

材料应储存在有保护措施的干燥场所，材料的发放应按现场要求的数量，以避免任何不必要的搬运和偶然损坏。

8.2.6 人员方面要求

伴热系统安装和测试人员应按要求经过专门技术培训。安装工作应在有资质的电工监督下进行，有资质的电工已经接受过爆炸性气体环境用电伴热系统方面的专业培训。只有经过专业培训的人员才能进行专业的鉴定工作，例如连接装置和接线盒的安装。

8.3 伴热回路的安装

8.3.1 设备一致性核查

工件图纸和伴热回路的设计数据应能用于协调安装工作。安装前，应对照工件图纸对已安装的管道和其他设备进行检查。与图纸相比的任何变化都有可能需要修改伴热器。伴热系统的安装应与管道、保温材料和仪表协调一致，以确保工期完成安装。

伴热系统供应商应提供伴热器和各种系统元件的使用说明书，适合用于和拟用于爆炸性气体环境和非爆炸性环境的伴热器和伴热元件的使用说明书应能被清楚地识别。

8.3.2 安装前的测试

应进行下列测试并提供测试证明，并且按照表2的安装前检查单进行记录，以确定伴热设计是否与安装条件相匹配。

a) 应目视检查伴热器是否破损，最后应检查连续性和绝缘，绝缘电阻应按照8.3.4的规定测量。
b) 单个的控制器应进行测试以保证正确校准，其中包括但不限于设定点、温度运行范围和温差。
c) 制造和组装控制盘的供应商应提供证明所有接线、布置和功能正确的、且已进行过试验的文件。在现场收到控制盘后，应进行全面的检查以便确认在运输过程中没有出现损坏。

8.3.3 目视检查

伴热器应完全不受机械损伤，工厂连接的连接件须足够牢固，能承受安装过程中预定的正常条件。

8.3.4 绝缘电阻测试

应测量伴热器导体对金属编织层、金属护套或其他在电气上等效的材料的绝缘电阻，试验电压至少为500 V d.c.。然而，强烈建议使用较高的电压：对于矿物绝缘的伴热器的试验电压宜在(但不超过)1 000 V d.c.，聚合物绝缘的伴热器试验电压宜为2 500 V d.c.。测得的绝缘电阻应不低于20 MΩ。

8.3.5 元件更换

按照下列条件更换伴热系统元件是可接受的：

a) 在制造商提供的安装或维护说明书中专门列出的元件不应用类似的部件更换，除非元件是认证的一部分；
b) 在制造商提供的安装或维护说明书中没有规定的其他元件可以用任何合适的标准件替换；
c) 作为向伴热器供电的线路系统的部件，可用主管部门认可的任何合适的标准件替换。

8.3.6 确定电源位置

电伴热在安装之前应确定电源位置。接线盒的安装方式不应使伴热器在从保温层露出和进入接线盒之间的地方受到损坏。

表 2 安装前的检查

序号	检查项目	备　注
1	工件是否安装完整，是否进行过试验，所有的临时支架是否被拆除，受热表面是否有锐棱边、焊接毛刺和粗糙表面	伴热器安装后的任何焊接和压力试验都会损坏装置。见8.2.2、8.3.7.1和8.4.1
2	安装伴热器的表面是否使用普通钢材或非金属材料	如果表面是抛光不锈钢，管壁非常薄或任何形式非金属，可能需要采取特殊保护措施
3	被伴热的对象在尺寸、位置等方面是否与设计一致	有时难以确定被加热的管道是否符合要求，一个适当的管线编号系统或许有所帮助
4	在使用伴热器之前是否安装了规定的内金属箔	这可以用来帮助热量分配
5	在使用伴热器之后是否安装了规定的内金属箔	这可防止伴热器周围形成隔热层或有助于热量分配
6	在正常或异常情况下介质流动的温度能否达到高于伴热器所能承受的温度	这通常要在设计阶段考虑，但进一步与工厂员工的讨论可显示已经使用了错误的或过时的数据
7	伴热系统的最新文件(施工图、设计方案和安装说明书)是否可得到	没有核对伴热系统文件不应对预定进行更改，仔细的计算对保证安全运行是必要的
8	管道或表面膨胀和连接能否使伴热安装任何部分上产生应力	在这种情况下必须采取防护措施以免损坏
9	温控器的传感器能否受到外部的影响	临近伴热回路可能影响传感器
10	按照设计要求，伴热器在工件上是否呈螺旋状或锯齿型状分布	为了确定是否需要螺旋状或锯齿型分布请检查单位管道长度的设计负载(或表面区域)

表 2（续）

序号	检查项目	备　注
11	装配时，冷端引线是否适合于与被加热表面接触	如果冷端引线埋在隔热层下，它必须能够承受一定的温度
12	管道系统是否吊在管廊上	在这种情况下，要求对悬挂点采取特殊防护措施以确保气候防护层
13	管道系统是否有装配齐全的支架	以后附加的中间支架将损坏加热系统
14	装置上取样管/排放管等不在图纸上	这些情况会妨碍或阻止伴热器的安装，或许需要核查伴热系统文件
15	设备设计中的其他参数，如管道支架，是否与设计资料规定的一致	
16	伴热器、控制器、接线盒、开关、电缆引入装置等是否适用于危险场所和环境条件，它们是否必须进行防腐、防止液体和细小颗粒进入	

8.3.7　伴热器安装

8.3.7.1　总则

伴热器应按照供应商的说明书安装在管道和设备的清洁、光滑部位上，在法兰、阀门和其他管件附近安装伴热器时应特别小心，以免锐棱或锯齿形的棱边损坏表面，以及由于冲击、磨损或振动而损坏伴热器。为了保证伴热器、接头和冷端引线能适应管线和设备运动和振动应对其进行检查。

安装人员应理解伴热系统对提供管道和其他设备均衡加热的重要性，注意体积较大设备或散热件需要额外的伴热器。伴热器的安装宜尽可能近地接触被加热表面，如果这样的接触不可能，如在阀门上，可使用适当的内金属箔温度导热盖或其他导热材料。

伴热器不允许扭曲或搭接、跨接或相互接触，供应商的说明书中特别允许的除外。应注意供应商的最小弯曲半径。

在伴热系统的安装中，只有原装元件可以使用，否则，系统认证将不适用。

8.3.7.2　伴热器在管道上的直线敷设

多根伴热器宜在管道周边上等距离敷设。伴热器长度宜留有裕量，以弥补管道支架、吊钩、拉环等处的热损失。

8.3.7.3　伴热器在管道上的缠绕敷设

在敷设伴热器之前，先在管道和设备上做好缠绕间距的标记，然后从电源点开始敷设。在敷设时，保持伴热器处于稍微拉紧状态。在任何情况下，伴热器的缠绕间距不得小于供货商要求的最小值。

螺旋形伴热器敷设方式宜使阀门等能被容易地移走和更换。如果在被加热部分末端伴热器过长或长度不够时，缠绕间距宜缩短或加长，保持缠绕均匀使其符合设计要求。

注：尽管对于短距离的管线和设备来说，缠绕式伴热较为方便，但对于距离较长的伴热来说，多根直敷式伴热则对安装和维护更为方便。

8.3.7.4　**阀门类的联机设备**

在设计中伴热器宜留有一定裕量弥补在阀门、法兰、过滤器和泵等处的热损失。这些长度宜参照供货商的安装说明。

伴热器安装方式宜使其能被容易地移走，更换密封垫(例如法兰接合面的密封垫)，无损伤维护联机设备(例如阀门和过滤器)。在伴热器穿过可能的泄漏源的地方，例如法兰，它们的安装位置以和泄漏介质接触最小为宜。

8.3.7.5　**固定和捆扎**

固定材料宜适合于最高的暴露温度和环境条件。对于伴热器的直敷方式来说，固定间隔不宜超过300 mm，对于伴热器的缠绕式敷设来说，固定间隔不超过2 000 mm。在弯头、法兰和其他障碍物上宜增加固定件。

注：金属捆扎带只能用来固定带金属护套的伴热器到管道和设备上，使其与被加热表面紧紧地保持接触，捆扎过紧可能会损坏伴热器。

8.3.7.6　**伴热器绝缘电阻测试**

8.3.4 的试验程序应对所有安装后的伴热器进行。

8.3.8　**终端连接件**

所有型式伴热器必须正确连接，现场完成的整套端部连接应按照供货商的说明。应检查工厂连接的伴热器，以确认这些端部连接是否完整，标签是否正确和/或标志是否符合 GB/T 19518.1—2017 中第 6 章的规定。安装人员核查防爆合格证、端部连接的温度等级和工作条件的适应性非常重要。

安装前应检查拟用于现场连接的串联伴热器，以确认安装长度是否符合设计长度和负载。当矿物绝缘电缆在现场端接时，切口应立即密封以防潮气进入。对于并联回路伴热器来说，总回路长度不应超过制造商建议的长度。

8.3.8.1　**连接附件**

伴热器的连接附件应按照供应商的说明书可靠固定，防止物理损坏，置于防止水或其他可能影响其使用或适用性的污物进入的位置。

8.3.8.2　**接线盒**

伴热回路应连接到取得防爆合格证、带有适当引入保护措施和防外物进入保护的接线盒上。接线盒应尽可能近地安装在伴热器考虑到管道的膨胀的位置。任何时候接线盒盖不应为开启状态。

8.3.8.3　**冷端引线**

应检查冷端引线，确认接头在使用的地方是否防水，并检查接地是否有效。如果使用冷端引线，应保证在引出保温层时水或其他杂物不会进入保温层。

冷端引线通过保温层引出时应加以保护。现场装配或改造的冷端引线应严格按照制造商的说明书和防爆合格证规定的使用条件进行。用锡焊或铜焊方法将冷端引线连接到带金属护套的伴热器上时，无论是伴热器，还是冷端引线都不应在铜焊接点周围弯曲。

8.3.8.4　**伴热器引入装置和密封接头**

伴热器应带有取得防爆合格证的密封件和/或密封接头。密封接头应全部拧入接线盒上，并压紧以达到完全密封。未使用的进线口应用合适的堵头进行封堵。如果使用非螺纹引入装置,引入装置尺寸应给密封接头螺纹部分提供足够的间隙,密封接头背面的螺母压紧可压缩的密封垫,在外壳中将接头密封。

在所有连接件和终端附件完成装配和回路绝缘电阻测试(8.3.8.8)之前导线连接(8.3.8.9)不应封装。

8.3.8.5 接地要求

接地要求包括下列各项:

a) 伴热器的外金属罩、金属网或其他等效金属导电材料应与接地系统的有效接地线连接。
b) 当使用的主接地线取决于外金属罩、金属网或其他等效金属导电材料时,如果这些材料有可能暴露腐蚀性蒸气或液体中,它们的耐化学性应给予考虑。
c) 不锈钢金属网和金属护套一般具有很高的电阻,因此不能作为有效的接地线。替代的接地方法和其他接地保护应给予考虑。

8.3.8.6 连接、接线和改动

在现场对伴热器的连接、接线和改动应严格按照供应商的说明书进行。危险场所伴热器上的任何改动将使危险场所防爆合格证无效。这特别适用于对伴热器所做的改动,在单位长度上的任何变化将改变伴热器的功率密度,并且影响护套温度。改动应记录在系统文件中。

8.3.8.7 终端连接件

伴热器的终端连接件应按供货商的说明可靠连接,并加以保护以免机械损坏和水或其他杂物进入,它们可能对其使用或适用性产生不利影响。

8.3.8.8 伴热器回路绝缘电阻测试

8.3.4 的试验程序应对所有安装后的伴热器回路进行。

8.3.8.9 导线连接

接线端子应有足够的尺寸和额定值与导线连接,并且可以与整根线或绞线或金属箔连接。在剥去绝缘时应注意避免损坏导线。

挤压型导线或金属套环对有关导线应有合适的尺寸和允许的型式。挤压工具应是专用配件的棘齿形,情况良好。

截断后不立即进行终端连接的电缆端部应密封以防潮气进入,并保护电缆端部未完成的安装。

8.3.8.10 文件准备

在内装的最终文件中应注明每种伴热器的型号、长度和电气参数。应记录进入管道和仪器图表的连接点。

8.4 监控装置的安装

8.4.1 总则

安装单位通常负责安装监控装置及配电盘,这些装置至少有过电流保护、漏电保护及隔离措施。为了保证安全的温度或节能,通常提供某种型式的温度控制或限定值。

8.4.2 设备适用性的确认

选择的监控装置、温控器、传感器和相关装置应符合整个系统考虑工作温度、IP防护等级和保护方法的要求。伴热系统的认证可规定使用特定元件，在这种情况下，强制使用仅由制造商规定的部件。

8.4.3 温控器和监控装置

温控器的传感器可用于管道，或直接测量介质温度。传感器一般是热电阻温度传感器(RTD)、毛细管温控器和热电偶。所有的温度监控装置或传感器应符合标准规定的防爆型式。

当传感器安装在表面时，需要有效的热接触。传感器的直径和长度能影响温度测量。

水和腐蚀性蒸气浸入可引起温控器失效。控制室的罩或盖在传感器安装前、安装中和安装后应通常处于关合状态，需要进入时除外。

8.4.4 传感器的注意事项

8.4.4.1 通用传感器的安装

传感器应按照供货商的安装说明进行安装并设置在适当位置。传感器不应位于有外部辐射热、太阳照射、工艺放热或接近采暖建筑物的位置。应注意保证传感器在能感应适当温度变化的伴热区域内，并远离管线终端和管线支架。环境温度传感器宜位于装置的暴露位置。

传感器宜在与管线或设备热接触良好情况下进行捆扎，并加以保护以使保温层不被捆扎在传感器与被加热表面之间。应注意不要损坏毛细管、热电偶或热电阻温度传感器(RTD)的导线，也不要扭、拧传感器，以免带来校正错误。

如果需要直接感应介质温度，传感器宜安装在热井的合适位置，例如：容器内的油污面以上。

多余的毛细管可敷设在保温层下，总长度超过1 m时除外，在这种情况下，毛细管的体积可能对校正会有不利影响。

应注意保证从保温层中引出毛细管、热电偶或热电阻温度传感器(RTD)的导线时不允许潮气进入。

很多情况下，传感器的位置是在设计阶段确定的，对传感器的更换注意事项由7.6规定。以下内容规定的是特定安装方法注意的事项。

8.4.4.2 温控器传感器的安装

温控器传感器安装在管道或设备的表面，其安装位置能提供整个回路的代表性温度。如图7所示，传感器安装的位置不应受伴热器温度或其他因素的影响，如散热器和阳光。

8.4.4.3 温度限制装置传感器的安装

温度限制装置传感器安装在管道或设备的表面，其安装位置能提供整个回路的代表性温度。为了确保安全温度控制装置能准确反映伴热器的最高表面温度，需特别注意位置、敷设方式和设置点。传感器的安装方法以规定功率输出时设备温度和伴热器护套温度之间已知的关系为基础。典型的温度限制传感器的安装见图7。

温度限制装置的设置使护套温度不超过最不利条件下(例如，电压+10%、伴热器在制造商的功率公差上限运行、伴热器没有与管道/设备接触、高环境温度、外部不对流)的上限温度是非常重要的。

对于和调压装置一起使用的伴热器回路的设计，可需要使用8.4.4.4和8.4.4.5规定的方法安装传感器。这些方法会对因电压控制装置失效而引起的伴热器护套温度的快速变化做出迅速反应。

图 7 控制传感器和温度限制控制传感器的典型安装

8.4.4.4 伴热器表面带传感器的温度限制装置

在图 8 中，温度传感器直接安装在伴热器上，伴热器直接和被加热表面接触。为保证与伴热器充分的热接触，需要安装带金属箔带或热转换复合物的传感器。

验证该位置代表最热点很重要。保护传感器紧贴伴热器的方法必须确保随着时间和温度升高传感器不能松脱，并在今后的维护操作中也不能松掉。

传感器的这种安装方法不测量伴热器的最热部分（或许出现在与设备非接触的地方）。这种方法仅适用于控制器温度在上限温度以下。

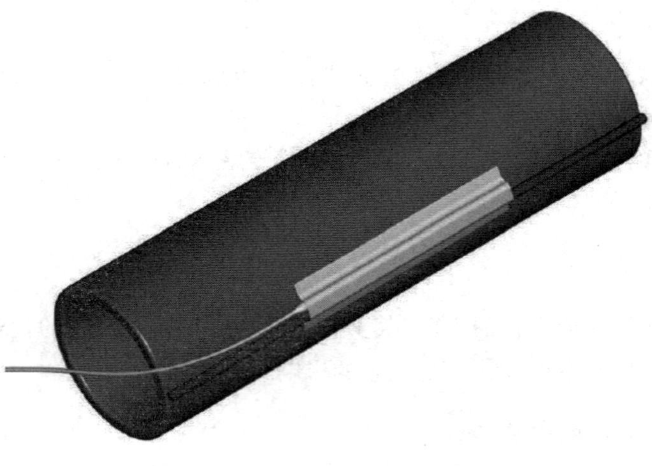

图 8 传感器在伴热器表面的限制装置

这种方法的优势在于将由测量点引起的过高温度降至最低。但在某些情况下，在伴热器和被加热表面之间热接触不良的地方，被测量的热点温度可能低于伴热器护套的最高温度。这还需考虑限温装置的设定，要和传感器的热耗散一样。这些偏差是传感器和伴热器质量比（直径比）和特定热容量（W/m）比之间的函数。

为了考虑瞬态现象（例如，由于半导体接触元件失效引起），直接接触被加热表面产生热惯性可需要使用甚至更低的设定值。在某些情况下，可能需要将复杂的回路拆分成单独温度限制回路。

8.4.4.5　人工热点的温度限制装置

在图9中，传感器的位置是测量一个人工热点，预计代表伴热器的最热点。在使用串联伴热器时这可作为一种适当的代替方法。

当8.4.4.4的方法不能可靠用于协调系统最不利条件的表面温度时，人工热点法可提供一些额外的安全裕量。这种情况下保温材料嵌在伴热器和被加热表面之间，限温传感器就直接与伴热器接触安装。

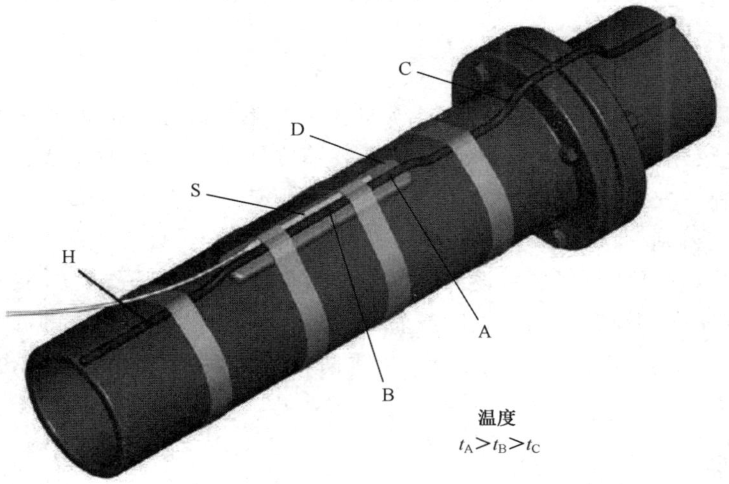

说明：

H ——伴热器；

S ——温度传感器；

t_A ——人工热点温度；

t_B ——测量点温度；

t_C ——热接触不良点(特性热点)；

D ——伴热器和被加热表面之间的保温材料。

图9　人工热点的限温传感器

为保证人工热点温度高于在热接触不良点(温度 t_C)上伴热器的温度，保温材料的长度大约是传感器的两倍。由于传感器自身存在不可避免的热耗散，测得的温度 t_B 确实高于温度 t_C，但低于热点 t_A 的实际温度。这些偏差是传感器和伴热器质量比(直径比)和特定热容量(W/m)比之间的函数，考虑限温装置的设定。

这种方法的优势在于在极短时间内对故障做出反应，例如，温控器失效、电压控制装置失效或过电压。在某些情况下，可能需要将复杂的回路拆分成单独温度限制回路。

8.4.5　温控器操作、校准和使用

温控器和安全限温器的设定值在调试期间应核查，根据安全限温器设定的可能性，安全限温器必须被密封以防外物进入。

温控器和传感器在调试期间应校准。温控器应设定要求的温度，如果需要，在从工厂买回时应重新校准。应通过调整温度设定进行功能检查，直到显示温控器向伴热器供电为止。

所有测量的数据应形成文件保存。

8.4.6　必要的修改

伴热系统应通过最高表面温度的检验。如果测得的温度偏离了允许的表面温度或设计数据，应进行正确的测量，并对系统进行修改。

8.5 保温系统的安装(同时见第5章)

8.5.1 总则

在伴热系统的安装中,保温材料的选择和应用是关键因素。保温材料的设计通常是对伴热系统的热损失进行大量的弥补,因此,保温材料出现的问题将直接影响整个系统的性能。能量耗散最小化可降低运行成本,改善系统性能,加强系统的热容量。保温系统安装应符合国家标准和行业标准。

8.5.2 准备工作

在伴热器安装之后和敷设保温材料之前,必须注意保护伴热器免受机械损坏和潮气进入。在开始敷设保温材料之前,建议现场工程项目组协调伴热安装单位与保温施工单位,以便在伴热器安装和测试之后尽快敷设保温材料。安装的伴热器应按照8.3.8.8的规定已经进行过测试。

下列检查和程序应得到确认:

a) 检查型号、内径和厚度与伴热器设计时保温材料选用值是否一致。如果安装厚度与规定的厚度不同,不可能维持预定的工作温度或表面温度,因而不能保证相应的温度组别。

b) 在储存、搬运和安装过程中,应有临时的气候防护层以避免潮气进入,并被封在最终气候防护层之下。

8.5.3 保温材料的安装

保温材料应敷设到管线和设备的所有部分,包括法兰、阀门、管线支架、弯头、三通等。如果系统中有膨胀节或波纹管,其上的保温材料不应影响伴热系统的保温效果。

为了保证伴热器和设备被完全覆盖,可能需要超大尺寸的保温层。其他须考虑的条件如下:

a) 为了允许保温材料安装,在管道与管道之间和管道与结构件之间需要保持足够的距离;

b) 需要验证保温材料的厚度在所有地方等于规定的公称厚度。必须注意不要将伴热器夹入保温材料内,因为这样可引起护套温度升高。如果规定的保温材料尺寸不合适,接下来就要用大一点厚度的保温材料以便容纳伴热器;

c) 所有的穿线处应密封,以防潮气进入。在一切可能的地方,穿线处宜位于保温材料下方180°扇形的位置。保温材料敷设宜允许伴热器和热传感器或毛细管进入时配合得绝对紧密;

d) 保温材料宜被切割安装,以免形成气孔。在水平面上交错连接的部分使对流热损失降低到最小;

e) 在敷设保温材料过程中应注意不要损坏伴热器。伴热器、传感器和其他装置的位置一定不能改变;

f) 在阀门或其他不规则形状设备上敷设伴热器宜考虑使用薄金属箔,避免保温材料包裹伴热器;

g) 宜注意避免使用卤化物含量高的保温材料覆盖带裸露不锈钢金属护套或护网的伴热器。

8.5.4 金属保护层

在规定需要金属保护层的地方,应特别注意保证金属制品裸露的锐棱不直接与伴热器或其元件接触。

最危险的部位是:

a) 法兰:金属制品宜被截短,保温材料裸露的表面宜用合适的无吸收性的浇封剂进行处理。

b) 阀门:预制的绝缘套管宜有剩余的长度,且在靠近管件的金属外罩上进行安装。

c) 弯头或三通:宜注意不要使直管段金属保护层插入弯头处,这样会损坏伴热器。

弯头部位最好用轧制边相互嵌合部件。在金属气候防护层重叠部分之间宜用密封胶进行密封。当使用铆钉或自攻螺钉时，应注意保证所用的任何钻头和螺钉长度不能穿透保温材料，损坏安装于其下面的伴热系统。

警告牌应粘敷在金属薄层上，两个警告牌之间的间隔不超过6 m，警告电伴热系统安装在保温层下面。同样的警告牌也应粘敷在覆盖阀门或需要定期维护的其他设备部件的金属保护层上。

8.5.5 现场安装的回路绝缘电阻测试

所有伴热回路安装完成之后均应进行8.3.4的试验程序，要求测得的绝缘电阻不应小于5 MΩ。

8.5.6 目视检查

目视检查应保证：

a) 没有潮气能进入保温材料引起霉变(叠加位置或压槽连接正确)；

b) 金属保护层上可调节的连接片(或类似物)有足够的柔性，以吸收任何膨胀；

c) 选择的固定金属保护层的紧固螺钉不要过长，以免对伴热器或温度传感器造成损伤；

d) 为伴热器、温度传感器等进入金属保护层开的口按规格尺寸切割，使它们之间不发生接触，特别是带有支路时，金属保护层上的开口要足够宽；

e) 金属保护层连接处和保温材料进入的地方使用合适的密封胶密封，密封胶要耐化学腐蚀，在尺寸大小上稳定。

8.5.7 文件

保温材料及其厚度应形成文件。

8.6 配线的安装及与支路的协调

每一伴热回路的支路要求一只过电流保护装置。配线规格和型号、支路电流保护装置的额定值宜基于在伴热器可能经历的最低温度时伴热器的启动电流和持续的时间。

8.6.1 接地故障保护装置

应按照GB/T 19518.1—2017中4.3d)的要求提供接地故障保护装置。

8.6.2 电流保护装置

需要检查：

——电流保护装置的额定值正确(初始检查和详细检查)；

——电流保护装置按照适用的国家标准和行业标准进行检验，并符合适当的保护方法要求。

8.6.3 标记/识别

永久性的标志和识别应按下列各项完善，并按GB/T 19518.1—2017中的标志要求进行验证：

a) 支路断路器；

b) 监控和报警装置；

c) 伴热器的电源连接；

d) 回路数和每只温控器的设定值。

按照GB/T 19518.1—2017的要求，应对每一伴热回路在各自的接线盒上进行标志。

8.7 调试

8.7.1 调试前的检查

表3给出的调试前检查表应完整，并保存。

表 3 调试前的检查和伴热器安装记录

<table>
<tr><td>位置</td><td>系统</td><td>项目编号</td><td>参考图纸</td></tr>
<tr><td>管线编号</td><td>伴热器编号</td><td>场所分类</td><td>温度组别</td></tr>
<tr><td>配电盘编号</td><td>位置</td><td>回路编号</td><td>回路电流/电压</td></tr>
<tr><td>伴热器制造商</td><td>伴热器类型</td><td colspan="2">单位长度伴热器的功率/额定电压</td></tr>
<tr><td colspan="4">验证认证标志：</td></tr>
<tr><td colspan="2">兆欧表制造商/类型</td><td>电压设定值</td><td>精确度/满刻度</td></tr>
<tr><td colspan="4">最后校正兆欧表的日期</td></tr>
<tr><td>万用表制造商/类型</td><td>电阻设定值</td><td colspan="2">精确度/满刻度</td></tr>
<tr><td>伴热器试验</td><td>试验值/备注</td><td>日期</td><td>测试人</td></tr>
<tr><td colspan="4">注：最小的允许绝缘电阻宜为 20 MΩ，最低允许试验电压是 500 V d.c.。但是对于 MI 电缆来说建议使用 1 000 V d.c.，对于聚合材料电缆来说建议使用 2 500 V d.c.。</td></tr>
<tr><td colspan="4">1 整卷材料的验收</td></tr>
<tr><td colspan="2">卷材的连续性测试</td><td></td><td></td></tr>
<tr><td colspan="2">卷材的绝缘电阻测试</td><td></td><td></td></tr>
<tr><td colspan="4">2 管线安装完成(允许开始安装伴热器)</td></tr>
<tr><td colspan="4">3 安装之后</td></tr>
<tr><td colspan="4">4 伴热器安装完成(允许开始安装保温材料)</td></tr>
<tr><td colspan="2">伴热器正确安装在管线、容器或设备上</td><td></td><td></td></tr>
<tr><td colspan="2">伴热器正确安装在阀门、管线支架、其他散热件上</td><td></td><td></td></tr>
<tr><td colspan="2">元件正确安装和连接(电源、三通密封等)</td><td></td><td></td></tr>
<tr><td colspan="2">按照制造商说明书和回路设计安装</td><td></td><td></td></tr>
<tr><td colspan="4">5 保温材料安装完成</td></tr>
<tr><td colspan="2">连续性测试</td><td></td><td></td></tr>
<tr><td colspan="2">绝缘电阻测试</td><td></td><td></td></tr>
<tr><td colspan="4">系统检查：</td></tr>
<tr><td colspan="2">6 标志、标签和标识完成(见 GB/T 19518.1—2017 第 6 章)</td><td></td><td></td></tr>
<tr><td colspan="2">7 伴热器有效接地</td><td></td><td></td></tr>
<tr><td colspan="2">8 温控器安装合适并校验设定点</td><td></td><td></td></tr>
<tr><td colspan="2">9 接线盒全部验证和封闭</td><td></td><td></td></tr>
<tr><td colspan="2">10 保温材料气候密封(密封所有贯穿部位)</td><td></td><td></td></tr>
<tr><td colspan="2">11 在保温层外防护层上标出接头、终端等位置</td><td></td><td></td></tr>
<tr><td colspan="2">12 竣工图、文件</td><td></td><td></td></tr>
<tr><td colspan="2">执行：</td><td>公司</td><td>日期</td></tr>
<tr><td colspan="2">见证：</td><td>公司</td><td>日期</td></tr>
<tr><td colspan="2">验收：</td><td>公司</td><td>日期</td></tr>
<tr><td colspan="2">批准：</td><td>公司</td><td>日期</td></tr>
</table>

8.7.2 功能检查和最后文件

在保温材料安装和电气配线完成之后应对伴热系统进行调试。表4给出的调试记录表应完整，并保存。

8.7.2.1 功能检查

应进行下列功能检查：

a) 关闭所有支路并用合适的电流验证，温控器可能需要临时旁通。
b) 检查监控或报警回路是否可操作，现场连接可能需要旁通。
c) 对每一回路填写伴热器调试记录表(表4)，应清楚地记录所有测试和调试数据。
d) 记录按8.5.5规定测得的绝缘电阻值。
e) 记录时加的电压和接通5 min后产生的电流，如果要求，记录管道温度。
f) 检查报警和控制元件按预定动作。
g) 检查温控器设定值已经得到校验，且温控器已经设在该值。

8.7.2.2 最后文件

电伴热回路适当统一的文件是设备节约维护费用必备的前提，这对快速检修回路故障特别重要，同时也为专家愿意对伴热系统进行简单、快捷、经济地修改和扩项奠定基础。

考虑到爆炸性气体环境中的电伴热系统，项目文件的格式详细地规定在各自的系统描述文件中。

伴热系统的每一伴热回路的文件应包括下列内容：

a) 设计和测试文件：
   1) 目录清单；
   2) 显示伴热回路的管道布置图和电源、接合点、三通、接线盒和控、限温传感器的位置图；
   3) 对于容器：伴热器的布局图；
   4) 管道及保温材料清单；
   5) 伴热器单个回路长度；
   6) 计算和测量数据；
   7) 材料清单；
   8) 伴热器安装说明；
   9) 伴热电缆平面图；
   10) 温度传感器的描述性文件和安装说明；
   11) 伴热器的调试记录(表4)；
   12) 测定的温度数据；
   13) 安装证书。
b) 电路图或清单：
   1) 布线和电路图或清单；
   2) 接线图、含部件清单的开关；
   3) 安装说明。
c) 其他：
   1) 单个设备的技术描述性文件和使用手册；
   2) 按设计工程师约定的功能图；
   3) 防爆认证机构出具的防爆合格证。

表 4 伴热器调试记录

位置		系统		项目编号		参考图纸	
管线编号		伴热器编号		场所分类		温度组别	
配电盘编号		位置		回路编号		回路安培/电压	
伴热器制造商		伴热器类型		单位长度伴热器的功率/额定电压			
验证认证标志：							
伴热器资料							
伴热器总设计长度				伴热器总安装长度			
保温材料类型				保温层厚度			
工件维持温度				工件最高温度			
伴热器测试(来自伴热器安装记录的数据)							
电阻(连续性)测试/Ω							
绝缘电阻测试/MΩ							
测试的环境温度							
技术数据	电压(V)		电流(A)				
	配电柜	现场	单相	三相			
			管线	A相	B相	C相	中性线
启动时							
5 min 后							
4 h 后							
测试时的环境温度							
测试开始时的工件温度			4 h 之后				
单位长度上的计算功率值(V·A/m)			4 h 之后				
温控：型式							
伴热器控制器		**环境温度传感器**		**工件温度传感器**		**温度设定点**	
高限温控制器		**型式**		**位置**		**温度设定点**	
伴热器控制器校验							
加热控制运行验证							
报警/监控：型式							
温度		高设定		低设定		运行验证	
伴热器电流		高设定		低设定		运行验证	
剩余电流				设定		运行验证	
电压损失						运行验证	
其他						运行验证	
剩余电流保护装置：型式							
设定		测量电流		运行时测量值			
执行：				公司		日期	
见证：				公司		日期	
验收：				公司		日期	
批准：				公司		日期	

9 维护

9.1 总则

建议表 5 给出的维护项目宜每年至少进行一次。在腐蚀环境、非常恶劣环境或机械损坏危险大的场所中进行更加频繁和/或更加仔细的检查可能是必要的。更加频繁的检查宜根据工作经验并咨询用户/业主来确定。

所有的维护活动应记录在维护日志中(如表 5 给出的)并保存在系统文件中。

9.2 故障位置

要找出被保温层和金属保护层覆盖的伴热系统和装置的故障,宜征询伴热系统设计者的意见。常见的故障有机械损坏、腐蚀、过热或潮气进入引起。

可能需要的步骤简述如下:

a) 伴热系统的准确布置图应根据系统文件来确定。如果文件不完整,应使用工作频率约 1 000 Hz 的“感应”仪表将信号引入电伴热装置,根据仪表信号强度来确定伴热走向。

b) 应确定故障类型,例如开路或接地漏电。

c) 如果有开路或接地小于 500 Ω 的低电阻,建议使用脉冲回应或反射仪表。其他故障可采用电桥仪来检测。

9.3 故障排除

当故障位置确定时,故障元件应按照本部分的要求进行更换或维修,这些部件应按照表 4 检查并按照表 5 记录。

表 5 维护和运行记录

<table>
<tr><td colspan="2">系统位置</td><td colspan="4">系统</td><td colspan="2">参考图纸</td></tr>
<tr><td colspan="8">回路资料</td></tr>
<tr><td colspan="2">伴热器编号</td><td colspan="4">回路长度</td><td colspan="2">断路器编号</td></tr>
<tr><td colspan="2">电源连接</td><td colspan="4">设计电压</td><td colspan="2">断路器极数</td></tr>
<tr><td colspan="2">三通连接</td><td colspan="6">剩余电流保护(型式)</td></tr>
<tr><td colspan="2">两通连接</td><td colspan="6">剩余电流动作设定</td></tr>
<tr><td colspan="8">加热控制器</td></tr>
<tr><td colspan="8">外观检查</td></tr>
<tr><td>配电盘编号</td><td>回路编号</td><td></td><td></td><td></td><td></td><td></td><td></td></tr>
<tr><td></td><td>日期</td><td></td><td></td><td></td><td></td><td></td><td></td></tr>
<tr><td></td><td>检查人</td><td></td><td></td><td></td><td></td><td></td><td></td></tr>
<tr><td colspan="8">保温材料</td></tr>
<tr><td colspan="2">保温材料是否损坏</td><td></td><td></td><td></td><td></td><td></td><td></td></tr>
<tr><td colspan="2">防水密封是否良好</td><td></td><td></td><td></td><td></td><td></td><td></td></tr>
<tr><td colspan="2">保温材料是否缺少</td><td></td><td></td><td></td><td></td><td></td><td></td></tr>
<tr><td colspan="2">是否有潮气</td><td></td><td></td><td></td><td></td><td></td><td></td></tr>
</table>

表 5（续）

加热系统元件							
外壳、接线盒是否密封							
是否有潮气							
是否有腐蚀迹象							
伴热器导线是否褪色							
加热和/或高温限制控制器							
运行是否正常							
控制器设定点							
电气							
绝缘电阻测试(测试时将旁通控制器断开)参照 GB/T 19518.1—2017 中 5.1.3 和本部分第 7 章的要求。							
测试电压							
阻值/MΩ							
伴热器供电电压							
在配电盘处的值							
现场连接值							
伴热器回路电流读数							
2 min～5 min 的电流读数							
15 min 后的电流读数							
接地故障电流							
意见和措施							
执行：						公司	日期
批准：						公司	日期

10 维修

10.1 总则

当故障原因确定后，应进行现场维修或更换故障部件。只有在满足下列条件时才能进行现场维修：

a) 不能使认证设备的合格证书失效。对用于危险场所的认证设备的任何维修应严格按照认证程序的技术说明书进行；

b) 能维持伴热器的设计和结构特性，例如：机械强度和防水性能等；

c) 伴热系统建议的维修方法，使用专用材料和工具；

d) 在进行维修时将不会造成该区域危险；

e) 对从事维修的人员应按 8.2.6 的规定进行培训。

对替换元件要求见 8.3.5。

10.2 伴热器维修的一般方法

10.2.1 机械损坏

注：如果伴热器以前未通过电，而机械损坏已经造成电气绝缘、导线的破坏或潮气进入，通常可以进行维修。

如果通电后出现故障且故障仅在很小的范围内，宜通过对伴热器故障点两侧 1 m 处进行外观检查，以确定该机械损坏点以外的其他地方的电气绝缘是否也受到影响。

10.2.2 腐蚀引起的损坏

注：由腐蚀造成损坏，且损坏面积很小的伴热器，通常可以进行维修。

如果伴热器出现多处损坏或损坏面积较大，应进行更换。

10.2.3 过热引起的损坏

只有当损坏面积很小时才能进行维修。

如果怀疑系统设计有问题，宜对伴热系统进行评定。

10.3 伴热器的修理要求

10.3.1 总则

注：电伴热器修理中使用的工艺随伴热器的型式和制造商不同而不同，因此它超出了本部分所述的实际方法的范围。

一般情况下，电伴热器宜采取在线连接或通过接线盒串联连接的方式进行修理。

本条款所规定的是一般情况下应采取的措施，并应按供应商建议的方法或使用供应商建议的材料和工具进行修理。

10.3.2 同轴连接

去除加热导线的损坏部分不应使伴热器的电阻改变超过其原始设计特性值。应注意保证维修过的接头在运行中不会产生应力，这可以通过例如接点的两侧提供膨胀环来达到。当维修好的伴热器再用到工件上时，在连接处两侧的 150 mm 内伴热器不宜弯曲，并且保证良好接触。

10.3.3 通过接线盒连接

伴热器的修理不应改变伴热器回路原始设计特性。在使用冷端引线的地方，伴热器和被维修的接头应非常牢固的重新固定到工件上以保证良好接触。冷端引线和端子引入接线盒应按照供应商的说明书进行。

10.4 接地

如果伴热器用金属护网、金属护套或薄金属板的方式接地，修理不应影响接地的整体性和连续性。

10.5 试验

修理过的伴热器在重新安装前应进行 8.5.5 规定的试验。

ICS 65.120
B 46

中华人民共和国国家标准

GB/T 19541—2017
代替 GB/T 19541—2004

饲料原料　豆粕

Feed materials—Soybean meal

2017-07-12 发布　　2018-02-01 实施

中华人民共和国国家质量监督检验检疫总局
中国国家标准化管理委员会　发布

前　言

本标准按照 GB/T 1.1—2009 给出的规则起草。

本标准代替 GB/T 19541—2004《饲料用大豆粕》，与 GB/T 19541—2004 相比，除编辑性修改外主要技术变化如下：

——标准名称由《饲料用大豆粕》修改为《饲料原料　豆粕》；

——修改了标准的范围(见第 1 章)；

——修改了规范性引用文件(见第 2 章)；

——感官性状中删除了浅黄褐色，增加了淡棕色或红褐色，增加了粗颗粒状，删除了结块(见 4.1)；

——删除了夹杂物指标(见 2004 年版的 4.2)；

——修改了质量等级指标(见 4.2)；

——增加了净含量要求(见 4.4)；

——删除了夹杂物的检验(见 2004 年版的 5.1)；

——修改了感官性状和尿素酶活性的检验(见 5.1 和 5.7)；

——增加了赖氨酸、卫生指标和净含量的检验(见 5.6、5.9 和 5.10)；

——把氢氧化钾蛋白质溶解度的测定方法调整为附录 A(见 5.8)；

——删除了试验方法中允许误差以及监测与仲裁的要求(见 2004 年版的 5.8 和 5.9)；

——修改了检验规则(见第 6 章)；

——增加了使用转基因大豆生产的豆粕，按照《农业转基因生物标识管理办法》的规定执行(见 7.1)；

——修改了氢氧化钾蛋白质溶解度的测定(见附录 A)。

本标准由全国饲料工业标准化技术委员会(SAC/TC 76)提出并归口。

本标准起草单位：农业部饲料质量监督检验测试中心(济南)。

本标准主要起草人：汤文利、郭吉原、李玉玲、褚丽霞、史永革、梁萌、李桂华。

本标准所代替标准的历次版本发布情况为：

——GB/T 10380—1989、GB/T 19541—2004。

饲料原料　豆粕

1　范围

本标准规定了饲料原料豆粕的相关术语和定义、要求、试验方法、检验规则、标签、包装、运输和贮存。

本标准适用于大豆经预压浸提或直接溶剂浸提取油后获得的饲料原料豆粕；或由大豆饼浸提取油后获得的饲料原料豆粕；或大豆胚片经膨胀浸提制油工艺提取油后获得的饲料原料豆粕。

2　规范性引用文件

下列文件对于本文件的应用是必不可少的。凡是注日期的引用文件，仅注日期的版本适用于本文件。凡是不注日期的引用文件，其最新版本(包括所有的修改单)适用于本文件。

GB/T 6432　饲料中粗蛋白测定方法

GB/T 6434　饲料中粗纤维的含量测定　过滤法

GB/T 6435　饲料中水分的测定

GB/T 6438　饲料中粗灰分的测定

GB/T 6682　分析实验室用水规格和试验方法

GB/T 8622　饲料用大豆制品中尿素酶活性的测定

GB 10648　饲料标签

GB 13078　饲料卫生标准

GB/T 14698—2002　饲料显微镜检查方法

GB/T 14699.1　饲料　采样

GB/T 18246　饲料中氨基酸的测定

GB/T 18823　饲料检测结果判定的允许误差

GB/T 20195　动物饲料　试样的制备

JJF 1070　定量包装商品净含量计量检验规则

定量包装商品计量监督管理办法(2005 年国家质量监督检验检疫总局第 75 号令)

3　术语和定义

下列术语和定义适用于本文件。

3.1

氢氧化钾蛋白质溶解度　protein solubility in potassium-hydroxide solution

豆粕样品在附录 A 所示条件下，可溶于 0.2%氢氧化钾溶液中的粗蛋白质含量占样品中总的粗蛋白质含量的质量分数。

4　要求

4.1　感官性状

本品呈浅黄色或淡棕色或红褐色；不规则的碎片状或粗颗粒状或粗粉状；无发酵、霉变、虫害及异味异臭。

4.2 质量等级指标

质量等级指标见表1。

表1 质量等级指标

项目	等级			
	特级品	一级品	二级品	三级品
粗蛋白质/%	≥48.0	≥46.0	≥43.0	≥41.0
粗纤维/%	≤5.0	≤7.0	≤7.0	≤7.0
赖氨酸/%	≥2.50		≥2.30	
水分/%	≤12.5			
粗灰分/%	≤7.0			
尿素酶活性/(U/g)	≤0.30			
氢氧化钾蛋白质溶解度[a]/%	≥73.0			
[a] 大豆饼浸提取油后获得的饲料原料豆粕，该指标由供需双方约定。				

4.3 卫生指标

应符合GB 13078的有关规定。

4.4 净含量

净含量应符合标签标注，偏差应符合《定量包装商品计量监督管理办法》的规定。

5 试验方法

5.1 感官性状

按GB/T 14698—2002中第7章的规定执行。

5.2 粗蛋白质

按GB/T 6432的规定执行。

5.3 粗纤维

按GB/T 6434的规定执行。

5.4 水分

按GB/T 6435的规定执行。

5.5 粗灰分

按GB/T 6438的规定执行。

5.6 赖氨酸

按 GB/T 18246 的规定执行。

5.7 尿素酶活性

按 GB/T 8622 的规定执行。

5.8 氢氧化钾蛋白质溶解度

按附录 A 的规定执行。

5.9 卫生指标

按 GB 13078 的规定执行。

5.10 净含量

按 JJF 1070 的规定执行。

6 检验规则

6.1 组批

同一批原料、相同工艺、同一生产日、连续生产的、相同规格的产品为一个批次。

6.2 采样

按 GB/T 14699.1 的规定执行。

6.3 出厂检验

感官性状、水分、粗蛋白质、尿素酶活性为出厂检验项目。

6.4 型式检验

有下列情况之一时，应进行型式检验，检验项目包括本标准规定的全部项目：

a) 正式生产后，原料、工艺有较大变动时；
b) 正式生产后，每半年进行一次型式检验；
c) 停产三个月以上重新恢复生产时；
d) 出厂检验结果与上次型式检验结果有较大差异时；
e) 产品质量监督部门提出进行型式检验要求时。

6.5 判定规则

6.5.1 检测结果判定的允许误差按 GB/T 18823 的规定执行。

6.5.2 检测结果若有项目不符合本标准要求时，应重新自同批产品两倍数量的包装单元中采样复检，复检结果如仍有项目不符合本标准要求，则判定该批产品不合格。

7 标签、包装、运输和贮存

7.1 标签

按照 GB 10648 的规定执行。使用转基因大豆生产的豆粕，按照《农业转基因生物标识管理办法》的规定执行。

7.2 包装

定量包装，或按用户要求包装。

7.3 运输

不得与有毒有害物品或其他有污染的物品混合运输。

7.4 贮存

在通风、干燥处贮存，不得与有毒有害物品或其他有污染的物品混合贮存。

附 录 A
（规范性附录）
氢氧化钾蛋白质溶解度的测定

A.1 方法原理

豆粕中粗蛋白质在氢氧化钾溶液中的溶解度受热加工程度的影响。在规定条件下分别测定豆粕样品溶解于氢氧化钾溶液的粗蛋白质含量和该样品的粗蛋白质含量，计算二者含量之比得出氢氧化钾蛋白质溶解度。

A.2 试剂

除非另有规定，仅使用分析纯试剂。

A.2.1 水，GB/T 6682，三级。

A.2.2 0.2% 氢氧化钾溶液：称取氢氧化钾适量（相当于氢氧化钾 2.00 g），溶解于水中，稀释并定容至 1 L（pH=12.5）。

A.3 仪器

A.3.1 实验室用样品粉碎机：粉碎时应不产生强热。

A.3.2 样品筛：孔径 0.25 mm。

A.3.3 分析天平：感量 0.000 1 g。

A.3.4 磁力搅拌器：磁子的转速为 700 r/min；搅拌磁子为椭圆形、八角边、中部直径 8 mm、长度 25 mm。

A.3.5 离心机：相对离心力 1 100.28×g（相当于转速为 2 700 r/min），配备 80 mL 带盖离心管。

A.3.6 高型烧杯：250 mL、外径 60 mm。

A.4 试样的制备

按照 GB/T 20195 的规定执行，粉碎过 0.25 mm 孔径样品筛，充分混匀，装入具塞磨口瓶中备用。

A.5 测定步骤

A.5.1 称取试料 1.0 g，精确到 0.000 1 g，置于 250 mL 高型烧杯（A.3.6）中。

A.5.2 在室温（25±5）℃下进行。用移液管准确加入 50.00 mL 氢氧化钾溶液（A.2.2）立即在磁力搅拌器（A.3.4）上搅拌（搅拌器不加热、磁子转速为 700 r/min），准确计时 20 min。搅拌结束后立即将全部溶液转移至 80 mL 带盖离心管中，以 2 700 r/min（A.3.5）离心 10 min，离心结束后立即用移液管准确移取上清液 15.00 mL 于消化管中，立即按 GB/T 6432 的规定加入催化剂和硫酸测定氢氧化钾溶液中粗蛋白质含量（W_1）。

A.5.3 同一样品中总的粗蛋白质含量按 GB/T 6432 的规定执行，以两次平行测定结果的算术平均值为测定结果（W_2）。

A.6 结果计算

氢氧化钾蛋白质溶解度以质量分数 X 计，数值以%表示，按式(A.1)计算：

$$X = \frac{W_1}{W_2} \times 100 \qquad \cdots\cdots (A.1)$$

式中：

W_1——试料溶解于氢氧化钾溶液中的粗蛋白质含量，%；

W_2——试料中总的粗蛋白质含量，% 。

计算结果表示到小数点后一位。

A.7 精密度

在重复性条件下，两个平行测定结果的相对偏差不大于 2%，以两次平行测定结果的算术平均值为测定结果。

ICS 65.020.20
B 05

中华人民共和国国家标准

GB/T 19557.2—2017
代替 GB/T 19557.2—2004

植物品种特异性、一致性和稳定性测试指南 普通小麦

Guidelines for the conduct of tests for distinctness, uniformity and stability—Wheat (*Triticum aestivum* L.)

2017-11-01 发布 2018-05-01 实施

中华人民共和国国家质量监督检验检疫总局
中国国家标准化管理委员会 发布

前　言

本部分按照 GB/T 1.1—2009 给出的规则起草。

本部分代替 GB/T 19557.2—2004《植物新品种特异性、一致性和稳定性测试指南　普通小麦》。

本部分与 GB/T 19557.2—2004 相比，除编辑性修改外主要技术变化如下：

——修改了标准名称；

——修改了规范性引用文件（见第 2 章，见 2004 年版的第 2 章）；

——修改了繁殖材料的要求（见 5.3，见 2004 年版的第 4 章）；

——修改了试验设计（见 6.3.1，见 2004 年版的 5.3）；

——修改了观测数量（见 6.4.3）；

——修改了一致性的判定标准（见 7.3，见 2004 年版的 6.3）；

——修改了附录 A 中部分性状的表达状态和顺序（见 A.1 和 A.2，见 2004 年版的 A.1 和 A.2）；

——修改附录 C 中品种类型（见附录 C 三，见 2004 年版的附录 C 五）。

本部分由中华人民共和国农业部提出。

本部分由全国植物新品种测试标准化技术委员会（SAC/TC 277）归口。

本部分起草单位：山东省农业科学院作物研究所、农业部科技发展中心。

本部分主要起草人：张晗、姚凤霞、李汝玉、唐浩、孙加梅、郑永胜、王东建、段丽丽、仙丽娜、王雪梅、李华、王玮、王秀娟、王穆穆。

本部分所代替标准历次版本发布情况为：

——GB/T 19557.2—2004。

植物品种特异性、一致性和稳定性测试指南 普通小麦

1 范围

GB/T 19557 的本部分给出了普通小麦(*Triticum aestivum* L.)品种特异性、一致性和稳定性测试的技术要点和结果判定的指南。

本部分适用于普通小麦品种特异性、一致性和稳定性测试和结果判定。

2 规范性引用文件

下列文件对于本文件的应用是必不可少的。凡是注日期的引用文件,仅注日期的版本适用于本文件。凡是不注日期的引用文件,其最新版本(包括所有的修改单)适用于本文件。

GB/T 3543.3 农作物种子检验规程 净度分析

GB/T 3543.4 农作物种子检验规程 发芽试验

GB/T 3543.5 农作物种子检验规程 真实性和品种纯度鉴定

GB/T 3543.6 农作物种子检验规程 水分测定

GB/T 5498 粮油检验 容重测定

GB/T 5519 谷物与豆类 千粒重的测定

GB/T 19557.1 植物新品种特异性、一致性和稳定性测试指南 总则

NY/T 613 小麦白粉病测报调查规范

NY/T 1443.1 小麦抗病虫性评价技术规范 第1部分:小麦抗条锈病评价技术规范

NY/T 1443.2 小麦抗病虫性评价技术规范 第2部分:小麦抗叶锈病评价技术规范

NY/T 1443.4 小麦抗病虫性评价技术规范 第4部分:小麦抗赤霉病评价技术规范

NY/T 2644 普通小麦冬春性鉴定技术规程

TG/3/11 植物品种特异性、一致性和稳定性测试指南 小麦(Guidelines for the conduct of tests for distinctness, homogeneity and stability—Wheat)

3 术语和定义

GB/T 19557.1 界定的以及下列术语和定义适用于本文件。

3.1

群体测量 group measurement

对一批植株或植株的某器官或部位进行测量,获得一个群体记录。

3.2

个体测量 single measurements

对一批植株或植株的某器官或部位进行逐个测量,获得一组个体记录。

3.3

群体目测 group visual observation

对一批植株或植株的某器官或部位进行目测,获得一个群体记录。

3.4

个体目测 single visual observations

对一批植株或植株的某器官或部位进行逐个目测,获得一组个体记录。

4 符号

下列符号适用于本文件。

MG:群体测量。

MS:个体测量。

PQ:假质量性状。

QL:质量性状。

QN:数量性状。

VG:群体目测。

VS:个体目测。

*:标注性状为国际植物新品种保护联盟(UPOV)用于统一品种描述所需要的重要性状,除非受环境条件限制性状的表达状态无法测试,所有UPOV成员都需使用这些性状。

__:本部分中下划线是特别提示测试性状的适用范围。

5 繁殖材料要求

5.1 繁殖材料以种子形式提供。

5.2 提交的种子至少3 kg。必要时,还需至少提供来源于不同植株的120个单穗。如果是杂交种,必要时还需提供父、母本种子各1 kg。

5.3 提交的种子需外观健康,活力高,无病虫侵害。净度≥99%,发芽率≥85%,含水量≤13%,检测方法按照GB/T 3543.3、GB/T 3543.4和GB/T 3543.6执行。

5.4 提交的繁殖材料一般不进行任何影响品种性状正常表达的处理(如种子包衣处理)。如果已处理,需提供详细的处理说明。

5.5 提交的繁殖材料需符合中国植物检疫的有关规定。

6 测试方法

6.1 测试周期

测试周期一般至少为两个独立的生长周期。

6.2 测试地点

测试通常在一个地点进行。如果某些性状在该地点不能充分表达,可在其他符合条件的地点进行。

6.3 田间试验

6.3.1 试验设计

待测品种和近似品种相邻种植。

采用当地适宜的株行距种植,每小区不少于1 000株。共设2个重复。

6.3.2 田间管理

按当地大田生产管理方式进行，各小区田间管理需严格一致。

6.4 性状观测

6.4.1 观测时期

性状观测按照表A.1和表A.2列出的生育阶段进行。生育阶段描述见表B.1。

6.4.2 观测方法

性状观测按照表A.1和表A.2规定的观测方法(MG、MS、VG、VS)进行。部分性状观测方法见B.2和B.3。

6.4.3 观测数量

除非另有说明，个体观测性状取样数量为20株，取主茎观测植株的器官或部位。群体观测性状需观测整个小区或规定大小的群体。

6.5 附加测试

必要时，可选用表A.2中的性状或本指南未列出的性状进行附加测试。

7 特异性、一致性和稳定性结果的判定

7.1 总体原则

特异性、一致性和稳定性的判定按照GB/T 19557.1确定的原则进行。

7.2 特异性的判定

待测品种需明显区别于所有已知品种。在测试中，当待测品种至少在一个性状上与最为近似的品种具有明显且可重现的差异是，即可判定待测品种具备特异性。

7.3 一致性的判定

对于常规品种的一致性判定，当样本大小为1 000(植株或植株部位)时，采用0.3%的总体标准和至少95%的接受概率，最多允许有6个异型株；当样本大小为100(穗行、植株或植株部位)时，采用1%的总体标准和至少95%的接受概率，最多允许有3个异型穗行(如果在1个穗行中有1个以上的异型株，该穗行可认为是异型穗行)或异型株。

对于杂交品种，一致性判定时，品种的变异程度不能显著超过同类型品种。

7.4 稳定性的判定

如果一个品种具备一致性，则可认为该品种具备稳定性。一般不对稳定性进行测试。

必要时，可以种植该品种的下一代种子或另一批种子，与以前提供的种子相比，若性状表达无明显变化，则可判定该品种具备稳定性。

杂交种的稳定性判定，除直接对杂交种本身进行测试外，还可以通过对其亲本系的一致性和稳定性鉴定的方法进行判定。

8 性状表

8.1 概述

根据测试需要，将性状分为基本性状和选测性状。基本性状是测试中需观测的性状。表 A.1 列出了基本性状，表 A.2 列出了选择测试性状。性状表列出了性状名称、表达类型、表达状态及相应的代码和标准品种、观测时期和方法等内容。

8.2 表达类型

根据性状表达方式，将性状分为质量性状、假质量性状和数量性状三种类型。

8.3 表达状态和相应代码

每个性状划分成一系列表达状态，以便于定义性状和规范描述；每个表达状态赋予一个相应的数字代码，以便于数据记录和进行品种性状描述。

8.4 标准品种

性状表中列出了部分性状有关表达状态可参考的标准品种，用于确定相关性状的表达状态和校正环境因素引起的差异。

9 分组性状

本部分中，品种分组性状如下：

a) * 植株：高度(表 A.1 中性状 13)；
b) * 穗：形状(表 A.1 中性状 19)；
c) * 芒：类型(表 A.1 中性状 20)；
d) * 护颖：颜色(表 A.1 中性状 25)；
e) * 籽粒：颜色(表 A.1 中性状 31)；
f) * 冬春性(表 A.1 中性状 34)。

10 技术问卷

申请者需按附录 C 填写普通小麦品种技术问卷。

附 录 A
（规范性附录）
普通小麦性状表

A.1 普通小麦基本性状

普通小麦基本性状见表 A.1。

表 A.1 普通小麦基本性状表

性状序号	性状	观测时期和方法	表达状态	标准品种	代码
1	芽鞘:花青甙显色强度 QN	10 VG	无	济麦 22	1
			弱	偃麦 4110	2
			强	5R624	3
2	* 植株:生长习性 QN (+)	20 VG	直立	—	1
			直立到半直立	—	2
			半直立	济麦 22	3
			半直立到匍匐	—	4
			匍匐	踣芒麦	5
3	叶片:绿色程度 QN	30 VG	浅	青春 144	1
			中	济麦 22	2
			深	—	3
4	旗叶:下披比例 QN (+)	45～50 VG	无或极低	5R624	1
			极低到低	—	2
			低	冀麦 26	3
			低到中	—	4
			中	—	5
			中到高	—	6
			高	豫展 2000	7
			高到极高	—	8
			极高	金玲麦一	9
5	叶耳:花青甙显色 QN (a)	45～50 VG	无	济麦 22	1
			弱	济麦 20	2
			强	金玲麦一	3
6	* 抽穗期 QN	50 VG	极早	—	1
			极早到早	—	2
			早	早穗 17	3

表 A.1（续）

性状序号	性状	观测时期和方法	表达状态	标准品种	代码
6	* 抽穗期 QN	50 VG	早到中	—	4
			中	鲁麦 14	5
			中到晚	—	6
			晚	济麦 22	7
			晚到极晚	—	8
			极晚	—	9
7	* 旗叶:叶鞘蜡质 QN	45～50 VG	无或极弱	—	1
			极弱到弱	—	2
			弱	烟农 15 号	3
			弱到中	—	4
			中	贵农 22	5
			中到强	—	6
			强	鲁原 502	7
			强到极强	—	8
			极强	攀枝花 5 号	9
8	穗:蜡质 QN	60～70 VG	无或极弱	—	1
			极弱到弱	—	2
			弱	烟农 15 号	3
			弱到中	—	4
			中	贵农 22	5
			中到强	—	6
			强	鲁原 502	7
			强到极强	—	8
			极强	攀枝花 5 号	9
9	* 茎:蜡质 QN (a)	60～70 VG	无或极弱	—	1
			极弱到弱	—	2
			弱	烟农 15 号	3
			弱到中	—	4
			中	贵农 22	5
			中到强	—	6
			强	鲁原 502	7
			强到极强	—	8
			极强	攀枝花 5 号	9

表 A.1（续）

性状序号	性状	观测时期和方法	表达状态	标准品种	代码
10	旗叶:长度 QN (a)	80 MS	极短	—	1
			极短到短	—	2
			短	烟农 15 号	3
			短到中	—	4
			中	济南 17 号	5
			中到长	—	6
			长	科麦 2 号	7
			长到极长	—	8
			极长	—	9
11	旗叶:宽度 QN (a) (+)	80 MS	极窄	—	1
			极窄到窄	—	2
			窄	5R624	3
			窄到中	—	4
			中	京 411	5
			中到宽	—	6
			宽	科麦 2 号	7
			宽到极宽	—	8
			极宽	—	9
12	穗:抽出度 QN (a) (+)	80 VG	极短	—	1
			极短到短	—	2
			短	金玲麦二	3
			短到中	—	4
			中	济南 17 号	5
			中到长	—	6
			长	科麦 2 号	7
			长到极长	—	8
			极长	青春 144	9
13	* 植株:高度 QN (a) (+)	80 MS/MG	极矮	矮变 1 号	1
			极矮到矮	—	2
			矮	豫展 2000	3
			矮到中	—	4
			中	鲁麦 14	5
			中到高	—	6
			高	济南 13 号	7
			高到极高	—	8
			极高	—	9

表 A.1（续）

性状序号	性状	观测时期和方法	表达状态	标准品种	代码
14	穗:长度 QN (a) (+)	80～90 MS	极短	山农 06-278	1
			极短到短	—	2
			短	冀麦 26	3
			短到中	—	4
			中	松花江 7 号	5
			中到长	—	6
			长	科麦 2 号	7
			长到极长	—	8
			极长	攀枝花 4 号	9
15	穗:小穗数 QN (a)	80～90 MS	极少	—	1
			极少到少	—	2
			少	—	3
			少到中	石新 828	4
			中	济麦 22	5
			中到多	临麦 4 号	6
			多	—	7
			多到极多	—	8
			极多	—	9
16	穗:不育小穗数 QN (a)	80～90 MS	无或极少	鲁原 502	1
			少	鲁麦 14	2
			多	金玲麦二	3
17	穗:粒数 QN (a)	80～90 MS/MG	极少	—	1
			极少到少	—	2
			少	济南 17 号	3
			少到中	—	4
			中	济麦 22	5
			中到多	—	6
			多	攀枝花 4 号	7
			多到极多	—	8
			极多	—	9
18	* 穗:小穗着生密度 QN (a)	80～90 VG/MS	极稀	—	1
			极稀到稀	—	2
			稀	济南 13 号	3
			稀到中	—	4

表 A.1（续）

性状序号	性状	观测时期和方法	表达状态	标准品种	代码
18	* 穗:小穗着生密度 QN (a)	80～90 VG/MS	中	济麦 22	5
			中到密	—	6
			密	豫麦 4 号	7
			密到极密	—	8
			极密	—	9
19	* 穗:形状 PQ (a) (+)	90 VG	纺锤形	克丰 10 号	1
			圆锥形	5R624	2
			椭圆形	山农 06-278	3
			长方形	济麦 22	4
			棍棒形	临麦 4 号	5
			分枝形	金玲麦二	6
20	* 芒:类型 PQ (+)	90 VG	无芒	烟农 15 号	1
			直芒	济麦 22	2
			曲芒	—	3
21	* 仅适用于有芒品种:芒:长度 QN (a) (+)	90 VG	极短	济南 13 号	1
			极短到短	—	2
			短	冀麦 26	3
			短到中	—	4
			中	鲁麦 14	5
			中到长	—	6
			长	攀枝花 5 号	7
			长到极长	—	8
			极长	—	9
22	仅适用于有芒品种:芒:颜色 QL	90 VG	浅黄色	济麦 22	1
			红色	山农 06-278	2
			黑色	贵农 22	3
23	茎秆:颜色 PQ	90 VG	黄色	济麦 22	1
			紫色	—	2
24	* 茎:髓厚度 QN (a) (+)	95 VG	无或薄	济麦 22	1
			中	临 976024	2
			厚或充满	济麦 20	3
25	* 护颖:颜色 PQ	95 VG	黄色	济麦 22	1
			红色	山农 06-278	2
			黑色	—	3

表 A.1（续）

性状序号	性状	观测时期和方法	表达状态	标准品种	代码
26	护颖:茸毛 QN (a)	95 VG	无或极少	济麦 22	1
			极少到少	—	2
			少	—	3
			少到中	—	4
			中	—	5
			中到多	—	6
			多	藁城 8901	7
			多到极多	—	8
			极多	—	9
27	护颖:形状 PQ (b) (+)	95 VG	卵圆形	晋麦 47 号	1
			近圆形	阳光 851	2
			椭圆形	—	3
			长圆形	河东乌麦 526	4
28	护颖:肩形状 QN (b) (+)	95 VG	斜肩	冀麦 32	1
			方肩	小偃 102	2
			丘肩	河东乌麦 526	3
29	护颖:喙长度 QN (b)	95 VG	极短	小偃 102	1
			极短到短	—	2
			短	河东乌麦 526	3
			短到中	—	4
			中	晋麦 47 号	5
			中到长	—	6
			长	石新 828	7
			长到极长	—	8
			极长	—	9
30	籽粒:形状 PQ (+)	100 VG	卵圆形	济麦 22	1
			近圆形	科农 9204	2
			椭圆形	—	3
			长圆形	河东乌麦 526	4
31	* 籽粒:颜色 PQ	100 VG	白色	济麦 22	1
			红色	轮选 169	2
			紫色	山农紫麦 1 号	3
			蓝色	—	4
			青黑色	河东乌麦 526	5
			其他	—	6

表 A.1（续）

性状序号	性状	观测时期和方法	表达状态	标准品种	代码
32	籽粒:千粒重 QN (+)	100 MG	极低	—	1
			极低到低	—	2
			低	—	3
			低到中	—	4
			中	北京 8 号	5
			中到高	—	6
			高	济南 13 号	7
			高到极高	—	8
			极高	—	9
33	籽粒:质地 QN	100 VG	粉质	苏麦 3 号	1
			半角质	济南 13 号	2
			角质	济南 17 号	3
34	* 冬春性 PQ (+)	VG	春性	中国春	1
			偏春性	—	2
			半冬性	济南 13 号	3
			偏冬性	—	4
			冬性	烟农 19 号	5

A.2 普通小麦选测性状

普通小麦选测性状见表 A.2。

表 A.2 普通小麦选测性状表

性状序号	性状	观测时期和方法	表达状态	标准品种	代码
35	花药:颜色 QL	60 VG	黄色	济麦 22	1
			紫色	—	2
36	植株:抗条锈病 QN (+)	80 VG/VS	免疫	—	1
			近免疫	—	2
			高抗	—	3
			中抗	—	4
			慢锈	—	5
			中感	—	6
			高感	—	7

表 A.2（续）

性状序号	性状	观测时期和方法	表达状态	标准品种	代码
37	植株：抗叶锈病 QN （+）	80 VG/VS	免疫	—	1
			近免疫	—	2
			高抗	—	3
			中抗	—	4
			慢锈	—	5
			中感	—	6
			高感	—	7
38	植株：抗白粉病 QN （+）	VG	免疫	—	1
			近免疫	—	2
			高抗	—	3
			中抗	—	4
			中感	—	5
			高感	—	6
39	植株：抗赤霉病 QN （+）	80 VG/VS	免疫	—	1
			抗病	—	2
			中抗	—	3
			中感	—	4
			感病	—	5
40	籽粒：苯酚反应强度 QN （+）	100 VG	极弱	—	1
			极弱到弱	—	2
			弱	济麦 20	3
			弱到中	—	4
			中	冀麦 26	5
			中到强	—	6
			强	金丰 3 号	7
			强到极强	—	8
			极强	—	9
41	籽粒：容重 QN （+）	100 MG	极低	—	1
			极低到低	—	2
			低	济南 17 号	3
			低到中	—	4
			中	济麦 22	5
			中到高	—	6
			高	济麦 20	7
			高到极高	—	8
			极高	—	9

表 A.2（续）

性状序号	性状	观测时期和方法	表达状态	标准品种	代码
42	籽粒：谷蛋白亚基 Glu-A1 QL （+）	00 VG	亚基 1	—	1
			亚基 2 *	—	2
			无	—	3
43	籽粒：谷蛋白亚基 Glu-B1 QL （+）	00 VG	亚基 6+8	—	1
			亚基 7+8	—	2
			亚基 7+9	—	3
			亚基 7	—	4
			亚基 13+16	—	5
			亚基 14+15	—	6
			亚基 17+18	—	7
			亚基 20	—	8
			其他	—	9
44	籽粒：谷蛋白亚基 Glu-D1 QL （+）	00 VG A	亚基 2+12	—	1
			亚基 3+12	—	2
			亚基 4+12	—	3
			亚基 5+10	—	4
			其他	—	5

附 录 B
（资料性附录）
普通小麦性状表的解释

B.1 普通小麦生育阶段

普通小麦生育阶段见表 B.1。

表 B.1 普通小麦生育阶段表

代码	描 述	解释
00	干种子	—
10	幼苗期	种子吸水膨胀至第三片叶展开
20	分蘖期	第一个分蘖出现至拔节
30	拔节期	主茎第一茎节伸长至 1.5 cm 左右
45	孕穗期	穗苞膨大
50	抽穗期	50％的植株主茎顶端小穗露出旗叶(不包括芒),或主茎叶鞘中上部裂开,小穗可见
60	开花期	50％植株穗开花一半或以上
70	颖果形成期	子房开始膨大至籽粒达最大长度的 3/4
80	乳熟期	籽粒中干物质急剧增加至干重积累转慢,籽粒变成黄绿色
90	蜡熟期	籽粒由黄绿色变成黄色
95	完熟期	籽粒由蜡状变硬
100	种子休眠期	种子进入休眠

B.2 涉及多个性状的观测说明

B.2.1 (a):观测主茎穗。

B.2.2 (b):观测主茎穗中部护颖。

B.3 单个性状的观测说明

注:图中性状分级和代码见表 A.1。

B.3.1 性状 2 * 植株:生长习性

*植株:生长习性,见图 B.1。

图 B.1 ＊植株:生长习性

B.3.2 性状 4 旗叶:下披比例

旗叶:下披比例,见表 B.2。

表 B.2 旗叶下批比例分级标准

性状代码	表达状态	植株表现
1	无或极低	全部植株旗叶直立
3	低	约 1/4 植株的旗叶下披
5	中	约 1/2 植株的旗叶下披
7	高	约 3/4 植株的旗叶下披
9	极高	全部植株的旗叶下披

B.3.3 性状 11 旗叶:宽度

旗叶:宽度,测量旗叶叶片最宽处的大小。

B.3.4 性状 12 穗:抽出度

穗:抽出度,见表 B.3。

表 B.3 穗抽出度分级标准

性状代码	表达状态	植株表现
1	极短	穗颈未露出
3	短	穗颈露出长度相当于穗下节间的 1/8
5	中	穗颈露出长度相当于穗下节间的 1/4
7	长	穗颈露出长度相当于穗下节间的 1/2
9	极长	穗颈露出长度相当于穗下节间的 3/4

B.3.5 性状 13 ＊植株:高度

＊植株:高度,测量植株基部到穗顶(不包括芒)的长度。

B.3.6 性状 14 穗:长度

穗:长度,测量主茎穗最基部小穗(含不育小穗和退化小穗)至穗顶(不包括芒)的长度。

B.3.7 性状 19 * 穗:形状

* 穗:形状,见图 B.2。

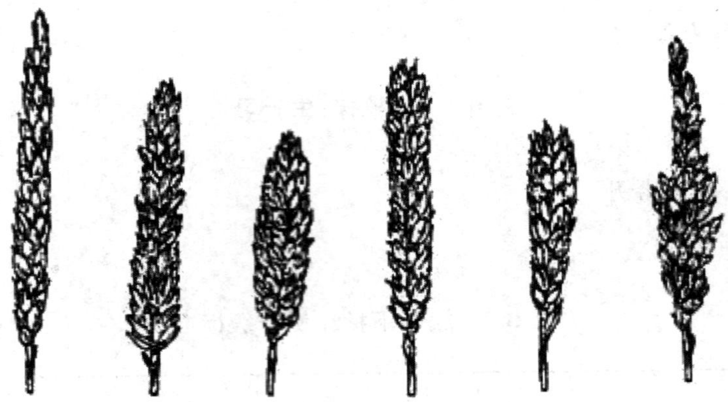

图 B.2 * 穗:形状

B.3.8 性状 20 * 芒:类型

* 芒:类型,见图 B.3,观测穗顶部的芒。

图 B.3 * 芒:类型

B.3.9 性状 21 * 仅适用于有芒品种:芒:长度

* 仅适用于有芒品种:芒:长度,见表 B.4,观测穗顶部的芒。

表 B.4 芒的长度分级标准

性状代码	表达状态	植株表现
1	极短	芒长小于 1 个小穗的长度
3	短	芒长大于 2 个小穗小于 3 个小穗的长度
5	中	芒长大于 5 个小穗小于 6 个小穗的长度
7	长	芒长相当于穗长度的 1/2 至 3/4
9	极长	芒长大于穗长度

B.3.10 性状 24 ＊茎:髓厚度

＊茎:髓厚度,见图 B.4,目测主茎穗穗下节间 1/2 处横切面茎髓的厚度。

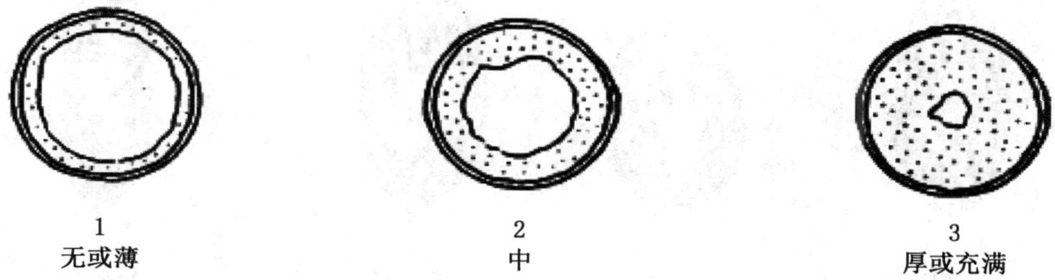

图 B.4 茎:髓厚度

B.3.11 性状 27 护颖:形状

护颖:形状,见图 B.5。

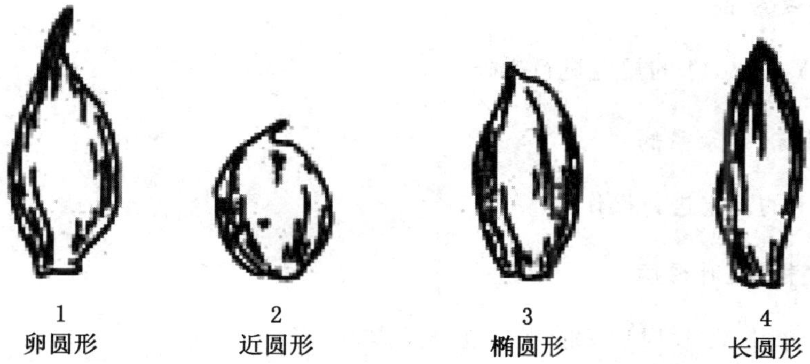

图 B.5 护颖:形状

B.3.12 性状 28 护颖:肩形状

护颖:肩形状,见图 B.6。

1 斜肩　　2 方肩　　3 丘肩

图 B.6　护颖:肩形状

B.3.13　性状 30　籽粒:形状

籽粒:形状,见图 B.7。

1 卵圆形　　2 近圆形　　3 椭圆形　　4 长圆形

图 B.7　籽粒:形状

B.3.14　性状 32　籽粒:千粒重

籽粒:千粒重,按 GB/T 5519 的规定进行操作。

B.3.15　性状 34　* 冬春性

* 冬春性,按 NY/T 2644 的规定进行操作。

B.3.16　性状 36　植株:抗条锈病

按 NY/T 1443.1 的规定进行操作。

B.3.17　性状 37　植株:抗叶锈病

植株:抗条锈病,按 NY/T 1443.2 的规定进行操作。

B.3.18　性状 38　植株:抗白粉病

植株:抗白粉病,按 NY/T 613 的规定进行操作。

B.3.19　性状 39　植株:抗赤霉病

植株:抗赤霉病,按 NY/T 1443.4 的规定进行操作。

B.3.20 性状40 籽粒:苯酚反应强度

籽粒:苯酚反应强度,按GB/T 3543.5的规定进行操作。

B.3.21 性状41 籽粒:容重

籽粒:容重,按GB/T 5498的规定进行操作。

B.3.22 性状42 籽粒:谷蛋白亚基Glu-A1

籽粒:谷蛋白亚基Glu-A1,按UPOV指南TG/3/11的规定进行操作。

B.3.23 性状43 籽粒:谷蛋白亚基Glu-B1

籽粒:谷蛋白亚基Glu-B1,按UPOV指南TG/3/11的规定进行操作。

B.3.24 性状44 籽粒:谷蛋白亚基Glu-D1

籽粒:谷蛋白亚基Glu-D1,按UPOV指南TG/3/11的规定进行操作。

附　录　C
（规范性附录）
普通小麦技术问卷

申请号：
申请日：
［由审批机关填写］

（申请测试人签字或签章）

一、品种暂定名称

____

二、申请测试人信息

姓名：

地址：

电话号码：　　　　　传真号码：　　　　　手机号码：

邮箱地址：

育种者姓名(如果与申请测试人不同)：

三、植物学分类

植物学名：______________________________

中文名：______________________________

四、品种类型

在相符的[　]中打√。

1. 繁殖方式

常规种[　]

杂交种

两系杂交种[　]　　三系杂交种[　]　　化学杀雄杂交种[　]

不育系

两系不育系[　]　　三系不育系[　]

2. 品质类型

弱筋[　]　　中筋[　]　　中强筋[　]　　强筋[　]

五、待测品种具有代表性的彩色照片

{品种照片粘贴处}
(如果照片较多,可另附页提供)

六、品种的选育背景、育种过程和育种方法(包括系谱、培育过程和所使用的亲本或其他繁殖材料来源与名称的详细说明)

七、适于生长的区域或环境以及栽培技术的说明

八、其他有助于辨别待测品种的信息
(如品种用途、品质和抗性,请提供详细资料)

九、品种种植或测试是否需要特殊条件
在相符的[ ]中打√。
是[ ]　　　　否[ ]
(如果回答是,请提供详细资料)

十、品种的繁殖材料保存是否需要特殊条件
在相符的[ ]中打√。
是[ ]　　　　否[ ]
(如果回答是,请提供详细资料)

十一、待测品种需要指出的性状(在最合适的代码后打√,若有测量值,请填写)

在表中相符的代码后[ ]中打√,若有测量值,请填写在下表中。

待测品种需要指出的性状

序号	性　状	表达状态	代　码	测量值
1	* 植株:生长习性(性状 2)	直立	1[ ]	
		直立到半直立	2[ ]	
		半直立	3[ ]	
		半直立到匍匐	4[ ]	
		匍匐	5[ ]	
2	* 抽穗期(性状 6)	极早	1[ ]	
		极早到早	2[ ]	
		早	3[ ]	
		早到中	4[ ]	
		中	5[ ]	
		中到晚	6[ ]	
		晚	7[ ]	
		晚到极晚	8[ ]	
		极晚	9[ ]	
3	* 旗叶:叶鞘蜡质(性状 7)	无或极弱	1[ ]	
		极弱到弱	2[ ]	
		弱	3[ ]	
		弱到中	4[ ]	
		中	5[ ]	
		中到强	6[ ]	
		强	7[ ]	
		强到极强	8[ ]	
		极强	9[ ]	
4	* 植株:高度(表 A.1 性状 13)	极矮	1[ ]	
		极矮到矮	2[ ]	
		矮	3[ ]	
		矮到中	4[ ]	
		中	5[ ]	
		中到高	6[ ]	
		高	7[ ]	
		高到极高	8[ ]	
		极高	9[ ]	

表（续）

序号	性　状	表达状态	代　码	测量值
5	＊穗:小穗着生密度(表 A.1 性状 18)	极稀	1[ ]	
		极稀到稀	2[ ]	
		稀	3[ ]	
		稀到中	4[ ]	
		中	5[ ]	
		中到密	6[ ]	
		密	7[ ]	
		密到极密	8[ ]	
		极密	9[ ]	
6	＊穗:形状(表 A.1 性状 19)	纺锤形	1[ ]	
		圆锥形	2[ ]	
		椭圆形	3[ ]	
		长方形	4[ ]	
		棍棒形	5[ ]	
		分枝形	6[ ]	
7	＊芒:类型(表 A.1 性状 20)	无芒	1[ ]	
		直芒	2[ ]	
		曲芒	3[ ]	
8	＊护颖:颜色(表 A.1 中性状 25)	黄色	1[ ]	
		红色	2[ ]	
		黑色	3[ ]	
9	＊籽粒:颜色(表 A.1 性状 31)	白色	1[ ]	
		红色	2[ ]	
		紫色	3[ ]	
		蓝色	4[ ]	
		青黑色	5[ ]	
		其他	6[ ]	
10	籽粒:质地(表 A.1 性状 33)	粉质	1[ ]	
		半角质	2[ ]	
		角质	3[ ]	
11	＊冬春性(表 A.1 性状 34)	春性	1[ ]	
		偏春性	2[ ]	
		半冬性	3[ ]	
		偏冬性	4[ ]	
		冬性	5[ ]	

十二、与近似品种的明显差异性状表达状态描述

在自己知识范围内，请申请测试人在下表中列出待测品种与其最为近似品种的明显差异。

待测品种与近似品种的明显差异性状表

近似品种名称	性状名称	近似品种表达状态	待测品种表达状态
备注：(有助于待测品种特异性测试的信息)			

申请人员承诺：技术问卷所填写的信息真实！

签名：

ICS 65.020.20
B 05

中华人民共和国国家标准

GB/T 19557.5—2017
代替 GB/T 19557.5—2004

植物品种特异性、一致性和稳定性测试指南　大白菜

Guidelines for the conduct of tests for distinctness, uniformity and stability—Chinese cabbage (*Brassica campestris* L. ssp. *pekinensis* (Lour) Olsson)

2017-11-01 发布　　2018-05-01 实施

中华人民共和国国家质量监督检验检疫总局
中国国家标准化管理委员会　发布

前　言

本部分按照 GB/T 1.1—2009 给出的规则起草。

本部分代替 GB/T 19557.5—2004《植物新品种特异性、一致性和稳定性测试指南 大白菜》。

本部分与 GB/T 19557.5—2004 相比，除编辑性修改外主要技术差异如下：

——将繁殖材料的要求中"繁殖材料"修改为"种子"(见 5.3,5.4 和 5.5,2004 年版的第 4 章)；

——修改田间试验和一致性的判定中样本数量(见 6.3.1 和 7.3,2004 年版的 5.3 和 6.3)；

——修改部分性状的表达状态或标准品种(见 A.1 和 A.2,2004 年版的 A.1 和 A.2)；

——增加或更换部分性状的标准品种图片(见附录 B,2004 年版的附录 B)；

——修改品种类型(见附录 C 四,2004 年版的附录 C 五)。

本部分由中华人民共和国农业部提出。

本部分由全国植物新品种测试标准化技术委员会(SAC/TC 277)归口。

本部分起草单位：山东省农业科学院作物研究所、农业部科技发展中心。

本部分主要起草人：王东建、郑永胜、李汝玉、张晗、堵苑苑、王玮、段丽丽、王雪梅、李华、仙丽娜、王秀娟、王穆穆。

本部分所代替标准的历次版本发布情况为：

——GB/T 19557.5—2004。

植物品种特异性、一致性和稳定性测试指南　大白菜

1　范围

GB/T 19557 的本部分规定了大白菜[*Brassica campestris* L. ssp. *pekinensis* (Lour) Olsson]品种特异性、一致性和稳定性测试的技术要求和结果判定的一般原则。

本部分适用于大白菜品种特异性、一致性和稳定性测试和结果判定。

2　规范性引用文件

下列文件对于本文件的应用是必不可少的。凡是注日期的引用文件，仅注日期的版本适用于本文件。凡是不注日期的引用文件，其最新版本(包括所有的修改单)适用于本文件。

GB/T 3543.3　农作物种子检验规程　净度分析

GB/T 3543.4　农作物种子检验规程　发芽试验

GB/T 3543.6　农作物种子检验规程　水分测定

GB 16715.2　瓜菜作物种子　第 2 部分：白菜类

GB/T 19557.1　植物新品种特异性、一致性和稳定性测试指南　总则

TG/105/4　植物品种特异性、一致性和稳定性测试指南　大白菜(Guidelines for the conduct of tests for distinctness, uniformity and stability—Chinese cabbage)

3　术语和定义

GB/T 19557.1 界定的以及下列术语和定义适用于本文件。

3.1

群体测量　single measurement of a group of plants or parts of plants

对一批植株或植株的某器官或部位进行测量，获得一个群体记录。

3.2

个体测量　measurement of a number of individual plants or parts of plants

对一批植株或植株的某器官或部位进行逐个测量，获得一组个体记录。

3.3

群体目测　visual assessment by a single observation of a group of plants or parts of plants

对一批植株或植株的某器官或部位进行目测，获得一个群体记录。

3.4

个体目测　visual assessment by observation of individual plants or parts of plants

对一批植株或植株的某器官或部位进行逐个目测，获得一组个体记录。

4　符号

下列符号适用于本文件。

MG:群体测量。

MS:个体测量。

PQ:假质量性状。

QL:质量性状。

QN:数量性状。

VG:群体目测。

VS:个体目测。

*:标注性状为国际植物新品种保护联盟(UPOV)用于统一品种描述所需要的重要性状,除非受环境条件限制性状的表达状态无法测试,所有 UPOV 成员都应使用这些性状。

__:本文件中下划线是特别提示测试性状的适用范围。

5 繁殖材料要求

5.1 繁殖材料以种子形式提供。

5.2 提交的种子数量至少为 50 g。

5.3 提交的种子应外观健康,活力高,无病虫侵害,质量应达到 GB 16715.2 的要求,即:净度≥98%,发芽率≥85%,水分≤7%,检测方法按照 GB/T 3543.3,GB/T 3543.4 和 GB/T 3543.6 执行。

5.4 提交的种子一般不进行任何影响品种性状表达的处理。如果已处理,应提供处理的详细说明。

5.5 提交的种子应符合中国植物检疫的有关规定。

6 测试方法

6.1 测试周期

测试周期一般至少为 2 个独立的生长周期。

6.2 测试地点

测试通常在一个地点进行。如果某些性状在该地点不能充分表达,可在其他符合条件的地点对其进行观测。

6.3 田间试验

6.3.1 试验设计

待测品种和近似品种相邻种植。

以穴播方式种植。每个小区不少于 30 株,小区设 2 行,行距 60 cm~70 cm,株距 45 cm~50 cm。共设 2 个重复。

6.3.2 田间管理

参照当地大田生产管理方式或根据测试品种的特殊要求进行。各小区田间管理应严格一致,同一管理措施应当日完成。

6.4 性状观测

6.4.1 观测时期

性状观测应按照表 A.1 和表 A.2 列出的生育阶段进行。附录 B 对这些生育阶段进行了解释。

6.4.2 观测方法

性状观测应按照表 A.1 和表 A.2 规定的观测方法(MG、MS、VG、VS)进行。部分性状观测方法见 B.2 和 B.3。

6.4.3 观测数量

除非另有说明,个体观测性状(VS、MS)每个小区植株取样数量为 20 个,在观测植株的器官或部位时,每个植株取样数量应为 1 个。群体观测性状(VG、MG)应观测整个小区或规定大小的群体。

6.5 附加测试

必要时,可选用表 A.2 中的性状或本部分未列出的性状进行附加测试。

7 特异性、一致性和稳定性的判定

7.1 总体原则

特异性、一致性和稳定性的判定按照 GB/T 19557.1 确定的原则进行。

7.2 特异性的判定

待测品种应明显区别于所有已知品种。在测试中,当待测品种至少在一个性状上与最为近似的品种具有明显且可重现的差异时,即可判定待测品种具备特异性。

7.3 一致性的判定

采用 1% 的总体标准和至少 95% 的接受概率。当样本大小为 6 株～35 株时,最多允许有 1 个异型株;当样本大小为 36 株～82 株时,最多允许有 2 个异型株。

7.4 稳定性的判定

如果一个品种具备一致性,则可认为该品种具备稳定性。一般不对稳定性进行测试。

必要时,可以种植品种的下一代种子(常规种)或新配制的种子(杂交种),与以前提供的繁殖材料相比,若性状表达无明显变化,则可判定该品种具备稳定性。

对于杂交种,除直接对杂交种本身进行测试外,还可以通过对其亲本系的一致性和稳定性鉴定的方法进行鉴定。

8 性状表

8.1 概述

根据测试需要,将性状分为基本性状、选测性状,基本性状是测试中需测试的性状。表 A.1 列出了大白菜基本性状,表 A.2 列出了大白菜可以选择测试的性状。性状表列出了性状名称、表达类型、表达状态及相应的代码和标准品种、观测时期和方法等内容。

8.2 表达类型

根据性状表达方式,将性状分为质量性状、假质量性状和数量性状三种类型。

8.3 表达状态和相应代码

每个性状划分为一系列表达状态，为便于定义性状和规范描述，每个表达状态赋予一个相应的数字代码，以便于数据记录、处理和品种描述的建立与交流。

8.4 标准品种

性状表中列出了部分性状有关表达状态相应的标准品种，以助于确定相关性状的不同表达状态和校正年份、地点引起的差异。

9 分组性状

本部分中，品种分组性状如下：

a） * 叶球：顶部闭合类型（表 A.1 中性状 25）；

b） * 叶球：形状（表 A.1 中性状 30）；

c） * 成熟期（表 A.1 中性状 38）。

10 技术问卷

申请人应按附录 C 填写大白菜技术问卷。

附 录 A
（规范性附录）
大白菜性状表

A.1 大白菜基本性状

大白菜基本性状见表 A.1。

表 A.1 大白菜基本性状表

性状序号	性 状	观测时期和方法	表达状态	标 准 品 种	代码
1	子叶:大小 QN	21 VG	小	青研 1 号	1
			中	北京新三号	2
			大	潍白秋玉	3
2	子叶:颜色 PQ	21 VG	黄绿色	快菜 6 号	1
			浅绿色	北京小杂 56	2
			中等绿色	津绿 60	3
			深绿色	津绿 75	4
3	* 外叶:颜色 PQ	30 VG	黄绿色		1
			浅绿色	北京小杂 56	2
			中等绿色	北京新三号	3
			深绿色	津绿 60	4
			灰绿色	—	5
4	外叶:花青甙显色 QL	30 VG	无	—	1
			有	—	9
5	外叶:光泽度 QN	30 VG	无或极弱	—	1
			极弱到弱	—	2
			弱	青研 1 号	3
			弱到中	—	4
			中	北京新三号	5
			中到强	—	6
			强	津绿 60	7
			强到极强	—	8
			极强	—	9

表 A.1（续）

<table>
<tr><th>性状序号</th><th>性 状</th><th>观测时期和方法</th><th>表达状态</th><th>标 准 品 种</th><th>代码</th></tr>
<tr><td rowspan="9">6</td><td rowspan="9">外叶：背面茸毛
QN</td><td rowspan="9">30
VG</td><td>无或极疏</td><td>津绿 60</td><td>1</td></tr>
<tr><td>极疏到疏</td><td>—</td><td>2</td></tr>
<tr><td>疏</td><td>青研春白 2 号</td><td>3</td></tr>
<tr><td>疏到中</td><td>—</td><td>4</td></tr>
<tr><td>中</td><td>青研八号</td><td>5</td></tr>
<tr><td>中到密</td><td>—</td><td>6</td></tr>
<tr><td>密</td><td>—</td><td>7</td></tr>
<tr><td>密到极密</td><td>—</td><td>8</td></tr>
<tr><td>极密</td><td>—</td><td>9</td></tr>
<tr><td rowspan="3">7</td><td rowspan="3">外叶：纵切面形状
QN
(+)</td><td rowspan="3">30
VG</td><td>凹</td><td>—</td><td>1</td></tr>
<tr><td>平</td><td>津绿 60</td><td>2</td></tr>
<tr><td>凸</td><td>北京小杂 56</td><td>3</td></tr>
<tr><td rowspan="9">8</td><td rowspan="9">外叶：叶缘波状
QN
(+)</td><td rowspan="9">30
VG</td><td>无或极小</td><td>—</td><td>1</td></tr>
<tr><td>极小到小</td><td>—</td><td>2</td></tr>
<tr><td>小</td><td>青研 1 号</td><td>3</td></tr>
<tr><td>小到中</td><td>—</td><td>4</td></tr>
<tr><td>中</td><td>北京新三号</td><td>5</td></tr>
<tr><td>中到大</td><td>—</td><td>6</td></tr>
<tr><td>大</td><td>—</td><td>7</td></tr>
<tr><td>大到极大</td><td>—</td><td>8</td></tr>
<tr><td>极大</td><td>—</td><td>9</td></tr>
<tr><td rowspan="4">9</td><td rowspan="4">外叶：叶缘缺刻
QL
(+)</td><td rowspan="4">30
VG</td><td>无</td><td>—</td><td>1</td></tr>
<tr><td>圆齿</td><td>—</td><td>2</td></tr>
<tr><td>锯齿</td><td>—</td><td>3</td></tr>
<tr><td>重齿</td><td>—</td><td>4</td></tr>
<tr><td rowspan="9">10</td><td rowspan="9">外叶：泡状突起大小
QN
(+)</td><td rowspan="9">30
VG</td><td>无或极小</td><td>—</td><td>1</td></tr>
<tr><td>极小到小</td><td>—</td><td>2</td></tr>
<tr><td>小</td><td>丰抗 78</td><td>3</td></tr>
<tr><td>小到中</td><td>—</td><td>4</td></tr>
<tr><td>中</td><td>津绿 75</td><td>5</td></tr>
<tr><td>中到大</td><td>—</td><td>6</td></tr>
<tr><td>大</td><td>—</td><td>7</td></tr>
<tr><td>大到极大</td><td>—</td><td>8</td></tr>
<tr><td>极大</td><td>—</td><td>9</td></tr>
</table>

表 A.1（续）

性状序号	性 状	观测时期和方法	表达状态	标 准 品 种	代码
11	* 外叶：泡状突起数量 QN	30 VG	无或极少	—	1
			极少到少	—	2
			少	青研春白 2 号	3
			少到中	—	4
			中	北京小杂 56	5
			中到多	—	6
			多	津绿 60	7
			多到极多	—	8
			极多	—	9
12	外叶：叶脉粗细 QN (+)	30 VG	细	—	1
			中	—	2
			粗	—	3
13	* 植株：生长习性 QN (+)	41 VG	直立	津绿 60	1
			半直立	北京新 3 号	2
			平展	新乡小包 23	3
14	* 植株：高度 QN	43 MS	极矮	夏白 45	1
			极矮到矮	—	2
			矮	秦白 2 号	3
			矮到中	—	4
			中	北京新三号	5
			中到高	—	6
			高	津绿 75	7
			高到极高	—	8
			极高	太原二青	9
15	植株：开展度 QN	43 MS	极小	—	1
			极小到小	—	2
			小	津绿 60	3
			小到中	—	4
			中	北京新三号	5
			中到大	—	6
			大	丰抗 78	7
			大到极大	—	8
			极大	—	9

表 A.1（续）

性状序号	性 状	观测时期和方法	表达状态	标 准 品 种	代码
16	植株:侧芽 QL (+)	43 VG	无	—	1
			有	—	9
17	* 外叶:形状 PQ (+)	43 VG	近圆形	—	1
			宽倒卵形	—	2
			倒卵形	—	3
			长倒卵形	—	4
			长圆形	—	5
18	外叶:长度 QN (a)	43 MS	极短	—	1
			极短到短	—	2
			短	潍白秋玉	3
			短到中	—	4
			中	北京新三号	5
			中到长	—	6
			长	津绿 60	7
			长到极长	—	8
			极长	—	9
19	外叶:宽度 QN (a) (+)	43 MS	极窄	—	1
			极窄到窄	—	2
			窄	北京小杂 56	3
			窄到中	—	4
			中	北京新三号	5
			中到宽	—	6
			宽	丰抗 70	7
			宽到极宽	—	8
			极宽	—	9
20	* 外叶:中肋颜色 PQ (+)	43 VG	白色	—	1
			绿白色	—	2
			浅绿色	—	3
			中等绿色	—	4
21	外叶:中肋横切面形状 PQ (b)	43 VG	凹	青研春白 3 号	1
			平	津绿 60	2

表 A.1（续）

性状序号	性 状	观测时期和方法	表达状态	标 准 品 种	代码
22	外叶：中肋长度 QN (a)	43 MS	极短	—	1
			极短到短	—	2
			短	潍白秋玉	3
			短到中	—	4
			中	北京新三号	5
			中到长	—	6
			长	巨龙秋宝	7
			长到极长	—	8
			极长	—	9
23	外叶：中肋宽度 QN (a) (b)	43 MS	极窄	—	1
			极窄到窄	—	2
			窄	北京小杂 56	3
			窄到中	—	4
			中	北京新三号	5
			中到宽	—	6
			宽	青研八号	7
			宽到极宽	—	8
			极宽	—	9
24	外叶：中肋厚度 QN (a) (+)	43 MS	极薄	—	1
			极薄到薄	—	2
			薄	津绿 75	3
			薄到中	—	4
			中	秦绿 60	5
			中到厚	—	6
			厚	青研八号	7
			厚到极厚	—	8
			极厚	—	9
25	* 叶球：顶部闭合类型 QN (+)	50 VG	开放	津绿 60	1
			半开放	北京小杂 56	2
			闭合	北京新三号	3
26	* 仅适用于闭合类型品种：叶球：抱合类型 PQ (+)	50 VG	拧抱	太原二青	1
			合抱	青研春白 2 号	2
			叠抱	北京新三号	3

表 A.1（续）

性状序号	性 状	观测时期和方法	表达状态	标 准 品 种	代码
27	仅适用于闭合类型品种：叶球：顶部形状 PQ(+)	50 VG	尖	—	1
			圆	—	2
			平	—	3
28	仅适用于闭合类型品种：叶球：上部颜色 PQ (+)	50 VG	白色	—	1
			绿色	—	2
			黄色	—	3
			紫色	—	4
29	* 仅适用于绿色类型品种：叶球：上部绿色程度 QN (+)	50 VG	极浅	—	1
			极浅到浅	—	2
			浅	—	3
			浅到中	—	4
			中	胶白秋丰	5
			中到深	—	6
			深	津青 60	7
			深到极深	—	8
			极深	—	9
30	* 叶球：形状 PQ (+)	50 VG	球形	—	1
			头球形	—	2
			筒形	—	3
			长筒形	—	4
			炮弹形	—	5
31	叶球：高度 QN	50 MS	极矮	—	1
			极矮到矮	—	2
			矮	秦白二号	3
			矮到中	—	4
			中	北京新三号	5
			中到高	—	6
			高	津绿 75	7
			高到极高	—	8
			极高	太原二青	9

表 A.1（续）

性状序号	性 状	观测时期和方法	表达状态	标 准 品 种	代码
32	叶球:宽度 QN	50 MS	极小	—	1
			极小到小	—	2
			小	津绿 60	3
			小到中	—	4
			中	北京小杂 56	5
			中到大	—	6
			大	秦白二号	7
			大到极大	—	8
			极大	—	9
33	* 叶球:内叶颜色 PQ (+)	50 VG	白色	—	1
			浅黄色	—	2
			中等黄色	—	3
			橙色	—	4
			紫色	—	5
34	* 叶球:重量 QN	50 MS/MG	极轻	—	1
			极轻到轻	—	2
			轻	小杂 56	3
			轻到中	—	4
			中	北京新三号	5
			中到重	—	6
			重	丰抗 78	7
			重到极重	—	8
			极重	—	9
35	叶球:短缩茎形状 PQ (+)	50 VG	扁圆形	—	1
			近圆形	—	2
			近椭圆形	—	3
			锥形	—	4

表 A.1（续）

性状序号	性 状	观测时期和方法	表达状态	标 准 品 种	代码
36	叶球:短缩茎长度 QN (+)	50 MS /MG	极短	—	1
			极短到短	—	2
			短	津绿 60	3
			短到中	—	4
			中	北京新三号	5
			中到长	—	6
			长	北京大拧心	7
			长到极长	—	8
			极长	—	9
37	叶球:花蕾 QL (+)	50 VG	无	—	1
			有	—	9
38	* 成熟期 QN	50 MG	极早	—	1
			极早到早	—	2
			早	北京小杂 56	3
			早到中	—	4
			中	北京新三号	5
			中到晚	—	6
			晚	太原二青	7
			晚到极晚	—	8
			极晚	—	9

A.2 大白菜选测性状

大白菜选测性状见表 A.2。

表 A.2 大白菜选测性状表

性状序号	性 状	观测时期和方法	表达状态	标 准 品 种	代码
39	抗性:霜霉病 QN (+)	23 VG	高抗	—	1
			高抗到抗	—	2
			抗	—	3
			抗到耐	—	4
			耐	—	5
			耐到感	—	6

表 A.2（续）

性状序号	性 状	观测时期和方法	表达状态	标 准 品 种	代码
39	抗性：霜霉病 QN （+）	23 VG	感	—	7
			感到高感	—	8
			高感	—	9
40	抗性：病毒病 QN （+）	24 VG	高抗	—	1
			高抗到抗	—	2
			抗	—	3
			抗到耐	—	4
			耐	—	5
			耐到感	—	6
			感	—	7
			感到高感	—	8
			高感	—	9
41	抗性：黑斑病 QN （+）	24 VG	高抗	—	1
			高抗到抗	—	2
			抗	—	3
			抗到耐	—	4
			耐	—	5
			耐到感	—	6
			感	—	7
			感到高感	—	8
			高感	—	9
42	抗性：黑腐病 QN （+）	24 VG	高抗	—	1
			高抗到抗	—	2
			抗	—	3
			抗到耐	—	4
			耐	—	5
			耐到感	—	6
			感	—	7
			感到高感	—	8
			高感	—	9

表 A.2（续）

性状序号	性状	观测时期和方法	表达状态	标准品种	代码
43	田间耐热性 QN (+)	42—43 MG	极弱	—	1
			极弱到弱	—	2
			弱	—	3
			弱到中	—	4
			中	—	5
			中到强	—	6
			强	—	7
			强到极强	—	8
			极强	—	9
44	外叶：数量 QN	43 MS	极少	—	1
			极少到少	—	2
			少	北京小杂 50 号	3
			少到中	—	4
			中	北京小杂 61 号	5
			中到多	—	6
			多	青研八号	7
			多到极多	—	8
			极多	—	9
45	叶球：紧实度 QN	50 VG	松	—	1
			中	—	2
			紧	—	3
46	叶球：叶片数量 QN (+)	50 MS	极少	—	1
			极少到少	—	2
			少	北京小杂 50 号	3
			少到中	—	4
			中	北京小杂 61 号	5
			中到多	—	6
			多	青研八号	7
			多到极多	—	8
			极多	—	9

表 A.2(续)

性状序号	性 状	观测时期和方法	表达状态	标 准 品 种	代码
47	叶球:软叶率 QN (+)	50 MS	极低	—	1
			极低到低	—	2
			低	青研八号	3
			低到中	—	4
			中	高抗一号	5
			中到高	—	6
			高	郑白四号	7
			高到极高	—	8
			极高	—	9
48	耐贮性 QN (+)	60 MS	极弱	—	1
			极弱到弱	—	2
			弱	北京新一号	3
			弱到中	—	4
			中	北京新四号	5
			中到强	—	6
			强	北京新三号	7
			强到极强	—	8
			极强	—	9
49	冬性 QN (+)	70 MG	极弱	—	1
			极弱到弱	—	2
			弱	北京小杂 61 号	3
			弱到中	—	4
			中	京春王	5
			中到强	—	6
			强	春冠	7
			强到极强	—	8
			极强	—	9
50	花瓣:形状 PQ	82 VG	近圆形	—	1
			倒卵形	—	2
			长倒卵形	—	3
51	花瓣:大小 QN	82 VG	小	—	1
			中	—	2
			大	—	3

表 A.2（续）

性状序号	性状	观测时期和方法	表达状态	标准品种	代码
52	花瓣：颜色 PQ	82 VG	白色	—	1
			浅黄色	—	2
			中等黄色	—	3
			深黄色	—	4
			橙色	—	5

附 录 B
（规范性附录）
大白菜性状表的解释

B.1 大白菜生育阶段表

大白菜生育阶段见表 B.1。

表 B.1 大白菜生育阶段表

编号	名称	描述
10	发芽期	从播种后种子萌动至第 1 片真叶吐心
20	幼苗期	从第 1 片真叶展开至第 7～10 片真叶展开
21	一叶一心	—
22	二叶一心	—
23	三叶一心	—
24	八叶一心	—
30	莲座期	幼苗期结束至外叶全部展开、心叶刚开始出现抱合
40	结球期	从心叶开始抱合至叶球膨大充实
41	结球初期	—
42	结球中期	—
43	结球末期	—
50	收获期	植株适宜收获
60	贮藏期	—
70	现蕾期	50%植株现蕾
80	开花期	—
81	开花始期	50%植株开始开花
82	盛花期	50%植株侧枝开始开花
83	末花期	大部分植株已谢花
90	种子收获期	种子成熟

B.2 涉及多个性状的解释

B.2.1 （a）：观测最大外叶。

B.2.2 （b）：观测中肋基部 3 cm～5 cm 处。

B.3 单个性状的解释

注：性状分级和图中代码见表 A.1。

B.3.1 性状 7 外叶:纵切面形状

外叶:纵切面形状,不包括外叶基部。

B.3.2 性状 8 外叶:叶缘波状

外叶:叶缘波状,见图 B.1。

3	5	7
小	中	大

图 B.1 外叶:叶缘波状

B.3.3 性状 9 外叶:叶缘缺刻

外叶:叶缘缺刻,见图 B.2。

1	2	3	4
无	圆齿	锯齿	重齿

图 B.2 外叶:叶缘缺刻

B.3.4 性状 10 外叶:泡状突起大小

外叶:泡状突起大小,见图 B.3。

1 无或极小　　3 小　　5 中　　7 大

图 B.3 外叶:泡状凸起大小

B.3.5 性状 12 外叶:叶脉粗细

外叶:叶脉粗细,观测外叶正面叶脉,见图 B.4。

1 细　　3 粗

图 B.4 外叶:叶脉粗细

B.3.6 性状 13 * 植株:生长习性

* 植株:生长习性,见图 B.5。

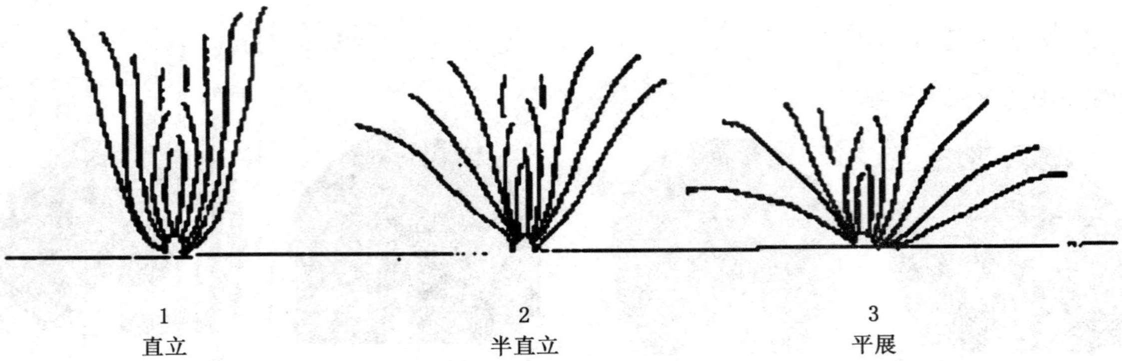

图 B.5 ＊植株:生长习性

B.3.7 性状 16 植株:侧芽

植株:侧芽,观测外叶叶腋有无萌动伸长的叶芽。

B.3.8 性状 17 ＊外叶:形状

＊外叶:形状,见图 B.6。

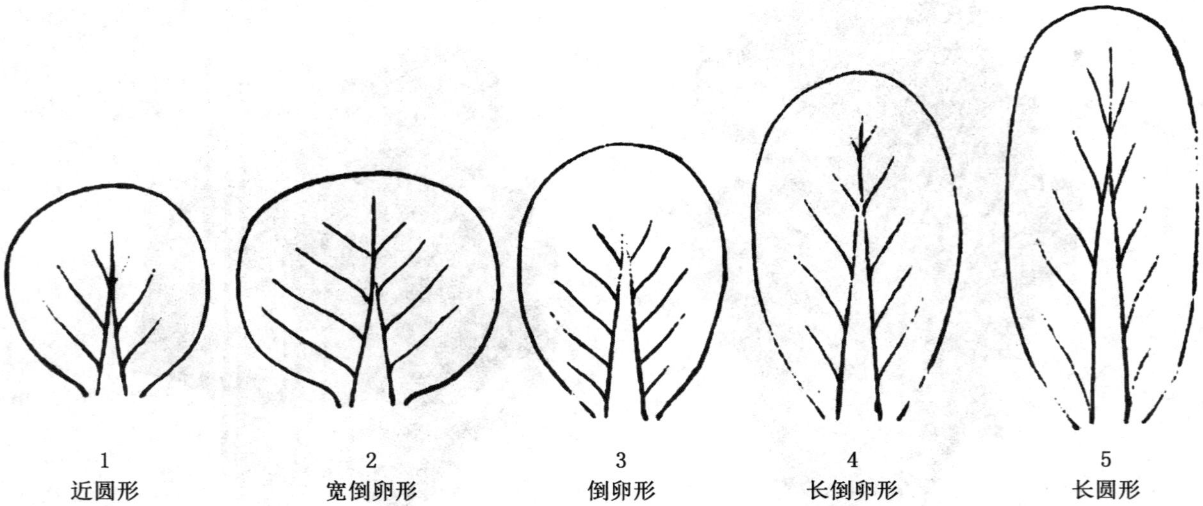

图 B.6 ＊外叶:形状

B.3.9 性状 19 外叶:宽度

外叶:宽度,测量外叶最宽处。

B.3.10 性状 20 ＊外叶:中肋颜色

＊外叶:中肋颜色,观测外叶中肋背面,见图 B.7。

1 白色　　2 绿白色　　3 浅绿色　　4 中等绿色

图 B.7　* 外叶：中肋颜色

B.3.11　性状 24 外叶：中肋厚度

外叶：中肋厚度，测量中肋最厚处。

B.3.12　性状 25 * 叶球：顶部闭合类型

* 叶球：顶部闭合类型，见图 B.8，包括以下几种类型：

1）　开放：叶球顶部介于翻心和包心之间，外面数层球叶叶尖端明显不到中轴线，顶视可见多层球叶；
2）　半开放：球叶叶片两侧和上部稍向内弯曲，叶尖端接近中轴线，顶视可见 2 层以上球叶；
3）　闭合：球叶向对侧抱合严密、叶尖端明显超过中轴线，顶视不见内层球叶。

1 开放　　2 半开放　　3 闭合

图 B.8　* 叶球：顶部闭合类型

B.3.13　性状 26 * 仅适用于闭合类型品种：叶球：抱合类型

* 仅适用于闭合类型品种：叶球：抱合类型，见图 B.9，包括以下几种类型：

1）　拧抱：球叶叶片中肋向一侧旋拧；
2）　合抱：球叶叶片两侧和上部稍向内弯曲，叶尖端接近或稍超过中轴线；
3）　叠抱：外球叶向内扣抱，远超过中轴线，把内球叶完全掩盖。

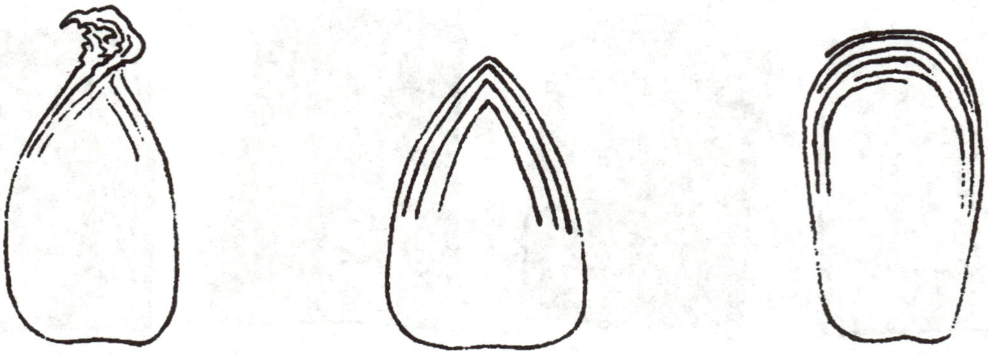

1 拧抱　　2 合抱　　3 叠抱

图 B.9　* 仅适用于闭合类型品种：叶球：抱合类型

B.3.14　性状 27 仅适用于闭合类型品种：叶球：顶部形状

仅适用于闭合类型品种：叶球：顶部形状，见图 B.10。

1 尖　　2 圆　　3 平

图 B.10　仅适用于闭合类型品种：叶球：顶部形状

B.3.15　性状 28 仅适用于闭合类型品种：叶球：上部颜色

仅适用于闭合类型品种：叶球：上部颜色，见图 B.11。

1 白色　　2 绿色　　3 黄色　　4 紫色

图 B.11　仅适用于闭合类型品种：叶球：上部颜色

B.3.16　性状 29　* 仅适用于绿色类型品种：叶球：上部绿色程度

* 仅适用于绿色类型品种：叶球：上部绿色程度，见图 B.12。

3 浅　　5 中　　7 深

图 B.12　* 仅适用于绿色类型品种：叶球：上部绿色程度

B.3.17　性状 30　* 叶球：形状

* 叶球：形状，见图 B.13。

1 球形　2 头球形　3 筒形　4 长筒形　5 炮弹形

图 B.13　* 叶球:形状

B.3.18　性状 33　* 叶球:内叶颜色

* 叶球:内叶颜色,目测叶球纵剖面上部主要颜色,见图 B.14。

1 白色　2 浅黄色　3 中等黄色　4 橙色　5 紫色

图 B.14　* 叶球:内叶颜色

B.3.19　性状 35 叶球:短缩茎形状

叶球:短缩茎形状,目测短缩茎纵剖面形状,见图 B.15。

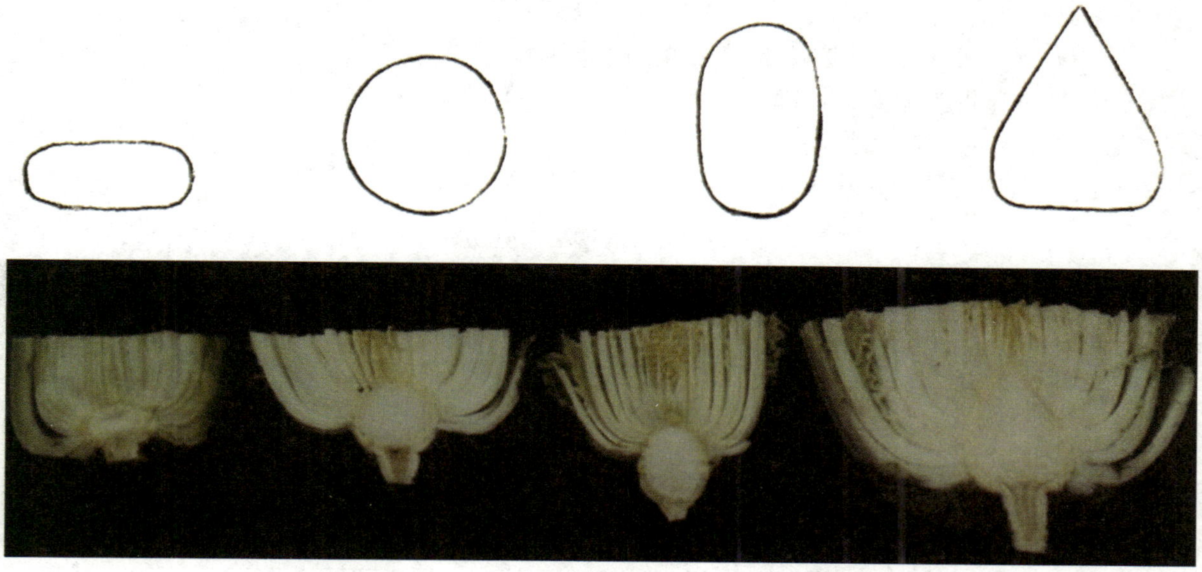

1 扁圆形　　2 近圆形　　3 近椭圆形　　4 锥形

图 B.15　叶球:短缩茎形状

B.3.20　性状 36 叶球:短缩茎长度

叶球:短缩茎长度,将叶球纵剖,测量短缩茎基部到顶点的距离。

B.3.21　性状 37 叶球:花蕾

叶球:花蕾,将叶球纵剖,观测中心柱顶部花蕾有无。

B.3.22　性状 39 抗性:霜霉病

B.3.22.1　测试材料播于室内 8 cm 营养钵或育苗盘中。育苗土按草炭:田园土 1∶2 的比例配制。每钵播 2 粒～3 粒种子。1 叶期定苗。保证苗齐、苗壮,整齐一致。每测试材料设 3 次重复,每次重复 10 株。

B.3.22.2　苗期人工接种鉴定:当幼苗长至 2 片真叶时,用清水配成 1×10^4 个/mL 孢子囊悬液,用滴接法在每个叶片上滴一滴(约 20 μL)霜霉菌悬液。接种后在 20 ℃左右黑暗中保湿 24 h,揭掉保湿物,保持在 25 ℃左右、夜间相对湿度在 90%以上。到第 7 天,再在 16 ℃～20 ℃下保湿 16 h～24 h。至第 8 天调查病情。按式(B.1)计算病情指数。

$$DI=\frac{\sum nX}{N\times 9}\times 100\% \qquad \cdots\cdots (B.1)$$

式中:

DI ——病情指数,%;

X ——病级数;

n ——发病株数;

N ——鉴定总株数。

B.3.22.3 病情分级标准如下：

——0 级：无侵染症状；

——1 级：接种叶上有稀疏的褐色斑点，不扩展；

——3 级：叶片上有较多的病斑，多数凹陷，叶背无霉；

——5 级：叶片病斑向四处扩展，叶背生少量的霉层；

——7 级：病斑扩展面积达叶片的 1/2 以上 2/3 以下，有较多的霉层；

——9 级：病斑扩展面积达 2/3 以上，有大量的霉层。

B.3.22.4 性状分级标准见表 B.2。

表 B.2 抗霜霉病分级

表达状态	病情指数	代码
高抗	0.01～10.00	1
高抗到抗	10.01～20.00	2
抗	20.01 ～ 30.00	3
抗到耐	30.01～40.00	4
耐	40.01 ～ 50.00	5
耐到感	50.01～60.00	6
感	60.01 ～ 70.00	7
感到高感	70.01～80.00	8
高感	80.01 ～ 100	9

B.3.23 性状 40 抗性：病毒病

B.3.23.1 测试材料播于室内 8 cm 营养钵或育苗盘中。育苗土按草炭：田园土 1：2 的比例配制。田园土需经过高温消毒(120 ℃,1 h)。每钵播 2 粒～3 粒种子，2 叶期定苗。应保证苗齐、苗壮，整齐一致。接种后 20 d 观测叶。每测试材料设 3 次重复，每次重复 10 株。

B.3.23.2 苗期人工接种鉴定分为以下两步：

1) 病汁液的准备：取症状明显的病叶加 pH=7 的 0.05 mol/L 的磷酸缓冲液 2 倍～5 倍，研碎，再加入病叶的 2 倍磷酸缓冲液供使用。或用含 0.1%巯基乙醇的磷酸缓冲液，缓冲液与病叶比为 20：1。

2) 接种：当幼苗的第 3 片真叶充分展开后，在叶上接种。接种时，先在被鉴定材料上喷 38 μm～48 μm(300 目～400 目)的金刚砂，取病汁液摩擦接种两个叶片。单株接种后立即用净水冲洗叶面，接种后遮阴 24 h。隔日再接一回。在 25 ℃～ 28 ℃下培养 20 d 后调查病情。按式(B.1)计算病情指数。

B.3.23.3 病情分级标准如下：

——0 级：无侵染症状；

——0.1 级：接种叶出现个别褪绿斑；

——0.5 级：接种叶出现少数褪绿斑；

——1 级：多数叶片有多数褪绿斑，或少数叶片轻微花叶；

——3 级：多数叶片至全株轻花叶；

——5 级：全株重花叶，部分叶片皱缩，或叶柄局部坏死，少数叶片畸形；

——7 级：全株重花叶，伴有枯斑，部分叶片枯死；或全部叶片皱缩畸形，植株严重矮化；

——9 级：大部分叶片枯死以致整株坏死。

B.3.23.4 性状分级标准见表 B.3。

表 B.3 抗病毒病分级

表达状态	病情指数	代码
高抗	0.01～10.00	1
高抗到抗	10.01～20.00	2
抗	20.01 ～ 30.00	3
抗到耐	30.01～40.00	4
耐	40.01 ～ 50.00	5
耐到感	50.01～60.00	6
感	60.01 ～ 70.00	7
感到高感	70.01～80.00	8
高感	80.01 ～ 100	9

B.3.24 性状 41 抗性：黑斑病

B.3.24.1 测试材料播于室内 8 cm 营养钵或育苗盘中。育苗土按草炭：田园土 1：2 的比例配制。每钵播 2 粒～3 粒种子。1 叶期定苗，保证苗齐、苗壮，整齐一致。每测试材料设 3 次重复，每次重复 10 株。

B.3.24.2 苗期人工接种鉴定：当第 2 片真叶充分展开后接种黑斑病菌。将每滴含 50 个孢子（或 1 200 个孢子/mL）左右的孢子悬液，滴在第 2 片真叶上，在 20 ℃左右黑暗条件下保湿 24 h。正常管理 3 d。自第 4 天开始每天夜间保湿，白天给以光照。第 7 天保湿 24 h 后调查病情。按式（B.1）计算病情指数。

B.3.24.3 病情分级标准如下：

——0 级：无侵染症状；

——1 级：接种叶生褐色小点，褪绿斑；

——3 级：接种叶生褐绿斑，无霉层；

——5 级：接种叶生褐色轮纹斑，有较少霉层，病斑外无明显的坏死区；

——7 级：接种叶生褐色轮纹斑，斑上有较多的霉层，周围有明显的坏死区；

——9 级：接种叶病斑连成片，且大面积的枯死，霉层明显。

B.3.24.4 性状分级标准见表 B.4。

表 B.4 抗黑斑病分级

表达状态	病情指数	代码
高抗	0.01～10.00	1
高抗到抗	10.01～20.00	2
抗	20.01 ～ 30.00	3
抗到耐	30.01～40.00	4
耐	40.01 ～ 50.00	5

表 B.4（续）

表达状态	病情指数	代码
耐到感	50.01～60.00	6
感	60.01 ～ 70.00	7
感到高感	70.01～80.00	8
高感	80.01 ～ 100	9

B.3.25　性状 42 抗性：黑腐病

B.3.25.1　测试材料播于室内 8 cm 营养钵或育苗盘中。育苗土按草炭∶田园土 1∶2 的比例配制。每钵播 2 粒～3 粒种子。2 叶期定苗，保证苗齐、苗壮，整齐一致。每测试材料设 3 次重复，每次重复 10 株。

B.3.25.2　苗期人工接种鉴定：在肉汁胨或 PDA 上培养供接种用的黑腐病菌，培养温度为 27 ℃，培养时间 2 d。使用前加入无菌水稀释。用比浊法或血球计数法调整细菌浓度，使其为 10^8 个/mL～10^9 个/mL。当幼苗长至 4 片～5 片真叶时进行接种。接种前将测试材料在保湿箱中保湿一夜，使其叶缘出现水珠。第 2 天早晨将上述浓度的菌液喷到叶面上。接种后保湿 24 h，然后打开覆盖，在 20 ℃～30 ℃的环境下正常管理。接种后 3 周左右时进行调查。一般每株苗自下往上查 5 片叶。按如下分级标准调查每片叶的发病情况。按式(B.1)计算病情指数。

B.3.25.3　病情分级标准如下：

——0 级：无侵染症状；

——1 级：水孔处有黑色枯死点，无扩展；

——3 级：病斑从水孔处向外扩展，病斑占叶面积的 5%以下；

——5 级：病斑占叶面积的 5% ～ 25%；

——7 级：病斑占叶面积的 26% ～ 50%；

——9 级：病斑占叶面积的 50% 以上。

B.3.25.4　性状分级标准见表 B.5。

表 B.5　抗黑腐病分级

表达状态	病情指数	代码
高抗	0.01～10.00	1
高抗到抗	10.01～20.00	2
抗	20.01 ～ 30.00	3
抗到耐	30.01～40.00	4
耐	40.01 ～ 50.00	5
耐到感	50.01～60.00	6
感	60.01 ～ 70.00	7
感到高感	70.01～80.00	8
高感	80.01 ～ 100	9

B.3.26 性状 43 田间耐热性

田间耐热性，在日均气温 25 ℃以上条件下栽培。调查结球紧实度达半成心以上的植株数，根据式(B.2)计算结球率。

$$X = \frac{n}{N} \times 100\% \quad \cdots\cdots\cdots\cdots\cdots\cdots (B.2)$$

式中：

X ——结球率，%；

n ——结球株数；

N ——总株数。

B.3.27 性状 46 叶球：叶片数量

叶球：叶片数量，计数长度大于 1 cm 球叶叶片数。

B.3.28 性状 47 叶球：软叶率

叶球：软叶率，收获期叶球的软叶重量占叶球重量的百分数为软叶率。

称量叶球重量、短缩茎重量和中肋重量，按式(B.3)计算软叶率以百分数表示。

$$X = \frac{m - m_1 - m_2}{m - m_1} \times 100\% \quad \cdots\cdots\cdots\cdots\cdots\cdots (B.3)$$

式中：

X ——软叶率，%；

m ——叶球重量，单位为千克(kg)；

m_1 ——短缩茎重量，单位为千克(kg)；

m_2 ——中肋重量，单位为千克(kg)。

B.3.29 性状 48 耐贮性

耐贮性，在贮藏温度为 0 ℃～1 ℃，空气相对湿度为 85%～90%的条件下贮藏 150 d。调查脱帮、心柱、裂球、腐烂、病害等，并测定损耗率，按式(B.4)计算贮藏性。观测 30 株。

$$X = \frac{m_1 - m_2}{m_1} \times 100\% \quad \cdots\cdots\cdots\cdots\cdots\cdots (B.4)$$

式中：

X ——损耗率，%；

m_1 ——入窖质量，单位为千克(kg)；

m_2 ——出窖质量，单位为千克(kg)。

B.3.30 性状 49 冬性

冬性，将萌动期种子于 3 ℃下处理 20 d 后，在 20 ℃～21 ℃、白天日光 8 h、夜间补光至 6 000 lx～8 000 lx、6 h 条件下栽培。调查从播种到 50%植株现蕾天数。观测 30 株。

附 录 C
（规范性附录）
大白菜技术问卷

申请号：
申请日：
[由审批机关填写]

（申请人或代理机构签章）

一、品种暂定名称

二、申请测试人信息

姓名：

地址：

电话号码：　　　　　　　　传真号码：　　　　　　　　手机号码：

邮箱地址：

育种者姓名（如果与申请测试人不同）：

三、植物学分类

拉丁名：________________________

中文名：________________________

四、品种类型

在相符的类型[ ]中打√。

1. 繁殖方式	[ ]
常规品种	[ ]
自交系	[ ]
杂交种	[ ]
不育系	[ ]
细胞质雄性不育系	[ ]
质核互作雄性不育系	[ ]
核基因互作雄性不育系	[ ]
显性核基因雄性不育系	[ ]
隐性核基因雄性不育系	[ ]
2. 生态类型	
春播	[ ]
夏播	[ ]
秋播	[ ]

五、待测品种的具有代表性彩色照片

{品种照片粘贴处}

（如果照片较多，可另附页提供）

六、品种的选育背景、育种过程和育种方法（包括系谱、培育过程和所使用的亲本或其他繁殖材料来源与名称的详细说明）

七、适于生长的区域或环境以及栽培技术的说明

八、其他有助于辨别待测品种的信息

（如品种用途、品质抗性，请提供详细资料）

九、品种种植或测试是否需要特殊条件？

在相符的［ ］ 中打√。

是［ ］ 否［ ］

（如果回答是，请提供详细资料）

十、品种繁殖材料保存是否需要特殊条件？

在相符的［ ］ 中打√。

是［ ］ 否［ ］

（如果回答是，请提供详细资料）

十一、待测品种需要指出的性状

在表中相符的代码后［ ］中打√，若有测量值，请填写在表中。

待测品种需要指出的性状

序号	性状	表达状态	代码	测量值
1	*外叶:颜色(性状 3)	黄绿色	1 [ ]	
		浅绿色	2 [ ]	
		中等绿色	3 [ ]	
		深绿色	4 [ ]	
		灰绿色	5 [ ]	
2	*植株:生长习性(性状 13)	直立	1 [ ]	
		半直立	2 [ ]	
		平展	3 [ ]	
3	*外叶:中肋颜色(性状 20)	白色	1 [ ]	
		绿白色	2 [ ]	
		浅绿色	3 [ ]	
		中等绿色	4 [ ]	
4	*叶球:顶部闭合类型(性状 25)	开放	1 [ ]	
		半开放	2 [ ]	
		闭合	3 [ ]	
5	*仅适用于闭合类型品种:叶球:抱合类型(性状 26)	拧抱	1 [ ]	
		合抱	2 [ ]	
		叠抱	3 [ ]	
6	仅适用于闭合类型品种:叶球:顶部形状(性状 27)	尖	1 [ ]	
		圆	2 [ ]	
		平	3 [ ]	
7	*叶球:形状(性状 30)	球形	1 [ ]	
		头球形	2 [ ]	
		筒形	3 [ ]	
		长筒形	4 [ ]	
		炮弹形	5 [ ]	
8	*叶球:内叶颜色(性状 33)	白色	1 [ ]	
		浅黄色	2 [ ]	
		中等黄色	3 [ ]	
		橙色	4 [ ]	
		紫色	5 [ ]	
9	*成熟期(性状 38)	极早	1 [ ]	
		极早到早	2 [ ]	
		早	3 [ ]	
		早到中	4 [ ]	
		中	5 [ ]	
		中到晚	6 [ ]	
		晚	7 [ ]	
		晚到极晚	8 [ ]	
		极晚	9 [ ]	

十二、与近似品种的明显差异性状表达状态描述

在自己知识范围内，请申请测试人在下表中列出待测品种与其最为近似品种的明显差异。

待测品种与近似品种的明显差异性状表

近似品种名称	性状名称	近似品种表达状态	待测品种表达状态
备注：(有助于待测品种特异性测试的信息)			

申请人员承诺：技术问卷所填写的信息真实！

签名：

ICS 65.020.20
B 05

中华人民共和国国家标准

GB/T 19557.9—2017

植物品种特异性、一致性和稳定性测试指南 芥菜

Guidelines for the conduct of tests for distinctness, uniformity and stability—Mustard (*Brassica juncea* (L.) Czern.et Coss)

2017-11-01 发布　　2018-05-01 实施

中华人民共和国国家质量监督检验检疫总局
中国国家标准化管理委员会　发布

前　言

本部分按照GB/T 1.1—2009给出的规则起草。

本部分由中华人民共和国农业部提出。

本部分由全国植物新品种测试标准化技术委员会(SAC/TC 277)归口。

本部分起草单位:四川省农业科学院作物研究所、重庆市渝东南农业科学院、农业部科技发展中心。

本部分主要起草人:余毅、周光凡、张浙峰、范永红、赖运平、刘平、王丽容、张召荣、吕波、堵苑苑、刘小俊、何巧林、冷亚梅。

植物品种特异性、一致性和稳定性测试指南　芥菜

1　范围

本标准规定了芥菜(*Brassica juncea* (L.)Czern.et Coss)品种特异性、一致性和稳定性测试的技术要求和结果判定的一般原则。

本标准适用于芥菜中叶用芥菜、茎用芥菜、根用芥菜和薹用芥菜的16个变种以及变种间杂交选育所得的品种特异性、一致性和稳定性测试和结果判定。

2　规范性引用文件

下列文件对于本文件的应用是必不可少的。凡是注日期的引用文件,仅注日期的版本适用于本文件。凡是不注日期的引用文件,其最新版本(包括所有的修改单)适用于本文件。

GB/T 3543.3　农作物种子检验规程　净度分析

GB/T 3543.4　农作物种子检验规程　发芽试验

GB/T 3543.6　农作物种子检验规程　水分测定

GB/T 19557.1　植物新品种特异性、一致性和稳定性测试指南　总则

3　术语和定义

GB/T 19557.1界定的术语和定义适用于本文件。

3.1

群体测量　group measurement

对一批植株或植株的某器官或部位进行测量,获得一个群体记录。

3.2

个体测量　sing neasurements

对一批植株或植株的某器官或部位进行逐个测量,获得一组个体记录。

3.3

群体目测　group visual observation

对一批植株或植株的某器官或部位进行目测,获得一个群体记录。

3.4

个体目测　single visual observations

对一批植株或植株的某器官或部位进行逐个目测,获得一组个体记录。

4　符号

下列符号适用于本文件。

MG:群体测量。

MS:个体测量。

PQ:假质量性状。

QL:质量性状。

QN:数量性状。

VG:群体目测。

VS:个体目测。

__:本部分中下划线是特别提示测试性状的适用范围。

5 繁殖材料的要求

5.1 繁殖材料以种子形式提供。

5.2 提交的种子至少 100 g。

5.3 提交的种子应籽粒完整,外观洁净,无病虫侵害,活力高。种子质量应达到表 1 要求。

表 1 种子质量要求

类型	净度	发芽率	含水量
亲本系	≥98.00%	≥85.00%	≤8.00%
杂交种	≥98.00%	≥90.00%	≤8.00%
常规种	≥98.00%	≥90.00%	≤8.00%

检测方法按照 GB/T 3543.3、GB/T 3543.4 和 GB/T 3543.6 执行。

5.4 提交的种子不进行任何影响品种性状正常表达的处理。如果已处理,应提供处理的详细说明。

5.5 提交的种子应符合中国植物检疫的有关规定。

6 测试方法

6.1 测试周期

测试周期一般至少为两个独立的生长周期。

6.2 测试地点

测试通常在一个符合其正常生长发育条件的地点进行。

6.3 田间试验

6.3.1 试验设计

待测品种和近似品种相邻种植。

根据品种类型采用适宜的株行距露地直播,每穴定苗 1 株。每个小区不少于 100 株,设 2 个重复,前茬不可为十字花科植物。

6.3.2 田间管理

可按当地大田生产管理方式进行。

6.4 性状观测

6.4.1 观测时期

性状观测应按照表 A.1 和表 A.2 列出的生育阶段进行。生育阶段描述见表 B.1。

6.4.2 观测方法

性状观测应按照表 A.1 和表 A.2 规定的观测方法(VG、VS、MG、MS)进行。部分性状观测方法见 B.2 和 B.3。

6.4.3 观测数量

除非另有说明,个体观测性状(VS、MS)植株取样数量为 20 个,在观测植株的器官或部位时,每个植株取样数量为 1 个。群体观测性状(VG、MG)应观测整个小区或规定大小的混合样本。

6.5 附加测试

必要时,可选用表 A.2 中的性状或本标准未列出的性状进行附加测试。

7 特异性、一致性和稳定性的判定

7.1 总体原则

特异性、一致性和稳定性的判定按照 GB/T 19557.1 确定的原则进行。

7.2 特异性的判定

待测品种应明显区别于所有已知品种。在测试中,当待测品种至少在一个性状上与近似品种具有明显且可重现的差异时,即可判定待测品种具备特异性。

7.3 一致性的判定

对于芥菜常规品种和杂交种,一致性判定采用 4%的群体标准和 95%的接受概率。保持系、父本系(该系仅供获得杂交一代种子,F_1 不育)的一致性判定采用 2%的群体标准和 95%的接受概率,不育系的一致性判定采用 1%的群体标准和 95%的接受概率,当样本为 200 株时,常规种和杂交种最多可以允许有 13 株异型株,保持系、父本系最多可以允许有 7 株异型株,不育系最多可以允许有 5 株异型株。

7.4 稳定性的判定

如果一个品种具备一致性,则可认为该品种具备稳定性。一般不对稳定性进行测试。

必要时,可以种植该品种的下一代或另一批种子,与以前提供的繁殖材料相比,若性状表达无明显变化,则可判定该品种具备稳定性。

对芥菜杂交种的稳定性判定,除直接对杂交种本身进行测试外,还可以通过鉴定其亲本的一致性和稳定性的方法来进行判定。

8 性状表

8.1 概述

根据测试需要,将性状分为基本性状、选测性状,基本性状是测试中需测试的性状。表 A.1 列出了芥菜基本性状,表 A.2 列出了芥菜可以选择测试的性状。性状表列出了性状名称、表达类型、表达状态及相应的代码和标准品种、观测时期和方法等内容。

8.2 表达类型

根据性状表达方式,将性状分为质量性状、假质量性状和数量性状三种类型。

8.3 表达状态和相应代码

每个性状划分为一系列表达状态，以便于定义性状和规范描述；每个表达状态赋予一个相应的数字代码，以便于数据记录、处理和品种描述的建立与交流。

8.4 标准品种

性状表中列出了部分性状有关表达状态相应的标准品种，以助于确定相关性状的不同表达状态和校正年份、地点引起的差异。

9 分组性状

本部分中，品种分组性状如下：

a) 子叶：花青甙显色（表 A.1 性状 1）；

b) 植株：分蘖（表 A.1 性状 3）；

c) 中肋：瘤状突起（表 A.1 性状 24）；

d) 叶：叶柄长度与叶长度比率（表 A.1 中性状 27）；

e) 叶：抱合（表 A.1 性状 31）；

f) 茎：膨大（表 A.1 性状 37）；

g) 仅适用于茎膨大品种：膨大茎：瘤状突起（表 A.1 性状 42）；

h) 仅适用于茎膨大品种：腋芽：膨大（表 A.1 性状 47）；

i) 根：膨大（表 A.1 性状 53）；

j) 现蕾期（表 A.1 性状 60）。

10 技术问卷

申请人应按附录 C 填写芥菜技术问卷。

附　录　A
（规范性附录）
芥菜性状表

A.1　芥菜基本性状

芥菜基本性状见表A.1。

表A.1　芥菜基本性状表

性状序号	性状	观测时期和方法	表达状态	标准品种	代码
1	子叶:花青甙显色 QL (a)(+)	21 VG	无	涪杂2号	1
			有	红叶大头菜	9
2	子叶:形状 PQ (a)(+)	22 VG	近心形	永安小叶、小花叶	1
			近肾形	涪丰14	2
3	植株:分蘖 QL (b)	50 VG	无	大片片青菜	1
			有	九头鸟	9
4	仅适用于分蘖芥品种:植株:分蘖数 QN (+)	50 VG/MS	极少	—	1
			极少到少	—	2
			少	独棵雪里蕻	3
			少到中	—	4
			中	黑叶雪里蕻	5
			中到多	—	6
			多	九头鸟	7
			多到极多	—	8
			极多	—	9
5	叶:花青甙显色 QN (b) (+)	50 VG	无或极弱	青叶大头菜	1
			极弱到弱	—	2
			弱	圆叶大头菜	3
			弱到中	—	4
			中	马尾丝大头菜	5
			中到强	—	6
			强	红叶大头菜	7
			强到极强	—	8
			极强	红缨菜	9

表 A.1（续）

性状序号	性状	观测时期和方法	表达状态	标准品种	代码
6	仅适用于叶片有花青甙显色品种：叶：花青甙显色部位 PQ (b)(+)	50 VG	仅在叶缘	蔺市草腰子	1
			仅在叶脉	马尾丝大头菜	2
			叶缘和叶脉	紫红脆嫩青菜(选)	3
			全叶(除中肋)	红缨菜	4
7	叶：上表面银灰色 QL (b) (+)	50 VG	无	大片片青菜	1
			有	湖北家菜	9
8	叶：绿色程度 QN (b)	50 VG	浅	大青菜	1
			中	弥渡绿杆	2
			深	大叶青菜	3
9	叶：上表面刺毛 QL (c)	50 VG	无	花叶儿菜、大片片青菜	1
			有	垫江儿菜	9
10	叶：下表面刺毛 QL (c) (+)	50 VG	无	大片片青菜、涪杂 2 号	1
			有	蔺市草腰子	9
11	叶：中肋及叶柄背面蜡粉 QN (c) (+)	50 VG	无或极少	川农 1 号儿菜	1
			少	马尾丝大头菜	2
			中	鸡冠大头菜	3
			多	梁平香菜、浙桐 1 号	4
			极多		5
12	叶：类型 PQ (c) (+)	50 VG	板叶	鸡叶子青菜	1
			裂叶	蔺市草腰子	2
			其他	小花叶	3
13	仅适用于裂叶类型品种：叶片：裂刻深浅 QN (c)(+)	50 VG	浅	花叶大头菜	1
			中	余缩榨菜	2
			深	鸡冠大头菜	3
			极深	圆叶大头菜	4
14	仅适用于裂叶类型品种：叶：裂片数量 QN (c)	50 MS	极少	鸡心芥	1
			极少到少	—	2
			少	白杆青菜	3
			少到中	—	4
			中	永安小叶	5
			中到多	—	6
			多	小花叶	7
			多到极多	—	8
			极多	银丝芥	9

表 A.1（续）

性状序号	性状	观测时期和方法	表达状态	标准品种	代码
15	叶片:边缘 PQ (c)(+)	50 VG	波状	白甲菜薹	1
			齿状	蔺市草腰子	2
			重齿状	马尾丝大头菜	3
16	叶片:形状 PQ (c) (+)	50 VG	披针形	风尾青菜	1
			椭圆形	企身芥菜	2
			卵圆形	尖叶甜青菜	3
			倒卵圆形	鸡叶子青菜	4
			近圆形	梁平香菜	5
			其他	鸡心芥	6
17	叶片:先端形状 PQ (c)(+)	50 VG	锐尖	白杆青菜	1
			钝尖	白花青菜	2
			圆形	鸡叶子青菜	3
18	叶片:表面皱缩程度 QN (c) (+)	50 VG	无或极弱	黑叶雪里蕻	1
			弱	蔺市草腰子	2
			中	涪丰 14	3
			强	奶奶芥	4
			极强	泡叶	5
19	叶片:卷曲状态 PQ (c)	50 VG	平展	黑叶雪里蕻	1
			内卷	鸡心芥	2
			外卷	余菠榨菜	3
20	叶片:长度 QN (c) (+)	50 MS	极短	—	1
			极短到短	—	2
			短	圆叶大头菜	3
			短到中	—	4
			中	垫江儿菜	5
			中到长	—	6
			长	浙桐 1 号	7
			长到极长	—	8
			极长	—	9

表 A.1（续）

性状序号	性状	观测时期和方法	表达状态	标准品种	代码
21	叶片:宽度 QN (c) (+)	50 MS	极窄	小叶冲辣菜	1
			极窄到窄	—	2
			窄	马尾丝大头菜	3
			窄到中	—	4
			中	蔺市草腰子	5
			中到宽	—	6
			宽	涪杂1号	7
			宽到极宽	—	8
			极宽	大青菜	9
22	中肋:宽度 QN (c) (+)	50 MS	极窄	小叶冲辣菜	1
			极窄到窄	—	2
			窄	白杆青菜	3
			窄到中	—	4
			中	鸡叶子青菜	5
			中到宽	—	6
			宽	鸡心芥	7
			宽到极宽	—	8
			极宽	大片片青菜	9
23	中肋:厚度 QN (c)(d)(+)	50 MS	薄	凤尾青菜	1
			中	大片片青菜	2
			厚	宽板奶奶菜	3
24	中肋:瘤状突起 QL (c)(+)	50 VG	无	大片片青菜	1
			有	弥陀奶奶芥	9
25	仅适用于中肋有瘤状突起的品种:叶:叶瘤大小 QN (c) (+)	50 VG	极小	—	1
			极小到小	—	2
			小	弥陀奶奶芥	3
			小到中	—	4
			中	奶奶青菜	5
			中到大	—	6
			大	宽板奶奶菜	7
			大到极大	—	8
			极大	—	9

表 A.1（续）

性状序号	性状	观测时期和方法	表达状态	标准品种	代码
26	叶柄:长度 QN (c) (+)	50 MS	极短	凤尾青菜	1
			极短到短	—	2
			短	鸡叶子青菜	3
			短到中	—	4
			中	白杆青菜	5
			中到长	—	6
			长	丰都香菜	7
			长到极长	—	8
			极长	—	9
27	叶:叶柄长度与叶长度比率 QN (c) (+)	50 MS	极小	凤尾青菜	1
			极小到小	—	2
			小	鸡叶子青菜	3
			小到中	—	4
			中	白杆青菜	5
			中到大	—	6
			大	丰都香菜	7
			大到极大	—	8
			极大	—	9
28	叶柄:基部宽度 QN (c) (+)	50 MS	极窄	贵阳辣菜	1
			极窄到窄	—	2
			窄	黑叶雪里蕻	3
			窄到中	—	4
			中	蔺市草腰子	5
			中到宽	—	6
			宽	涪杂1号	7
			宽到极宽	—	8
			极宽	白叶青菜	9
29	叶柄:基部厚度 QN (c) (+)	50 MS	极薄	—	1
			极薄到薄	—	2
			薄	凤尾青菜	3
			薄到中	—	4
			中	白杆青菜	5
			中到厚	—	6
			厚	大片片青菜	7
			厚到极厚	—	8
			极厚	—	9

表 A.1（续）

性状序号	性状	观测时期和方法	表达状态	标准品种	代码
30	叶柄:基部横切面形状 PQ (c)(+)	50 VG	扁平	鸡叶子青菜	1
			月牙形	涪丰 14	2
			半圆形	白杆青菜	3
31	叶:抱合 QL (b) (+)	50 VG	无	鸡叶子青菜、弥陀奶奶芥	1
			有	青叶包包菜、鸡心芥	9
32	仅适用于叶抱合品种: 叶:抱合姿态 QL (b)(+)	50 VG	叠抱	鸡心芥	1
			合抱	青叶包包菜	2
33	植株:姿态 QN (b)(+)	50 VG	直立	白杆青菜	1
			半直立	鸡心芥	2
			匍匐	弥陀奶奶芥	3
34	植株:开展度 QN (b) (+)	50 MS	极小	—	1
			极小到小	—	2
			小	永安小叶	3
			小到中	—	4
			中	涪丰 14	5
			中到大	—	6
			大	浙桐 1 号	7
			大到极大	—	8
			极大	—	9
35	植株:高度 QN (b)	50 MS	极矮	—	1
			极矮到矮	—	2
			矮	圆叶大头菜	3
			矮到中	—	4
			中	永安小叶	5
			中到高	—	6
			高	浙桐 1 号	7
			高到极高	—	8
			极高	—	9

表 A.1（续）

性状序号	性状	观测时期和方法	表达状态	标准品种	代码
36	植株:叶片数 QN (b) (+)	50 MS	极少	—	1
			极少到少	—	2
			少	日本光头芥	3
			少到中	—	4
			中	青叶大头菜	5
			中到多	—	6
			多	九头鸟雪里蕻	7
			多到极多	—	8
			极多	—	9
37	茎:膨大 QL (b)(+)	50 VG	不膨大	白杆青菜	1
			膨大	白甲菜薹、青梗青菜	2
38	仅适用于茎膨大品种:膨大茎:形状 PQ (d)(+)	50 VG	棒状	白甲菜薹	1
			纺锤形	蔺市草腰子	2
			扁圆球形	半碎叶	3
			近圆球形	涪杂1号	4
39	仅适用于茎膨大品种:膨大茎:蜡粉 QN (d)	50 VG	无或极少	永安小叶	1
			少	半碎叶	2
			中	浙桐1号	3
			多	余缩榨菜	4
			极多	—	5
40	仅适用于茎膨大品种:膨大茎:刺毛 QL (d)	50 VG	无	白甲菜薹	1
			有	青笋(茎叶兼用)	9
41	仅适用于茎膨大品种:膨大茎:表皮颜色 PQ (d)(+)	50 VG	白绿色	蜀都白皮棒菜	1
			绿色	永安小叶	2
42	仅适用于茎膨大品种:膨大茎:瘤状突起 QL (d)(+)	50 VG	无	白甲菜薹	1
			有	涪杂2号	9

表 A.1（续）

性状序号	性状	观测时期和方法	表达状态	标准品种	代码
43	仅适用于膨大茎有瘤状突起品种：膨大茎：瘤状突起数量 QN (d)	50 VG	少	矮禾棱青菜	1
			中	涪杂2号	2
			多	大匙匙生菜	3
44	仅适用于膨大茎有瘤状突起品种：膨大茎：瘤状突起形状 PQ (d)(+)	50 VG	钝圆形	涪杂2号	1
			圆形	郴州榨菜	2
			羊角形	矮禾棱青菜	3
45	仅适用于茎膨大品种：膨大茎：横切面直径 QN (d)	50 MG/MS	极小	—	1
			极小到小	—	2
			小	青梗青菜	3
			小到中	—	4
			中	红缨菜	5
			中到大	—	6
			大	涪杂1号	7
			大到极大	—	8
			极大	—	9
46	仅适用于茎膨大品种：膨大茎：长度 QN (d)	50 MG/MS	极短	—	1
			极短到短	—	2
			短	罐儿菜	3
			短到中	—	4
			中	余缩榨菜	5
			中到长	—	6
			长	白甲菜薹	7
			长到极长	—	8
			极长	—	9
47	仅适用于茎膨大品种：腋芽：膨大 QL (d)(+)	50 VG	不膨大	白甲菜薹	1
			膨大	垫江儿菜	2
48	仅适用于茎膨大且腋芽膨大品种：腋芽：类型 PQ (d)(+)	50 VG	瘦型	紫樱子儿菜	1
			胖型	临江儿菜	2

表 A.1（续）

性状序号	性状	观测时期和方法	表达状态	标准品种	代码
49	仅适用于茎膨大且腋芽膨大品种：腋芽：数量 QN (d)	50 MG/MS	极少	—	1
			极少到少	—	2
			少	临江儿菜	3
			少到中	—	4
			中	垫江儿菜	5
			中到多	—	6
			多	正兴大儿菜	7
			多到极多	—	8
			极多	—	9
50	仅适用于茎膨大且腋芽膨大品种：腋芽：长度 QN (d)(+)	50 MG/MS	极短	—	1
			极短到短	—	2
			短	花叶儿菜	3
			短到中	—	4
			中	角儿菜	5
			中到长	—	6
			长	川农1号儿菜	7
			长	—	8
			长到极长	—	9
51	仅适用于茎膨大且腋芽膨大品种：腋芽：宽度 QN (d)(+)	50 MG/MS	极窄	—	1
			极窄到窄	—	2
			窄	花叶儿菜	3
			窄到中	—	4
			中	垫江儿菜	5
			中到宽	—	6
			宽	正兴大儿菜	7
			宽到极宽	—	8
			极宽	—	9
52	仅适用于茎膨大且腋芽膨大品种：腋芽：厚度 QN (d)(+)	50 MG/MS	极薄	—	1
			极薄到薄	—	2
			薄	紫樱儿菜	3
			薄到中	—	4
			中	垫江儿菜	5
			中到厚	—	6
			厚	正兴大儿菜	7
			厚到极厚	—	8
			极厚	—	9

表 A.1（续）

性状序号	性状	观测时期和方法	表达状态	标准品种	代码
53	根:膨大 QL (e)(+)	50 VG	不膨大	永安小叶	1
			膨大	青叶大头菜	2
54	仅适用于根膨大品种:肉质根:形状 PQ (e)(+)	50 VG	圆柱形	青叶大头菜	1
			圆锥形	鸡冠大头菜	2
			近圆球形	日本光头芥	3
55	仅适用于根膨大品种:肉质根:入土深度 QN (e)(+)	50 VG	浅	青叶大头菜	1
			中	日本光头芥	2
			深	花叶大头菜	3
56	仅适用于根膨大品种:肉质根:着生叶片部分占根顶部面积比例 QN (e)(+)	50 VG	小	日本光头芥	1
			中	圆叶大头菜	2
			大	青叶大头菜	3
57	仅适用于根膨大品种:肉质根:质地 PQ (e)(+)	50 VG	疏松	圆叶大头菜	1
			致密	花叶芥(河南)	2
58	仅适用于根膨大品种:肉质根:肩部形状 PQ (e)(+)	50 VG	凹	日本光头芥	1
			平	红叶大头菜	2
			凸	圆叶大头菜	3
59	仅适用于根膨大品种:肉质根:须根分布 PQ (e)(+)	50 VG	两侧分布	日本光头芥	1
			四周分布	鸡冠大头菜	2
			不规则分布	青叶大头菜	3
60	现蕾期 QN (+)	50 MG	极早	小叶冲辣菜	1
			极早到早	—	2
			早	蔺市草腰子	3
			早到中	—	4
			中	涪杂1号	5
			中到晚	—	6
			晚	泡叶	7
			晚到极晚	—	8
			极晚	余姚缩头种	9

表 A.1（续）

性状序号	性状	观测时期和方法	表达状态	标准品种	代码
61	薹茎：蜡粉 QL (f)	60 VG	无	凤尾青菜	1
			有	余姚缩头种	9
62	仅适用于薹用芥菜品种：花薹：类型 PQ (f)(+)	60 VG	单薹型	贵阳辣菜	1
			多薹型	小叶冲辣菜	2
63	仅适用于薹用芥菜品种：花薹：横径 QN (f)	60 VG/MS	极细	—	1
			极细到细	—	2
			细	贵阳辣菜	3
			细到中	—	4
			中	小叶冲辣菜	5
			中到粗	—	6
			粗	—	7
			粗到极粗	—	8
			极粗	—	9
64	仅适用于薹用芥菜品种：花薹：长度 QN (f)	60 VG/MS	极短	—	1
			极短到短	—	2
			短	贵阳辣菜	3
			短到中	—	4
			中	—	5
			中到长	—	6
			长	小叶冲辣菜	7
			长到极长	—	8
			极长	—	9
65	始花期 QN (+)	72 MG	极早	小叶冲辣菜	1
			极早到早	—	2
			早	稀节子棒菜	3
			早到中	—	4
			中	涪杂1号	5
			中到晚	—	6
			晚	临江儿菜	7
			晚到极晚	—	8
			极晚	余姚缩头种	9

表 A.1（续）

性状序号	性状	观测时期和方法	表达状态	标准品种	代码
66	籽粒:颜色 PQ (i) (+)	99 VG	黄色	—	1
			黄褐色	黄籽榨菜	2
			褐色	蔺市草腰子	3
			红褐色	—	4
			黑褐色	—	5
67	籽粒:千粒重 QN (i) (+)	99 MG	极低	—	1
			极低到低	—	2
			低	大片片青菜	3
			低到中	—	4
			中	青叶大头菜	5
			中到高	—	6
			高	涪杂1号	7
			高到极高	—	8
			极高	—	9

A.2 芥菜选测性状

芥菜选测性状见表 A.2。

表 A.2 芥菜选测性状表

性状序号	性状	观测时期和方法	表达状态	标准品种	代码
68	子叶:长度 QN (a)(+)	22 VG/MS	极短	—	1
			极短到短	—	2
			短	黑叶雪里蕻	3
			短到中	—	4
			中	泡叶	5
			中到长	—	6
			长	鸡冠大头菜	7
			长到极长	—	8
			极长	—	9
69	子叶:宽度 QN (a) (+)	22 VG/MS	极窄	—	1
			极窄到窄	—	2
			窄	小叶冲辣菜	3
			窄到中	—	4
			中	青叶大头菜	5
			中到宽	—	6
			宽	罗云榨菜	7
			宽到极宽	—	8
			极宽	—	9

表 A.2（续）

性状序号	性状	观测时期和方法	表达状态	标准品种	代码
70	仅适用于裂叶品种： 叶：叶裂回数 QN (c)(+)	50 VG	1 回	独棵雪里蕻	1
			2 回	—	2
			3 回	—	3
			多回	银丝芥	4
71	花：花瓣的相对位置 QL (g) (+)	75 VG	侧叠	尖叶甜青菜	1
			分离	小叶冲辣菜	2
72	花：花瓣颜色 PQ (g) (+)	75 VG	黄白色	白花青菜	1
			浅黄色	小叶冲辣菜	2
			中等黄色	永安小叶	3
73	花：大小 QN (g)(+)	75 VG	小	银丝芥	1
			中	青叶大头菜	2
			大	涪丰 14	3
74	花：育性 QL (g)	75 VS	不育	永安小叶	1
			可育	涪杂 2 号	9
75	花：蜜腺 QL (g)	75 VG	无	—	1
			有	涪杂 1 号	9
76	花：突柱 QL (g)	75 VG	无	永安小叶	1
			有	涪杂 1 号	9
77	植株：总长度 QN (+)	80 MS	极短	—	1
			极短到短	—	2
			短	小叶冲辣菜	3
			短到中	—	4
			中	白杆青菜	5
			中到长	—	6
			长	青叶大头菜	7
			长到极长	—	8
			极长	—	9

表 A.2（续）

性状序号	性状	观测时期和方法	表达状态	标准品种	代码
78	角果:果身长度 QN (h) (+)	80 MS	极短	—	1
			极短到短	—	2
			短	黑叶雪里蕻	3
			短到中	—	4
			中	白杆青菜	5
			中到长	—	6
			长	青叶大头菜	7
			长到极长	—	8
			极长	—	9
79	角果:果柄长度 QN (h) (+)	80 MS	极短	—	1
			极短到短	—	2
			短	小叶冲辣菜	3
			短到中	—	4
			中	大片片青菜	5
			中到长	—	6
			长	白甲菜薹	7
			长到极长	—	8
			极长	—	9
80	角果:果喙长度 QN (h) (+)	80 MS	极短	—	1
			极短到短	—	2
			短	九头鸟雪里蕻	3
			短到中	—	4
			中	白杆青菜	5
			中到长	—	6
			长	白甲菜薹	7
			长到极长	—	8
			极长	—	9

附　录　B
（规范性附录）
芥菜性状表的解释

B.1　芥菜生长发育阶段

芥菜生长发育阶段见表 B.1。

表 B.1　芥菜生育阶段表

编号	生育阶段	描述	备注
00	干种子	—	—
10	发芽期	—	—
20	幼苗期	—	—
21	—	一叶一心	—
22	—	二叶一心	拉十字
24	—	五叶一心	定植或定苗
30	莲座期	—	—
40	根、茎膨大期	—	—
41	—	根、茎膨大始期	—
45	—	根、茎膨大盛期	—
49	—	根、茎膨大末期	—
50	现蕾期	现蕾期	50%植株现蕾
60	抽薹期	薹伸长，明显可见	50%植株薹从叶丛中伸出
70	花期	—	—
72	—	始花期	25%植株主茎开出第一朵花
75	—	盛花期	50%植株主茎开出数朵花
79	—	终花期	90%的植株已谢花
80	角果成熟期	—	70%植株角果由绿色转变为黄绿色
90	籽粒成熟期	—	籽粒收获期
99	—	干籽粒	

B.2　涉及多个性状的解释

B.2.1　(a)：在二叶一心时期观测发育正常幼苗的最大完整子叶。

B.2.2　(b)：观测小区中发育正常的植株。

B.2.3　(c)：观测植株发育充分的最大完整叶。

B.2.4　(d)：发育正常植株的膨大茎。

B.2.5 (e):观测发育正常植株的膨大根。

B.2.6 (f):观测发育正常植株的主花薹。

B.2.7 (g):观测盛花期植株主茎(或最大茎)当日开放的正常花。

B.2.8 (h):观测植株主茎(或最大茎)中部发育充分的角果。

B.2.9 (i):观测收获后的干籽粒。

B.3 涉及单个性状的解释

B.3.1 性状1 子叶:花青甙显色

子叶:花青甙显色,见图B.1。

1 无　　9 有

图 B.1 子叶:花青甙显色

B.3.2 性状2 子叶:形状

子叶:形状,见图B.2。

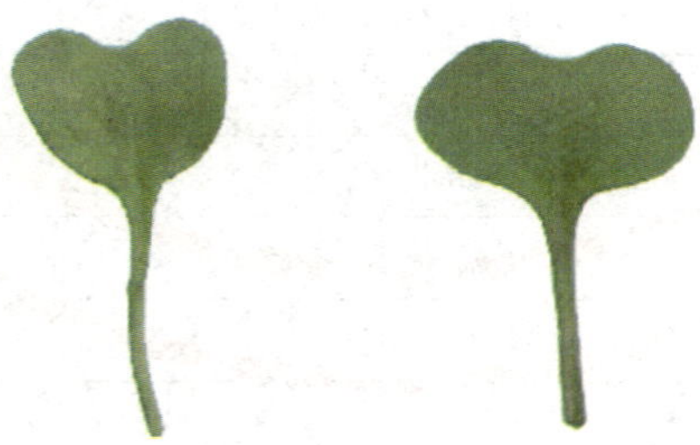

1 近心形　　2 近肾形

图 B.2 子叶:形状

B.3.3 性状4 仅适用于分蘖芥品种:植株:分蘖数

仅适用于分蘖芥品种:植株:分蘖数,见图B.3。

3 少　4 少到中等　5 中等　6 中等到多　7 多

图 B.3　仅适用于分蘖芥品种：植株：分蘖数

B.3.4　性状 5　叶：花青甙显色

叶：花青甙显色，见图 B.4。

1 无或极弱　5 中等　7 强　8 强到极强

图 B.4　叶：花青甙显色

B.3.5　性状 6　仅适用于叶片有花青甙显色品种：叶：花青甙显色部位

仅适用于叶片有花青甙显色品种：叶：花青甙显色部位，见图 B.5。

1 仅在叶缘　2 仅在叶脉　3 叶缘和叶脉　4 全叶(除中肋)

图 B.5　仅适用于叶片花青甙显色品种：叶：花青甙显色部位

B.3.6　性状 7　叶：上表面银灰色

叶：上表面银灰色，见图 B.6。

1
无

9
有

图 B.6 叶:上表面银灰色

B.3.7 性状 10 叶:下表面刺毛

叶:下表面刺毛,见图 B.7。

1
无

9
有

图 B.7 叶:下表面刺毛

B.3.8 性状 11 叶:中肋及叶柄背面蜡粉

叶:中肋及叶柄背面蜡粉,见图 B.8。

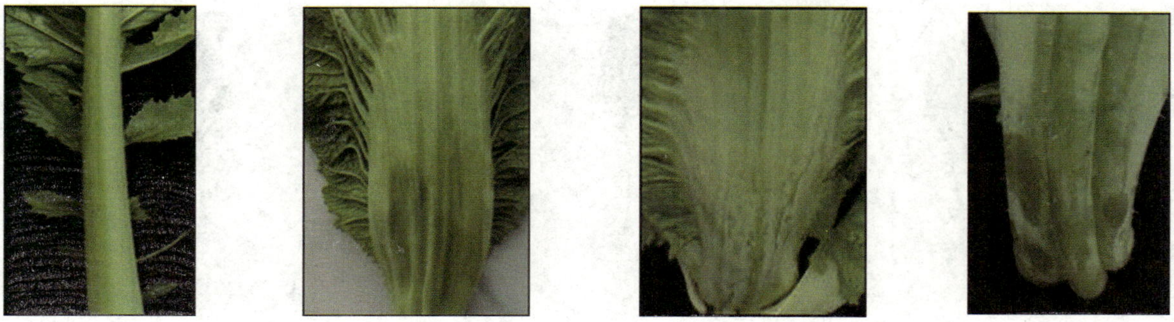

1 无或极少　　2 少　　3 中　　4 多

图 B.8　叶:中肋及叶柄背面蜡粉

B.3.9　性状 12　叶:类型

叶:类型,见图 B.9,观测植株发育充分叶片,向内裂缺深及叶柄或中肋的叶片为裂叶。叶上长叶的如小花叶之类品种的归入其他类别。

1 板叶　　2 裂叶　　3 其他

图 B.9　叶:类型

B.3.10　性状 13　仅适用于裂叶类型品种:叶片:裂刻深浅

仅适用于裂叶类型品种:叶片:裂刻深浅,见图 B.10,观测叶最宽处,叶片裂刻深度与叶片比例,叶片裂刻内裂达到小于等于 1/3 处为浅,1/3～2/3 处为中,大于 2/3 但未及中肋的为深,深及中肋的为极深。

1 浅　2 中　3 深　4 极深

图 B.10　仅适用于裂叶类型品种：叶：叶片裂刻深浅

B.3.11　性状 15　叶片：边缘

叶片：边缘，见图 B.11。

1 波状　2 齿状　3 重齿状

图 B.11　叶：边缘

B.3.12　性状 16　叶片：形状

叶片：形状，见图 B.12。

披针形 1　椭圆形 2　卵圆形 3　倒卵圆形 4　近圆形 5　其他 6

图 B.12　叶片：形状

B.3.13　性状 17　叶片：先端形状

叶片：先端形状，见图 B.13。

1 锐尖　　2 钝尖　　3 圆形

图 B.13　叶片:先端形状

B.3.14　性状 18　叶片:表面皱缩程度

叶片:表面皱缩程度,见图 B.14。

1 无或极弱　　2 弱　　3 中　　4 强　　5 极强

图 B.14　叶片:表面皱缩程度

B.3.15　性状 20　叶片:长度

叶片:长度,见图 B.15。

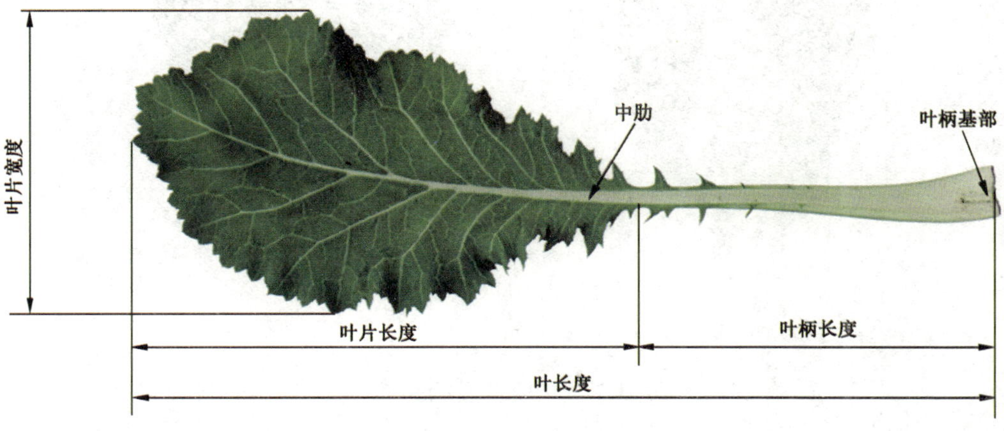

图 B.15　叶片:长度、叶片:宽度、叶柄:长度

B.3.16　性状 21　叶片:宽度

叶片:宽度,见图 B.15。

B.3.17　性状 22　中肋:宽度

中肋:宽度,见图 B.16,测量发育充分叶中肋最宽处。

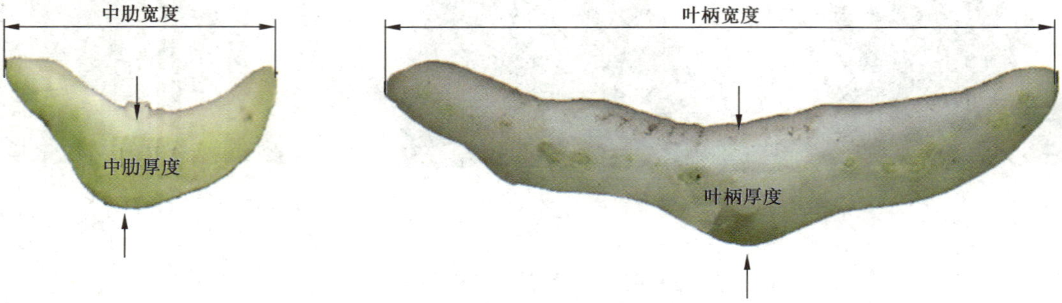

图 B.16　中肋:宽度、中肋:厚度、叶柄:基部宽度、叶柄:基部厚度

B.3.18　性状 23　中肋:厚度

中肋:厚度,见图 B.16,测量发育充分叶中肋最宽处厚度。

B.3.19　性状 24　中肋:瘤状突起

中肋:瘤状突起,见图 B.17。

图 B.17　中肋:瘤状突起

B.3.20　性状 25　仅适用于中肋有瘤状突起的品种:叶:叶瘤大小

仅适用于中肋有瘤状突起的品种:叶:叶瘤大小,见图 B.18。

3　　　　5　　　　7
小　　　　中　　　　大

图 B.18　仅适用于中肋有瘤状突起的品种:叶:叶瘤大小

B.3.21　性状 26　叶柄:长度

叶柄:长度,见图 B.15。

B.3.22　性状 27　叶:叶柄长度与叶长度比率

叶:叶柄长度与叶长度比率,见图 B.15。

叶柄长度与叶长度比率=叶柄长度/(叶片长度+叶柄长度)×100%。

B.3.23　性状 28　叶柄:基部宽度

叶柄:基部宽度,见图 B.16,测量距叶柄基部 1 cm 处宽度。

B.3.24　性状 29　叶柄:基部厚度

叶柄:基部厚度,见图 B.16,测量距叶柄基部 1 cm 处厚度。

B.3.25　性状 30　叶柄:基部横切面形状

叶柄:基部横切面形状,见图 B.19,观察叶柄基部 1 cm 处横切面形状。

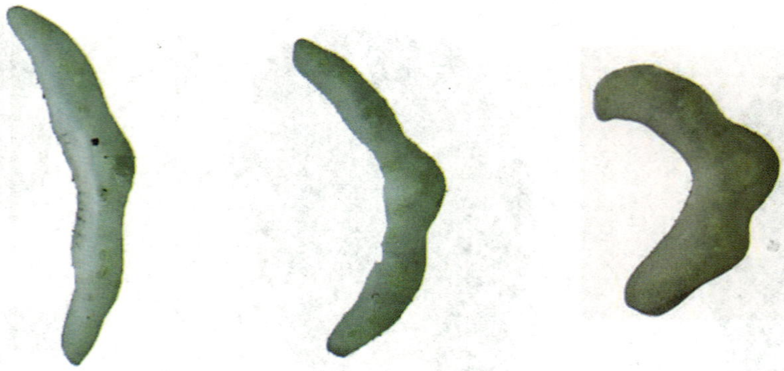

1 扁平　　2 月牙形　　3 半圆形

图 B.19 叶柄:基部横切面形状

B.3.26 性状 31 叶:抱合

叶:抱合,见图 B.20。

1 无　　9 有

图 B.20 叶:抱合

B.3.27 性状 32 仅适用于叶抱合品种:叶:抱合姿态

仅适用于叶抱合品种:叶:抱合姿态,见图 B.21。

1 叠抱　　2 合抱

图 B.21　仅适用于叶抱合品种:叶:抱合姿态

B.3.28　性状 33　植株:姿态

植株:姿态,见图 B.22。

1 直立　　2 半直立　　3 匍匐

图 B.22　植株:姿态

B.3.29　性状 34　植株:开展度

植株:开展度,现蕾期测量自然生长状态下植株最大开展幅度。

B.3.30　性状 35　植株:高度

植株:高度,现蕾期测量植株从地面到自然生长最高点高度。

B.3.31　性状 36　植株:叶片数

植株:叶片数,计数现蕾期植株展开叶(长或宽达到 2 cm 以上的叶片)数的数量,不含侧芽或侧枝的展开叶。

B.3.32　性状 37　茎:膨大

茎:膨大,见图 B.23。

1
不膨大

2
膨大

图 B.23　茎:膨大

B.3.33　性状 38　仅适用于茎膨大品种:膨大茎:形状

仅适用于茎膨大品种:膨大茎:形状,见图 B.24。

1
棒状

2
纺锤形

3
扁圆球形

4
近圆球形

图 B.24　仅适用于茎膨大品种:膨大茎:形状

B.3.34　性状 41　仅适用于茎膨大品种:膨大茎:表皮颜色

仅适用于茎膨大品种:膨大茎:表皮颜色,见图 B.25。

1
白绿色

2
绿色

图 B.25　仅适用于茎膨大品种:膨大茎:表皮颜色

B.3.35　性状 42　仅适用于茎膨大品种:膨大茎:瘤状突起

仅适用于茎膨大品种:膨大茎:瘤状突起,见图 B.26。

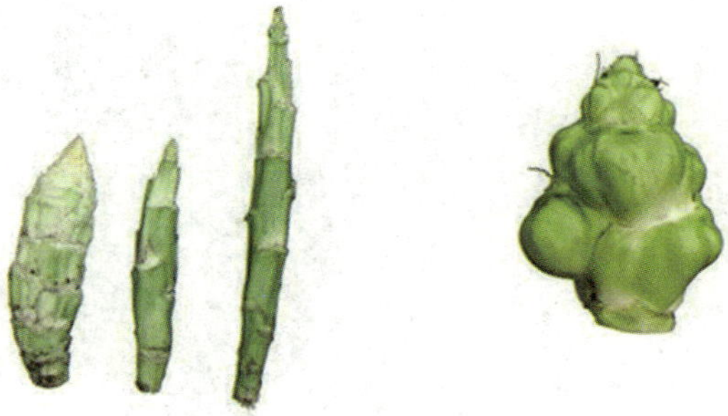

1　　　　9
无　　　　有

图 B.26　仅适用于茎膨大品种:膨大茎:瘤状突起

B.3.36　性状 44　仅适用于膨大茎有瘤状突起品种:膨大茎:瘤状突起形状

仅适用于膨大茎有瘤状突起品种:膨大茎:瘤状突起形状,见图 B.27。

1　　　　2　　　　3
钝圆形　　　　圆形　　　　羊角形

图 B.27　仅适用于膨大茎有瘤状突起品种:膨大茎:瘤状突起形状

B.3.37　性状 47　仅适用于茎膨大品种:腋芽:膨大

仅适用于茎膨大品种:腋芽:膨大,见图 B.28。

1　　　　2
不膨大　　　　膨大

图 B.28　仅适用于茎膨大品种:腋芽:膨大

B.3.38　性状 48　仅适用于茎膨大且腋芽膨大品种：腋芽：类型

仅适用于茎膨大且腋芽膨大品种：腋芽：类型，见图 B.29。

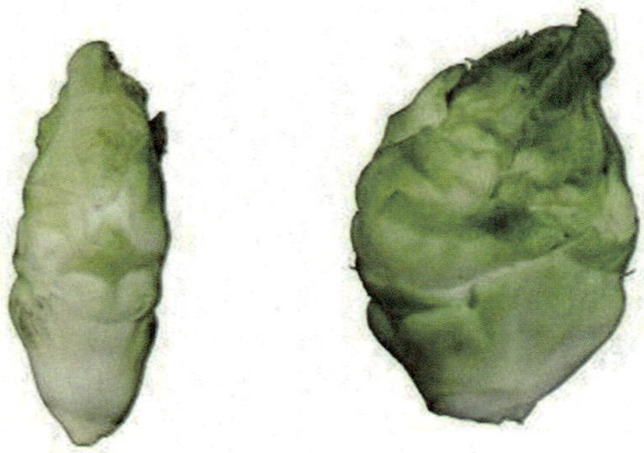

1　瘦形　　　　2　胖形

图 B.29　仅适用于茎膨且腋芽膨大品种：腋芽：类型

B.3.39　性状 50　仅适用于茎膨大且腋芽膨大品种：腋芽：长度

仅适用于茎膨大且腋芽膨大品种：腋芽：长度，见图 B.30。

图 B.30　仅适用于茎膨大且腋芽膨大品种：腋芽：长度、宽度

B.3.40　性状 51　仅适用于茎膨大且腋芽膨大品种：腋芽：宽度

仅适用于茎膨大且腋芽膨大品种：腋芽：宽度，见图 B.30。

B.3.41　性状 52　仅适用于茎膨大且腋芽膨大品种：腋芽：厚度

仅适用于茎膨大且腋芽膨大品种：腋芽：厚度，腋芽最宽处侧面测量其厚度。

B.3.42　性状 53　根：膨大

根：膨大，见图 B.31。

1
不膨大

2
膨大

图 B.31　根:膨大

B.3.43　性状 54　仅适用于根膨大品种:肉质根:形状

仅适用于根膨大品种:肉质根:形状,见图 B.32。

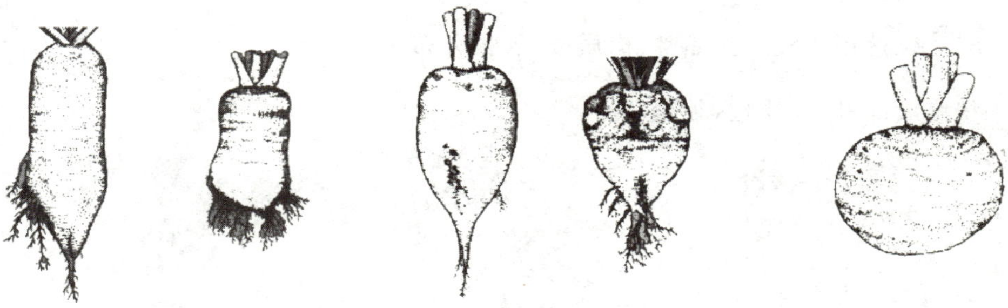

1
圆柱形

2
圆锥形

3
近圆球形

图 B.32　仅适用于根膨大品种:肉质根:形状

B.3.44　性状 55　仅适用于根膨大品种:肉质根:入土深度

仅适用于根膨大品种:肉质根:入土深度,目测肉质根入土深度。入土深度达肉质根 2/3 以上为深,入土达肉质根 2/3～1/4 处为中等,入土仅肉质根 1/4 左右为浅。

B.3.45　性状 56　仅适用于根膨大品种:肉质根:着生叶片部分占根顶部面积比例

仅适用于根膨大品种:肉质根:着生叶片部分占根顶部面积比例,肉质根顶部着生叶片面积占整个面积的 1/4 为小,1/4～2/3 为中等,几乎长满整个顶部为大。

B.3.46　性状 57　仅适用于根膨大品种:肉质根:质地

仅适用于根膨大品种:肉质根:质地,在经济采收期收获肉质根后,横切开肉质根,观测剖面质地。

B.3.47　性状 58　仅适用于根膨大品种:肉质根:肩部形状

仅适用于根膨大品种:肉质根:肩部形状,见图 B.33。

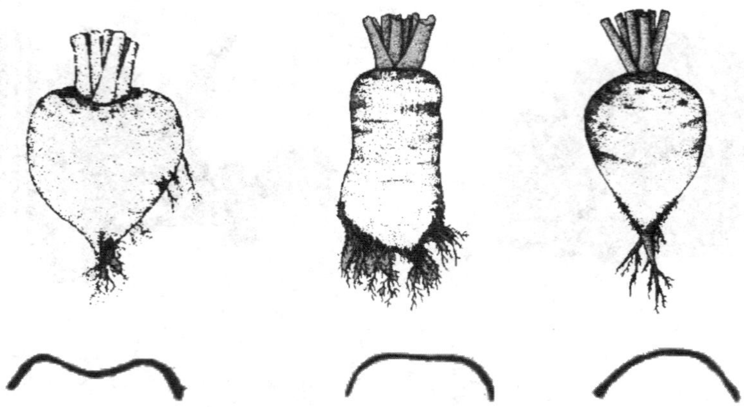

1 凹　　2 平　　3 凸

图 B.33 仅适用于根膨大品种:肉质根:肩部形状

B.3.48 性状 59 仅适用于根膨大品种:肉质根:须根分布

仅适用于根膨大品种:肉质根:须根分布,见图 B.34。

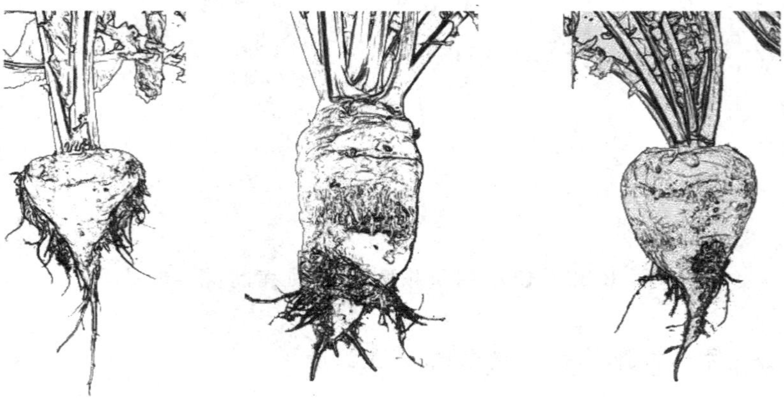

1 两侧分布　　2 四周分布　　3 不规则分布

图 B.34 仅适用于根膨大品种:肉质根:须根分布

B.3.49 性状 60 现蕾期

现蕾期,计数从幼苗露心至植株现蕾的天数。

B.3.50 性状 62 仅适用于薹用芥菜品种:花薹:类型

仅适用于薹用芥菜品种:花薹:类型,见表 B.2。

表 B.2 仅适用于薹用芥菜品种:花薹:类型

花薹类型	单薹型	多薹型
描述	主薹发达,侧薹不发达,呈单薹状	主薹与侧薹均发达,呈多薹状
代码	1	2

B.3.51 性状 65 始花期

始花期,小区 25%植株至少开出一朵花时记为始花期,计算从幼苗露心至始花期天数。

B.3.52 性状 66 籽粒:颜色

籽粒:颜色,见图 B.35。

1	2	3	4	5
黄色	黄褐色	褐色	红褐色	黑褐色

图 B.35 籽粒:颜色

B.3.53 性状 67 籽粒:千粒重

籽粒:千粒重,收获后称取干籽粒的千粒重,并换算为 8%水分时的重量。

B.3.54 性状 68 子叶:长度

子叶:长度,见图 B.36。

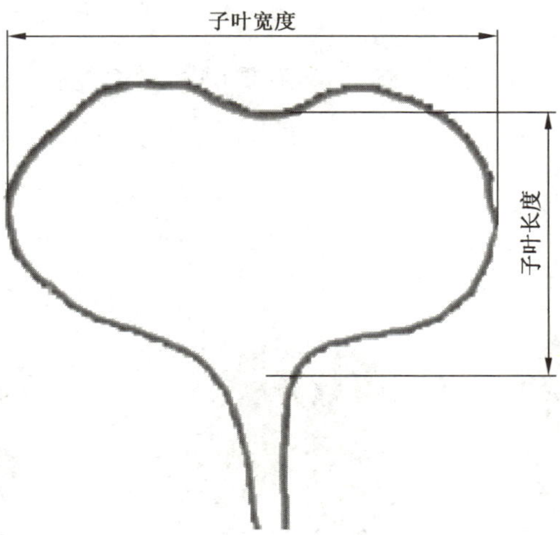

图 B.36 子叶:长度、子叶:宽度

B.3.55 性状 69 子叶:宽度

子叶:宽度,见图 B.36。

B.3.56　性状 70　仅适用于裂叶品种：叶：叶裂回数

仅适用于裂叶品种：叶：叶裂回数，见图 B.37。

1　　2　　3　　4
1回　　2回　　3回　　多回

图 B.37　仅适用于裂叶品种：叶：叶裂回数

B.3.57　性状 71　花：花瓣的相对位置

花：花瓣的相对位置，见图 B.38。

1　　2
侧叠　　分离

图 B.38　花：花瓣的相对位置

B.3.58　性状 72　花：花瓣颜色

花：花瓣颜色，见图 B.39。

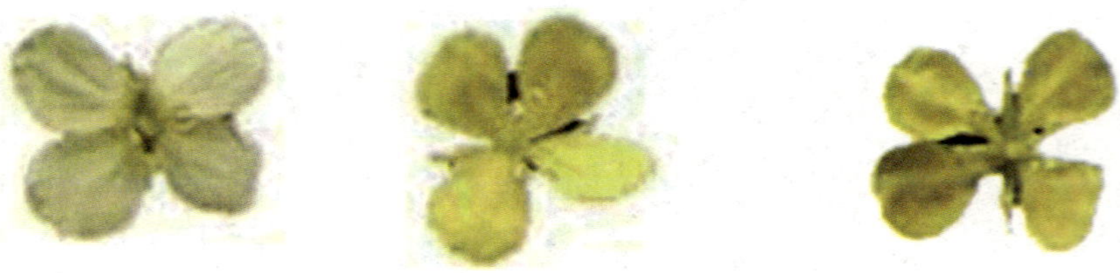

1　　2　　3
黄白色　　浅黄色　　中等黄色

图 B.39　花：花瓣颜色

B.3.59 性状 73 花:大小

花:大小,见图 B.40,盛花期观测当日开放的正常花朵。

1 小　　2 中　　3 大

图 B.40 花:大小

B.3.60 性状 77 植株:总长度

植株:总长度,角果成熟期即角果内籽粒开始呈现褐色时测量植株从地面到顶端(包括侧枝)的总长度。

B.3.61 性状 78 角果:果身长度

角果:果身长度,见图 B.41。

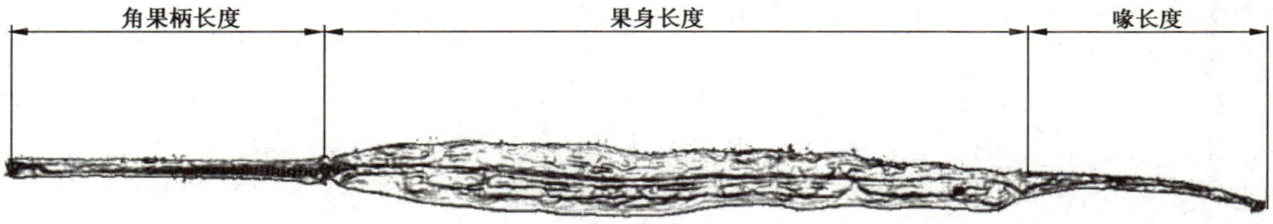

图 B.41 角果:果身长度、角果:果柄长度、角果:果喙长度

B.3.62 性状 81 角果:果柄长度

角果:果柄长度,见图 B.41。

B.3.63 性状 82 角果:果喙长度

角果:果喙长度,见图 B.41。

附　录　C
（规范性附录）
芥菜技术问卷

申请号：
申请日：
［由审批机关填写］

（申请人或代理机构签章）

一、品种暂定名称

____

二、申请测试人信息

姓名：

地址：

电话号码：　　　　传真号码：　　　　手机号码：

邮箱地址：

育种者姓名（如果与申请测试人不同）：

三、植物学分类　*Brassica juncea*（L.）Czern.et Coss

1.叶用芥菜类

大叶芥［*Brassica juncea* var. *rugosa* Bailey］　［　］

小叶芥［*Brassica juncea* var. *foliosa* Bailey ］　［　］

白花芥［*Brassica juncea* var. *leucanthus* Chen et Yang］　［　］

花叶芥［*Brassica juncea* var. *multisecta* Bailey］　［　］

长柄芥［*Brassica juncea* var. *longepetiolata* Yang et Chen］　［　］

凤尾芥［*Brassica juncea* var. *linearifolia* Sun］　［　］

叶瘤芥［*Brassica juncea* var. *strumata* Tsen et Lee］　［　］

宽柄芥［*Brassica juncea* var. *latipa* Li］　［　］

卷心芥［*Brassica juncea* var. *involuta* Yang et Chen］　［　］

结球芥［*Brassica juncea* var. *strumata* Tsen et Lee］　［　］

分蘖芥［*Brassica juncea* var. *multiceps* Tsen et Lee］　［　］

2.茎用芥菜类

笋子芥［*Brassica juncea* var. *crassicaulis* Chen et Yang］　［　］

茎瘤芥［*Brassica juncea* var. *tumida* Tsen et Lee］　［　］

抱子芥［*Brassica juncea* var. *gemmifera* Lee et Lin］　［　］

3.根用芥菜类

大头芥［*Brassica juncea* Coss. var *megarrhiza* Tsen et Lee.］　［　］

4.薹用芥菜类

薹芥［*Brassica juncea* Coss. var. *utilis* Li.］　［　］

5.变种间杂种　［　］

若能明确其杂交类型，请写出杂交类型。

四、品种类型

在相符的[ ]中打√。

1.按熟性划分

早熟类型 [ ]

中熟类型 [ ]

晚熟类型 [ ]

2.按用途划分

鲜食型 [ ]

加工型 [ ]

兼用型 [ ]

3.按食用部位划分

叶用 [ ]

茎用 [ ]

根用 [ ]

薹用 [ ]

兼用 [ ]

4.按繁育方式分

常规种 [ ]

杂交种 [ ]

不育系 [ ]

保持系 [ ]

父本系 [ ]

五、待测品种的具有代表性彩色照片

{品种照片粘贴处}

(如果照片较多,可另附页提供)

六、品种的选育背景、育种过程和育种方法(包括系谱、培育过程和所使用的亲本或其他繁殖材料来源与名称的详细说明)

七、品种适于生长的区域或环境以及栽培技术的说明

八、其他有助于辨别待测品种的信息

(如品种用途、品质抗性,请提供详细资料)

九、品种种植或测试是否需要特殊条件?

在相符[ ] 中打√。

是[ ] 否[ ]

(如果回答是,请提供详细资料)

十、品种繁殖材料保存是否需要特殊条件?

在相符[ ] 中打√

是[ ] 否[ ]

十一、待测品种需要指出的性状(在最合适的代码后打√,若有测量值,请填写)

在表中相符的代码后 [ ]中打√,若有测量值,请填写在下表中。

待测品种需要指出的性状

序号	性 状	表达状态	代 码	测量值
1	子叶:花青甙显色(性状 1)	无	1[ ]	
		有	9[ ]	
2	植株:分蘖(性状 3)	无	1[ ]	
		有	9[ ]	
3	叶:下表面刺毛(性状 10)	无	1[ ]	
		有	9[ ]	
4	叶:类型(性状 12)	板叶	1[ ]	
		裂叶	2[ ]	
		其他	3[ ]	

（续）

序号	性　状	表达状态	代　码	测量值
5	仅适用于裂叶类型品种：叶片：裂刻深浅（性状 13）	浅	1 [　]	
		中	2 [　]	
		深	3 [　]	
		极深	4 [　]	
6	叶片：边缘（性状 15）	波状	1 [　]	
		齿状	2 [　]	
		重齿状	3 [　]	
7	叶片：形状（性状 16）	披针形	1 [　]	
		椭圆	2 [　]	
		卵圆	3 [　]	
		倒卵圆	4 [　]	
		近圆形	5 [　]	
		其他形状	6 [　]	
8	叶片：长度（性状 20）	极小	1 [　]	
		极小到小	2 [　]	
		小	3 [　]	
		小到中等	4 [　]	
		中	5 [　]	
		中等到大	6 [　]	
		大	7 [　]	
		大到极大	8 [　]	
		极大	9 [　]	
9	叶片：宽度（性状 21）	极窄	1 [　]	
		极窄到窄	2 [　]	
		窄	3 [　]	
		窄到中等	4 [　]	
		中	5 [　]	
		中等到宽	6 [　]	
		宽	7 [　]	
		宽到极宽	8 [　]	
		极宽	9 [　]	

（续）

序号	性　状	表达状态	代　码	测量值
10	中肋:宽度(性状 22)	极窄	1[　]	
		极窄到窄	2[　]	
		窄	3[　]	
		窄到中等	4[　]	
		中	5[　]	
		中等到宽	6[　]	
		宽	7[　]	
		宽到极宽	8[　]	
		极宽	9[　]	
11	中肋:瘤状突起(性状 24)	无	1[　]	
		有	9[　]	
12	叶:叶柄长度与叶长度比率(性状 27)	极小	1[　]	
		极小到小	2[　]	
		小	3[　]	
		小到中等	4[　]	
		中	5[　]	
		中等到大	6[　]	
		大	7[　]	
		大到极大	8[　]	
		极大	9[　]	
13	叶:抱合(性状 31)	无	1[　]	
		有	9[　]	
14	植株:姿态(性状 33)	直立	1[　]	
		半直立	2[　]	
		塌地	3[　]	
15	茎:膨大(性状 37)	不膨大	1[　]	
		膨大	2[　]	
16	仅适用于茎膨大品种:膨大茎:瘤状突起(性状 42)	无	1[　]	
		有	9[　]	
17	仅适用于茎膨大品种:腋芽:膨大(性状 47)	无	1[　]	
		有	9[　]	
18	仅适用于茎膨大且腋芽膨大品种: 腋芽:类型(性状 48)	瘦型	1[　]	
		胖型	2[　]	

（续）

序号	性　状	表达状态	代　码	测量值
19	根：膨大（性状 53）	不膨大	1[　]	
		膨大	2[　]	
20	仅适用于根膨大品种：肉质根：形状（性状 54）	圆柱形	1[　]	
		圆锥形	2[　]	
		近圆球形	3[　]	
21	现蕾期（性状 60）	极短	1[　]	
		极短到短	2[　]	
		短	3[　]	
		短到中等	4[　]	
		中	5[　]	
		中等到长	6[　]	
		长	7[　]	
		长到极长	8[　]	
		极长	9[　]	

十二、待测品种与近似品种的明显差异性状表

在自己知识范围内，申请测试人列出待测品种与其最为近似品种的明显差异。

待测品种与近似品种的明显差异性状表

近似品种名称	性状名称	近似品种表达状态	待测品种表达状态

申请人员承诺：技术问卷所填写的信息真实！

签名：

参 考 文 献

[1] UPOVTG/1 GENERAL INTRODUCTION TO THE EXAMINATION OF DISTINCTNESS, UNIFORMITY AND STABILITY AND THE DEVELOPMENT OF HARMONIZED DESCRIPTIONS OF NEW VARIETIES OF PLANTS

[2] UPOV TGP/7 DEVELOPMENT OF TEST GUIDELINES

[3] UPOV TGP/8 TRIAL DESIGN AND TECHNIQUES USED IN THE EXAMINATION OF DISTINCTNESS, UNIFORMITY AND STABILITY

[4] UPOV TGP/9 EXAMINING DISTINCTNESS

[5] UPOV TGP/10 EXAMINING UNIFORMITY

[6] UPOV TGP/11 EXAMINING STABILITY

[7] 杨以耕,陈材林,等.芥菜分类研究.园艺学报,1989年,Vol.16 No.2

[8] 陈材林,杨以耕,等.芥菜的三个新变种.园艺学报.1986年,Vol.13 No.3

[9] 陈材林,周光凡,杨以耕,等.中国芥菜分布的研究.西南农业学报,1990年,Vol. 3 No.1

[10] 陈学群,陈材林,周源,等.芥菜的种内进化机制探讨.西南农业学报,1974年,Vol. 7 No.1

[11] 李锡香,沈镝,等.叶用和薹(籽)用芥菜种质资源描述规范和数据标准.北京:中国农业出版社,2008

[12] 李锡香,沈镝,等.根用和茎用芥菜种质资源描述规范和数据标准.北京:中国农业出版社,2008

[13] NY/T 2223—2012 植物新品种特异性、一致性和稳定性测试指南 不结球白菜

ICS 65.020.20
B 05

中华人民共和国国家标准

GB/T 19557.14—2017

植物品种特异性、一致性和稳定性测试指南　甘蓝型油菜

Guidelines for the conduct of tests for distinctness, uniformity and stability—Rapeseed(*Brassica napus* L.)

2017-11-01 发布　　2018-05-01 实施

中华人民共和国国家质量监督检验检疫总局
中国国家标准化管理委员会　发布

前　言

本部分按照GB/T 1.1—2009给出的规则起草。

本部分由中华人民共和国农业部提出。

本部分由全国植物新品种测试标准化技术委员会(SAC/TC 277)归口。

本部分起草单位:四川省农业科学院作物研究所、中国农业科学院油料作物研究所、农业部科技发展中心、江苏省农业科学院粮食作物研究所。

本部分主要起草人:余毅、赖运平、张浙峰、张春雷、堵苑苑、王丽容、张新明、张继红。

植物品种特异性、一致性和稳定性测试指南　甘蓝型油菜

1　范围

GB/T 19557 的本部分规定了甘蓝型油菜(*Brassica napus* L.)品种特异性、一致性和稳定性测试的技术要求和结果判定的一般原则。

本部分适用于甘蓝型油菜品种特异性、一致性和稳定性测试和结果判定。

2　规范性引用文件

下列文件对于本文件的应用是必不可少的。凡是注日期的引用文件,仅注日期的版本适用于本文件。凡是不注日期的引用文件,其最新版本(包括所有的修改单)适用于本文件。

GB/T 3543.3　农作物种子检验规程　净度分析

GB/T 3543.4　农作物种子检验规程　发芽试验

GB/T 3543.6　农作物种子检验规程　水分测定

GB/T 5519　谷物与豆类　千粒重的测定

GB/T 19557.1　植物新品种特异性、一致性和稳定性测试指南　总则

NY/T 91　油菜籽中油的芥酸的测定　气相色谱法

NY/T 1582　油菜籽中硫代葡萄糖苷的测定　高效液相色谱法(NY/T 1582—2007,ISO 9167-1:1992,IDT)

TG/36/6　植物品种特异性、一致性和稳定性测试指南　甘蓝型油菜(Guidelines for the conduct of tests for distinctness, uniformity and stability—Rapeseed)

3　术语和定义

GB/T 19557.1 界定的以及下列术语和定义适用于本文件。

3.1

群体测量　group measurement

对一批植株或植株的某器官或部位进行测量,获得一个群体记录。

3.2

个体测量　single measurements

对一批植株或植株的某器官或部位进行逐个测量,获得一组个体记录。

3.3

群体目测　group visual observation

对一批植株或植株的某器官或部位进行目测,获得一个群体记录。

3.4

个体目测　single visual observations

对一批植株或植株的某器官或部位进行逐个目测,获得一组个体记录。

4 符号

下列符号适用于本文件。

MG：群体测量。

MS：个体测量。

PQ：假质量性状。

QL：质量性状。

QN：数量性状。

VG：群体目测。

VS：个体目测。

*：标注性状为国际植物新品种保护联盟(UPOV)用于统一品种描述所需要的重要性状，除非受环境条件限制，性状的表达状态无法测试，所有 UPOV 成员都应使用这些性状。

__：本部分中下划线是特别提示测试性状的适用范围。

5 繁殖材料要求

5.1 繁殖材料以种子形式提供。

5.2 提交的种子至少 500 g。

5.3 提交的繁殖材料应外观健康，活力高，无病虫侵害。繁殖材料的质量要求见表 1。

表 1 繁殖材料的质量要求

类型	净度	发芽率	含水量
常规种	≥98.0%	≥95.0%	≤9.0%
亲本 杂交种	≥98.0%	≥90.0%	≤9.0%

检测方法按照 GB/T 3543.3、GB/T 3543.4 和 GB/T 3543.6 执行。

5.4 提交的繁殖材料一般不进行任何影响品种性状正常表达的处理。如果已处理，应提供处理的详细说明。

5.5 提交的繁殖材料应符合中国植物检疫的有关规定。

6 测试方法

6.1 测试周期

测试周期通常为 2 个独立的生长周期。

6.2 测试地点

测试通常在一个地点进行。如果某些性状在该地点不能充分表达，可在其他符合条件的地点对其进行观测。

6.3 田间试验

6.3.1 试验设计

待测品种和近似品种相邻种植。

以穴播或条播方式种植。每个小区不少于100株，株距25 cm～33 cm，行距33 cm～40 cm，共设2次重复。前作为非十字花科植物。

6.3.2 田间管理

可按当地大田生产管理方式进行。

6.4 性状观测

6.4.1 观测时期

性状观测应按照表A.1和表A.2列出的生育阶段进行，生育阶段描述见表B.1。

6.4.2 观测方法

性状观测应按照表A.1和表A.2规定的观测方法（VG、VS、MG、MS）进行。部分性状观测方法见B.2和B.3。

6.4.3 观测数量

除非另有说明，个体观测性状（VS、MS）每个小区植株取样数量常规种不少于20个，杂交种不少于40个，在观测植株的器官或部位时，每个植株取样数量应为1个。群体观测性状（VG、MG）应观测整个小区或规定大小的混合样本。

6.5 附加测试

必要时，可选用表A.2中的性状或本文件未列出的性状进行附加测试。

7 特异性、一致性和稳定性结果的判定

7.1 总体原则

特异性、一致性和稳定性的判定按照GB/T 19557.1确定的原则进行。

7.2 特异性的判定

待测品种应明显区别于所有已知品种。在测试中，当待测品种至少在一个性状上与近似品种具有明显且可重现的差异时，即可判定待测品种具备特异性。

7.3 一致性的判定

对于常规种（包括亲本系），采用2%的群体标准和至少95%的接受概率。观测样本为200株时，最多可以允许有7株异型株。

对于杂交种，采用10%的群体标准和至少95%的接受概率。观测样本为200株时，最多可以允许有27株异型株。

对于其他类型品种，品种的变异程度不能显著超过同类型品种。

7.4 稳定性的判定

如果一个品种具备一致性，则可认为该品种具备稳定性。一般不对稳定性进行测试。

必要时，可以种植常规品种的下一代种子或杂交品种新配制的繁殖材料，与以前提供的繁殖材料相比，若性状表达无明显变化，则可判定该品种具备稳定性。

杂交种的稳定性判定，除直接对杂交种本身进行测试外，还可以通过测试其亲本系的一致性或稳定性进行判定。

8 性状表

8.1 概述

根据测试需要，将性状分为基本性状、选测性状。基本性状是测试中需测试的性状，选测性状是可以选择测试的性状。甘蓝型油菜基本性状见表 A.1，选测性状见表 A.2。性状表列出了性状的名称、表达类型、观测时期和方法、表达状态及相应的代码和标准品种等内容。

8.2 表达类型

根据性状表达方式，将性状分为质量性状、假质量性状和数量性状 3 种类型。

8.3 表达状态和相应代码

每个性状划分为一系列表达状态，以便于定义性状和规范描述；每个表达状态赋予一个相应的数字代码，以便于数据记录、处理和品种描述的建立与交流。

8.4 标准品种

性状表中列出了部分性状有关表达状态可参考的标准品种，以助于确定相关性状的不同表达状态和校正环境因素引起的差异。

9 分组性状

本文件中，品种分组性状如下：

a) * 叶：裂片（表 A.1 中性状 6）；

b) * 开花期（表 A.1 中性状 15）；

c) * 植株：总长度（表 A.1 中性状 24）。

10 技术问卷

申请人应按附录 C 填写甘蓝型油菜技术问卷。

附　录　A
（规范性附录）
甘蓝型油菜性状表

A.1　甘蓝型油菜基本性状

甘蓝型油菜基本性状见表 A.1。

表 A.1　甘蓝型油菜基本性状表

性状序号	性状	观测时期和方法	表达状态	标准品种	代码
1	* 种子:芥酸 QN (+)	0 MG	低	—	1
			中	—	2
			高	—	3
2	子叶:长度 QN (+)	15～17 MS	极短	—	1
			极短到短	—	2
			短	Bronouwski,陕油 3 号	3
			短到中	—	4
			中	浙油 758,B2	5
			中到长	—	6
			长	92-98 系,kw-33	7
			长到极长	—	8
			极长	—	9
3	子叶:宽度 QN (+)	15～17 MS	极窄	—	1
			极窄到窄	—	2
			窄	P194,Optima	3
			窄到中	—	4
			中	kw-33,中油 821	5
			中到宽	—	6
			宽	浙双 72,加 8	7
			宽到极宽	—	8
			极宽	—	9
4	植株:生长习性 QN (+)	26 VG	直立	9636,浙双 72	1
			直立到半直立	—	2
			半直立	9715,军农 1 号	3
			半直立到匍匐	—	4
			匍匐	走马洋油菜,湘油 15 号	5

表 A.1（续）

性状序号	性状	观测时期和方法	表达状态	标准品种	代码
5	* 叶:叶片颜色 PQ	23～27 VG	黄绿色	金黄 2 号	1
			浅绿色	B2,豫油 2 号	2
			中等绿色	kw-33,浙油 758	3
			深绿色	引 3,Optima	4
			紫色	—	5
6	* 叶:裂片 QL (a)(+)	25～27 VG	无	103,Liragold	1
			有	走马洋油菜, 花叶 981018	9
7	* 仅适用于有裂片品种: 叶:裂片数量 QN (a) (+)	25～27 MS	极少	—	1
			极少到少	—	2
			少	豫油 2 号	3
			少到中	—	4
			中	加 8,92-98 系	5
			中到多	—	6
			多	陕油 3 号,浙油 758	7
			多到极多	—	8
			极多	—	9
8	* 叶:叶缘缺刻程度 QN (a) (+)	25～27 VG	无或极弱	—	1
			极弱到弱	—	2
			弱	中油 821,豫油 2 号	3
			弱到中	—	4
			中	9636,走马洋油菜	5
			中到强	—	6
			强	Liragold,Q93	7
			强到极强	—	8
			极强	—	9
9	叶:长度 QN (a) (+)	26 MS	极短	—	1
			极短到短	—	2
			短	28669,Optima	3
			短到中	—	4
			中	P194	5
			中到长	—	6
			长	kw-33,浙双 72	7
			长到极长	—	8
			极长	—	9

表 A.1（续）

性状序号	性状	观测时期和方法	表达状态	标准品种	代码
10	叶:宽度 QN (a) (+)	26 MS	极窄	—	1
			极窄到窄	—	2
			窄	Marnoo,豫油 2 号	3
			窄到中	—	4
			中	浙油 758	5
			中到宽	—	6
			宽	Q93,kw-33	7
			宽到极宽	—	8
			极宽	—	9
11	叶:叶柄长度 QN (a) (+)	26 MS	极短	—	1
			极短到短	—	2
			短	9715,954,Liragold	3
			短到中	—	4
			中	白花(1),92-58 系	5
			中到长	—	6
			长	1470,陕油 3 号	7
			长到极长	—	8
			极长	—	9
12	叶:刺毛 QN	26 VG	无	中油 821	1
			少	1028-2	2
			多	金黄 2 号	3
13	仅适用于有裂片品种:叶:顶端裂片形状 PQ (+)	26 VG	近圆形	花叶 981018,湘油 15	1
			近椭圆形	军农 1 号,B2	2
			其他	—	3
14	叶:卷曲程度 QN (+)	26 VG	无或极弱	浙双 72	1
			弱	Q93,9636,Marnoo	2
			强	3074	3
15	*开花期 QN (+)	61～62 MG	极早	川油 17、28960,28669	1
			极早到早	—	2
			早	Bronouwski	3
			早到中	—	4
			中	中油 821,kw-33	5
			中到晚	—	6
			晚	Optima,P194	7
			晚到极晚	—	8
			极晚	引 3，Liragold	9

表 A.1（续）

性状序号	性状	观测时期和方法	表达状态	标准品种	代码
16	花粉量 QN	62 VG	无或极少	—	1
			多	中油 821,9636	2
17	植株:主茎蜡粉 QN (b)（+）	61～62 VG	无或极少	3074	1
			少	走马洋油菜	2
			多	Liragold	3
18	植株:主茎花青甙显色 QN (b)（+）	61～62 VG	无或极弱	3074	1
			弱	—	2
			强	Q93	3
19	花:花瓣 QL	62～64 VG	无	无花瓣 1 号	1
			有	中油 821	9
20	仅适用于有花瓣品种: 花:花瓣相对位置 PQ(c)(+)	62～64 VG	分离	—	1
			侧叠	—	2
21	* 仅适用于有花瓣品种: 花:花瓣颜色 PQ (c) (+)	62～64 VG	白色	—	1
			白黄色	白花(1)	2
			浅黄色	103,走马洋油菜	3
			中等黄色	军农 1 号,加 8	4
			深黄色	P194	5
22	仅适用于有花瓣品种: 花:花瓣长度 QN (c)	62～64 MS/MG	极短	—	1
			极短到短	—	2
			短	Bronouwski	3
			短到中	—	4
			中	9636,陕油 3 号	5
			中到长	—	6
			长	634	7
			长到极长	—	8
			极长	—	9
23	仅适用于有花瓣品种: 花:花瓣宽度 QN (c)	62～64 MS/MG	极窄	—	1
			极窄到窄	—	2
			窄	Optima	3
			窄到中	—	4
			中	白花(1)	5
			中到宽	—	6
			宽	湘油 15 号，Q93	7
			宽到极宽	—	8
			极宽	—	9

表 A.1（续）

性状序号	性状	观测时期和方法	表达状态	标准品种	代码
24	＊植株:总长度 QN (+)	75～81 MS	极短	28960，Bronouwski	1
			极短到短	—	2
			短	白花(1),中油 821	3
			短到中	—	4
			中	加 8，Liragold	5
			中到长	—	6
			长	浙油 758，92-98 系	7
			长到极长	—	8
			极长	P194	9
25	角果:果身长度 QN (d) (+)	75～89 MS	极短	—	1
			极短到短	—	2
			短	954,浙双 72	3
			短到中	—	4
			中	湘油 15 号，B2	5
			中到长	—	6
			长	kw-33	7
			长到极长	—	8
			极长	—	9
26	角果:果喙长度 QN (d) (c)	75～89 MS	极短	—	1
			极短到短	—	2
			短	954，Liragold	3
			短到中	—	4
			中	湘油 15 号，B2	5
			中到长	—	6
			长	92-98 系,634,P194,28669	7
			长到极长	—	8
			极长	—	9
27	角果:果柄长度 QN (d) (+)	75～89 MS	极短	—	1
			极短到短	—	2
			短	Bronouwski,浙双 72	3
			短到中	—	4
			中	9715，湘油 15 号	5
			中到长	—	6
			长	P194，B2	7
			长到极长	—	8
			极长	—	9

表 A.1（续）

性状序号	性状	观测时期和方法	表达状态	标准品种	代码
28	角果：着生状态 PQ （+）	75～89 VG	上举	Liragold，中油 821	1
			平伸	花叶 981018	2
			下垂	沪油 15	3
29	籽粒：千粒重 QN (e) （+）	99 MG	极低	—	1
			极低到低	—	2
			低	—	3
			低到中	—	4
			中	P194	5
			中到高	—	6
			高	加 8	7
			高到极高	—	8
			极高	—	9
30	籽粒：颜色 PQ (e) （+）	99 VG	黄色	华黄 1 号，9715	1
			褐色	Optima，28960	2
			黑褐色	103，Bronouwski	3
			花籽	渝黄一号，汇油 10 号	4
31	籽粒：硫苷 QN（+）	99 MG	低	—	1
			高	—	2

A.2 甘蓝型油菜选测性状

甘蓝型油菜选测性状见表 A.2。

表 A.2 甘蓝型油菜选测性状表

性状序号	性状	观测时期和方法	表达状态	标准品种	代码
32	春播当年花序形成能力 QN （+）	39～59 VG	无或极弱	—	1
			极弱到弱	—	2
			弱	—	3
			弱到中	—	4
			中	—	5
			中到强	—	6
			强	—	7
			强到极强	—	8
			极强	—	9

表 A.2（续）

性状序号	性状	观测时期和方法	表达状态	标准品种	代码
33	夏播当年花序形成能力 QN （+）	39～59 VG	无或极弱	—	1
			极弱到弱	—	2
			弱	—	3
			弱到中	—	4
			中	—	5
			中到强	—	6
			强	—	7
			强到极强	—	8
			极强	—	9
34	仅适用于有花瓣品种： 花：花瓣花青甙显色 QL (c)（+）	62～64 VG	无	—	1
			有	—	9

附 录 B
（规范性附录）
甘蓝型油菜性状表的解释

B.1 甘蓝型油菜生育阶段

甘蓝型油菜生育阶段见表B.1。

表B.1 甘蓝型油菜生长发育阶段表

代码	描述	代码	描述
0	干种子	50	蕾的形成期
01	萌动	51	蕾出现，高度不超过叶片
10	幼苗生长期	53	蕾出现，高度超过叶片
11	子叶外露	57	花絮伸长
13	子叶展开	59	蕾变黄
15	1叶期	60	开花期
17	2叶期	61	主花序顶端开出第一朵花
19	3叶期	62	主花序顶端开出少数花
20	莲座（叶）丛（长柄叶）期	64	盛花期，花序基部角果延伸
21	4叶期	65	主花序基部角果开始灌浆，但尚有约不到5%的花蕾未开花
22	5叶期	67	主花序基部角果中的籽粒开始膨大，所有花蕾开花
23	6叶期	70	角果期
24	7叶期	71	主花序基部角果中的籽粒呈全透明状
25	8叶期	75	花序基部角果中的籽粒变绿，不透明
26	9～11叶期	79	主花序角果中的籽粒开始变色（颜色变深）
27	12叶龄或12叶以上叶片	80	成熟期
30	主茎伸长期	81	主花序基部角果中籽粒呈现褐斑
31	自子叶节到生长点的距离5 cm	85	主花序顶端角果中籽粒开始呈现品种籽粒成熟色泽
35	自子叶节到生长点的距离15 cm	89	褐色角果枯黄、变脆，茎杆干枯
39	自子叶节到生长点的距离25 cm	99	干燥籽粒

B.2 涉及多个性状的解释

B.2.1 （a）：从第八叶展开至第十二叶展开时观测植株最大完整叶。春播的甘蓝型油菜，观测莲座期植株最大完整叶。

B.2.2 (b):50%植株开出第一朵花时,观测植株第一分枝处主茎。

B.2.3 (c):主花序顶端开出少量的花朵至盛花期观测当日开放的正常花。

B.2.4 (d):观测主茎中部1/3处发育充分的正常角果。

B.2.5 (e):观测收获后籽粒。

B.3 涉及单个性状的解释

注:性状分级和图中代码见表A.1。

B.3.1 性状1 *种子:芥酸

*种子:芥酸,采用NY/T 91规定的方法测定提交的种子。含量2%及以下视为低,含量介于2%和50%之间视为中,含量50%及以上视为高。

B.3.2 性状2 子叶:长度

子叶:长度,见图B.1。

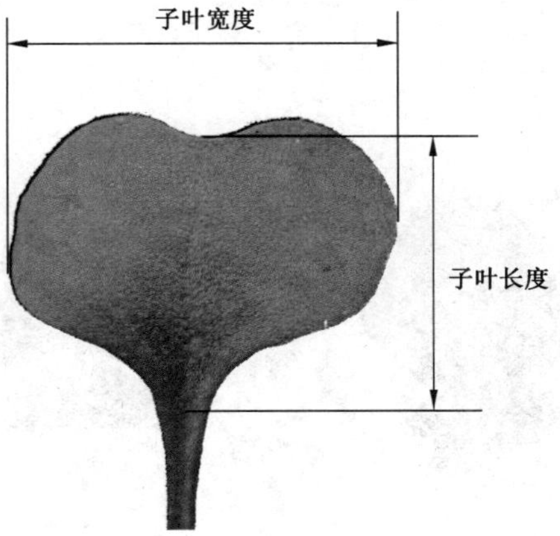

图B.1 子叶:长度、子叶:宽度

B.3.3 性状3 子叶:宽度

子叶:宽度,见图B.1。

B.3.4 性状4 植株:生长习性

植株:生长习性,见图B.2。

1 直立　　3 半直立　　5 匍匐

图 B.2　植株:生长习性

B.3.5　性状 6　* 叶:裂片

* 叶:裂片,见图 B.3。

1 无　　9 有

图 B.3　* 叶:裂片

B.3.6　性状 7　* 仅适用于有裂片品种:叶:裂片数量

* 仅适用于有裂片品种:叶:裂片数量,裂片计数方式如图 B.4 所示。

图 B.4　* 仅适用于有裂片品种：叶：裂片数量

B.3.7　性状 8　* 叶：叶缘缺刻程度

* 叶：叶缘缺刻程度，见图 B.5。

3　弱　　5　中　　7　强

图 B.5　* 叶：叶缘缺刻程度

B.3.8　性状 9　叶：长度

叶：长度，见图 B.6。

图 B.6　叶:长度、叶:宽度、叶:叶柄长度

B.3.9　性状 10　叶:宽度

叶:宽度,见图 B.6。

B.3.10　性状 11　叶:叶柄长度

叶:叶柄长度,见图 B.6。

B.3.11　性状 13　<u>仅适用于有裂片品种</u>:叶:顶端裂片形状

<u>仅适用于有裂片品种</u>:叶:顶端裂片形状,见图 B.7。

1 近圆形　　　　2 近椭圆形

图 B.7　仅适用于有裂片品种:叶:顶端裂片形状

B.3.12　性状 14　叶:卷曲程度

叶:卷曲程度,见图 B.8。

1 无或极弱　　　　2 弱　　　　3 强

图 B.8　叶:卷曲程度

B.3.13　性状 15　* 开花期

* 开花期,小区内 50%的植株上至少有一朵花完全开放。

B.3.14　性状 17　植株:主茎蜡粉

植株:主茎蜡粉,见图 B.9。

1 无　　2 少

图 B.9　植株:主茎蜡粉

B.3.15　性状 18　植株:主茎花青甙显色

植株:主茎花青甙显色,见图 B.10。

1 无或极弱　　2 弱　　3 强

图 B.10　植株:主茎花青甙显色

B.3.16　性状 20　仅适用于有花瓣品种:花:花瓣相对位置

仅适用于有花瓣品种:花:花瓣相对位置,见图 B.11。

1 分离　　2 侧叠

图 B.11　仅适用于有花瓣品种:花:花瓣相对位置

B.3.17　性状 21　* 仅适用于有花瓣品种：花：花瓣颜色

* 仅适用于有花瓣品种：花：花瓣颜色，见图 B.12。

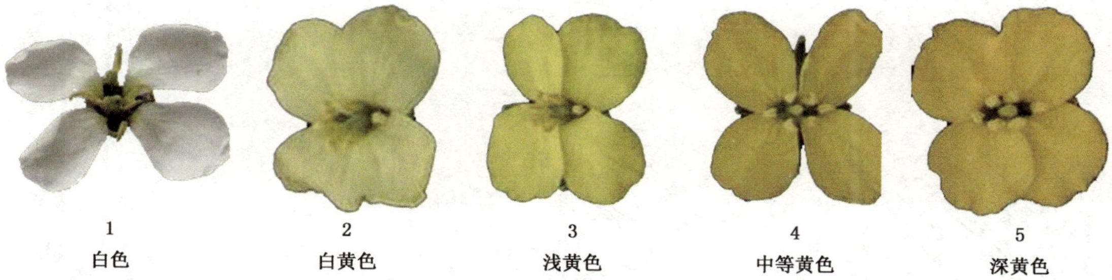

图 B.12　* 仅适用于有花瓣品种：花：花瓣颜色

B.3.18　性状 24　* 植株：总长度

* 植株：总长度，花序基部角果内种子变绿至种子变色时，测量小区内生长正常植株从基部到植株最长处的长度。

B.3.19　性状 25　角果：果身长度

角果：果身长度，见图 B.13。

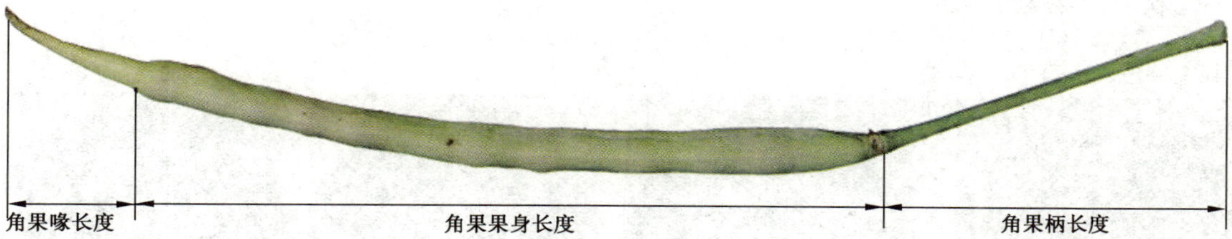

图 B.13　角果：果身长度、角果：果喙长度、角果：果柄长度

B.3.20　性状 26　角果：果喙长度

角果：果喙长度，见图 B.13。

B.3.21　性状 27　角果：果柄长度

角果：果柄长度，见图 B.13。

B.3.22　性状 28　角果：着生状态

角果：着生状态，见图 B.14，观测果喙顶端与果柄着生位置连线与花序主茎的相对角度。

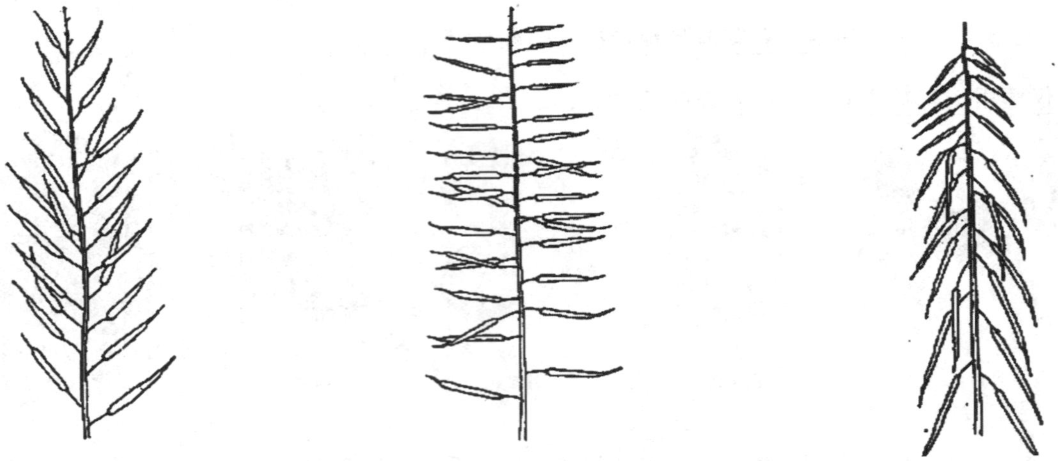

1
上举

2
平伸

3
下垂

图 B.14　角果:着生状态

B.3.23　性状 29　籽粒:千粒重

籽粒:千粒重,籽粒的标准水分千粒重按 GB/T 5519 方法测定,籽粒的水分按 GB/T 3543.6 方法测定。

B.3.24　性状 30　籽粒:颜色

籽粒:颜色,见图 B.15。

1
黄色

2
褐色

3
黑褐色

3
花籽

图 B.15　籽粒:颜色

B.3.25　性状 31　籽粒:硫苷

籽粒:硫苷,按 NY/T 1582 测定。样品至少取自 10 个收获后的单株,混合后再用 4 分法分出其中一份进行测定。杂交种含量 40 μmol/g 及以下,常规种 30 μmol/g 及以下时视为低,杂交种含量 40 μmol/g以上,常规种含量 30 μmol/g 以上时视为高。

B.3.26　性状 32　春播当年花序形成能力

春播当年花序形成能力,对冬性或半冬性品种进行春播试验,目测是否形成花序。

B.3.27 性状 33 夏播当年花序形成能力

夏播当年花序形成能力，对春性或半冬性品种进行夏播试验，目测是否形成花序。

B.3.28 性状 34 仅适用于有花瓣品种：花：花瓣花青甙显色

仅适用于有花瓣品种：花：花瓣花青甙显色，见图 B.16。

1
无

9
有

图 B.16 仅适用于有花瓣品种：花：花瓣花青甙显色

附　录　C
（规范性附录）
甘蓝型油菜技术问卷

（申请人或代理机构签章）

申请号：
申请日：
[由审批机关填写]

一、品种暂定名称

二、申请测试人信息

姓名：

地址：

电话号码：　　　　　　　　传真号码：　　　　　　　　手机号码：

邮箱地址：

育种者姓名(如果与申请测试人不同)：

三、植物学分类

拉丁名：*Brassica napus* L.

中文名：甘蓝型油菜

四、品种类型

在相符的类型[　]中打√。

1.繁殖类型

常规品种　[　]

雄性不育系　[　]

雄性不育保持系　[　]

雄性不育恢复系　[　]

质不育杂交种　[　]

核不育杂交种　[　]

自交不亲和杂交种　[　]

化学杀雄杂交种　[　]

其他　[　]

2. 冬春性

冬性　[　]

半冬性　[　]

春性　[　]

五、待测品种的具有代表性彩色照片

（品种照片粘贴处）

（如果照片较多，可另附页提供）

六、品种的选育背景、育种过程和育种方法(包括系谱、培育过程和所使用的亲本或其他繁殖材料来源与名称的详细说明)

七、品种适于生长的区域或环境以及栽培技术的说明

八、其他有助于辨别待测品种的信息

(如品种用途、品质、抗性等,请提供详细资料)

九、品种种植或测试是否需要特殊条件

在相符的[ ] 中打√。

是[ ] 否[ ]

(如果回答是,请提供详细资料)

十、品种繁殖材料保存是否需要特殊条件

在相符的[ ] 中打√。

是[ ] 否[ ]

(如果回答是,请提供详细资料)

十一、待测品种需要指出的性状

在表中相符的代码后[ ]中打√,若有测量值,请填写在下表中。

待测品种需要指出的性状

序号	性状	表达状态	代码	测量值
1	* 种子:芥酸(性状 1)	低	1[ ]	
		中	2[ ]	
		高	3[ ]	
2	* 叶:裂片(性状 6)	无	1[ ]	
		有	9[ ]	
3	* 开花期(性状 15)	极早	1[ ]	
		极早到早	2[ ]	
		早	3[ ]	
		早到中	4[ ]	
		中	5[ ]	
		中到晚	6[ ]	
		晚	7[ ]	
		晚到极晚	8[ ]	
		极晚	9[ ]	
4	* 植株:总长度(性状 24)	极短	1[ ]	
		极短到短	2[ ]	
		短	3[ ]	
		短到中	4[ ]	
		中	5[ ]	
		中到长	6[ ]	
		长	7[ ]	
		长到极长	8[ ]	
		极长	9[ ]	
5	籽粒:千粒重(性状 29)	极低	1[ ]	
		极低到低	2[ ]	
		低	3[ ]	
		低到中	4[ ]	
		中	5[ ]	
		中到高	6[ ]	
		高	7[ ]	
		高到极高	8[ ]	
		极高	9[ ]	

（续）

序号	性状	表达状态	代 码	测量值
6	籽粒：硫苷（性状 31）	低	1[ ]	
		高	2[ ]	

十二、待测品种与近似品种的明显差异性状表达状态描述

在自己知识范围内，申请测试人列出待测品种与其最为近似品种的明显差异。

待测品种与近似品种的明显差异性状表

近似品种名称	性状名称	近似品种表达状态	待测品种表达状态

申请人员承诺：技术问卷所填写的信息真实！

签名：

ICS 65.020.20
B 05

中华人民共和国国家标准

GB/T 19557.20—2017

植物品种特异性、一致性和稳定性测试指南　茄子

Guidelines for the conduct of tests for distinctness, uniformity and stability—Eggplant(*Solanum melongena* L.)

2017-11-01 发布　　2018-05-01 实施

中华人民共和国国家质量监督检验检疫总局
中国国家标准化管理委员会　发布

前言

本部分按照GB/T 1.1—2009给出的规则起草。

本部分由中华人民共和国农业部提出。

本部分由全国植物品种测试标准化技术委员会(SAC/TC 277)归口。

本部分起草单位:江苏省农业科学院、农业部科技发展中心。

本部分主要起草人:李华勇、沈奇、庄勇、徐岩、吕波、杨坤、堵苑苑、王显生、王艳平、冯继宏、张继红、吴燕。

植物品种特异性、一致性和稳定性测试指南 茄子

1 范围

GB/T 19557 的本部分规定了茄子(*Solanum melongena* L.)品种特异性、一致性和稳定性测试的技术要求和结果判定的一般原则。

本部分适用于茄子品种特异性、一致性和稳定性测试和结果判定。

2 规范性引用文件

下列文件对于本文件的应用是必不可少的。凡是注日期的引用文件,仅注日期的版本适用于本文件。凡是不注日期的引用文件,其最新版本(包括所有的修改单)适用于本文件。

GB/T 3543.3 农作物种子检验规程 净度分析

GB/T 3543.4 农作物种子检验规程 发芽试验

GB/T 3543.6 农作物种子检验规程 水分测定

GB/T 19557.1 植物新品种特异性、一致性和稳定性测试指南 总则

TG/117/4 植物品种特异性、一致性和稳定性测试指南 茄子(Guidelines for the conduct of tests for distinctness, uniformity and stability—Eggplant)

3 术语和定义

GB/T 19557.1 界定的以及下列术语和定义适用于本文件。

3.1

群体测量 group measurement

对一批植株或植株的某器官或部位进行测量,获得一个群体记录。

3.2

个体测量 single measurements

对一批植株或植株的某器官或部位进行逐个测量,获得一组个体记录。

3.3

群体目测 group visual observation

对一批植株或植株的某器官或部位进行目测,获得一个群体记录。

3.4

个体目测 single visual observations

对一批植株或植株的某器官或部位进行逐个目测,获得一组个体记录。

4 符号

下列符号适用于本文件。

MG:群体测量。

MS：个体测量。

PQ：假质量性状。

QL：质量性状。

QN：数量性状。

VG：群体目测。

VS：个体目测。

*：标注性状为国际植物新品种保护联盟（UPOV）用于统一品种描述所需要的重要性状，除非受环境条件限制性状的表达状态无法测试，所有 UPOV 成员都应使用这些性状。

__：本部分中下划线是特别提示测试性状的适用范围。

5 繁殖材料要求

5.1 繁殖材料以种子形式提供。

5.2 提交的种子至少为 30 g。

5.3 提交的繁殖材料应外观健康、活力高，无病虫侵害。繁殖材料的具体质量要求：净度≥99.0%，发芽率≥75%，含水量≤8%，检测方法按照 GB/T 3543.3、GB/T 3543.4 和 GB/T 3543.6 执行。

5.4 提交的繁殖材料一般不进行任何影响品种性状正常表达的处理（如种子包衣处理）。如果已处理，应提供处理的详细说明。

5.5 提交的繁殖材料应符合中国植物检疫的有关规定。

6 测试方法

6.1 测试周期

测试周期至少为 2 个独立的生长周期。

6.2 测试地点

测试通常在一个地点进行。如果某些性状在该地点不能充分表达，可在其他符合条件的地点对其进行观测。

6.3 田间试验

6.3.1 试验设计

待测品种和近似品种相邻种植。以育苗移栽的方式种植，每个小区至少 20 株，适宜株行距，共设 2 次重复。

6.3.2 田间管理

按当地大田生产管理方式进行。

6.4 性状观测

6.4.1 观测时期

性状观测应按照表 A.1 和表 A.2 列出的生育阶段进行。生育阶段描述见附录 B 表 B.1。

6.4.2 观测方法

性状观测应按照表 A.1 和表 A.2 规定的观测方法(VG、VS、MG、MS)进行。部分性状观测方法见表 B.2 和表 B.3。

6.4.3 观测数量

除非另有说明,个体观测性状(VS、MS)植株每个小区取样数量不少 10 株,在观测植株的器官或部位时,每个植株取样数量应为 1 个。群体观测性状(VG、MG)应观测整个小区或规定大小的混合样本。

6.5 附加测试

必要时,可选用表 A.2 中的性状或本文件未列出的性状进行附加测试。

7 特异性、一致性和稳定性结果的判定

7.1 总体原则

特异性、一致性和稳定性的判定按照 GB/T 19557.1 确定的原则进行。

7.2 特异性的判定

待测品种应明显区别于所有已知品种。在测试中,当待测品种至少在一个性状上与最为近似的品种具有明显且可重现的差异时,即可判定待测品种具备特异性。

7.3 一致性的判定

对于测试品种,一致性判定时,采用 1%的群体标准和至少 95%的接受概率。当样本大小为 40 株时,最多可以允许有 2 个异型株。

7.4 稳定性的判定

如果一个品种具备一致性,则可认为该品种具备稳定性。一般不对稳定性进行测试。

必要时,可以种植该品种的下一批种子,与以前提供的繁殖材料相比,若性状表达无明显变化,则可判定该品种具备稳定性。

8 性状表

8.1 概述

根据测试需要,将性状分为基本性状、选测性状,基本性状是需测试的性状。茄子基本性状见表 A.1,选测性状是根据实际需要指定测试的性状。选测性状见表 A.2。性状表列出了性状名称、表达类型、表达状态及相应的代码和标准品种、观测时期和方法等内容。

8.2 表达类型

根据性状表达方式,将性状分为质量性状、假质量性状和数量性状 3 种类型。

8.3 表达状态和相应代码

每个性状划分为一系列表达状态,以便于定义性状和规范描述;每个表达状态赋予一个相应的数字

代码,以便于数据记录、处理和品种描述的建立与交流。

8.4 标准品种

性状表中列出了部分性状有关表达状态可参考的标准品种,以助于确定相关性状的不同表达状态和校正环境因素引起的差异。

9 分组性状

本部分中,品种分组性状如下:

a) * 始花期(表 A.1 中性状 2);

b) 花:颜色(表 A.1 中性状 16);

c) * 果实:纵径(表 A.1 中性状 18);

d) * 果实:形状(表 A.1 中性状 22);

e) * 果实:棱(表 A.1 中性状 26);

f) * 果实:果皮颜色(表 A.1 中性状 32);

g) * 果实:果面条纹(表 A.1 中性状 34)。

10 技术问卷

申请人应按附录 C 填写茄子技术问卷。

附　录　A
（规范性附录）
茄子性状表

A.1　茄子基本性状表

茄子基本性状见表 A.1。

表 A.1　茄子基本性状表

性状序号	性状	观测时期和方法	表达状态	标准品种	代码
1	* 下胚轴:花青甙显色强度 QN	02 VG	无或极弱	芜湖白茄	1
			极弱到弱	—	2
			弱	杭州红茄	3
			弱到中	—	4
			中	苏州牛角	5
			中到强	—	6
			强	爱交本长茄	7
			强到极强	—	8
			极强	—	9
2	* 始花期 QN (+)	03 MG	极早	—	1
			极早到早	—	2
			早	苏州牛角	3
			早到中	—	4
			中	杭州红茄	5
			中到晚	—	6
			晚	成都墨茄	7
			晚到极晚	—	8
			极晚	—	9
3	植株:高度 QN (+)	07 MS	极矮	—	1
			极短到矮	—	2
			矮	苏州牛角	3
			矮到中	—	4
			中	潘茄	5
			中到高	—	6
			高	扬州长茄	7
			高到极高	—	8
			极高	—	9

表 A.1(续)

性状序号	性状	观测时期和方法	表达状态	标准品种	代码
4	*植株:生长习性 QN	09 VG	直立	成都墨茄	1
			直立到半直立	—	2
			半直立	长崎长茄	3
			半直立到开展	—	4
			开展	苏州牛角	5
5	*主茎:花青甙显色 QL (+)	03 VG	无	—	1
			有	爱交本长茄	9
6	主茎:花青甙显色强度 QN	03 VG	无或极弱	芜湖白茄	1
			极弱到弱	—	2
			弱	—	3
			弱到中	—	4
			中	—	5
			中到强	—	6
			强	爱交本长茄	7
			强到极强	—	8
			极强	—	9
7	主茎:长度 QN (+)	09 MS	极短	—	1
			极短到短	—	2
			短	苏州牛角	3
			短到中	—	4
			中	短把黑	5
			中到长	—	6
			长	成都墨茄	7
			长到极长	—	8
			极长	—	9
8	侧枝:茸毛密度 QN	09 VG	无或极疏	爱交本长茄	1
			极疏到疏	—	2
			疏	—	3
			疏到中	—	4
			中	七叶茄	5
			中到密	—	6
			密	成都墨茄	7
			密到极密	—	8
			极密	—	9

表 A.1（续）

性状序号	性状	观测时期和方法	表达状态	标准品种	代码
9	适用于绿色叶片：叶：绿色程度 QN (a)	09 VG	极浅	—	1
			极浅到浅	—	2
			浅	平湖小茄	3
			浅到中	—	4
			中	西安绿茄	5
			中到深	—	6
			深	—	7
			深到极深	—	8
			极深	—	9
10	适用于紫色叶片：叶：花青甙显色强度 QN (a)	09 VG	无或极弱	—	1
			极弱到弱	—	2
			弱	杭州红茄	3
			弱到中	—	4
			中	苏州牛角	5
			中到强	—	6
			强	长崎长茄	7
			强到极强	—	8
			极强	—	9
11	叶：大小 QN (a)	09 VG	极小	—	1
			极小到小	—	2
			小	苏州牛角	3
			小到中	—	4
			中	长崎长茄	5
			中到大	—	6
			大	西安绿茄	7
			大到极大	—	8
			极大	—	9
12	叶：叶面皱缩程度 QN	09 VG	无或极弱	Black Beauty	1
			弱	—	2
			强	—	3

表 A.1（续）

性状序号	性状	观测时期和方法	表达状态	标准品种	代码
13	叶:叶缘缺刻程度 QN (a) (+)	09 VG	无或极浅	—	1
			极浅到浅	—	2
			浅	杭州红茄	3
			浅到中	—	4
			中	长崎长茄	5
			中到深	—	6
			深	西安绿茄	7
			深到极深	—	8
			极深	—	9
14	叶:刺 QN (a)	09 VG	无	长崎长茄	1
			少	—	2
			多	—	3
15	花:始花节位 QN (+)	03 VG	低	七叶茄	1
			中	苏州牛角	2
			高	扬州长茄	3
16	花:颜色 PQ (+)	03 VG	白色	芜湖白茄	1
			浅紫色	苏州牛角	2
			紫色	长崎长茄	3
17	花序:花数量 PQ	07 VG	1 朵～3 朵	芜湖白茄	1
			3 朵以上	宁波藤茄	2
18	* 果实:纵径 QN (b) (+)	07 MS	极短	—	1
			极短到短	—	2
			短	西安绿茄	3
			短到中	—	4
			中	苏州牛角	5
			中到长	—	6
			长	三月茄	7
			长到极长	—	8
			极长	—	9

表 A.1（续）

性状序号	性状	观测时期和方法	表达状态	标准品种	代码
19	果实:横径 QN (b) (+)	07 MS	极小	—	1
			极小到小	—	2
			小	苏州牛角	3
			小到中	—	4
			中	成都墨茄	5
			中到大	—	6
			大	Black Beauty	7
			大到极大	—	8
			极大	—	9
20	* 果实:纵径/横径之比 QN (b)	07 MS	极小	—	1
			极小到小	—	2
			小	短把黑	3
			小到中	—	4
			中	竹丝茄	5
			中到大	—	6
			大	杭州红茄	7
			大到极大	—	8
			极大	—	9
21	果实:果柄长度 QN (b)	07 MS	极短	—	1
			极短到短	—	2
			短	短把黑	3
			短到中	—	4
			中	三月茄	5
			中到长	—	6
			长	徐州长茄	7
			长到极长	—	8
			极长	—	9
22	* 果实:形状 PQ (b) (+)	07 VG	圆形	七叶茄	1
			卵形	爱交本长茄	2
			倒卵形	西安绿茄	3
			梨形	一口茄	4
			棒形	三月茄	5
			椭圆形	平湖小茄	6
			长条形	杭州红茄	7

表 A.1（续）

性状序号	性状	观测时期和方法	表达状态	标准品种	代码
23	果实:果脐大小 QN (b)	07 VG	极小	—	1
			极小到小	—	2
			小	苏州牛角	3
			小到中	—	4
			中	潘茄	5
			中到大	—	6
			大	七叶茄	7
			大到极大	—	8
			极大	—	9
24	果实:果脐端形状 PQ (b) (+)	07 VG	凹陷	七叶茄	1
			扁平	—	2
			圆形	爱交本长茄	3
			突起	苏州牛角	4
25	果实:果脐端凹陷程度 QN (b)	07 VG	极浅	—	1
			极浅到浅	—	2
			浅	短把黑	3
			浅到中	—	4
			中	七叶茄	5
			中到深	—	6
			深	Black Beauty	7
			深到极深	—	8
			极深	—	9
26	*果实:棱 QL (b)	07 VG	无	长崎长茄	1
			有	短把黑	9
27	果实:果萼大小 QN (b) (+)	07 VG	极小	—	1
			极小到小	—	2
			小	—	3
			小到中	—	4
			中	长崎长茄	5
			中到大	—	6
			大	Black Beauty	7
			大到极大	—	8
			极大	—	9

表 A.1(续)

性状序号	性状	观测时期和方法	表达状态	标准品种	代码
28	*果实:果萼花青甙显色强度 QN (b)	07 VG	无	Black Beauty	1
			弱	—	2
			中	—	3
			强	爱交本长茄	4
29	*果实:果萼下果实表面花青甙显色强度 QN (b) (+)	07 VG	无	潘茄	1
			弱	苏州牛角	2
			中	—	3
			强	爱交本长茄	4
30	*果实:果萼刺 QN (b)	07 VG	无	苏州牛角	1
			极少到少	—	2
			少	二民茄	3
			少到中	—	4
			中	Black Beauty	5
			中到多	—	6
			多	短把黑	7
			多到极多	—	8
			极多	—	9
31	*果实:果肉颜色 PQ (b)	07 VG	白色	二民茄	1
			浅绿色	芜湖白茄	2
32	*果实:果皮颜色 PQ (b) (+)	07 VG	白色	芜湖白茄	1
			绿色	西安绿茄	2
			紫色	徐州长茄	3
33	仅适用于绿色或紫色果皮品种: 果实:果皮颜色深浅 QN	07 VG	极浅	—	1
			极浅到浅	—	2
			浅	平湖小茄	3
			浅到中	—	4
			中	徐州长茄	5
			中到深	—	6
			深	Black Beauty	7
			深到极深	—	8
			极深	—	9

表 A.1（续）

性状序号	性状	观测时期和方法	表达状态	标准品种	代码
34	* 果实：果面条纹 QL (b) (+)	07 VG	无	芜湖白茄	1
			有	竹丝茄	9
35	仅适用于条纹果：果实：果面条纹密度 QN (b)	07 VG	疏	西安绿茄	1
			疏到中	—	2
			中	—	3
			中到密	—	4
			密	竹丝茄	5
			密到极密	—	6
			极密	—	7
36	果实：光泽度 QN (b)	07 VG	无或极弱	—	1
			极弱到弱	—	2
			弱	平湖小茄	3
			弱到中	—	4
			中	宁波藤茄	5
			中到强	—	6
			强	Black Beauty	7
			强到极强	—	8
			极强	—	9
37	果实：老熟果皮色 PQ (b)	08 VG	黄色	芜湖白茄	1
			红色	巴西茄	2
			褐色	爱交本长茄	3
38	仅适用于棒形、长条形果： 果实：弯曲度 QN (b) (+)	10 VG	直	三月茄	1
			中间	杭州红茄	2
			弯曲	—	3

A.2 茄子选测性状

茄子选测性状见表 A.2。

表 A.2 茄子选测性状表

性状序号	性状	观测时期和方法	表达状态	标准品种	代码
39	植株：花序间隔节数 QN	06 VG	少	宁波藤茄	1
			中	短把黑	2
			多	成都墨茄	3
40	果实：硬度 QN (b)	07 VG	极软	—	1
			极软到软	—	2
			软	杭州红茄	3
			软到中	—	4
			中	长崎长茄	5
			中到硬	—	6
			硬	七叶茄	7
			硬到极硬	—	8
			极硬	—	9
41	果实：果萼皱缩程度 QN (b)	07 VG	极弱	—	1
			极弱到弱	—	2
			弱	苏州牛角	3
			弱到中	—	4
			中	芜湖白茄	5
			中到强	—	6
			强	Black Beauty	7
			强到极强	—	8
			极强	—	9
42	抗性：黄萎病 QN (+)	室内接种发病期 VG	感	—	1
			感到中	—	2
			中	—	3
			中到抗	—	4
			抗	—	5

附 录 B
（规范性附录）
茄子性状表的解释

B.1 茄子生育阶段

茄子生育阶段见表 B.1。

表 B.1 茄子生育阶段表

代 码	描 述
00	干种子
01	苗 期(种子发芽出土至门茄开花)
02	子叶期(0 片真叶)
03	门茄始花期
04	门茄青熟期
05	门茄老熟期
06	对茄始花期
07	对茄青熟期
08	对茄老熟期
09	四门斗始花期
10	四门斗青熟期
11	四门斗老熟期
12	八面风始花期以后

B.2 涉及多个性状的解释

B.2.1 (a):四门斗开花枝条最大叶。

B.2.2 (b):对茄果实。

B.3 涉及单个性状的解释

注:性状分级和图中代码见表 A.1。

B.3.1 性状 2 *始花期

*始花期,统计播种后到 30%植株门茄花开放的天数。

B.3.2 性状 3 植株:高度

植株:高度,测量地面到植株最高点的距离。

B.3.3 性状 5 ＊主茎:花青甙显色

＊主茎:花青甙显色,见图 B.1。

1　　9
无　　有

图 B.1 ＊主茎:花青甙显色

B.3.4 性状 7 主茎:长度

主茎:长度,测量茎秆基部(子叶着生节位)至主茎第一层分叉之间的距离。

B.3.5 性状 13 叶:叶缘缺刻程度

叶:叶缘缺刻程度,见图 B.2。

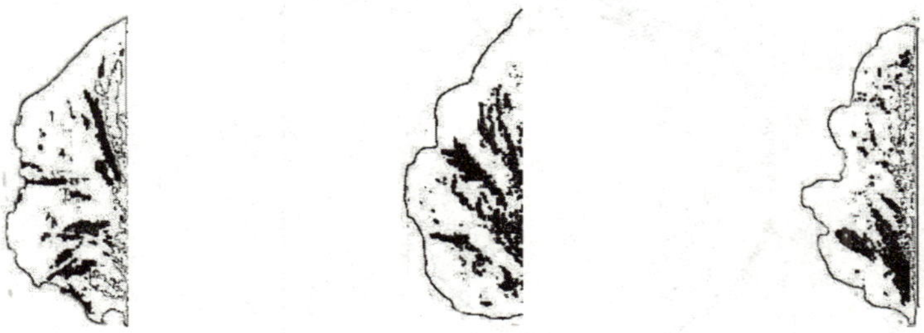

3　　5　　7
浅　　中　　深

图 B.2 叶:叶缘缺刻程度

B.3.6 性状 16 花:颜色

花:颜色,见图 B.3。

图 B.3 花:颜色

B.3.7 性状 18 ＊果实:纵径

＊果实:纵径,测量从果柄与果萼连接处到果顶的轴线距离。见图 B.4。

B.3.8 性状 19 果实:横径

果实:横径,测量果实最宽处直径的大小,见图 B.4。

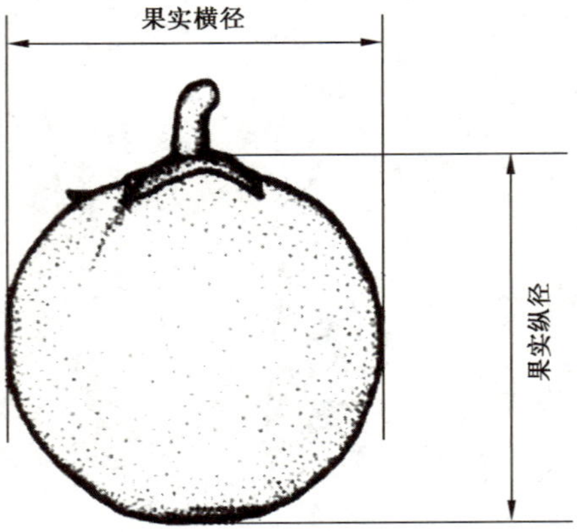

图 B.4 ＊果实:纵径,果实:横径

B.3.9 性状 22 ＊果实:形状

＊果实:形状,见图 B.5。

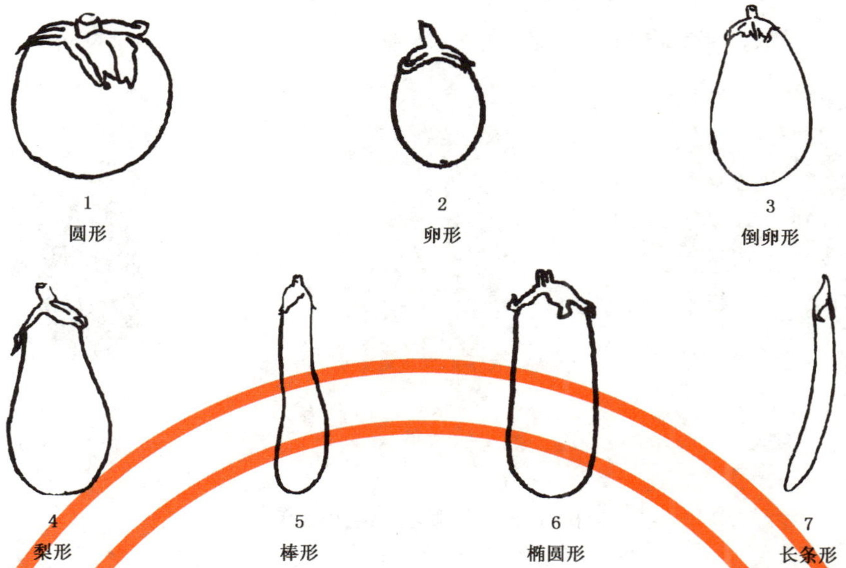

图 B.5　果实:形状

B.3.10　性状 24　果实:果脐端形状

果实:果脐端形状,见图 B.6。

图 B.6　果实:果脐端形状

B.3.11　性状 27　果实:果萼大小

果实:果萼大小,见图 B.7。

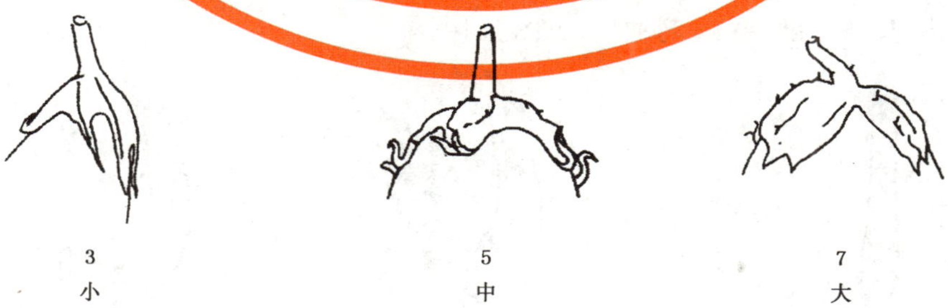

图 B.7　果实:果萼大小

B.3.12　性状 29　*果实:果萼下果实表面花青甙显色强度

*果实:果萼下果实表面花青甙显色强度,被果萼覆盖的果皮的花青甙显色。

B.3.13　性状 32　*果实:果皮颜色

*果实:果皮颜色,见图 B.8。

1　白色　　2　绿色　　3　紫色

图 B.8　*果实:果皮颜色

B.3.14　性状 34　*果实:果面条纹

*果实:果面条纹,见图 B.9。

1　无　　9　有

图 B.9　果实:果面条纹

B.3.15　性状 38　仅适用于棒形、长条形果:果实:弯曲度

仅适用于棒形、长条形果:果实:弯曲度,见图 B.10。

1　直　　2　中间　　3　弯曲

图 B.10　仅适用于棒形、长条形果:果实:弯曲度

B.3.16 性状 42 抗性:黄萎病

抗性:黄萎病,测试要点包括以下几点:

a) 栽培方法:采用双层盘法人工接种鉴定,待测品种在温室内播种,接种在恒温室内进行,温度控制在(25±1)℃,湿度 85%。春季温室播种,播种于育苗穴盘中,穴盘置于常规育苗盘内,育苗基质及育苗设施均需灭菌处理。供试菌源统一分离纯化,经鉴定为 *Verticillum dahliae* KleB.。接种前一周,将病原菌菌丝体接种到马铃薯液体培养基,(25±1)℃振荡培养 4 d,可产生大量孢子。采用灭菌水配制 10^7CFU/mL 孢子悬浮液(血球计数法)。每品种 30 穴,2 次重复,随机区组排列。以七叶茄作为感病对照。苗龄为 4 片真叶及 1 片心叶时(播种后 35 d)人工接种。接种前,减少土壤水分。操作时,提起上层育苗穴盘,使根系均匀受伤,然后将育苗盘下部(约 1.5 cm 深)浸入配制好的孢子悬浮液中 15 min,取出后放回原处,次日起正常管理。

b) 观测时间:接种后 30 d 调查病情指数。

c) 观测部位:植株。

d) 观测方法:目测,按表 B.2 记录各病级株数,按式(B.1)计算病情指数,按表 B.3 进行分级。

表 B.2 黄萎病病情分级

病情分级	分级描述
0 级	无病症
1 级	只有第一片真叶卷曲
2 级	下面 3 片叶卷曲
3 级	仅新叶保持健康,老叶萎蔫卷曲或脱落
4 级	全部叶片脱落,只有刚形成的幼芽保存
5 级	全株死亡

病情指数按式(B.1)计算:

$$DI=\frac{\Sigma(s_i \cdot n_i)}{5N}\times 100\% \qquad \cdots\cdots(B.1)$$

式中:

DI ——病情指数,%;

s_i ——发病级别;

n_i ——相应病级级别的株数;

i ——病情分级的各个级别;

N ——调查总株数。

表 B.3 黄萎病抗性分级标准

病情指数	>70	30~50	≤15
抗病性	感	中	抗
代码	1	3	5

附 录 C
（规范性附录）
茄子技术问卷

茄子技术问卷

申请号：
申请日：
［由审批机关填写］

（申请人或代理机构签章）

一、品种暂定名称

二、申请测试人信息

姓　　名：

地　　址：

电话号码：　　　　传真号码：　　　　手机号码：

邮箱地址：

育种者姓名（如果与申请测试人不同）：

三、植物学分类

拉丁名：________________

中文名：________________

四、品种类型

在相符的类型［　］中打√。

常规种［　］　杂交种［　］　其　他［　］

五、待测品种的具有代表性彩色照片

｛品种照片粘贴处｝

（如果照片较多，可另附页提供）

六、品种的选育背景、育种过程和育种方法（包括系谱、培育过程和所使用的亲本或其他繁殖材料来源与名称的详细说明）

七、品种适于生长的区域或环境以及栽培技术的说明

八、其他有助于辨别待测品种的信息

（如品种用途、品质抗性，请提供详细资料）

九、品种种植或测试是否需要特殊条件

在相符的［ ］中打√。

是［ ］　　　　否［ ］

（如果回答是，请提供详细资料）

十、品种繁殖材料保存是否需要特殊条件

在相符的［ ］中打√。

是［ ］　　　　否［ ］

（如果回答是，请提供详细资料）

十一、待测品种需要指出的性状

在表中相符的代码后［ ］中打√，若有测量值，请填写在下表中。

待测品种需要指出的性状

序号	性状	表达状态	代码	测量值
1	*下胚轴：花青甙显色强度（性状1）	无或极弱	1［ ］	
		极弱到弱	2［ ］	
		弱	3［ ］	
		弱到中	4［ ］	
		中	5［ ］	
		中到强	6［ ］	
		强	7［ ］	
		强到极强	8［ ］	
		极强	9［ ］	

（续）

序号	性状	表达状态	代码	测量值
2	*始花期(性状2)	极早	1[ ]	
		极早到早	2[ ]	
		早	3[ ]	
		早到中	4[ ]	
		中	5[ ]	
		中到晚	6[ ]	
		晚	7[ ]	
		晚到极晚	8[ ]	
		极晚	9[ ]	
3	*植株:生长习性(性状4)	直立	1[ ]	
		直立到半直立	2[ ]	
		半直立	3[ ]	
		半直立到开展	4[ ]	
		开展	5[ ]	
4	花:颜色(性状16)	白色	1[ ]	
		浅紫色	2[ ]	
		紫色	3[ ]	
5	*果实:纵径(性状18)	极短	1[ ]	
		极短到短	2[ ]	
		短	3[ ]	
		短到中	4[ ]	
		中	5[ ]	
		中到长	6[ ]	
		长	7[ ]	
		长到极长	8[ ]	
		极长	9[ ]	
6	*果实:形状(性状22)	圆形	1[ ]	
		卵形	2[ ]	
		倒卵形	3[ ]	
		梨形	4[ ]	
		棒形	5[ ]	
		椭圆形	6[ ]	
		长条形	7[ ]	

（续）

序号	性状	表达状态	代码	测量值
7	＊果实：棱(性状 26)	无	1[ ]	
		有	9[ ]	
8	＊果实：果萼花青甙显色强度(性状 28)	无	1[ ]	
		弱	2[ ]	
		中	3[ ]	
		强	4[ ]	
8	＊果实：果萼下果实表面花青甙显色强度(性状 29)	无	1[ ]	
		弱	2[ ]	
		中	3[ ]	
		强	4[ ]	
10	＊果实：果萼刺(性状 30)	无	1[ ]	
		极少到少	2[ ]	
		少	3[ ]	
		少到中	4[ ]	
		中	5[ ]	
		中到多	6[ ]	
		多	7[ ]	
		多到极多	8[ ]	
		极多	9[ ]	
11	＊果实：果肉颜色(性状 31)	白色	1[ ]	
		浅绿色	2[ ]	
12	＊果实：果皮颜色(性状 32)	白色	1[ ]	
		绿色	2[ ]	
		紫色	3[ ]	
13	＊果实：果面条纹(性状 34)	无	1[ ]	
		有	9[ ]	
14	仅适用于棒形、长条形果：果实：弯曲度(性状 38)	直	1[ ]	
		中间	2[ ]	
		弯曲	3[ ]	

十二、 待测品种与近似品种的明显差异性状表

在自己知识范围内，申请测试人列出待测品种与其最为近似品种的明显差异。

待测品种与近似品种的明显差异性状表

近似品种名称	性状名称	近似品种表达状态	待测品种表达状态
备注：(提供可以帮助审查机构对该品种以更有效地方式进行特异性测试的信息。)			

申请人员承诺：技术问卷所填写的信息真实！

签名：

ICS 65.020.20
B 05

中华人民共和国国家标准

GB/T 19557.22—2017

植物品种特异性、一致性和稳定性测试指南 豌豆

Guidelines for the conduct of tests for distinctness, uniformity and stability—Pea(*Pisum sativum* L.)

2017-11-01 发布　　2018-05-01 实施

中华人民共和国国家质量监督检验检疫总局
中国国家标准化管理委员会　发布

前　言

本标准按照 GB/T 1.1—2009 给出的规则起草。

本标准由中华人民共和国农业部提出。

本标准由全国植物新品种测试标准化技术委员会(SAC/TC 277)归口。

本标准起草单位:四川省农业科学院作物研究所、农业部科技发展中心。

本标准主要起草人:张浙峰、余东梅、赖运平、王丽容、杨梅、余毅、徐岩、欧阳裕元、熊国富、杨武云、堵苑苑。

植物品种特异性、一致性和稳定性测试指南　豌豆

1　范围

本标准规定了豌豆(*Pisum sativum* L.)品种特异性、一致性和稳定性测试的技术要求和结果判定的一般原则。

本标准适用于豌豆品种特异性、一致性和稳定性测试和结果判定。

2　规范性引用文件

下列文件对于本文件的应用是必不可少的。凡是注日期的引用文件,仅注日期的版本适用于本文件。凡是不注日期的引用文件,其最新版本(包括所有的修改单)适用于本文件。

GB/T 3543.3　农作物种子检验规程　净度分析

GB/T 3543.4　农作物种子检验规程　发芽试验

GB/T 3543.6　农作物种子检验规程　水分测定

GB/T 19557.1　植物新品种特异性、一致性和稳定性测试指南　总则

TG/7/10　植物品种特异性、一致性和稳定性测试指南　豌豆(Guidelines for the conduct of tests for distinctness, uniformity and stability—Pea)

3　术语和定义

GB/T 19557.1 界定的以及下列术语和定义适用于本文件。

3.1

群体测量　single measurement of a group of plants or parts of plants

对一批植株或植株的某器官或部位进行测量,获得一个群体记录。

3.2

个体测量　measurement of a number of individual plants or parts of plants

对一批植株或植株的某器官或部位进行逐个测量,获得一组个体记录。

3.3

群体目测　visual assessment by a single observation of a group of plants or parts of plants

对一批植株或植株的某器官或部位进行目测,获得一个群体记录。

3.4

个体目测　visual assessment by observation of individual plants or parts of plants

对一批植株或植株的某器官或部位进行逐个目测,获得一组个体记录。

4　符号

下列符号适用于本文件。

MG:群体测量。

MS：个体测量。

PQ：假质量性状。

QL：质量性状。

QN：数量性状。

VG：群体目测。

VS：个体目测。

＊：标注性状为国际植物新品种保护联盟（UPOV）用于统一品种描述所需要的重要性状，除非受环境条件限制性状的表达状态无法测试，所有 UPOV 成员都应使用这些性状。

__：本部分中下划线是特别提示测试性状的适用范围。

5 繁殖材料的要求

5.1 繁殖材料以种子形式提供。

5.2 提交的种子数量至少为 12 000 粒。

5.3 提交的种子应外观健康，活力高，无病虫侵害。种子的具体质量要求：发芽率≥85%，净度≥99.0%，含水量≤13.0%，检测方法按照 GB/T 3543.3、GB/T 3543.4 和 GB/T 3543.6 执行。

5.4 提交的种子一般不进行任何影响品种性状正常表达的处理。如果已处理，应提供处理的详细说明。

5.5 提交的种子应符合中国植物检疫的有关规定。

6 测试方法

6.1 测试周期

测试周期通常为 2 个独立的生长周期。

6.2 测试地点

测试通常在一个地点进行。如果某些性状在该地点不能充分表达，可在其他符合条件的地点对其进行观测。

6.3 田间试验

6.3.1 试验设计

待测品种和近似品种相邻种植。

以穴播方式种植，每个小区至少 100 株，穴距 25 cm，行距 60 cm，或按当地栽培习惯采用适宜的密度种植。每穴播 2 粒～3 粒，播深 3 cm～5 cm，定苗 1 株。共设 2 个重复。

6.3.2 田间管理

可按当地大田生产管理方式进行。

6.4 性状观测

6.4.1 观测时期

性状观测应按照表 A.1 和表 A.2 列出的生育阶段进行。生育阶段描述见表 B.1。

6.4.2 观测方法

性状观测应按照表 A.1 和表 A.2 规定的观测方法(VG、VS、MG、MS)进行。部分性状观测方法见 B.2 和 B.3。

6.4.3 观测数量

除非另有说明,个体观测性状(VS、MS)植株取样数量为 20 个,在观测植株的器官或部位时,每个植株取样数量应为 1 个。群体观测性状(VG、MG)应观测整个小区或规定大小的混合样本。

6.5 附加测试

必要时,可选用表 A.2 中的性状或本文件未列出的性状进行附加测试。

7 特异性、一致性和稳定性结果的判定

7.1 总体原则

特异性、一致性和稳定性的判定按照 GB/T 19557.1 确定的原则进行。

7.2 特异性的判定

待测品种应明显区别于所有已知品种。在测试中,当待测品种至少在一个性状上与近似品种具有明显且可重现的差异时,即可判定待测品种具备特异性。

7.3 一致性的判定

对于测试品种,一致性判定时,采用 1% 的群体标准和至少 95% 的接受概率。当样本大小为 83 株～137 株时,最多可以允许有 3 个异型株。当样本大小为 138 株～198 株时,最多可以允许有 4 个异型株。当样本大小为 199 株～262 株时,最多可以允许有 5 个异型株。

7.4 稳定性的判定

如果一个品种具备一致性,则可认为该品种具备稳定性。一般不对稳定性进行测试。

必要时,可以种植该品种的下一代种子,与以前提供的繁殖材料相比,若性状表达无明显变化,则可判定该品种具备稳定性。

8 性状表

8.1 概述

根据测试需要,将性状分为基本性状和选测性状,基本性状是需测试的性状,选测性状为依据申请者要求而进行附加测试的性状。黄秋葵基本性状见表 A.1,黄秋葵可以选择测试的性状见表 A.2。性状表列出了性状名称、表达类型、表达状态及相应的代码和标准品种、观测时期和方法等内容。

8.2 表达类型

根据性状表达方式,将性状分为质量性状、假质量性状和数量性状 3 种类型。

8.3 表达状态和相应代码

每个性状划分为一系列表达状态,以便于定义性状和规范描述;每个表达状态赋予一个相应的数字

代码，以便于数据记录、处理和品种描述的建立与交流。

8.4 标准品种

性状表中列出了部分性状有关表达状态可参考的标准品种，以助于确定相关性状的不同表达状态和校正环境因素引起的差异。

9 分组性状

本部分中，品种分组性状如下：

a) ＊植株：花青甙显色（表 A.1 性状 1）；

b) 叶：类型（表 A.1 性状 9）；

c) ＊荚：类型（表 A.1 性状 35）；

d) ＊荚：颜色（表 A.1 性状 39）；

e) ＊籽粒：种皮花青甙显色（表 A.1 性状 47）；

f) ＊籽粒：子叶颜色（表 A.1 性状 53）；

g) ＊籽粒：种脐颜色（表 A.1 性状 54）。

10 技术问卷

申请人应按附录 C 填写豌豆技术问卷。

附 录 A
（规范性附录）
豌豆性状表

A.1 豌豆基本性状

豌豆基本性状见表A.1。

表 A.1 豌豆基本性状表

性状序号	性 状	观测时期和方法	表达状态	标准品种	代码
1	*植株:花青甙显色 QL (+)	30-240 VG	无	新华5号	1
			有	资阳泥巴豌	9
2	*植株:长度 QN (+)	240-250 MS	极短	法豌1号	1
			极短到短	—	2
			短	碎叶型豌豆1号	3
			短到中	—	4
			中	成豌8号	5
			中到长	—	6
			长	新华5号	7
			长到极长	—	8
			极长	甜脆761	9
3	主茎:一级分枝数 QN	240-250 VG	极少	—	1
			极少到少	—	2
			少	碎叶型豌豆1号	3
			少到中	—	4
			中	成豌8号	5
			中到多	—	6
			多	甜脆761	7
			多到极多	—	8
			极多	—	9
4	*主茎:始花节以下的节数 QN (+)	240 MS	极少	法豌1号	1
			极少到少	—	2
			少	成豌8号	3
			少到中	—	4
			中	食荚大菜豌1号	5
			中到多	—	6

表 A.1(续)

性状序号	性 状	观测时期和方法	表达状态	标准品种	代码
4	* 主茎:始花节以下的节数 QN (+)	240 MS	多	资阳泥巴豌	7
			多到极多	—	8
			极多	甜脆 761	9
5	主茎:叶腋花青甙显色 QL (+)	30-218 VG	无	新华 5 号	1
			有	草原 224	9
6	仅适用于叶腋花青甙显色品种:主茎:叶腋花青甙显色类型 QL (+)	30-218 VG	单圈	草原 224	1
			双圈	铜梁大菜豌	2
7	* 叶:颜色 PQ (a)(+)	40-240 VG	黄绿色	保加利亚 309	1
			绿色	甜脆 761	2
			蓝绿色	AY737	3
8	* 叶:小叶 QL (a)(+)	40-240 VG	无	法豌 1 号	1
			有	草原 224	9
9	叶:类型 PQ (a) (+)	30-240 VG	无卷须	无须豌 171	1
			半卷须	草原 224	2
			全卷须	法豌 1 号	3
			碎叶型	碎叶型豌豆 1 号	4
10	叶:表面蜡质 QL (a)	20-240 VG	无	—	1
			有	—	9
11	仅适用于有小叶品种:叶:小叶数 QN (a) (+)	220-240 MS	极少	—	1
			极少到少	—	2
			少	阿克苏绿豌豆	3
			少到中	—	4
			中	草原 224	5
			中到多	—	6
			多	无须豌 171	7
			多到极多	—	8
			极多	无须豆尖 1 号	9
12	仅适用于有小叶品种:小叶:长度 QN (b)	216-226 MS/VG	极短	—	1
			极短到短	—	2
			短	AY737	3
			短到中	—	4

表 A.1（续）

性状序号	性 状	观测时期和方法	表达状态	标准品种	代码
12	仅适用于有小叶品种：小叶：长度 QN (b)	216-226 MS/VG	中	保加利亚 309	5
			中到长	—	6
			长	莎车白豌豆	7
			长到极长	—	8
			极长	—	9
13	仅适用于有小叶品种：小叶：宽度 QN (b)	216-226 MS/VG	极窄		1
			极窄到窄		2
			窄	AY737	3
			窄到中		4
			中	食荚大菜豌 1 号	5
			中到宽		6
			宽	甜脆 761	7
			宽到极宽		8
			极宽		9
14	仅适用于有小叶品种：小叶：最宽处位置 QN (b) (+)	216-226 VG	中部	AY737	1
			中部偏下	保加利亚 309	2
			近基部	甜脆 761	3
15	仅适用于有小叶品种：小叶：齿 QL (+)	30-200 VG	无	营山红豌	1
			有	草原 224	9
16	仅适用于有齿小叶品种：小叶：齿密度 QN (+)	30-220 VG	极疏	—	1
			极疏到疏	—	2
			疏	无须豌 171	3
			疏到中	—	4
			中	高县黄豌	5
			中到密	—	6
			密	甜脆 761	7
			密到极密	—	8
			极密	—	9
17	* 托叶：长度 QN (c)	220-222 MS	极短	—	1
			极短到短	—	2
			短	法豌 1 号	3
			短到中	—	4
			中	成豌 8 号	5

表 A.1（续）

<table>
<tr><th>性状序号</th><th>性 状</th><th>观测时期和方法</th><th>表达状态</th><th>标准品种</th><th>代码</th></tr>
<tr><td rowspan="4">17</td><td rowspan="4">*托叶:长度
QN
(c)</td><td rowspan="4">220-222
MS</td><td>中到长</td><td>—</td><td>6</td></tr>
<tr><td>长</td><td>草原 224</td><td>7</td></tr>
<tr><td>长到极长</td><td>—</td><td>8</td></tr>
<tr><td>极长</td><td>—</td><td>9</td></tr>
<tr><td rowspan="9">18</td><td rowspan="9">*托叶:宽度
QN
(c)</td><td rowspan="9">220-222
MS</td><td>极窄</td><td>—</td><td>1</td></tr>
<tr><td>极窄到窄</td><td>—</td><td>2</td></tr>
<tr><td>窄</td><td>AY737</td><td>3</td></tr>
<tr><td>窄到中</td><td>—</td><td>4</td></tr>
<tr><td>中</td><td>成豌 8 号</td><td>5</td></tr>
<tr><td>中到宽</td><td>—</td><td>6</td></tr>
<tr><td>宽</td><td>食荚大菜豌 1 号</td><td>7</td></tr>
<tr><td>宽到极宽</td><td>—</td><td>8</td></tr>
<tr><td>极宽</td><td>—</td><td>9</td></tr>
<tr><td rowspan="2">19</td><td rowspan="2">*托叶:剥蚀斑
QL
(c)
(+)</td><td rowspan="2">220-222
VG</td><td>无</td><td>AY737</td><td>1</td></tr>
<tr><td>有</td><td>成豌 8 号</td><td>9</td></tr>
<tr><td rowspan="9">20</td><td rowspan="9">仅适用于托叶具剥蚀斑品种:托叶:剥蚀斑密度
QN
(c)
(+)</td><td rowspan="9">220-222
VG</td><td>极稀</td><td>法豌 1 号</td><td>1</td></tr>
<tr><td>极稀到稀</td><td>—</td><td>2</td></tr>
<tr><td>稀</td><td>保加利亚 309</td><td>3</td></tr>
<tr><td>稀到中</td><td>—</td><td>4</td></tr>
<tr><td>中</td><td>无须豌 171</td><td>5</td></tr>
<tr><td>中到密</td><td>—</td><td>6</td></tr>
<tr><td>密</td><td>成豌 8 号</td><td>7</td></tr>
<tr><td>密到极密</td><td>—</td><td>8</td></tr>
<tr><td>极密</td><td>资阳泥巴豌</td><td>9</td></tr>
<tr><td rowspan="9">21</td><td rowspan="9">叶柄:长度
QN
(+)</td><td rowspan="9">220-222
MS</td><td>极短</td><td>—</td><td>1</td></tr>
<tr><td>极短到短</td><td>—</td><td>2</td></tr>
<tr><td>短</td><td>法豌 1 号</td><td>3</td></tr>
<tr><td>短到中</td><td>—</td><td>4</td></tr>
<tr><td>中</td><td>草原 276</td><td>5</td></tr>
<tr><td>中到长</td><td>—</td><td>6</td></tr>
<tr><td>长</td><td>碎叶型豌豆 1 号</td><td>7</td></tr>
<tr><td>长到极长</td><td>—</td><td>8</td></tr>
<tr><td>极长</td><td>—</td><td>9</td></tr>
</table>

表 A.1（续）

性状序号	性 状	观测时期和方法	表达状态	标准品种	代码
22	* 开花期 QN (+)	214 MG	极早	中豌 4 号	1
			极早到早	—	2
			早	食荚大菜豌 1 号	3
			早到中	—	4
			中	金堂黄麻	5
			中到晚	—	6
			晚	草原 224	7
			晚到极晚	—	8
			极晚	叶城白豌豆	9
23	* 茎:扁化 QL (+)	220-222 VG	无	—	1
			有	—	9
24	* 仅适用于茎扁化为无的品种:植株:单节最多小花数 QN (+)	220-222 MG	1 朵	高县黄豌	1
			2 朵	草原 224	2
			3 朵	金堂黄麻	3
			4 朵或以上	新华 5 号(红色)	4
25	* 仅适用于花青甙显色品种:花:翼瓣颜色 PQ (+)	216-218 VG	浅红色	高县黄豌	1
			中等红色	营山红豌	2
			紫红色	草原 224	3
26	仅适用于花青甙显色品种:花:旗瓣花青甙显色强度 QN (+)	220-222 VG	弱	高县黄豌	1
			中	营山红豌	2
			强	草原 224	3
27	仅适用于无花青甙显色品种:花:旗瓣颜色 PQ (+)	220-222 VG	白色	—	1
			乳白色	—	2
			浅黄色	—	3
28	花:旗瓣宽度 QN	220-222 VG	窄	AY737	1
			中	保加利亚 309	2
			宽	甜脆 761	3
29	* 花:旗瓣基部形状 QN (+)	220-222 VG	强凸	新华 1 号	1
			强凸到凸	—	2
			凸	无须豌 171	3
			凸到平	—	4
			平	甜脆 761	5
			平到凹	—	6

表 A.1(续)

性状序号	性 状	观测时期和方法	表达状态	标准品种	代码
29	* 花:旗瓣基部形状 QN (+)	220-222 VG	凹	高县黄豌	7
			凹到深凹	—	8
			深凹	食荚大菜豌 1 号	9
30	花:花萼上部宽度 QN (d)	216-226 VG	窄	法豌 1 号	1
			中	无须豌 171	2
			宽	团结豌 1 号	3
31	花:花萼先端形状 PQ (d) (+)	212-240 VG	锐尖	保加利亚 309	1
			急尖	AY737	2
			钝尖	成豌 8 号	3
32	花:花梗长度 QN (d) (+)	218-245 MS/VG	极短	—	1
			极短到短	—	2
			短	成豌 8 号	3
			短到中	—	4
			中	甜脆 761	5
			中到长	—	6
			长	保加利亚 309	7
			长到极长	—	8
			极长	—	9
33	* 荚:长度 QN (e)	240 MS/VG	极短	法豌 1 号	1
			极短到短	—	2
			短	AY737	3
			短到中	—	4
			中	无须豌 171	5
			中到长	—	6
			长	成豌 8 号	7
			长到极长	—	8
			极长	食荚大菜豌 1 号	9
34	* 荚:宽度 QN	240 MS/VG	极窄	—	1
			极窄到窄	—	2
			窄	法豌 1 号	3
			窄到中	—	4
			中	甜脆 761	5
			中到宽	—	6
			宽	食荚大菜豌 1 号	7

表 A.1(续)

性状序号	性 状	观测时期和方法	表达状态	标准品种	代码
34	* 荚:宽度 QN	240 MS/VG	宽到极宽	—	8
			极宽	—	9
35	* 荚:类型 PQ (e)	240 VG	软荚	食荚大菜豌1号	1
			半软荚	—	2
			硬荚	AY737	3
36	* 荚:荚壁变厚 QL (e)	240 VG	无	食荚大菜豌1号	1
			有	甜脆761	9
37	* 荚:先端形状 PQ (e) (+)	240 VG	锐	甜脆761	1
			钝	资阳泥巴豌	2
38	* 荚:弯曲程度 QN (e) (+)	240 VG	无或极弱	AY737	1
			极弱到弱	—	2
			弱	法豌1号	3
			弱到中	—	4
			中	成豌8号	5
			中到强	—	6
			强	甜脆761	7
			强到极强	—	8
			极强	食荚甜脆豌1号	9
39	* 荚:颜色 PQ (e)	240 VG	黄色	—	1
			绿色	—	2
			绿紫色	—	3
			紫色	—	4
40	仅适用于绿荚品种:荚:绿色程度 QN (e)	240 VG	浅	食荚大菜豌1号	1
			中	甜脆761	2
			深	法豌1号	3
41	* 仅适用于软荚品种:荚:缝合线有无筋 QL	240 VG	无	—	1
			有	—	9
42	荚:缝合线花青甙显色 QL (+)	240-255 VG	无	草原224	1
			有	营山红豌	9
43	荚:斑点 QL (+)	240-255 VG	无	—	1
			有	—	9

表 A.1（续）

性状序号	性 状	观测时期和方法	表达状态	标准品种	代码
44	* 鲜籽粒:绿色程度 QN	230-240 VG	极浅	—	1
			极浅到浅	—	2
			浅	食荚大菜豌 1 号	3
			浅到中	—	4
			中	法豌 1 号	5
			中到深	—	6
			深	甜脆 761	7
			深到极深	—	8
			极深	—	9
45	* 荚:胚珠数目 QN	240 MS	少	法豌 1 号	1
			中	无须豌 171	2
			多	成豌 8 号	3
46	籽粒:形状 PQ (+)	330 VG	球形	—	1
			卵形	—	2
			圆柱形	—	3
			立方体形	—	4
			不规则	—	5
47	* 籽粒:种皮花青甙显色 QL (+)	330 VG	无	—	1
			有	—	9
48	* 仅适用于有花青甙显色品种:籽粒:种皮紫罗兰或粉红斑点密度 QN (+)	330 VG	疏	—	1
			疏到中	—	2
			中	—	3
			中到密	—	4
			密	—	5
49	籽粒:颜色 PQ (+)	330 VG	白色	—	1
			黄色	—	2
			绿色	—	3
			棕绿色	—	4
			红棕色	—	5
			棕色	—	6
			紫黑色	—	7
50	* 籽粒:淀粉粒类型 QL (+)	330 VG	单粒型	—	1
			复合型	—	2

表 A.1（续）

性状序号	性 状	观测时期和方法	表达状态	标准品种	代码
51	*圆柱形籽粒且淀粉粒为单粒型品种：籽粒：子叶皱缩 QL	330 VG	无	—	1
			有	—	9
52	*淀粉粒为复合型且籽粒皱缩品种：籽粒：子叶皱缩程度 QN	330 VG	极弱	—	1
			极弱到弱	—	2
			弱	成豌 8 号	3
			弱到中	—	4
			中	食荚大菜豌 1 号	5
			中到强	—	6
			强	甜脆 761	7
			强到极强	—	8
			极强	—	9
53	*籽粒：子叶颜色 PQ （+）	330 VG	绿色	甜脆 761	1
			黄色	草原 224	2
			橙黄色	AY737	3
			橙红色	保加利亚 309	4
54	*籽粒：种脐颜色 PQ （+）	330 VG	与种皮色相似	—	1
			较种皮色深	—	2
55	籽粒：种皮颜色 QN （+）	330 VG	无色	—	1
			浅褐色	—	2
			中等褐色	—	3
			深褐色	—	4
56	*籽粒：百粒重 QN （+）	330 MG	极小	叶城白豌豆	1
			极小到小	—	2
			小	保加利亚 309	3
			小到中	—	4
			中	成豌 8 号	5
			中到大	—	6
			大	食荚大菜豌 1 号	7
			大到极大	—	8
			极大	—	9

A.2 豌豆选测性状

豌豆选测性状见表 A.2。

表 A.2 豌豆选测性状表

性状序号	性 状	观测时期和方法	表达状态	标准品种	代码
57	抗白粉病 QN (+)	224-320 VG	高抗(HR) 抗(R) 中抗(MR) 感(S) 高感(HS)		1 2 3 4 5
58	抗褐斑病 QN (+)	224-320 VG	高抗(HR) 抗(R) 中抗(MR) 感(S) 高感(HS)		1 2 3 4 5
59	耐寒性 QN	30-200 VG	弱 中 强		1 2 3
60	耐旱性 QN	30-200 VG	弱 中 强		1 2 3

附 录 B
（规范性附录）
豌豆性状表的解释

B.1 豌豆生育阶段

豌豆生育阶段见表 B.1。

表 B.1 豌豆生育阶段表

代码	描 述
1.1.1 萌发期	
0	干种子
0	发芽
1.1.2 幼苗期	
10	出苗期：幼芽出土达 50%的日期
16	出现第一片复叶
18	出现第二片复叶
20	出现第三片复叶第三节位第一对托叶完全展开
22	出现第四片复叶第四节位托叶完全展开
25	出现第五片复叶第五节位托叶完全展开
28	出现第六片复叶第六节位托叶完全展开
1.1.3 分枝期	
30	营养生长阶段
31	第七节明显再现时的托叶第七节位托叶完全展开
34	第八节明显再现时的托叶第八节位托叶完全展开
40	第十节明显再现时的托叶第十节位托叶完全展开
1.1.4 主茎花序形成期	
200	生殖生长阶段
200	始花期
206	第一个花蕾出现在托叶包裹中紧挨托叶出现第一朵花蕾
208	花梗出现并开始伸长
210	第一个花蕾从托叶伸出第一个花蕾从托叶上露出
212	旗瓣从萼片中伸出旗瓣从萼片中露出
214	旗瓣张开露出翼瓣
216	翼瓣微开露出龙骨瓣
218	旗瓣正常地充分展开
220	旗瓣边缘从伸展到皱缩
222	旗瓣和翼瓣显出凋萎症状
1.1.5 荚和种子发育期	
224	第一个扁平荚出现
226	第一个扁平荚伸长并可清楚地现出胚珠第一个扁平荚伸长，胚珠清晰凸显
230	胚珠膨大荚稍稍发育大胚珠膨大，荚壁渐厚
235	嫩籽粒轻微变硬，荚充分发育和膨大嫩籽粒逐渐变硬，荚发育或膨大
240	荚充分发育膨大，粒粒坚硬，累结淀粉荚充分发育膨大，籽粒渐硬，淀粉形成
245	籽粒退色，种皮坚韧，荚退色籽粒开始变色，种皮坚韧，荚开始变色
250	茎和下部叶片发黄茎和下部叶片渐呈现黄色
255	籽粒脱水变成黄绿色，荚皱缩
260	下部叶片边缘干枯
265	籽粒黄绿色，皱缩的荚呈浅绿色
270	下部叶片变干变薄下部叶片干枯薄化
1.1.6 荚和种子成熟期	
275	籽粒变成黄白色，似橡胶状，荚皱缩呈黄绿色
280	茎外表干燥呈浅黄绿色主茎外表失水呈浅黄绿色

表 B.1（续）

代码	描　　述
285	最底部荚干后变薄呈浅黄棕色最下部荚干枯荚壁薄化呈黄棕色
290	茎变得干硬易碎显出黄白色
1.1.7　衰老期	
300	下部和中部节干枯，下部荚变干变薄植株下部和中部节干枯，下部荚变干变薄
305	植株全部节和叶片干枯，中部荚干枯
310	植株全部节和叶片、荚干枯、但籽粒尚未变硬
330	籽粒干硬

B.2　涉及多个性状的解释

B.2.1　(a)：观测主茎或主枝始花节位叶片。

B.2.2　(b)：观测主茎或主枝始花节位叶片中最大的小叶。

B.2.3　(c)：观测主茎或主枝始花节位叶片托叶。

B.2.4　(d)：观测主茎或主枝始花节花。

B.2.5　(e)：观测主茎或主枝第二结荚节荚。

B.3　涉及单个性状的解释

注：性状分级和图中代码见表 A.1。

B.3.1　性状 1　＊植株：花青甙显色

＊植株：花青甙显色，豌豆的茎、叶腋、叶柄背面、花、荚、种子等任一器官或部位有花青甙显色者，记为花青甙显色“有”。见图 B.1。

1　　　　　　　　　　9
无　　　　　　　　　　有

图 B.1　＊植株：花青甙显色

B.3.2 性状 2 ＊植株:长度

＊植株:长度,成熟期测量植株从子叶节到植株主茎(或主枝)顶端的长度。

B.3.3 性状 4 ＊主茎:始花节以下的节数

＊主茎:始花节以下的节数,初花期至盛花期计数植株主茎或主枝从基部至始花节的节数。

B.3.4 性状 5 主茎:叶腋花青甙显色

主茎:叶腋花青甙显色,目测植株始花节叶腋,见图 B.2。

1 无　　9 有

图 B.2 主茎:叶腋花青甙显色

B.3.5 性状 6 仅适用于叶腋花青甙显色品种:主茎:叶腋花青甙显色类型

仅适用于叶腋花青甙显色品种:主茎:叶腋花青甙显色类型,见图 B.3。

1 单圈　　2 双圈

图 B.3 仅适用于叶腋花青甙显色品种:主茎:叶腋花青甙显色类型

B.3.6 性状 7 ＊叶:颜色

＊叶:颜色,见图 B.4。

1
黄绿色

2
绿色

3
蓝绿色

图 B.4 ＊叶:颜色

B.3.7 性状 8 ＊叶:小叶

＊叶:小叶,见图 B.5。

1
无

9
有

图 B.5 ＊叶:小叶

B.3.8 性状 9 叶:类型

叶:类型,见图 B.6。

图 B.6 叶:类型

B.3.9 性状 11 仅适用于有小叶品种:叶:小叶数

仅适用于有小叶品种:叶:小叶数,观测全株小叶数最多的叶,计数该叶上的小叶数。

B.3.10 性状 14 仅适用于有小叶品种:小叶:最宽处位置

仅适用于有小叶品种:小叶:最宽处位置,见图 B.7。

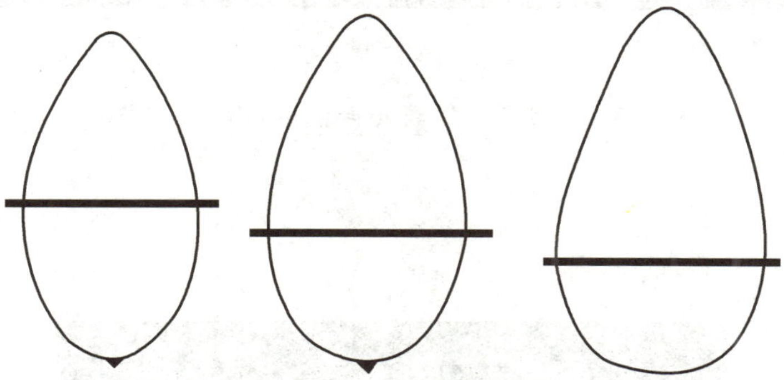

图 B.7 仅适用于有小叶品种:小叶:最宽处位置

B.3.11 性状 15 仅适用于有小叶品种:小叶:齿

仅适用于有小叶品种:小叶:齿,目测主枝或主茎第五节上的小叶边缘齿状有无,见图 B.8。

图 B.8 仅适用于有小叶品种:小叶:齿

B.3.12 性状 16 仅适用于有齿小叶品种:小叶:齿密度

性状 16 仅适用于有齿小叶品种:小叶:齿密度,见图 B.9。

图 B.9 仅适用于有齿小叶品种:小叶:齿密度

B.3.13 性状 19 * 托叶:剥蚀斑

* 托叶:剥蚀斑,见图 B.10。

图 B.10 * 托叶:剥蚀斑

B.3.14　性状 20　仅适用于托叶具剥蚀斑品种:托叶:剥蚀斑密度

仅适用于托叶具剥蚀斑品种:托叶:剥蚀斑密度,见图 B.11。

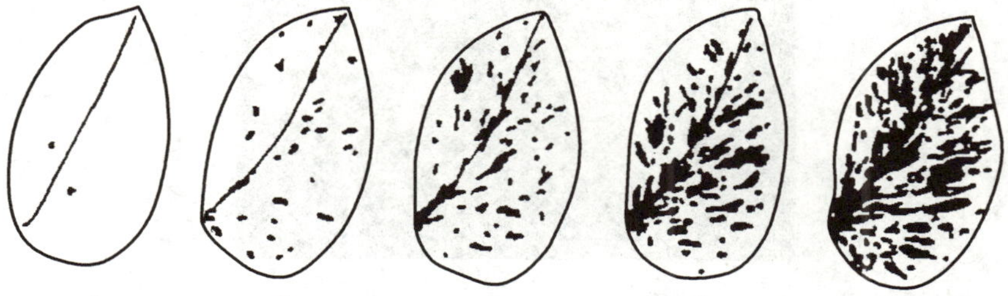

图 B.11　仅适用于托叶具剥蚀斑品种:托叶:剥蚀斑密度

B.3.15　性状 21　叶柄:长度

叶柄:长度,见图 B.12。

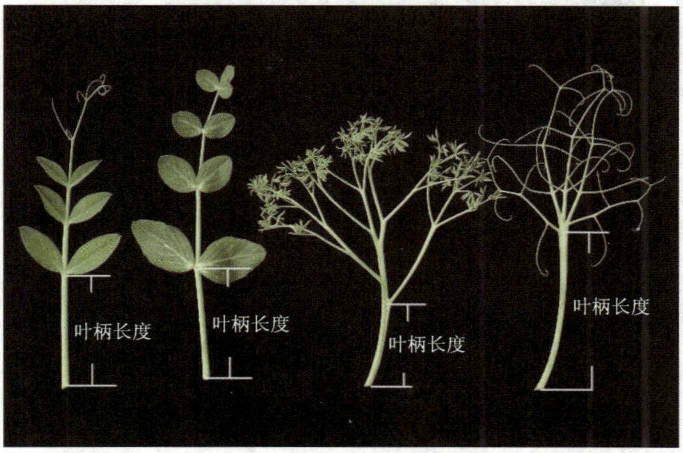

图 B.12　叶柄:长度

B.3.16　性状 22　* 开花期

* 开花期,旗瓣张开露出翼瓣时为开花,计数出苗到 50%的植株至少开出一朵花的天数。

B.3.17　性状 23　* 茎:扁化

* 茎:扁化,见图 B.13。

图 B.13 * 茎:扁化

B.3.18 性状 24 * 仅适用于茎扁化为无的品种:植株:单节最多小花数

* 仅适用于茎扁化为无的品种:植株:单节最多小花数,见图 B.14。

图 B.14 * 仅适用于茎扁化为无的品种:植株:单节最多小花数

B.3.19 性状 25 * 仅适用于花青甙显色品种:花:翼瓣颜色

* 仅适用于花青甙显色品种:花:翼瓣颜色,见图 B.15。

图 B.15 * 仅适用于花青甙显色品种:花:翼瓣颜色

B.3.20 性状 26 仅适用于花青甙显色品种:花:旗瓣花青甙显色强度

仅适用于花青甙显色品种:花:旗瓣花青甙显色强度,见图 B.16。

1 弱　　2 中　　3 强

图 B.16 仅适用于花青甙显色品种:花:旗瓣花青甙显色强度

B.3.21 性状 27 仅适用于无花青甙显色品种:花:旗瓣颜色

仅适用于无花青甙显色品种:花:旗瓣颜色,见图 B.17。

1 白色　　2 乳白色　　3 浅黄色

图 B.17 仅适用于无花青甙显色品种:花:旗瓣颜色

B.3.22 性状 29 * 花:旗瓣基部形状

* 花:旗瓣基部形状,见图 B.18。

1 强凸　　3 凸　　5 平　　7 凹　　9 深凹

图 B.18 * 花:旗瓣基部形状

B.3.23 性状 31 花:花萼先端形状

花:花萼先端形状,见图 B.19。

图 B.19 花:花萼先端形状

B.3.24 性状 32 花:花梗长度

花:花梗长度,见图 B.20。

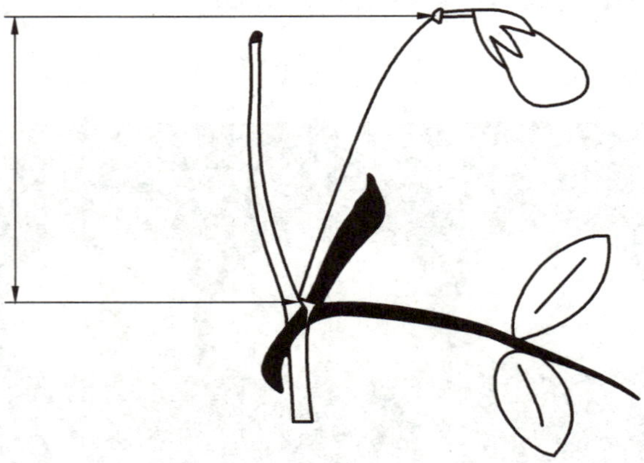

图 B.20 花:花梗长度

B.3.25 性状 37 * 荚:先端形状

* 荚:先端形状,见图 B.21。

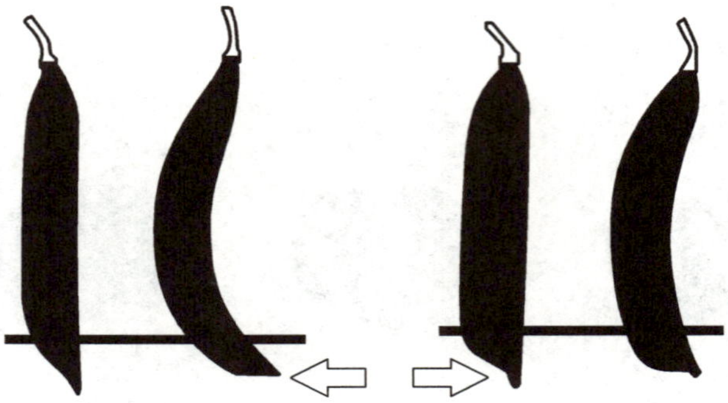

图 B.21 * 荚:先端形状

B.3.26 性状 38 * 荚:弯曲程度

* 荚:弯曲程度,见图 B.22。

1 无或极弱　3 弱　5 中　7 强　9 极强

图 B.22 * 荚:弯曲程度

B.3.27 性状 42 荚:缝合线花青甙显色

荚:缝合线花青甙显色,见图 B.23。

1 无　9 有

图 B.23 荚:缝合线花青甙显色

B.3.28 性状 43 荚:斑点

荚:斑点,见图 B.24。

1 无　　9 有

图 B.24　荚:外壁花青甙着色斑点

B.3.29　性状 46　籽粒:形状

籽粒:形状,见图 B.25。

1 球形　　2 卵形　　3 圆柱形　　4 立方体形　　5 不规则

图 B.25　籽粒:形状

B.3.30　性状 47　* 籽粒:种皮花青甙显色

* 籽粒:种皮花青甙显色,见图 B.26。

1 无　　9 有

图 B.26　* 籽粒:种皮花青甙显色

B.3.31 性状 48 * 仅适用于有花青甙显色品种:籽粒:种皮紫罗兰或粉红斑点密度

* 仅适用于有花青甙显色品种:籽粒:种皮紫罗兰或粉红斑点密度,见图 B.27。

1 疏　3 中　5 密

图 B.27 * 仅适用于有花青甙显色品种:籽粒:种皮紫罗兰色或粉红色斑点密度

B.3.32 性状 49 籽粒:颜色

籽粒:颜色,见图 B.28。

1 白色　2 黄色　3 绿色　4 棕绿色　5 红棕色　6 棕色

图 B.28 籽粒:颜色

B.3.33 性状 50 * 籽粒:淀粉粒类型

* 籽粒:淀粉粒类型,见图 B.29。

籽粒去掉种皮后,从子叶中提取细微的组织片段,放在载玻片上加一滴水,用盖玻片压紧后放在显微镜(16 倍目镜,40 倍物镜)下观测。单粒淀粉在形态上类似小麦和咖啡豆,可看见有一条沿着淀粉粒的裂缝,复合淀粉粒形状为不规则的星形或芽断片,淀粉粒中心可看见十字交叉状裂缝。

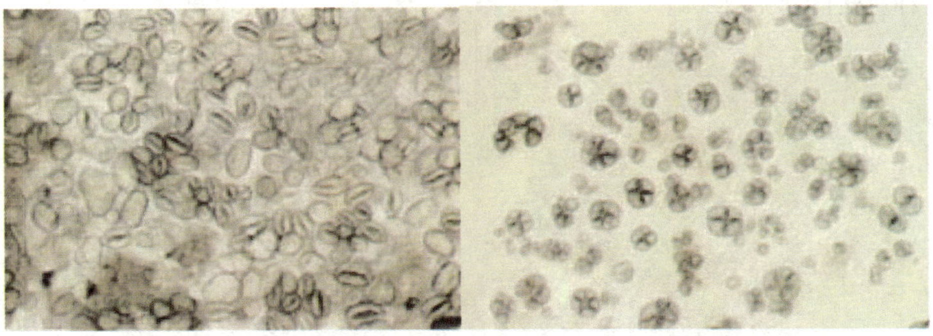

1 单粒型　2 复合型

图 B.29 * 籽粒:淀粉粒类型

B.3.34 性状 52 * 淀粉粒为复合型且籽粒皱缩品种:籽粒:子叶皱缩程度

* 淀粉粒为复合型且籽粒皱缩品种:籽粒:子叶皱缩程度,见图 B.30。

3 弱　　5 中　　7 强

图 B.30　淀粉粒为复合型且籽粒皱缩品种：籽粒：子叶皱缩程度

B.3.35　性状 53　＊籽粒：子叶颜色

＊籽粒：子叶颜色，见图 B.31。

1 绿色　　2 黄色　　3 橙黄色　　4 橙红色

图 B.31　＊籽粒：子叶颜色

B.3.36　性状 54　＊籽粒：种脐颜色

＊籽粒：种脐颜色，见图 B.32。

1 与种皮色相似　　2 较种皮色深

图 B.32　＊籽粒：种脐颜色

B.3.37　性状 55　籽粒:种皮颜色

籽粒:种皮颜色,见图 B.33。

图 B.33　籽粒:种皮颜色

B.3.38　性状 56　＊籽粒:百粒重

测定籽粒的水分(方法见 GB/T 3543.6)。随机取 100 粒发育良好的籽粒,准确称重至 0.01 g,并折算成国家种子质量标准规定水分的 100 粒籽粒的重量。

B.3.39　性状 57　抗白粉病

人工接种鉴定采用喷雾接种法。用蒸馏水冲洗采集的发病植株叶片上的白粉菌孢子,配制浓度为 8×10^4 孢子/mL 的病菌孢子悬浮液,喷雾接种豌豆叶片。接种后需进行田间灌溉,使土壤处于较高湿度条件下,以创造适宜发病的环境条件。接种后 10d 进行调查,分级标准见表 B.2。

表 B.2　抗白粉病分级

级别	症状描述
1 高抗	叶片上无可见侵染或者 0%＜菌体覆盖叶面积＜10%
2 抗	10%≤菌体覆盖叶面积＜35%
3 中抗	35%≤菌体覆盖叶面积＜65%
4 感	65%≤菌体覆盖叶面积＜90%
5 高感	菌体覆盖叶面积≥90%

B.3.40　性状 58　抗褐斑病

人工接种鉴定采用喷雾接种法。在室温下用蒸馏水浸泡经麦粒培养产生的病菌分生孢子器 1d,使其中的分生孢子释放出来,配制浓度为 3×10^5 孢子/mL 的病菌分生孢子悬浮液,喷雾接种豌豆叶片。接种后田间应充分灌溉,使接种鉴定田保持较高的大气湿度,保证病菌的入侵、扩展和植株能够正常发病。接种后 30 d 进行调查,分级标准见表 B.3。

表 B.3　抗褐斑病分级

级别	症状描述
1 高抗	叶片上无病斑或只有不产孢的、直径小于 0.5 mm 的小斑点
2 抗	叶片上病斑小(直径 1 mm～2 mm),分散,不产孢
3 中抗	叶片和荚果上病斑较多,分散,有轮纹并可见分生孢子器
4 感	叶片和荚果上病斑多且大,病斑相连,大量产生分生孢子器
5 高感	叶片和荚果上病斑极多且大,病斑相连,大量产生分生孢子器,叶片枯死并脱落

附　录　C
（规范性附录）
豌豆技术问卷

申请号：
申请日：
[由审批机关填写]

（申请人或代理机构签章）

一、品种暂定名称

____

二、申请测试人信息

姓名：
地址：
电话号码：　　　　传真号码：　　　　手机号码：
邮箱地址：
育种者姓名（如果与申请测试人不同）：

三、植物学分类

拉丁名：______________________
中文名：______________________

四、品种类型

在相符的类型[　]中打√。

生长习性

直立	[　]
半直立	[　]
蔓生	[　]

食用用途

干籽粒	[　]
鲜籽粒	[　]
嫩荚	[　]
嫩茎尖	[　]

结荚习性

有限结荚	[　]
无限结荚	[　]

五、待测品种的具有代表性彩色照片

{品种照片粘贴处}

(如果照片较多,可另附页提供)

六、品种的选育背景、育种过程和育种方法(包括系谱、培育过程和所使用的亲本或其他繁殖材料来源与名称的详细说明)

七、品种适于生长的区域或环境以及栽培技术的说明

八、其他有助于辨别待测品种的信息

(如品种用途、品质和抗性,请提供详细资料)

九、品种种植或测试是否需要特殊条件?

在相符[ ]中打√。

是[ ] 否[ ]

(如果回答是,请提供详细资料)

十、品种繁殖材料保存是否需要特殊条件?

在相符[ ]中打√。

是[ ] 否[ ]

(如果回答是,请提供详细资料)

十一、待测品种需要指出的性状

在表中相符的代码后[ ]中打√,若有测量值,请填写在表中。

待测品种需要指出的性状

性状序号	性状	表达状态	代码	测量值
1	*植株:花青甙显色(性状 1)	无 有	1[ ] 9[ ]	
2	*植株:长度(性状 2)	极短 极短到短 短 短到中 中 中到长 长 长到极长 极长	1[ ] 2[ ] 3[ ] 4[ ] 5[ ] 6[ ] 7[ ] 8[ ] 9[ ]	
3	*叶:小叶(性状 8)	无 有	1[ ] 9[ ]	
4	叶:类型(性状 9)	无卷须 半卷须 全卷须 碎叶型	1[ ] 2[ ] 3[ ] 4[ ]	
5	*托叶:剥蚀斑 (性状 19)	无 有	1[ ] 9[ ]	
6	*开花期(性状 22)	极早 极早到早 早 早到中 中 中到晚 晚 晚到极晚 极晚	1[ ] 2[ ] 3[ ] 4[ ] 5[ ] 6[ ] 7[ ] 8[ ] 9[ ]	
7	*茎:扁化(性状 23)	无 有	1[ ] 9[ ]	
8	*仅适用于花青甙显色品种:花:翼瓣颜色(性状 25)	粉红色 中等红色 紫红色	1[ ] 2[ ] 3[ ]	
9	仅适用于无花青甙显色品种:花:旗瓣颜色(性状 27)	白色 乳白色 浅黄色	1[ ] 2[ ] 3[ ]	

（续）

性状序号	性状	表达状态	代码	测量值
10	* 荚：类型（性状 35）	软荚 半软荚 硬荚	1[ ] 2[ ] 3[ ]	
11	* 荚：颜色（性状 39）	黄色 绿色 绿紫色 紫色	1[ ] 2[ ] 3[ ] 4[ ]	
12	* 鲜籽粒：绿色程度（性状 44）	极浅 极浅到浅 浅 浅到中 中 中到深 深 深到极深 极深	1[ ] 2[ ] 3[ ] 4[ ] 5[ ] 6[ ] 7[ ] 8[ ] 9[ ]	
13	* 籽粒：种皮花青甙显色（性状 47）	无 有	1[ ] 9[ ]	
14	* 籽粒：淀粉粒类型（性状 50）	单粒型 复合型	1[ ] 2[ ]	
15	* 籽粒：子叶颜色（性状 53）	绿色 黄色 橙黄色 橙红色	1[ ] 2[ ] 3[ ] 4[ ]	
16	* 籽粒：种脐颜色（性状 54）	与种皮色相似 较种皮色深	1[ ] 2[ ]	
17	* 籽粒：百粒重（性状 56）	极小 极小到小 小 小到中 中 中到大 大 大到极大 极大	1[ ] 2[ ] 3[ ] 4[ ] 5[ ] 6[ ] 7[ ] 8[ ] 9[ ]	

十二、待测品种与近似品种的明显差异性状表达状态描述

在自己知识范围内，申请测试人列出待测品种与其最为近似品种的明显差异。

待测品种与近似品种的明显差异性状表

近似品种名称	性状名称	近似品种表达状态	待测品种表达状态

申请人员承诺：技术问卷所填写的信息真实！

签名：

____

ICS 07.060
N 95

中华人民共和国国家标准

GB/T 19565—2017
代替 GB/T 19565—2004

总 辐 射 表

Pyranometer

2017-05-12 发布 2017-12-01 实施

中华人民共和国国家质量监督检验检疫总局
中国国家标准化管理委员会 发布

前　言

本标准按照 GB/T 1.1—2009 给出的规则起草。

本标准代替 GB/T 19565—2004《总辐射表》，与 GB/T 19565—2004 相比主要技术变化如下：

——增加了“引言”；

——删除了术语“余弦响应”和“方位响应”(见 2004 年版的 3.6 和 3.7)；

——增加了术语“方向性响应”(见 3.6)；

——增加了术语“零点偏移”(见 3.10)；

——删除了性能指标“余弦响应误差”和“方位响应误差”(见 2004 年版 5.2.6 和 5.2.7)；

——删除了性能指标“年稳定性”(见 2004 年版 5.2.10)；

——删除了使用环境条件“运输”(见 2004 年版 5.3.3)；

——增加了性能指标“方向性响应误差”(见 5.2)；

——增加了性能指标“零点偏移”(见 5.2)；

——增加了使用环境条件“沙尘”(见 5.3.3)；

——增加了使用环境条件“抗盐雾腐蚀”(见 5.3.4)；

——增加了使用环境条件“电磁兼容”(见 5.3.5)；

——增加了性能测试“方向性响应误差”(见 7.6)；

——增加了性能测试“零点偏移”(见 7.8)；

——增加了环境条件试验“沙尘试验”(见 7.10.4)；

——增加了环境条件试验“盐雾试验”(见 7.10.5)；

——增加了环境条件试验“静电放电抗扰度试验”(见 7.10.6)；

——删除了性能测试“年稳定性”(见 2004 年版 6.4.10)；

——删除了环境条件试验“运输试验”(见 2004 年版 6.5.4)；

——删除了检验项目表 1 中的“运输检验”(见 2004 年版 7.3)；

——增加了检验项目表 2 中的“沙尘试验”“盐雾试验”和“静电放电抗扰度试验”(见 8.3)。

本标准由全国气象仪器与观测方法标准化技术委员会(SAC/TC 507)提出并归口。

本标准起草单位：中国气象局气象探测中心、江苏省无线电科学研究所有限公司、湖北省气象信息与技术保障中心。

本标准主要起草人：吕文华、边泽强、孙立新、丁蕾、崇伟、徐毅刚、曾涛。

引　言

总辐射表(亦称总日射表、天空辐射表)是用于测量太阳辐射的仪器。它与专用记录仪或电测仪表相连,根据总辐射表安装状态不同,可分别测量太阳总辐射、反射辐射、借助遮光装置测量散射辐射。

GB/T 19565—2004《总辐射表》自发布实施至今已超过十年。期间,随着科学技术的发展,总辐射表的生产制造技术也发生了很大的变化。为了适应世界气象组织《Guide to Meteorological Instruments and Methods of Observation(WMO,2008)》对总辐射观测的相关技术要求,更好的指导总辐射表的设计、生产、制造和测试,提高太阳总辐射的测量准确度,特进行修订。

总 辐 射 表

1 范围

本标准规定了工作级热电式总辐射表(简称总辐射表)的组成、技术要求、试验方法、检验规则、标识、包装、运输、贮存和成套性等。

本标准适用于总辐射表的研制、生产、验收。

2 规范性引用文件

下列文件对于本文件的应用是必不可少的。凡是注日期的引用文件,仅注日期的版本适用于本文件。凡是不注日期的引用文件,其最新版本(包括所有的修改单)适用于本文件。

GB/T 2423.1 电工电子产品环境试验 第2部分:试验方法 试验A:低温

GB/T 2423.2 电工电子产品环境试验 第2部分:试验方法 试验B:高温

GB/T 2423.4 电工电子产品环境试验 第2部分:试验方法 试验Db:交变湿热(12 h+12 h循环)

GB/T 2423.17—2008 电工电子产品环境试验 第2部分:试验方法 试验Ka:盐雾

GB/T 2423.37 电工电子产品环境试验 第2部分:试验方法 试验L:沙尘试验

GB/T 17626.2 电磁兼容 试验和测量技术 静电放电抗扰度试验

GB/T 31163—2014 太阳能资源术语

JB/T 9329 仪器仪表运输 运输贮存 基本环境条件及试验方法

JJG 458 总辐射表检定规程

3 术语和定义

下列术语和定义适用于本文件。

3.1

总辐射 global solar radiation

总日射

水平面从上方2π立体角范围内接收到的直接辐射和散射辐射之和。

[GB/T 31163—2014,定义5.15]

3.2

辐[射]照度 irradiance

物体在单位时间、单位面积上接收到的辐射能。

注:辐[射]照度的测量单位为瓦[特]每平方米($W \cdot m^{-2}$)。

[GB/T 31163—2014,定义6.3]

3.3

太阳高度角 solar altitude angle

日面中心的高度角。

注:从观测点地平线沿太阳所在地平经圈量至日面中心的角距离。

3.4

灵敏度　sensitivity

仪器达到稳定后，输出的电信号与总辐射的比值。

注：单位为微伏平方米每瓦($\mu V \cdot W^{-1} \cdot m^2$)。

3.5

响应时间　response time

当仪器输入有阶跃变化时，仪器输出从一个稳态值到另一个稳态值所需的时间。

注：单位为秒(s)。

3.6

方向性响应　directional response

当入射光线随天顶角变化时，从任何方位测量所引起误差。

3.7

非线性　non-linearity

不同辐照度下的灵敏度变化。

3.8

倾斜响应　tilt response

仪器倾斜角度变化引起的灵敏度变化。

3.9

温度响应　temperature response

环境温度变化引起的灵敏度变化。

3.10

零点偏移　zero offset

环境温度变化引起的零点变化。

4　产品组成

4.1　概述

总辐射表由感应元件、玻璃罩和附件等部件组成。

4.2　感应元件

由感应面和热电堆组成，当感应面接收辐射增热时，热电堆产生温差电动势，其大小与接收的辐射量成正比。

4.3　玻璃罩

能透过波长 0.3 μm～3.0 μm 范围的半球形罩。

4.4　附件

由基座、干燥剂、水准器、接线柱、防辐射板和保护罩等组成。

5　技术要求

5.1　一般要求

总辐射表应满足：

a) 感应面涂层应为无光黑漆,其表面平整、均匀、牢固、不反光、无斑迹、无裂纹、无脱落和异物附着等。

b) 感应面与光阑表面应齐平,间隙应均匀适当。

c) 玻璃罩与固定环、感应面应同心,且固定环上沿与光阑表面齐平。封装剂不能高出固定环的上沿。

d) 玻璃罩应密封良好,罩内不得有异物附着和水汽凝结。

e) 玻璃罩应厚薄均匀,无明显的气泡、气丝、斑点、划痕、水纹、结石等缺陷。

f) 干燥剂固定应牢固、密封,便于更换。

g) 仪器遮光罩(保护罩)应松紧合适,取下和盖上都方便。

h) 仪器遮光罩、防辐射板和基座表面为白色保护层,保护层牢固、均匀,不得有脱落、锈蚀等缺陷;仪器不得采用易锈蚀材料。

i) 仪器信号线应有固定的正、负极标记。

j) 水准器平面应与感应面平行,水平调整螺钉能灵活转动,方便操作,水准器中气泡应便于观察。

k) 仪器应有永久性铭牌,标识和字符应清晰、完整、醒目。

5.2 性能指标

总辐射表分为两级,性能指标见表1。

表1 总辐射表的性能指标

序号	指标名称	一级	二级
1	绝缘电阻(热电堆与仪器基座之间)	≥1 MΩ	≥1 MΩ
2	内阻	≤800 Ω	≤800 Ω
3	灵敏度允许范围	≥7 $\mu V \cdot W^{-1} \cdot m^2$	≥7 $\mu V \cdot W^{-1} \cdot m^2$
4	响应时间(95%响应)	≤20 s	≤30 s
5	非线性误差	≤1%	≤3%
6	方向性响应误差(垂直入射1 000 $W \cdot m^{-2}$时)	≤20 $W \cdot m^{-2}$	≤30 $W \cdot m^{-2}$
7	温度响应(在50 K间隔内)误差	≤4%	≤8%
8	零点偏移(对环境温度5 $K \cdot h^{-1}$变化的响应)	≤4 $W \cdot m^{-2}$	≤8 $W \cdot m^{-2}$
9	倾斜(180°)响应误差	≤2%	≤5%

5.3 使用环境条件

5.3.1 温度:−40 ℃~+60 ℃。

5.3.2 相对湿度:0%~100%。

5.3.3 沙尘:符合GB/T 2423.37的要求。

5.3.4 抗盐雾腐蚀:符合GB/T 2423.17—2008的要求。

5.3.5 电磁兼容:产品的静电放电抗扰度应满足接触放电:GB/T 17626.21级,2 kV,空气放电:GB/T 17626.22级,4 kV,性能判据:GB/T 18268.1—2010,B的要求。

5.4 试验环境条件

5.4.1 室外测试环境条件

应满足下列要求：

a) 天空晴朗，太阳高度角不小于 30°，四周空旷，仪器感应面以上没有任何障碍物。

b) 空气温度 5 ℃～35 ℃，风速不大于 5 $m \cdot s^{-1}$，相对湿度不大于 80%。

5.4.2 室内测试环境条件

应满足下列要求：

a) 室内测试设备应安装在暗室中，并用黑色幕布遮挡，测试人员应穿深色工作服。

b) 人工光源辐照度在入射光线与仪器感应面垂直时，在 200 $W \cdot m^{-2}$～1 100 $W \cdot m^{-2}$ 范围内可调。

c) 室温 15 ℃～25 ℃，相对湿度不大于 80%。

6 一般检查

一般检查合格的总辐射表方可进行性能测试，方法如下：

a) 5.1a)～c)和 5.1e)～k)的检查用目测结合手动调整进行。

b) 5.1d)检查方法是：将仪器放在温度为 15 ℃～25 ℃、相对湿度不小于 90%环境中 4 h 后，然后移到温度为 0 ℃±1 ℃环境中，检查玻璃罩内表面是否有水汽凝结。

7 性能测试

7.1 绝缘电阻测试

7.1.1 测试设备

电压为 100 V 的兆欧表。

7.1.2 测试方法

兆欧表的测试端分别与仪器的一个输出端和基座的金属部分相连，测得的电阻即为绝缘电阻。

7.2 内阻测试

7.2.1 测试设备

0.05 级、分辨率为 1 μV 的数字多用表。

7.2.2 测试方法

按下列方法进行：

a) 盖上仪器遮光罩，用数字多用表的欧姆档直接测量。

b) 调换极性，至少测量两次，取其平均值为测量结果(保留一位小数)。

7.3 灵敏度测试

7.3.1 测试仪器仪表

标准总辐射表,0.05 级、分辨率为 1 μV 的数字多用表或辐射数据采集器。

7.3.2 室外测试方法

按 JJG 458 的有关规定,灵敏度测试宜在室外条件下进行,具体步骤如下:

a) 计算当天 10 时以后的太阳高度角,太阳高度角计算参见附录 A,在满足太阳高度角大于 30°和其他室外测试环境条件下,将标准总辐射表和被测仪器同时放在室外平台上(接线柱或信号插座朝北,相当于方位角 0°),清除玻璃罩上的灰尘,调整好仪器的水平,并与电测仪表(数字多用表或辐射数据采集器)正确连接。
b) 取下遮光罩,检查仪器输出信号的大小和稳定性;在正式测量之前,所有仪器及仪表应预热半小时以上。
c) 对标准总辐射表和被测仪器同时进行太阳总辐射的测量,采样间隔时间不大于 3 min,测量时间为 3 h～4 h(一般在地方时 10 时至 14 时之间进行)。同时记录下测量期间的平均气温。
d) 正式采样测试期间,不许人员靠近,以免遮挡、反射阳光,对测量结果造成影响。

7.3.3 数据处理

根据标准仪器和被测仪器同时采集的瞬时值,按下式计算每次测量的比值 $F_{(i,j)}$(保留三位小数)见式(1):

$$F_{(i,j)}=\frac{V_{(i,j)}}{V_{0(i,j)}} \qquad \cdots\cdots(1)$$

式中:

$V_{(i,j)}$ ——被测仪器的第 j 组第 i 个输出值,单位为微伏(μV);

$V_{0(i,j)}$——标准仪器的第 j 组第 i 个输出值,单位为微伏(μV)。

以 1 h 的测量数据为一组,按式(2)计算出 j 组比值的平均值 $F_{(j)}$:

$$F_{(j)}=\frac{1}{n}\sum_{i=1}^{n}F_{(i,j)} \qquad \cdots\cdots(2)$$

式中:

n——测量次数。

对于具有 m 组测量系列来说,按式(3)确定最后比值的平均值 F:

$$F=\frac{1}{m}\sum_{j=1}^{m}F_{(j)} \qquad \cdots\cdots(3)$$

按式(4)计算被测仪器的灵敏度 K:

$$K=K_0\cdot F \qquad \cdots\cdots(4)$$

式中:

K ——被检总辐射表的灵敏度(保留两位小数),单位为微伏平方米每瓦($\mu V\cdot W^{-1}\cdot m^2$);

K_0 ——标准总辐射表的灵敏度,单位为微伏平方米每瓦($\mu V\cdot W^{-1}\cdot m^2$)。

按式(5)计算每组中单个测量的标准偏差 s:

$$s=\sqrt{\frac{1}{n-1}\sum_{i=1}^{n}(F_{(i,j)}-F_{(j)}{}^2} \qquad \cdots\cdots(5)$$

如果$|F_{(i,j)}-F_{(j)}|>3$ s时，应将该数据删除。重新计算$F_{(j)}$,F和K值。

测试结果应符合表1的要求。

7.3.4 室内测试方法

总辐射表的灵敏度测试以室外太阳光下测试为主，也可在室内检测设备上进行。室内检测设备按附录B规定的性能指标配置。室内灵敏度测试按附录C规定的方法进行。

7.4 响应时间测试

7.4.1 测试仪器仪表

0.05级、分辨率为1 μV的数字多用表或准确度、分辨力相当的辐射数据采集器，秒表，室内测试设备(见附录B)。

7.4.2 测试方法

按下列方法进行：

a) 可在室外阳光下，也可在室内测试设备上进行，可采取蔽光或曝光测试。

b) 采取蔽光测试时，按式(6)计算响应时间的测点位置P：

$$P=5\times\frac{V-V_0}{100}+V_0 \qquad \cdots\cdots(6)$$

式中：

V ——仪器电压输出值，即曝光时仪器稳定后的输出值，单位为微伏(μV)；

V_0 ——零位值，即蔽光时仪器稳定后的输出值，单位为微伏(μV)。

c) 取三次测量的平均值作为响应时间的测量结果，单位为秒(s)。

7.5 非线性误差的测试

7.5.1 测试设备

0.05级、分辨率为1 μV的数字多用表或辐射数据采集器，室内测试设备(见附录B)。

7.5.2 测试方法

按下列方法进行：

a) 在符合室内测试条件的情况下进行测试。要求入射光线与仪器感应面垂直时的辐照度分别为250 W·m^{-2}、500 W·m^{-2}、750 W·m^{-2}、1 000 W·m^{-2}，测定各辐照度下的仪器灵敏度。

b) 以500 W·m^{-2}辐照度时仪器的灵敏度为准，根据式(7)计算各辐照度下的非线性误差δ_i：

$$\delta_i=\left|1-\frac{K_i}{K_{500}}\right|\times 100\% \qquad \cdots\cdots(7)$$

式中：

K_i ——为各测试点上的灵敏度，单位为微伏平方米每瓦(μV·W^{-1}·m^2)；

K_{500} ——为辐照度为500 W·m^{-2}时的灵敏度，单位为微伏平方米每瓦(μV·W^{-1}·m^2)。

c) 测试结果最大值为非线性响应误差。

7.6 方向性响应误差测试

7.6.1 测试设备

0.05 级、分辨率为 1 μV 的数字多用表或辐射数据采集器，室内测试设备(见附录 B)。

7.6.2 测试方法

按下列方法进行：

a) 在符合室内测试条件的情况下进行测试。被测仪器固定安装在室内测试设备上，调节水平。打开室内测试设备，调节使入射光线与仪器感应面垂直时的辐照度为 1 000 W·m^{-2}，待光源稳定开始测试，测试过程中保持光源辐照度不变。

b) 天顶角依次设定为 0°，40°，60°和 80°，对每个天顶角，分别在 4 个方位角 0°，90°，180°和 270°上，测量总辐射表相对于垂直入射方向的输出，在每个测试点上采集 10 个数据，计算算术平均值作为测量值。

c) 方向性响应误差按式(8)计算：

$$\Delta_{1\,000}(\theta,\psi)=1\,000\cos\theta\times\left[\frac{R(\theta,\psi)}{R(\theta=0)}-1\right] \qquad \cdots\cdots(8)$$

式中：

$\Delta_{1\,000}(\theta,\psi)$——1 000 W·m^{-2}条件下的方向性响应误差，单位为瓦每平方米(W·m^{-2})；

θ ——天顶角，单位为度(°)；

ψ ——方位角，单位为度(°)；

$R(\theta,\psi)$ ——仪器在 θ，ψ 方向上的辐照度输出值，单位为瓦每平方米(W·m^{-2})；

$R(\theta=0)$ ——仪器在 $\theta=0$ 方向上的辐照度输出值，单位为瓦每平方米(W·m^{-2})。

d) 测试结果最大值为方向性响应误差。

7.7 温度响应误差测试

7.7.1 测试设备

0.05 级、分辨率为 1 μV 的数字多用表或辐射数据采集器，室内测试设备(见附录 B)，温度试验箱(见附录 B)。

7.7.2 测试方法

按下列方法进行：

a) 仪器置于辐射仪器温度测试箱内，入射光通过测试窗口垂直照射于仪器感应面，辐照度为 500 W·m^{-2} 以上。

b) 测试点为−30 ℃、0 ℃、+20 ℃、+50 ℃。

c) 在所选温度测试点上分别读取仪器输出值，然后根据式(9)计算相对于 20 ℃的温度响应误差 δ_t：

$$\delta_t=\left|1-\frac{N_t}{N_{20}}\right|\times100\% \qquad \cdots\cdots(9)$$

式中：

N_t ——为各不同温度点上的仪器输出值，单位为微伏(μV)；

N_{20}——为 20 ℃时仪器输出值,单位为微伏(μV)。

d) 测试结果最大值为温度响应误差。

7.8 零点偏移测试

7.8.1 测试设备

0.05 级、分辨率为 1 μV 的数字多用表或辐射数据采集器,温度试验箱(见附录 B)。

7.8.2 测试方法

按下列方法进行:

a) 将被测总辐射表放置在温度试验箱内,并与数字多用表连接。温度试验箱入射窗口用黑布盖上,避免光线照射到总辐射表感应面上。

b) 将温度控制在 20 ℃,待被检总辐射表输出值稳定后,数字多用表开始测量其电压值,采样 10 次,采样间隔 10 s~15 s,计算采样平均值作为测量值。

c) 调节温度试验箱以 5 K·h^{-1}的变化速率上升或下降到 25 ℃或 15 ℃,测量温度开始变化后每分钟的总辐射表输出电压值。

d) 温度上升到 25 ℃或下降到 15 ℃时,稳定温度,待总辐射表输出稳定后,采样 10 次,采样间隔 10 s~15 s,计算采样平均值作为测量值。

e) 调节温度试验箱以 5 K·h^{-1}的变化速率回复到 20 ℃,测量温度开始变化后每分钟的总辐射表输出电压值。

f) 按式(10)计算每分钟零点偏移误差 P_i:

$$P_i = \left| \frac{v_{di} - v_{d0}}{K} \right| \qquad \cdots\cdots(10)$$

式中:

v_{di}——变温过程中每分钟总辐射表输出电压值,单位为微伏(μV)。

v_{d0}——每次变温前稳定条件下总辐射表输出电压采样的平均值,单位为微伏(μV)。

K ——总辐射表的灵敏度,单位为微伏平方米每瓦(μV·W^{-1}·m^2)。

g) 测试结果最大值为零点偏移误差。

7.9 倾斜响应误差测试

7.9.1 测试设备

0.05 级、分辨率为 1 μV 的数字多用表或辐射数据采集器,室内测试设备(见附录 B)。

7.9.2 测试方法

按下列方法进行:

a) 在符合室内测试条件情况下进行测试。要求入射光与仪器感应面垂直时,辐照度为 500 W·m^{-2}以上。被测总辐射表固定在工作台上,稳定后读取仪器 0°倾斜(即水平位置)时的仪器输出值 V_{01}。

b) 将仪器依次翻转 45°、90°、180°,仍保持入射光线与感应面垂直,再读取仪器输出值。

c) 将仪器转回到初始位置,读取仪器的输出值 V_{02}。

d) 以仪器两次水平读数 V_{01} 和 V_{02} 的平均值 $\overline{V}_0$ 为准,按式(1)计算倾斜响应误差:

$$\delta_i = \left|1 - \frac{V_i}{V_0}\right| \times 100\% \qquad \cdots\cdots(11)$$

式中：

δ_i ——为仪器倾斜 45°、90°、180°状态下的倾斜相应误差，i 分别取 1,2,3；

V_i ——为仪器倾斜 45°、90°、180°状态下的仪器输出值，i 分别取 1,2,3，单位为微伏(μV)。

e) 对于有特定倾斜角度要求使用的总辐射表，按照式(11)方法，对这一特定倾斜角度进行误差测定。

7.10 环境条件试验

7.10.1 低温试验

按 GB/T 2423.1 的有关规定进行。试验参数如下：

试验温度：−42 ℃～−38 ℃；

持续时间：2 h；

温度变化速率不大于 1 ℃/min；

整个过程中仪器应能正常工作。

7.10.2 高温试验

按 GB/T 2423.2 的有关规定进行。试验参数如下：

试验温度：48 ℃～52 ℃；

持续时间：2 h；

温度变化速率不大于 1 ℃/min；

整个过程中仪器应能正常工作。

7.10.3 交变湿热试验

按 GB/T 2423.4 的有关规定进行，高温温度为 55 ℃，相对湿度 92%～98%，试验周期 24 h。仪器应能正常工作。

7.10.4 沙尘试验

按 GB/T 2423.37 中试验 L 的有关规定进行，试验过程中受试样品处于非工作状态，试验结束后产品应无肉眼可见的明显积尘，仪器应能正常工作。

7.10.5 盐雾试验

试验采用连续喷雾法，持续时间不应少于 48 h。具体按 GB/T 2423.17 的有关规定进行。试验结束后，用流动水轻轻洗掉试验样品表面盐沉积物，再用蒸馏水漂洗，并放入(40±2)℃的烘箱中干燥2 h，然后在正常大气条件下恢复 1 h～2 h。恢复后的产品应能正常工作。

7.10.6 静电放电抗扰度试验

按 GB/T 17626.2 的试验方法，分别对电源端口、数据端口实施接触放电 2 kV、空气放电 4 kV 的静电放电。

8 检验规则

8.1 检验分类

本标准规定的检验分为：

a） 型式检验。

b） 出厂检验。

8.2 检验分组

本标准规定的型式检验和出厂检验均分为下列三个检验组：

a） A 组检验：由外观检查，结构检查等组成。

b） B 组检验：以性能试验为主。

c） C 组检验：环境条件试验。

8.3 检验项目

检验项目见表 2。

表 2 检验项目

序号	检验项目	型式检验	出厂检验	技术要求条文	试验方法条文
	A 组检验				
1	外观	●	●	5.1a)～5.1k)	6a)～6b)
	B 组检验				
2	绝缘电阻	●	●	5.2	7.1
3	内阻	●	●	5.2	7.2
4	灵敏度	●	●	5.2	7.3
5	响应时间	●	●	5.2	7.4
6	非线性误差	●	●	5.2	7.5
7	方向性响应误差	●	●	5.2	7.6
8	温度响应误差	●	●	5.2	7.7
9	零点偏移	●	●	5.2	7.8
10	倾斜响应误差	●	●	5.2	7.9
	C 组检验				
12	低温检验	●	○	5.3.1	7.10.1
13	高温检验	●	○	5.3.1	7.10..2
14	交变湿热检验	●	○	5.3.2	7.10.3
15	沙尘试验	●	○	5.3.3	7.10.4
16	盐雾试验	●	○	5.3.4	7.10.5
17	静电放电抗扰度试验	●	○	5.3.5	7.10.6
注：●——应进行检验的项目。 ○——需要时进行检验的项目。					

8.4 检验标准与设备

检验标准应具有可溯源性，检验设备应在检定有效期内。

8.5 缺陷的判定

8.5.1 分类

本标准规定缺陷分为重缺陷和轻缺陷。

8.5.2 重缺陷

检测的性能指标误差超过规定的范围。

8.5.3 轻缺陷

只有外观有缺陷，但不影响仪器的性能。

8.6 型式检验

8.6.1 检验目的

型式检验是用于本型号的若干样品进行的一系列完整的检验。确定生产方是否有能力生产符合本标准要求的产品。

型式检验在下列情况下进行：

a） 新产品定型时。

b） 主要设计、工艺、材料及元器件有重大变更时。

c） 停产两年以上再生产时。

d） 对成批生产的总辐射表定期抽检时。

8.6.2 检验项目

表2中的全部项目。

8.6.3 抽样

8.6.3.1 A组检验

随机抽取三台仪器进行A组检验。

新产品定型时，样机如少于三台，则全数检验。

8.6.3.2 B组检验

用A组检验合格的三台仪器进行B组检验。

8.6.3.3 C组检验

在B组检验合格的三台仪器中随机抽取两台进行C组检验。

8.6.4 合格判断

在A组～C组检验中不允许出现重缺陷，但允许出现三个以内轻缺陷。出现轻缺陷时，应排除故障，再次检验合格后，才能进行下一个检验。在A组～C组检验全部合格后才能判定检验合格。

8.7 出厂检验

8.7.1 检验目的

出厂检验是对每台仪器在出厂前进行的一系列检验，以判定是否符合产品标准的要求。

8.7.2 A 组检验

A 组检验是全部检验。

A 组检验不允许出现重缺陷，若出现则判 A 组检验不合格。

A 组检验出现轻缺陷，经返修再检验合格后判 A 组检验合格。

8.7.3 B 组检验

B 组检验是全部检验。

B 组检验不允许出现重缺陷，若出现则判 A 组检验不合格。

B 组检验出现轻缺陷，经返修再检验合格后判 B 组检验合格。

8.7.4 出厂检验的合格判定

A、B 各组检验合格的产品，才能判定为出厂检验合格。

9 标识、包装、运输、贮存

9.1 标识

9.1.1 产品标识

至少包括以下内容：

a） 制造厂名。

b） 产品名称和型号。

c） 出厂编号。

d） 出厂日期。

9.1.2 包装标识

至少包括以下内容：

a） 产品名称、型号和数量。

b） 制造厂名。

c） 包装箱编号。

d） 外形尺寸。

e） 毛重。

f） “小心轻放”“向上”等符合规定的标识。

9.2 包装

9.2.1 包装箱应牢固，内有防振动等措施。

9.2.2 每个包装箱内都有装箱单。

9.3 运输

应符合 JB/T 9329 的有关规定。

9.4 贮存

包装好的产品应贮存在环境温度－10 ℃～＋40 ℃、相对湿度小于 80％的室内，且周围无腐蚀性挥发物。

10 产品的成套性

至少包括以下内容：

a) 总辐射表一台。
b) 仪器信号线一根。
c) 防护罩一个。
d) 使用说明书一份。
e) 检定证书一份。
f) 合格证一张。
g) 保修单一份。
h) 装箱清单一份。

附 录 A
（资料性附录）
太阳高度角计算

A.1 时差

时差指真太阳时与地方平均太阳时之差，按式(A.1)计算：

$$E_Q = 0.002\,8 - 1.985\,7\sin Q + 9.905\,9\sin 2Q - 7.092\,4\cos Q - 0.688\,2\cos 2Q \quad \cdots\cdots(\text{A.1})$$

$$Q = 2\pi \times 57.3 \times (N + \Delta N - N_0)/365.242\,2 \quad \cdots\cdots(\text{A.2})$$

$$N_0 = 79.676\,4 + 0.242\,2 \times (Y - 1985) - \text{INT}[0.25 \times (Y - 1985)] \quad \cdots\cdots(\text{A.3})$$

式中：

E_Q ——时差，单位为小时(h)；

Q ——日角，单位是弧度(rad)；

N ——积日；

ΔN ——积日订正值；

N_0 ——年份积日订正值；

Y ——年份；

INT( )——求出不大于 X 的最大整数的标准函数。

积日 N 是将一年的天数按顺序排列，1 月 1 日为 1，2 日为 2，其余类推，平年 12 月 31 日为 365，闰年 12 月 31 日为 366；ΔN 由观测地点与格林尼治经度差产生的时间差订正值 L（东经取负号，西经取正号）和观测时刻与格林尼治 0 时时间差订正值 W 两项组成，L 和 W 分别由式(A.4)和式(A.5)计算，ΔN 由式(A.6)计算。

$$\pm L = (D + M/60) \times 15 \quad \cdots\cdots(\text{A.4})$$

$$W = (S + F/60) \quad \cdots\cdots(\text{A.5})$$

$$\Delta N = (W - L)/24 \quad \cdots\cdots(\text{A.6})$$

式中：

D ——观测点经度的度值，单位为度(°)；

M ——观测点经度的分值，单位为分(′)；

S ——观测时刻的时值，单位为时(h)；

F ——观测时刻的分值，单位为分(min)。

A.2 真太阳时

按式(A.7)计算：

$$TT = T_M + E_Q = C_T + L_c + E_Q \quad \cdots\cdots(\text{A.7})$$

式中：

TT ——真太阳时，单位为时(h)；

T_M ——地方平均太阳时，单位为时(h)；

C_T ——地方标准时，单位为时(h)；

L_c ——经度订正(4 min /°)，地方子午圈在标准子午圈的东边，则 L_c 为正，反之为负；

E_Q ——时差，单位为秒(s)。

A.3 太阳赤纬

按式(A.8)计算：

$$\delta = 0.372\ 3 + 23.256\ 7\sin Q + 0.114\ 9\sin 2Q - 0.171\ 2\sin 3Q - 0.758\ 0\cos Q + 0.365\ 6\cos 2Q + 0.020\ 1\cos 3Q \qquad \text{(A.8)}$$

式中：

δ——太阳赤纬，单位为度(°)。

A.4 太阳高度角

按式(A.10)计算：

$$T_0 = (TT - 12) \times 15 \qquad \text{(A.9)}$$

$$\sin\theta = \sin\varphi \cdot \sin\delta + \cos\varphi \cdot \cos\delta \cdot \cos T_0 \qquad \text{(A.10)}$$

式中：

θ ——太阳高度角，单位为度(°)；

φ ——当地纬度，单位为度(°)；

δ ——太阳赤纬，单位为度(°)；

T_0——太阳时角，单位为度(°)。

附　录　B
（规范性附录）
室内检测设备和温度试验箱的性能指标要求

B.1　室内检测设备

至少满足以下技术要求：

a）有效辐照面积不小于 60 mm×60 mm。

b）辐照度在 200 W·m^{-2}～1 100 W·m^{-2}范围内可调。

c）辐照不均匀度不大于 1%。

d）辐照不稳定度不大于 1%。

e）光束准直角优于±2°。

f）光谱辐照度分布按国际 A 级 AM1.5 太阳光谱匹配。

g）高度角和方位角的角度转动误差±0.1°。

B.2　温度试验箱

至少满足以下技术要求：

a）温度范围－40 ℃～＋40 ℃。

b）温度波动度±0.5 ℃。

c）温度场均匀性±0.5 ℃。

附　录　C
（规范性附录）
灵敏度室内测试方法

C.1　测试仪表设备

标准总辐射表，0.05 级、分辨率为 1 μV 的数字多用表或辐射数据采集器，辐射仪器室内测试设备（见附录 B）。

C.2　测试环境条件

与 5.4.2（室内测试环境条件）相同，即：

a）室内测试设备应安装在暗室中，并用黑色幕布遮挡，测试人员应穿深色工作服。

b）人工光源辐照度在入射光线与仪器感应面垂直时，在 200 W·m^{-2}～1 100 W·m^{-2} 范围内可调。

c）室温 15 ℃～25 ℃，相对湿度≤80%。

C.3　测试方法及数据处理

按下列方法进行：

a）在符合室内测试条件的情况下进行测试。入射光线与仪器感应夹角（太阳高度角）50°，仪器放置的方位相当于室外测试时的接线柱或信号插座朝北。

b）光线入射方位角分别为 90°和 270°时，首先测试标准总辐射表的输出值，根据式（C.1）取其平均值为 A：

$$A=\frac{A_1+A_2}{2} \qquad \cdots\cdots\cdots\cdots\cdots\cdots\cdots\cdots\cdots\cdots (C.1)$$

式中：

A_1——方位为 90°时标准总辐射表的输出平均值，单位为微伏（μV）；

A_2——方位为 270°时标准总辐射表的输出平均值，单位为微伏（μV）。

c）再以同样的方位测试两组被测仪器的输出值，根据式（C.2）取其平均值为 B：

$$B=\frac{B_1+B_2}{2} \qquad \cdots\cdots\cdots\cdots\cdots\cdots\cdots\cdots\cdots\cdots (C.2)$$

式中：

B_1——方位为 90°时被测总辐射表的输出平均值，单位为微伏（μV）；

B_2——方位为 270°时被测总辐射表的输出平均值，单位为微伏（μV）。

d）重复 b）中标准总辐射表的读数方法，根据式（C.3）取其平均值为 A'，并记录平均室温。

$$A'=\frac{A_3+A_4}{2} \qquad \cdots\cdots\cdots\cdots\cdots\cdots\cdots\cdots\cdots\cdots (C.3)$$

式中：

A_3——方位为 90°时标准总辐射表的第二组输出平均值，单位为微伏（μV）；

A_4——方位为 270°时标准总辐射表的第二组输出平均值，单位为微伏（μV）。

根据式(C.4)计算被测仪器灵敏度 K：

$$K = 2K_0 \frac{B}{A + A'} \qquad \cdots\cdots (\text{C.4})$$

式中：

K_0——标准总辐射表的灵敏度，单位为微伏平方米每瓦($\mu V \cdot W^{-1} \cdot m^2$)。

参 考 文 献

[1] QX/T 55—2007 地面气象观测规范 第11部分:辐射观测

[2] World Meteorological Organization. Guide to Meteorological Instruments and Methods of Observation (Seventh edition), WMO №-8, 2008

ICS 27.180
F 11

中华人民共和国国家标准

GB/T 19568—2017
代替 GB/T 19568—2004

风力发电机组　装配和安装规范

Wind turbines—Assembling and installation regulation

2017-12-29 发布　　2018-07-01 实施

中华人民共和国国家质量监督检验检疫总局
中国国家标准化管理委员会　发布

前　言

本标准按照GB/T 1.1—2009给出的规则起草。

本标准代替GB/T 19568—2004《风力发电机组装配和安装规范》。与GB/T 19568—2004相比主要技术变化如下：

——将“螺钉、螺栓连接”修改成“螺钉、螺栓、螺柱连接”(见3.2.1,2004年版的3.2.1)；

——将“滚动轴承装配”“齿轮箱装配”修改为“主轴轴承装配”“主轴承座组成与齿轮箱装配”(见3.3.1、3.3.2,2004年版的3.3.1、3.3.2)；

——增加了关键部件偏航、变桨驱动、制动器、弹性支撑、液压、润滑系统、机舱罩、轮毂罩的装配要求(见3.3.2、3.3.3、3.3.5、3.3.8、3.3.9、3.3.10)；

——增加了风场安装中“风轮安装”“电缆敷设”和“电气接线”的安装要求(见4.5.4、4.5.5和4.5.7)。

本标准由中国机械工业联合会提出。

本标准由全国风力机械标准化技术委员会(SAC/TC 50)归口。

本标准起草单位：山东中车风电有限公司、华能新能源股份有限公司、中国电力科学研究院、沈阳工业大学、北京鉴衡认证中心有限公司、国电联合动力技术有限公司、中国质量认证中心、北京天源科创风电技术有限责任公司。

本标准主要起草人：李广伟、于炜东、赵磊、张晓朝、王茵、秦世耀、刘颖明、杨洪源、胡雪松、赵玉、宁巧珍、张雷。

本标准所代替标准的历次版本发布情况为：

——GB/T 19568—2004。

风力发电机组　装配和安装规范

1　范围

本标准规定了风力发电机组厂内装配和风场安装的装配要求、安装、安装检验和质量保证。

本标准适用于风力发电机组的装配和安装。

2　规范性引用文件

下列文件对于本文件的应用是必不可少的。凡是注日期的引用文件，仅注日期的版本适用于本文件。凡是不注日期的引用文件，其最新版本（包括所有的修改单）适用于本文件。

GB/T 19001　质量管理体系　要求

GB/T 20319　风力发电机组　验收规范

GB/T 33628　风力发电机组　高强螺栓连接副安装技术要求

DL/T 796　风力发电场安全规程

3　装配要求

3.1　一般要求

3.1.1　所有参与装配的人员应通过三级安全教育及岗位技能培训。特殊工种（起重工、专用设备）持相应的资质证书方能上岗。关键工序、特殊过程操作人员经培训合格后方能上岗。

3.1.2　组装前检验所有配件的型号、规格应符合配置明细的要求。

3.1.3　组装前检验进入装配区的零部件应符合以下要求后方可进行装配：

a）　检验合格并具有合格标志；

b）　对文件中要求的关键零部件主要配合尺寸及编号进行复查并在质保卡中做出记录；

c）　经钳工修整的配合尺寸，应由检验部门复检并在质保卡中做出记录。

3.1.4　每一装配工序，都应有装配记录，并存入风力发电机组档案。

3.1.5　零件在装配前应进行清理和清洗，不应有毛刺、翻边、氧化皮、锈蚀、切屑、油污、着色剂和灰尘等；对有尖角或高点的配合面，在装配前应将其修正；除有特殊规定外，装配前应将零件尖角和锐边倒钝。装配过程中零件不应磕伤、碰伤、划伤和锈蚀。

3.1.6　零、部件在装配过程中的二次防腐及不同涂层修复方法见附录 A。油漆未干的零部件不得进行装配。

3.1.7　吊装前检查所用吊具、索具、起重设备等应符合安全吊装的要求，对吊装时可能有损伤的位置（部件、吊索具）应加防护垫。

3.1.8　测量工件的量具应经过校准，并在有效期内。

3.1.9　设备、专用工具在使用前应对其运行状态进行检查，在确定无异常的情况下方可使用。

3.1.10　零部件的各润滑处装配后应按组装工艺规程注入润滑油或润滑脂。无特殊要求，不同型号、不同品牌的油、脂不应混用。

3.1.11　装配作业环境需满足作业要求。

3.1.12　风力发电机组大型零部件的运输要求见附录 B。

3.2 装配连接要求

3.2.1 螺钉、螺栓、螺柱连接

3.2.1.1 紧固件紧固根据设计要求进行，紧固时采用扭矩法或拉伸法，紧固时应使用扭矩扳子或拉伸器。扭矩扳子使用前应进行校正，其扭矩允许偏差为±5%；校正用扭矩扳子其扭矩允许偏差为±3%。

3.2.1.2 有紧固扭矩要求的紧固件，应使用规定的扭矩扳子并按规定的紧固扭矩拧紧，双头螺柱宜采用液压拉伸器并按规定的预紧力拉伸紧固。未规定紧固扭矩的紧固件，在装配时其预紧力及紧固扭矩参见附录C。

3.2.1.3 螺栓或螺柱连接副，安装垫圈时，有倒角的一侧应分别朝向螺母、螺栓头部支撑面；安装螺母时，带字头的端面应朝向外侧，旋入前：

a) 检查连接副表面应无毛刺、坏牙、锌瘤；
b) 规格M16(含M16)以上螺栓、螺钉、螺柱在其有效旋合部位、垫圈在其与紧固件接触面应按照GB/T 33628均匀涂敷抗咬合润滑剂；
c) 规格M16以下螺栓、螺钉、螺柱在其有效旋合部位宜均匀涂抹螺纹锁固剂(自锁螺母除外)。

3.2.1.4 同一零件用多件螺栓或螺钉连接时，在相关紧固件头部用阿拉伯数字做紧固顺序号，根据紧固件分布形态，紧固顺序号的标注方法参见图1～图3。紧固时应按交叉、对称、逐步、均匀原则拧紧。如有定位销，无特殊要求时应从定位销开始拧紧。

图1 "一字型分布"紧固件的坚固顺序

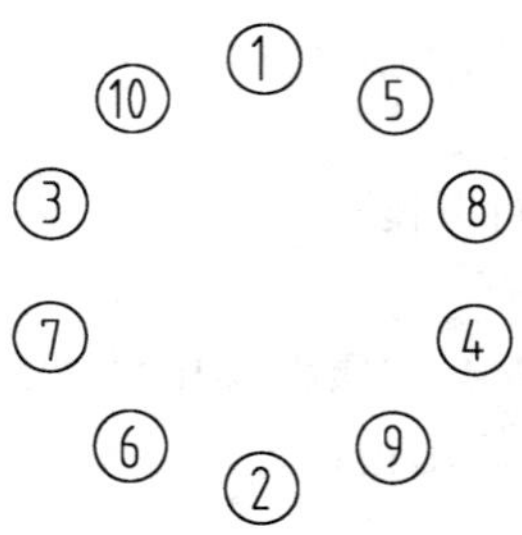

图2 "圆型分布"紧固件的紧固顺序

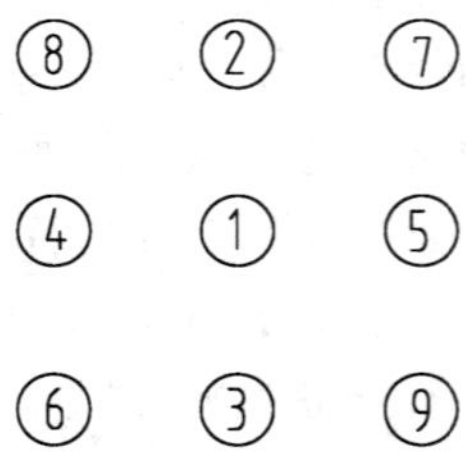

图3 "方型分布"紧固件的紧固顺序

3.2.1.5 有螺母的螺栓或螺钉连接时，无特殊要求紧固时应紧固螺母。螺母拧紧后，螺栓头部应露出2～3个螺距，沉头螺钉紧固后，沉头不应高出沉孔端面。紧固后螺钉槽、螺母和螺栓头部不应损坏。

3.2.1.6 螺栓、螺钉按扭矩紧固法紧固时，宜分三次紧固，以扭矩值的50%、75%、100%按紧固顺序号依次紧固，每紧固一个螺栓或螺钉后用记号笔划一横线作为紧固标志。采用拉伸紧固法紧固时，螺柱宜旋入到底后再旋回1/4～1/6圈，按100%预紧力一次拉伸到位，每拉伸紧固一个螺柱用记号笔划一横线，作为紧固标志，参见图4。机舱罩等复合材料连接用不锈钢螺栓按100%紧固扭矩一次紧固，每紧固一个不锈钢螺栓用记号笔划一横线作为紧固标志，参见图5。

3.2.1.7 螺钉、螺栓、螺柱和螺母与被连接件拧紧后，其支撑面与被紧固零件应贴合。

3.2.1.8 应按图样和技术文件规定等级的紧固件装配。

3.2.1.9 紧固件紧固后的自检、抽检方法、要求、定位标志线等见附录D。

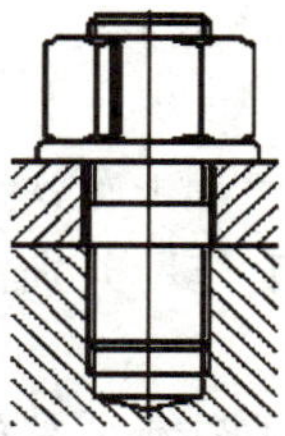

图 4　双头螺柱紧固标志

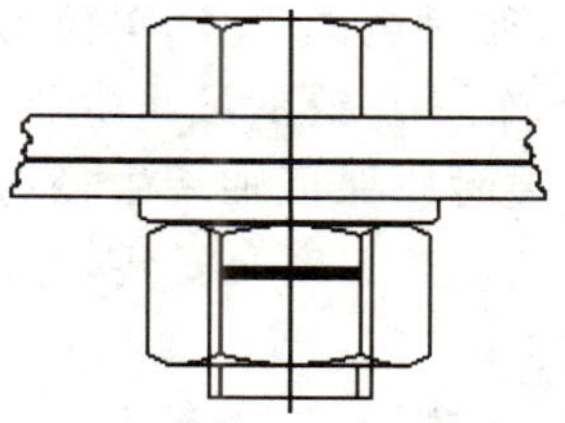

图 5　不锈钢螺栓紧固标志

3.2.2　销连接

3.2.2.1　圆锥销装配时应与孔进行涂色检查，其接触率不应小于配合长度的 60%，并应分布均匀。

3.2.2.2　定位销的端面应突出零件表面。待螺尾圆锥销装入相关零件后，大端应沉入孔内。

3.2.2.3　开口销装入相关零件后尾部应分开，扩角为 60°～90°。

3.2.3　粘合连接

3.2.3.1　粘接剂牌号应符合设计和工艺要求并采用有效期限内的产品。

3.2.3.2　被粘接的表面应做好预处理，彻底清除油污、水膜、锈迹等杂质。

3.2.3.3　粘接时，粘接剂应涂均匀。固化的温度、压力、时间等应按工艺或粘结剂使用说明书的规定。

3.2.3.4　粘接后应清除表面的多余物。

3.2.4　键连接

3.2.4.1　平键装配时，不应配置成梯形。

3.2.4.2　平键与轴上键槽两侧面应均匀接触，其配合面不应有间隙，钩头键、楔键装配后，其接触面积应不小于工作面积的 70%，且不接触面不应集中于一端，外露部分应为斜面的 10%～15%。

3.2.4.3　花键装配时，同时接触的齿数应不小于 2/3，接触率在键齿的长度和高度方向应不低于 50%。

3.2.4.4　滑动配合的平键（或花键）装配后，相配键应移动自如，不得有松紧不均现象。

3.2.5　铆钉连接

3.2.5.1　铆接时不应损坏被铆接零件的表面，也不应使被铆接的零件变形。

3.2.5.2　除有特殊要求外，一般铆接后不得出现松动现象，铆钉尖部应与被铆零件紧密接触并应光滑圆整。

3.3　关键部件装配要求

3.3.1　主轴轴承装配

3.3.1.1　主轴轴承应采用热装，加热宜使用电磁感应加热器。加热杆位于轴承中心处，轴承加热温度不应高于 120 ℃，如轴承内外圈同时加热时，应根据轴承游隙控制内外圈温差，见式(1)，轴承与加热器支撑座之间应加绝缘垫层。

$$\Delta\mu = \Delta t'\alpha(D+d)/2 < G \qquad \cdots\cdots(1)$$

式中：

$\Delta\mu$ ——轴承径向游隙的变化量，单位为毫米(mm)；

$\Delta t'$ ——轴承内外圈控制温度差，单位为摄氏度(℃)；

α ——轴承钢的线性膨胀系数，$\alpha = 12.5\times10^{-6}$，单位为 1/摄氏度(1/℃)；

D ——轴承外圈直径，单位为毫米(mm)；

d ——轴承内圈直径,单位为毫米(mm);

G ——轴承理论的最小游隙,单位为毫米(mm)。

3.3.1.2 热装时应保证轴承内径与主轴装配轴径的间隙量≥0.15 mm。对于首次装配的轴承,应进行工艺试验确定加热温度及安装方法,试验时,应在轴承加热前后用内径千分尺分别测量轴承内径,获取膨胀量的数据。

3.3.1.3 装配圆锥滚子轴承时,应控制端盖对轴承外圈的压紧量,以保证圆锥轴承的负游隙;对采用调整垫的圆锥轴承,应控制调整垫的厚度。

3.3.1.4 安装圆锥滚子轴承和圆柱滚子轴承时,轴承内圈端面与轴套端面的贴合间隙应不大于0.05 mm。

3.3.1.5 轴承内圈端面紧靠轴向定位面,其允许的间隙,圆锥滚子轴承应≤0.05 mm,其他轴承应≤0.1 mm。

3.3.1.6 轴承外圈装配后定位端轴承盖端面应接触均匀。

3.3.1.7 采用润滑脂的轴承,装配后应按轴承厂家要求注入适量清洁润滑脂。

3.3.1.8 可拆卸轴承装配时,应按原组装位置,不得装反或与别的轴承混装,对可调头装的轴承,装配时应将轴承的标记端朝外。

3.3.1.9 在轴的两端装配径向间隙不可调的向心轴承,且轴向位移是以两端端盖限定时,其一端应有轴向间隙 C,C 值可按式(2)计算:

$$C = \alpha \times \Delta t \times L + 0.15 \qquad \cdots\cdots(2)$$

式中:

α ——轴材料线膨胀系数,对钢:$\alpha = 12 \times 10^{-6}/℃$;

Δt ——轴最高工作温度与环境温度之差,单位为摄氏度(℃);

L ——两轴承中心距,单位为毫米(mm);

0.15——轴热胀后应剩余的间隙,单位为毫米(mm)。

一般情况下取 $\Delta t = 40$ ℃,因此装配时,只需根据 L 尺寸,即可按式(3)计算 C 值;

$$C = 0.000\,48L + 0.15 \qquad \cdots\cdots(3)$$

3.3.1.10 滚动轴承装好后用手转动应灵活、平稳。

3.3.2 主轴承座组成与齿轮箱装配

3.3.2.1 齿轮箱输入轴孔与主轴之间的配合间隙,采用专用对中工装进行装配操作时,间隙量应不小于0.02 mm;采用天车进行对中装配操作时,间隙量应不小于 0.04 mm。

3.3.2.2 紧固收缩盘螺栓时,应均匀、对称拧紧螺栓,宜按照 10%、90%、100%的扭矩值分三次紧固。

3.3.3 偏航、变桨轴承装配

3.3.3.1 偏航轴承装配时,应将偏航轴承的零刻度与机架零刻度对正,以保证轴承的"软带"安装在其低应力区。

3.3.3.2 变桨轴承装配时,应将变桨轴承的零刻度与轮毂零刻度对正,以保证轴承的"软带"安装在其低应力区。

3.3.4 制动器装配

3.3.4.1 偏航制动器装配时应符合以下要求:

a) 装配前应确认油缸活塞无外露、缸体无油液;

b) 摩擦片不应沾污油脂;

c) 安装摩擦片磨损指示杆时应将螺纹旋到底,吊装时应防止摩擦片脱落;

d） 安装时应保证安装面至制动盘间间距符合制动器产品安装要求；

e） 中间密封圈应安装到位；

f） 验前检查各个油口不应有泄油情况。

3.3.4.2 高速轴制动器装配时应符合以下要求：

a） 装配前检查摩擦片外观状态、摩擦片间间距、摩擦片与安装座距离符合规定要求；

b） 装配前检查制动盘至安装面距离符合规定要求后方可进行；

c） 传感器装配时不宜顶压测量杆；

d） 装配后制动盘旋转时不应与摩擦片接触。

3.3.5 偏航、变桨驱动装配

3.3.5.1 法向侧隙是两个相啮合齿轮工作齿面接触时两非工作齿面间的最短距离。偏航、变桨驱动法相向隙可按式(4)计算：

$$j_{bn}=(0.03\sim 0.05)\times m \qquad \cdots\cdots(4)$$

式中：

j_{bn}——侧隙，单位为毫米(mm)；

m——模数，单位为毫米(mm)。

3.3.5.2 偏航驱动装配要求：

a） 平稳吊起偏航驱动装置，使吊装状态与安装状态保持一致；

b） 偏航减速机齿轮与偏航轴承标记齿啮合，侧隙测量位置处于偏航轴承 2 个标记齿之间；

c） 安装偏航驱动后调整侧隙，将驱动之间侧隙差值调整到规定范围内；

d） 按 3.2.1 的要求紧固螺栓；

e） 偏航电机安装时，电机接线盒朝向应便于整机接线。

3.3.5.3 变桨驱动装配要求：

a） 变桨齿轮箱吊装平稳，吊起状态与安装状态一致；

b） 变桨减速机齿轮与变桨轴承标记齿啮合，侧隙测量位置处于变桨轴承 2 个标记齿之间；

c） 装配变桨驱动后调整到规定侧隙；

d） 按 3.2.1 的要求紧固螺栓；

e） 变桨电机安装时，电机接线盒朝向便于整机接线及工作人员进出。

3.3.5.4 偏航、变桨驱动装配后应启动平稳，转速均匀，输出稳定，无振动现象。

3.3.6 弹性支撑装配

3.3.6.1 齿轮箱弹性支撑装配前确认弹性体无裂纹、破损、掉粉现象；保证单个弹性支撑座配套安装，支撑座不准许混用及调换位置。

3.3.6.2 发电机弹性支撑装配前检查确认上下调整螺纹已充满抗咬合润滑剂、限位挡块紧固有效；装配时一组弹性支撑调节装置应处于同一高度。

3.3.7 发电机装配(联轴器为挠性)

3.3.7.1 在车间做传动链带载试验的机组，发电机与齿轮箱对中前在弹性支撑上静置时间应大于 24 h。

3.3.7.2 发电机对中时，在激光对中仪上先设置对中预制量，发电机轴中心线与齿轮箱输出轴中心线的整体偏差按齿轮箱和发电机厂家给出的要求确定。

3.3.7.3 按 3.2.1 的要求紧固发电机地脚螺栓。

3.3.7.4 在发电机机座上，应以对角方式在两端安装接地电缆。

3.3.8 高速轴联轴器

3.3.8.1 安装前应提前 24 h 检查涨紧套螺栓是否松开，如未松开应用扳手松开。
3.3.8.2 安装时制动盘与制动器安装面距离、制动盘跳动量应符合制动器产品要求。
3.3.8.3 安装时注意保证旋向(如有要求)。
3.3.8.4 联轴器安装时宜配套使用。
3.3.8.5 每套联轴器在拆装过程中，与原装配组合应一致。
3.3.8.6 安装后按要求保证两侧盘间距离。

3.3.9 液压、润滑系统装配

3.3.9.1 液压、润滑系统装配前进行检查，其配件规格、数量、包装形式均应符合技术要求。
3.3.9.2 液压站注油及润滑泵注脂量应符合工艺要求，注入的润滑介质不宜混入空气。
3.3.9.3 润滑系统高压胶管切口端面应平齐。接入外套前，胶管末端内径应均匀涂抹润滑脂。接入外套后，外套底部与胶管末端的间隔应为 1 mm～2 mm。涨芯装入外套前，应在锥尖涂抹润滑脂。
3.3.9.4 液压、润滑软管布置应符合以下要求：

a) 外径大于 30 mm 的软管，其最小弯曲半径不应小于管子外径的 9 倍；外径小于或等于 30 mm 的软管其最小弯曲半径不应小于管子外径的 7 倍；
b) 软管与管接头的连接处，应有一段直管段，其长度不应小于管子外径的 6 倍；
c) 在静止及随机移动时，均不得有扭转变形现象；
d) 软管长度过长或受较强振动时，宜用管卡夹牢；
e) 当自重会引起较大变形时，应设支托或按其自垂位置进行安装；
f) 软管相互间及与其他物件不应有摩擦现象；靠近热源时，应有隔热措施。

3.3.9.5 润滑系统的润滑泵、分配器及润滑管路，在试验前应充满润滑脂。

3.3.10 机舱罩、轮毂罩装配

3.3.10.1 机舱罩、轮毂罩组装前应贮存在清洁、通风的地方，应避免阳光长期直接暴晒，不应在上面堆压重物，各组成部分不得叠加存放。
3.3.10.2 机舱罩、轮毂罩装配时应进行同轴度调整。塔筒密封刷环内径与偏航轴承外径的同轴度公差、主轴密封刷环内径与主轴前部法兰外径的同轴度公差、叶片密封刷环内径与变桨轴承叶片安装螺栓孔中心线的同轴度公差应满足工艺文件要求。
3.3.10.3 机舱罩、轮毂罩法兰边之间宜用密封胶条进行密封，同时在机舱罩与主机、轮毂罩与轮毂装配完成之后，在机舱罩、轮毂罩法兰边圆角处用密封胶密封。密封胶的宽度一致，外表光滑、平整无气泡。

4 安装

4.1 安全要求

4.1.1 安全防护区应有警告标志。吊装现场严禁烟、火、酒(焊接时应远离吊装现场)。
4.1.2 现场安装人员应经过安全培训，工作区内不应有无关人员滞留。不应向下抛掷任何物体，也不应将任何物件遗漏在高空作业现场。
4.1.3 安装现场的工作人员应佩带安全装备，安全装备使用前应进行检查。
4.1.4 应有吊装现场的风力发电机组和吊车在吊装中的位置图。
4.1.5 吊车、起吊设备使用前应进行维护检查，确认负荷量及起升高度在安全要求范围之内，在起重设备工作期间，任何人不应站在吊臂下，吊装时吊装物应固定牢靠。

4.1.6 在平均风速大于 10 m/s、瞬时风速大于 14 m/s 及雷雨大雾气候下不准许吊装工作。
4.1.7 现场指挥人员应唯一且始终在场。
4.1.8 对接塔架及机舱时，不应将头、手伸出塔架外。
4.1.9 攀爬塔架时，每一塔段只准许一个人，过平台后应将舱口盖板盖好。
4.1.10 其他安全要求应符合 DL/T 796 的规定。

4.2 安装人员要求

4.2.1 现场安装人员应掌握与风力发电机相关的机械、电气专业知识，熟悉风场安全要求，具有一定的安装经验。
4.2.2 特种作业人员应持有省市安监部门颁发的上岗证方可上岗，如吊装工。
4.2.3 现场安装人员应掌握风场的安全和警告标识。

4.3 安装现场的要求

4.3.1 安装风力发电机组的地基应按照有效批准程序批准的技术文件进行施工，并且能够保证承受其安装后最大工作状态的强度。
4.3.2 基础环上法兰表面用水平仪校验，校验时应按圆周方向均分 6 点，每点内外两个点求平均值，校验方法见图 6，所测基础上法兰表面水平度要求不大于 3 mm。
4.3.3 地基联接法兰和相应构件位置应准确无误并牢固地浇注在地基上。
4.3.4 地基应有良好的接地装置，其接地电阻应不大于 4 Ω。

图 6 6 点观测图

4.4 安装机组的要求(含塔架)

为防范在运输中可能出现的碰伤、变形、构件脱落、松动等现象，组装后的部、组件运到安装现场后，应进行详细检查，不合格的产品不准许安装。

4.5 安装要求

4.5.1 塔架安装

4.5.1.1 塔架安装前应对地基进行清理、检查,对不合格项点安装前进行整改。

4.5.1.2 在地基上固定的构件按规定的位置固定好。检查基础环上对接标记的位置,保证塔架安装时,塔架门能避开主风向和上风向。

4.5.1.3 塔架起吊前应检查所固定的构件不应有松动和遗漏。

4.5.1.4 塔架安装前应将各连接面清理干净。塔架安装时,连接法兰面边缘处应涂抹密封胶,防止雨水进入(法兰为摩擦型法兰)。

4.5.1.5 塔架起吊后要缓慢移动,塔架法兰螺纹孔对准对应的螺栓位置后轻轻放下;检查其安装位置,不应挤压螺栓,如果误差较大应进行调整。

4.5.1.6 安装过程中,需等到下节塔段的连接螺栓全部以不小于50%的额定扭矩预紧后,才能安装上节塔段。

4.5.1.7 塔架安装时,应使上下两节塔段之间的对接标记对正(母线排结构需同时保证母线排对正)。

4.5.1.8 最后安装的一节(或两节)塔段应和机舱在同一天内吊装完成。

4.5.1.9 在机舱吊装前,确认所有塔架螺栓都按50%的额定扭矩紧固完成;机舱吊装后,所有塔架螺栓按100%额定扭矩紧固,紧固要求按3.2.1执行。

4.5.2 机舱安装

4.5.2.1 机舱吊装前应制定详细的安全吊装方案,且保证所有部件安装合格。

4.5.2.2 正式吊装前应试吊,保证机舱吊起后其安装法兰面水平。

4.5.2.3 机舱安装前各连接面和螺纹孔应清理干净。

4.5.2.4 机舱吊装完成后,需待所有机舱与塔架连接的螺栓紧固到50%扭矩值之后,安装人员此时方可进入机舱,撤除机舱吊具。

4.5.3 发电机安装(直驱机型)

4.5.3.1 发电机吊装前应制定详细的安全吊装方案,且保证所有部件安装合格。

4.5.3.2 发电机安装前各连接面和螺纹孔应清理干净。

4.5.3.3 在发电机吊装前,确认所有塔架螺栓和塔架与机舱螺栓都按100%的额定扭矩紧固完成。

4.5.3.4 发电机吊装完成后,发电机与机舱全部连接螺栓紧固到100%扭矩值之后,才可撤除风轮吊具。

4.5.4 风轮安装

4.5.4.1 叶片安装时需使用专用吊具,保证叶片起吊角度适宜,吊装前检查叶片。

4.5.4.2 叶片安装时应保证叶片前缘零刻度与变桨轴承内圈(外圈)零刻度对正,紧固过程中不准许叶片带负荷变桨。

4.5.4.3 在一台轮毂的三个叶片全部安装完成之前,具有防叶轮倾斜措施。在风轮储存过程中,需根据风速变化将叶片调至开桨位置,同时将叶片固定。

4.5.4.4 风轮吊装前,应保证叶片连接件全部按额定力矩紧固合格,轮毂与主轴连接面和螺纹孔应清理干净。

4.5.4.5 风轮安装过程中,应使用牵引风绳控制风轮方向,风绳的安装应便于拆卸。

4.5.4.6 风轮安装时，应避免叶尖触碰地面和塔架。

4.5.4.7 风轮吊装完成后，双馈机型需保证风轮与机舱超过一半的连接螺栓紧固到50%扭矩值之后，才可撤除风轮吊具；直驱机型需保证风轮与发电机全部连接螺栓紧固到100%扭矩值之后，才可撤除风轮吊具。

4.5.4.8 风轮吊具撤除后，应盘动高速轴，检查旋转部位，确保风轮转动时不发生干涉，同时以50%扭矩值拧紧风轮与机舱的剩余螺栓(直驱机型不需要此步骤)。

4.5.4.9 以100%额定扭矩按3.2.1的要求紧固叶片连接件、风轮与机舱、塔架与机舱及塔架间的所有连接螺栓。

4.5.5 电缆敷设

4.5.5.1 电缆在敷设和制线前应贮存在清洁、通风的地方，应避免阳光长期直接暴晒，不准许在上面堆压重物，不得叠加存放。要干燥、通风、防止暴晒，远离具有腐蚀性的设备和材料，配备消防器材。

4.5.5.2 电缆敷设前应对电缆检查，电缆外观是否良好，电缆的型号、规格及长度是否符合要求，是否有外力损伤，电缆用1 000 V兆欧表测绝缘电阻，阻值一般不低于1 MΩ。

4.5.5.3 电缆的路径选择，应符合下列规定：

a) 应避免电缆遭受机械性外力、过热、腐蚀等危害；
b) 满足安全要求条件下，应保证电缆路径最短；
c) 应便于敷设、维护。

4.5.5.4 电缆安装排布要求牢固、整齐、美观，不应有绞接、交叉现象。

4.5.5.5 电缆在任何敷设方式及其全部路径条件的上下左右改变部位，均应满足电缆允许弯曲半径要求。

4.5.5.6 同一通道内电缆数量较多时，若在同一侧的多层支架上敷设时应按电压等级由高至低的电力电缆、强电至弱电的控制和信号电缆、通讯电缆“由上而下”的顺序排列。除弱电电缆有防干扰保护情况下，强弱电要保持距离，距离宜为电缆直径的2倍。

4.5.5.7 同一层支架上电缆排列的配置，宜符合下列规定：

a) 控制和信号电缆可紧靠或多层叠置；
b) 除交流系统用单芯电力电缆的同一回路可采取品字形(三叶形)配置外，对重要的同一回路多根电力电缆，不宜叠置；
c) 除交流系统用单芯电缆情况外，电力电缆相互间宜有1倍电缆外径的空隙。

4.5.5.8 抑制电气干扰强度的弱电回路控制和信号电缆，当需要时可采取下列措施：

a) 与电力电缆并行敷设时相互间距，在可能范围内宜远离；
b) 沿控制和信号电缆可平行敷设屏蔽线，也可将电缆敷设于钢制管或盒中。

4.5.5.9 电缆及电缆管穿过不同区域之间的墙、板孔洞处，应采用非燃性材料严密堵塞。阻火封堵、阻火隔层的设置，应按电缆贯穿孔洞状况和条件，采用相适合的防火封堵材料或防火封堵组件。

4.5.5.10 电缆敷设在有周期性振动的场所，应采取下列措施：

a) 在支持电缆部位设置由橡胶等弹性材料制成的衬垫；
b) 使电缆敷设成波浪状且留有伸缩节。

4.5.5.11 敷设电缆时，在敷设前24 h内的平均温度以及敷设现场的温度不应低于表1的规定；当温度低于表1规定值时应采取保温措施。

表 1　电缆敷设允许温度

电缆类型	电缆结构	允许敷设最低温度/℃
橡皮绝缘电力电缆	橡皮或聚氯乙烯护套	−15
控制电缆	耐寒护套	−20
	橡皮绝缘聚氯乙烯护套	−15
	聚氯乙烯绝缘聚氯乙烯护套	−10

4.5.5.12　电缆固定位置，应符合下列规定：

a）垂直敷设或超过 45°倾斜敷设的电缆在每个支架上；桥架上每隔 2 m 处；

b）水平敷设的电缆，在电缆首末两端及转弯、电缆接头的两端处；

c）单芯电缆的固定应符合设计要求。

4.5.5.13　电缆固定用部件的选择，应符合下列规定：

a）除交流单芯电力电缆外，可采用经防腐处理的扁钢制夹具、尼龙扎带或镀塑金属扎带。强腐蚀环境，应采用尼龙扎带或镀塑金属扎带；

b）交流单芯电力电缆的刚性固定，宜采用铝合金等不构成磁性闭合回路的夹具；其他固定方式，可采用尼龙扎带或绳索；

c）不得用铁丝直接捆扎电缆。

4.5.5.14　机舱动力电缆垂放时，应符合下列规定：

a）单根电缆依次垂放，其悬垂高度由工艺文件做出规定；

b）电缆采用穿越扭缆平台敷设形式时，扭缆平台上的电缆穿入、穿出口应做好碰撞防护；

c）机舱到塔基的长电缆在敷设时，电缆应在完成当前平台内的固定后再进行到下一平台的垂放与固定。

4.5.6　电气制线

4.5.6.1　电缆标记套安装要求：

a）根据图纸及走线方案，选用适合的电缆标记套给每根电缆做好标识；

b）标记套标号视读方向：以维护面为准自下而上，自左而右。

4.5.6.2　准备线缆注意事项 ：

a）确认电缆规格及型号；

b）检查电缆表面应无损伤，且没有质量缺陷；

c）断线需用断线钳，不可用力扯拽。

4.5.6.3　电缆接头及接线端头的处理要求，应符合下列规定：

a）剥切多芯电缆外层橡套时，应在适当长度处用电工刀（或美工刀）顺着电缆壁圆周划圆，然后剥去电缆外层橡套，注意切割时用力要均匀、适当，不可损伤内部线缆绝缘。

b）单芯 1.0 mm^2～2.5 mm^2 的线缆应用剥线钳剥去绝缘层，注意按绝缘线直径不同，放在剥线钳相应的齿槽中，以防导线受损，剥切长度根据选用的接线端头长度加长 1 mm；注意剥线时不可损伤线芯。

c）管式预绝缘头应选用专用压线钳压接，注意压线钳选口要正确，线缆头穿入时应防止线芯分岔，线缆绝缘层需完全穿入绝缘套管，线芯需与针管平齐，如有多余需用斜口钳去除，压接完成后需用力拉拔端头，检查是否牢固。

d）管式预绝缘端头用压线钳压好后，会出现一面平整而另一面有凹槽。端头与弹簧端子连接时，应将管式预绝缘端头的平整面与弹簧端子的金属平面相连(端头平整面需正对端子中心后插入),如果用有凹槽的一面与弹簧端子的金属平面相连会造成接触不良烧毁端子。

e) 铜接线端头压接前,应先将热缩管套入电缆。压接时应将缆芯铜丝撸直再穿进端头内,注意要将所有缆芯内的铜丝都放入端头内,不能截掉铜丝。根据铜接线端头的长短选择压接道数,尾部较短的端头用液压钳压接 2 道,尾部较长的端头用液压钳压接 3 道。

4.5.6.4 防腐要求,应符合下列规定:

a) 环形预绝缘端头和铜接线端头用压线钳压好后,在电缆芯与端头的结合部用绝缘胶带均匀紧密缠绕,防止电缆内部进入潮气腐蚀线芯,最后套热缩管防护;

b) 接地部分连接时(包括接地排、接地扁铁、接地耳板连接),在所有端头紧固好以后需要在端头及周围裸露的金属表面喷镀铬自喷漆,注意喷涂均匀。

4.5.7 电气接线

4.5.7.1 控制电缆接线:

a) 按照工艺文件施工,接线正确;

b) 导线与电气元件间采用螺栓连接、插接、压接等,均应牢固可靠;

c) 导线完好、无损伤;

d) 电缆芯线和所配导线的端部均应标明其编号,编号应正确,字迹清晰且不易脱色;

e) 配线应整齐、清晰、美观,导线绝缘应良好,无损伤;

f) 每个接线端子的每侧接线宜为 1 根,不得超过 2 根,对于插接式端子,不同截面的两根导线不得接在同一端子上;对于螺栓连接端子,当接两根导线时,中间应加平垫片;

g) 按照工艺文件的要求压接电缆屏蔽层。

4.5.7.2 母线排接线时应符合下列规定:

a) 母线接触面应保持清洁;

b) 母线平置时,贯穿螺栓应由下往上穿,其余情况下,螺母应置于维护侧;

c) 贯穿螺栓连接的母线两外侧均应有平垫圈,相邻螺栓垫圈间应有 3 mm 以上的净距,螺母侧应装有弹簧垫圈或锁紧螺母;

d) 螺栓受力应均匀,不应使电器的接线端子受到额外应力;

e) 母线的接触面应连接紧密,连接螺栓应用力矩扳手紧固,其紧固力矩值应符合产品技术文件要求;如未规定紧固扭矩值且采用钢制螺栓时,在装配时其紧固扭矩参见附录 C;

f) 箱变、母线接线、安装时应按照其说明书中要求进行操作。

4.5.7.3 接地线及防雷跨接线安装时,应将接触面清理干净,并按照接线端子连接面的大小将接触面平整的打磨出金属光泽,并涂以电力复合脂;在完成接线后,再对裸露出的打磨面进行防腐处理。

4.5.7.4 电气系统的所有电气连接要可靠,接地电阻满足要求,绝缘电阻不小于 1 MΩ。

5 安装检验

本标准未要求内容按照 GB/T 20319 的规定执行。

6 质量保证

安装的质量保证应符合 GB/T 19001 的要求。

附 录 A
（规范性附录）
配件二次防腐要求

A.1 配件表面防腐失效时，宜在工序结束前，对配件防腐失效位置进行二次防腐，如果产品周转期少于3个月时，可在机舱罩组装前统一处理。

A.2 二次防腐处理后，补充油漆漆表面应与周围漆面保持平滑。

A.3 涂层损伤未裸露金属面时，宜涂刷与原防腐层相同的面漆，涂刷后总干膜厚度与未损伤部位相同。

A.4 涂层损伤已裸露金属面时，裸露金属面及裸露金属面以外沿圆周方向不小于10 mm的范围，均应打磨至完全裸露金属表面。涂刷与原防腐层相同的底漆、面漆，涂刷后总干膜厚度与未损伤部位相同。

A.5 达克罗涂层损伤，打磨去除锈渍后，在损伤部位喷涂镀铬自喷锌。

A.6 热喷锌、热浸锌涂层损伤，打磨去除锈渍后，在损伤部位喷涂与原损伤部位厚度相同的自喷锌，配合面应喷涂锌含量大于90%的自喷锌。

A.7 沿海机组、潮湿地区机组，所有裸露螺栓均需喷涂自喷锌。

附 录 B
（规范性附录）
风力发电机组大型零部件运输要求

B.1 大型零部件在运输时应采取有效措施，保证运输的安全。

B.2 大型零部件在运输前应提出运输对道路的要求。

B.3 运输前对运输路线应进行路况勘探，勘探内容包括道路限高、限宽、承载能力、坡度、转弯半径等。

B.4 路况勘探结果符合大型零部件运输对道路的要求后方可运输。

B.5 大型零部件与运输车辆之间应采用专用工装固定牢固。

B.6 大型零部件在运输期间应防雨防尘，采用篷布包装时应另加网套包裹进行防护。

B.7 机组内电气设备或控制柜在运输期间应防雨防尘，运输前应有防震，防晒保护。

附 录 C
（资料性附录）
一般连接螺栓预紧力及紧固扭矩

C.1 扭矩法是利用扭矩值与预紧力的线性关系进行控制的方法。该方法在拧紧时，只对紧固扭矩值进行控制，操作简便。弹性区内紧固扭矩与预紧力的关系参见式(C.1)。

$$T = T_s + T_w = KF_f d \tag{C.1}$$

式中：

T ——紧固扭矩，单位为牛顿米(N·m)；

T_s ——螺纹扭矩，单位为牛顿米(N·m)；

T_w ——支撑面摩擦扭矩，单位为牛顿米(N·m)；

K ——扭矩系数；

F_f ——预紧力，单位为千牛顿(kN)；

d ——螺纹公称直径，单位为毫米(mm)。

螺纹扭矩、支撑面摩擦扭矩、扭矩系数的计算参见式(C.2)、式(C.3)、式(C.4)。

$$T_s = \frac{F_f}{2}\left(\frac{P}{\pi} + \mu_s d_2 \sec\alpha'\right) \tag{C.2}$$

$$T_w = \left(\frac{F_f}{2}\mu_w D_w\right) \tag{C.3}$$

$$K = \frac{2}{2d}\left(\frac{P}{\pi} + \mu_s d_2 \sec\alpha' + \mu_w D_w\right) \tag{C.4}$$

式中：

P ——螺距，单位为毫米(mm)；

μ_s ——螺纹摩擦系数；

d_2 ——螺纹中径，单位为毫米(mm)；

α' ——螺纹牙侧角，单位为度(°)；

μ_w ——支撑面摩擦系数；

D_w ——支撑面摩擦扭矩的等效直径，单位为毫米(mm)。

C.2 一般连接螺栓预紧力及紧固扭矩参见表 C.1。拧紧力矩允许偏差：10.9 级及以上紧固件为±3%，10.9 级以下为±5%。

C.3 不锈钢螺栓紧固扭矩参见表 C.2。拧紧力矩允许偏差为±5%。

C.4 母线排接线(采用钢制螺栓紧固时)紧固扭矩参见表 C.3。

表 C.1 一般连接螺栓预紧力及紧固扭矩

螺纹规格 d	8.8 级有润滑		8.8 级无润滑		10.9 级		12.9 级	
	预紧力 kN	紧固扭矩 N·m	预紧力 kN	紧固扭矩 N·m	预紧力 kN	紧固扭矩 N·m	预紧力 kN	紧固扭矩 N·m
M6	—	7	—	9	—	—	—	11.8
M8	—	18	—	24	—	—	—	30.4
M 10	—	35	—	46	—	—	—	59.2

表 C.1（续）

螺纹规格 d	8.8 级有润滑		8.8 级无润滑		10.9 级		12.9 级	
	预紧力 kN	紧固扭矩 N·m	预紧力 kN	紧固扭矩 N·m	预紧力 kN	紧固扭矩 N·m	预紧力 kN	紧固扭矩 N·m
M 12	—	61	—	81	—	—	—	103
M 16	—	149	—	198	103	191	—	252
M 20	—	290	—	385	161	374	—	490
M 24	—	500	—	665	232	646	—	845
M 30	—	1 004	—	1 335	370	1 287	—	1 697
M 36	—	1 749	—	2 326	537	2 242	—	2 956
M 42	—	—	—	—	735	3 580	—	4 742
M 48	—	—	—	—	930	5 178	—	7 159
M 56	—	—	—	—	1 280	8 314	—	11 477
M 64	—	—	—	—	1 780	13 214	—	17 178
M 72	—	—	—	—	2 301	19 217	—	24 840

此表仅适用于粗牙螺纹。

预紧力按材料的 0.70R_m 计算。

10.9 级螺栓扭矩系数按 $k=0.116$，如另有要求，需要重新核算螺栓紧固扭矩值。

此表仅作为参考，不同螺栓工艺差异、扭矩系数不尽一致，扭矩也不一样，需参照设计值。

表 C.2　不锈钢螺栓紧固扭矩

型号	紧固扭矩（无润滑）N·m							
	M6	M8	M10	M12	M14	M16	M18	M20
A2-70	6	16	32	56	83	138	180	269
A4-70	6	16	32	56	83	138	180	269
A2-80	8	21	41	72	107	178	232	346
A4-80	8	21	41	72	107	178	232	346

导流罩、机舱罩等复合材料配件装配时，紧固扭矩值若有特殊要求，按特殊要求执行。

表 C.3 母排连接紧固扭矩

螺纹规格	扭矩值(无润滑) N·m
M8	8.8～10.8
M10	17.7～22.6
M12	31.4～39.2
M14	51.0～60.8
M16	78.5～98.1
M18	98.0～127.4
M22	156.9～196.2

附　录　D
（规范性附录）
螺栓连接松紧度检验方法

D.1　螺栓连接件松紧度检验采用扭矩法。抽检与专检宜使用与紧固时不同的另一套扭矩扳子作为检验工具。

D.2　紧固件紧固后以100%扭矩值(螺柱为100%预紧力),“一字型分布”和“方型分布”的依次自检一遍、“圆形分布”的逆时针或顺时针依次自检一遍。自检后,用记号笔做出防松检查标志。防松检查标志,标志线应通过螺栓头(螺母)垫圈、法兰成一连续直线,如图D.1所示。

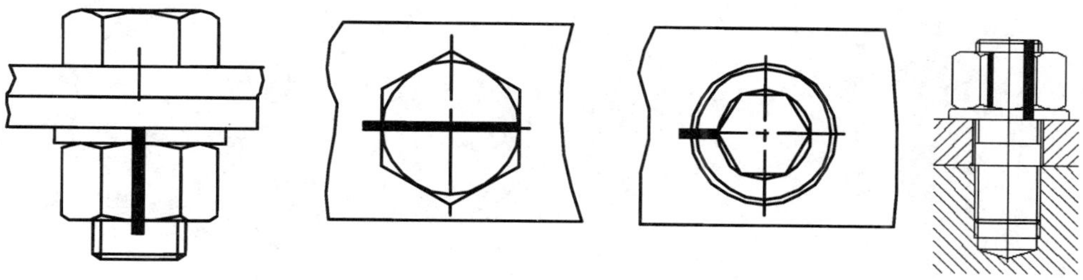

a)　螺栓与螺母连接副　　b)　螺栓与机体连接　　c)　内六角螺钉与机体连接　d)　双头螺柱

图D.1　定位标志

D.3　抽检时,需保证位置均匀,多次抽检应保证位置不重合,抽检比例是对单个部件而言,如果组装工艺有特殊要求时,执行相关文件的特殊要求。

D.4　高强度螺栓、螺钉、螺柱抽检时应符合以下要求:

a)　高强度螺栓、螺钉、螺柱紧固4 h后24 h内,用90%扭矩(螺柱为90%预紧力)抽检10%,但不少于4个;

b)　螺栓、螺钉若有松动,按100%扭矩重新紧固并再次抽检20%,如仍有不合格者,则100%按原扭矩紧固;

c)　螺柱若有松动,按100%预紧力重新紧固并重新紧固相邻两个螺柱,并再次抽检20%,松动螺柱旁边2个螺柱应在抽检范围内,如仍有不合格者,则100%按原预紧力拉伸紧固。

D.5　普通(8.8级及以下)螺栓、螺钉、自锁螺母抽检时应符合以下要求:

a)　普通螺栓、螺钉、自锁螺母用90%扭矩抽检10%,但不少于4个;

b)　普通螺栓、螺钉、自锁螺母若有松动,按100%扭矩重新紧固并再次抽检20%,松动紧固件旁边的2个紧固件应在抽检范围内,如仍有不合格者,则100%按原扭矩紧固。

D.6　螺栓、螺钉、螺柱重新紧固后,应重新做定位标志线并将原定位标志线擦去。

D.7　检验后用黑色或白色记号笔划一与自检定位标志线垂直交叉的记号线。

D.8　导流罩、机舱罩等复合材料装配件,在运往风场前,以100%扭矩值将自锁螺母全部自检一遍即可。自检后,用记号笔划一横线作为防松标记线,应画在螺栓头(螺母)、垫圈、法兰上,成一直线,连续不中断,如图D.2所示。

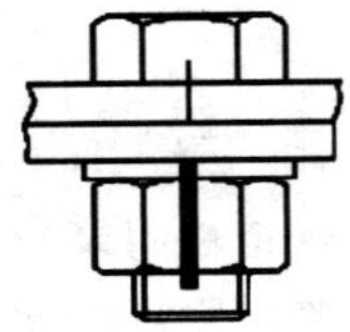

图 D.2　不锈钢螺丝自检标志

ICS 07.060;13.030.99
Z 66

中华人民共和国国家标准

GB/T 19570—2017
代替 GB/T 19570—2004

污水排海管道工程技术规范

Engineering technical specification for sewage pipeline discharging into the sea

2017-12-29 发布　　2018-07-01 实施

中华人民共和国国家质量监督检验检疫总局
中国国家标准化管理委员会　发布

前　言

本标准按照 GB/T 1.1—2009 给出的规则起草。

本标准代替 GB/T 19570—2004《污水排海管道工程技术规范》。本标准与 GB/T 19570—2004 相比较，除编辑性修改外主要技术变化如下：

——增加"调压井"术语和定义(见 3.3)；

——增加"首先应确定污水排放形成的混合区所在的海域，在该海域内必须拟定 2 个以上的排污口及其混合区并进行比选"(见 5.1.3)；

——修改了工程物探要求(见 5.2.5，2004 年版的 5.1.4.4)；

——调整"第 6 章、第 7 章的先后顺序"(见第 6 章和第 7 章，2004 年版的第 6 章和第 7 章)；

——修订了"管道设计温度范围"(见 6.2.4，2004 年版的 7.2.4)；

——增加"应采用优质材料及工艺环保的管材，如钢管及连续缠绕玻璃钢管等"(见 6.2.9)；

——增加发现管道断裂时，应打开紧急排放口或有效实施进行污水分流内容(见 6.2.29)；

——增加"涂层材料应满足环保要求"(见 6.4.2)；

——增加"参与大型管道工程建设的单位应具备相关部委要求的相应资质"(见 6.5.1)；

——增加"施工阶段应有具备资质的监理单位的要求"(见 6.5.2)；

——增加"用于测量的主要仪器设备及敷设管道托管架等应经法定质检部门检验，并具有合格证书。托管架应有备件"(见 6.5.2)；

——增加"海底管道敷设前，应先沿路由进行扫海，如发现海底礁石等应先进行清障或爆破"(见 6.5.3)；

——增加管道焊接的工艺及精度应达到 GB/T 50268—2008 规范的要求(见 6.5.10)；

——增加污水排海管道工程建设在海水温差或应力变化大的海域应使用伸缩节保护管道(见 6.5.15)；

——增加了初始稀释度数据应由污水排海管道工程海洋环境评价单位提出(见 7.10)；

——增加应进行污水及初始稀释度与混合区水质监测的内容(见 7.19)。

本标准由国家海洋局提出。

本标准由全国海洋标准化技术委员会(SAC/TC 283)归口。

本标准起草单位：国家海洋局第一海洋研究所、莆田市滨海排水有限公司、上海市政工程设计研究总院(集团)有限公司、中诚国际海洋工程勘察设计有限公司、泉州市路通管业科技有限公司。

本标准主要起草人：徐家声、迟万清、王慧艳、刘敦武、陈金华、林新龙、杨炳富、张辰、马如彬、刘华根、徐鹏有、李杨、赵新宇、吴文露、王磊、傅锐南。

本标准所代替标准的历次版本发布情况；

——GB/T 19570—2004。

引　　言

近年来，随着我国沿海经济蓬勃发展，人民生活水平迅速提高。特别是对外开放和科技水平的大幅提升使广大群众对环境保护更为重视，环境保护的意识和水平显著提高。原规范已不能适应新形势的需要。修订后的规范将更重视人民群众的意愿，以保护海洋环境为宗旨，对路由勘察、污水排海混合区调查及污水对海洋环境污染的控制和管道设计、施工等，进行更有效地指导，从而促使我国污水排海管道工程技术不断完善，海洋环境保护水平大幅提升。

污水排海管道工程技术规范

1 范围

本标准规定了污水排海管道工程的路由勘察及选择、污水排海混合区、管道设计及施工等技术要求。

本标准适用于污水排海管道工程，由我国进行的国外污水排海管道工程建设可参考使用。

2 规范性引用文件

下列文件对于本文件的应用是必不可少的。凡是注日期的引用文件，仅注日期的版本适用于本文件。凡是不注日期的引用文件，其最新版本(包括所有的修改单)适用于本文件。

GB 3097 海水水质标准

GB/T 12763.2 海洋调查规范 第2部分：海洋水文观测

GB/T 12763.3 海洋调查规范 第3部分：海洋气象观测

GB/T 12763.6 海洋调查规范 第6部分：海洋生物调查

GB/T 12763.8 海洋调查规范 第8部分：海洋地质地球物理调查

GB/T 14914 海滨观测规范

GB 17378.4 海洋监测规范 第4部分：海水分析

GB 17378.5 海洋监测规范 第5部分：沉积物分析

GB 17378.6 海洋监测规范 第6部分：生物体分析

GB 17378.7 海洋监测规范 第7部分：近海污染生态调查和生物监测

GB 17501—1998 海洋工程地形测量规范

GB/T 17502—2009 海底电缆管道路由勘察规范

GB 18421 海洋生物质量

GB 18486—2001 污水海洋处置工程污染控制标准

GB 18918—2002 城镇污水处理厂污染物排放标准

GB/T 19485—2014 海洋工程环境影响评价技术导则

GB/T 50268—2008 给水排水管道工程施工及验收规范

JTS 145—2015 港口与航道水文规范

SY/T 10037—2010 海底管道系统

3 术语和定义

下列术语和定义适用于本文件。

3.1

路由勘察 route survey

对海底管道路由走廊从起点至终点进行的海洋环境及海洋开发活动状况的调查。

3.2

污水排海管道 sewage pipeline discharging into the sea

敷设于海中用于排放污水的管道。

注：它由放流管和扩散器组成，是污水排海管道最重要的组成部分，分别负责污水的输送和排海。

3.3

调压井　surge shaft

用于已处理的陆上污水经调压后进入放流管的构筑物。

3.4

放流管　pipe to outfall

由陆上污水处理设施将污水经调压井输送至扩散器的管道。

注：改写 GB 18486—2001，定义 3.2。

3.5

扩散器　pipe for diffusers

按一定稀释度在海域分散排放污水的多孔、变径、潜没出流的管道。

注：改写 GB 18486—2001，定义 3.1。

3.6

污水排海混合区　initial dilution area for sewage discharging into the sea

由扩散器排出的污水与海水直接混合后形成的水域。

注：改写 GB 18486—2001 的定义 3.5。该区指的是离排污点最近，其范围包括从海底到海面的海域空间，其水质在任一瞬时，尚未达到规定水质目标的水域。

3.7

管道敷设　pipe installation

将污水排海管道沿路由铺设在海底表面或埋设在海底。

4　总则

4.1　污水排海管道工程应达到减轻城镇污染保护海洋环境的目的

污水排海管道工程应通过全面、充分、科学地论证，达到减轻城镇污染保护海洋环境的目的，要求工程技术先进，经济合理，安全可靠，污水应达标排放，坚持公众参与、知情，以人为本。

4.2　污水排放应以海定陆总量控制

污水排海管道工程设计应坚持以海定陆总量控制的原则。根据排污海域的水动力状况和海水自净能力确定污水排海混合区，污染物排放应达到 GB 18918—2002 中的 4.1.2 确定的一级 A 标准。污水排海总量应在排污口所在海域的海洋功能区划环境容量允许范围内。

4.3　污水排海管道建设海域的限制

在海洋特别保护区、海洋自然保护区、重要渔业水域、海洋风景区及其他需要特殊保护珍稀物种，珊瑚礁、红树林、海草床等重要生态环境敏感区或二类以上水质海域不应建设污水排海管道工程。污水排海管道所在海域的选择应符合 GB/T 19485—2014 的要求。

4.4　污水排放全过程监管

坚持清洁生产将整体预防的环境战略持续应用于生产过程、产品和服务中，以增加生态效率和减少人类及环境的风险。污水排海管道不允许排放有害有毒污水。工业废水和生活污水经污水处理达标后排海。进入放流管的水污染物浓度限值按 GB 18486—2001 中 3.4 的相关规定执行。

4.5　工程按使用期设计建设的年限

污水排海工程应坚持质量第一，安全有效运行。工程按 50 年使用期的标准进行设计建设。

5 路由勘察及选择

5.1 通则

5.1.1 开展路由区的海洋环境和海洋开发活动状况调查

建设污水排海管道工程前应进行路由区的海洋环境和海洋开发活动状况调查。

5.1.2 路由勘察的范围

路由勘察的起点为放流管起始端所设的调压井，经放流管和扩散器所经过的海区，终点为扩散器末端的排污口及混合区。

5.1.3 选择排污口及混合区

首先应根据地形、地质、气象、水文、生物及化学等条件确定污水排放口及排放混合区所在的海域，在该海域内拟定 2 个以上的排污口及混合区并进行比选。

5.1.4 通过比选确定路由

通过包含拟定的排污口及混合区的整个路由资料的分析及现场踏勘，初选两条以上的(含两条)管道路由。通过比选确定用于进行污水排海管道勘察的路由。

5.1.5 勘察定位精度

路由勘察所有定位的项目都应使用高精度的定位仪器设备，其动态定位最大允许误差应不大于 ±3.0 m。静态定位最大允许误差应不大于 ±1.0 m。测量时还应确定投影、坐标及登陆段附近的水准点、坐标点的位置。定位按 GB 17501 中的相关规定执行。

5.2 路由勘察的项目及内容

5.2.1 陆上部分调查

该项调查范围为路由的调压井至低潮线的陆地部分。地形应实测，同时开展地貌及底质调查，测量要求按 GB 17501 中的相关规定执行。

5.2.2 调压井

该井应设置在地势较高，不受海水影响的区域。调压井的位置、形态、结构应便于与陆域管道的连接和海域管道的敷设，应设在地基稳定、地形平坦，便于施工及日常维护和污水排放。

5.2.3 气象水文调查

5.2.3.1 气象

本项调查应选择在有代表性的月份进行，长期气象资料以收集为主。调查应包括以下内容：

a) 风速风向：资料应从拟定的路由区附近的气象台站获得，并进行统计分析。应有大风频率及极值的资料。
b) 海雾：多年各月平均雾日。
c) 气温：多年各月平均气温及极值。

以上气象观测方法按 GB/T 12763.3 中的相关规定执行。

5.2.3.2 水文

本项调查应选择在有代表性的月份进行，长期水文资料以收集为主。调查应包括以下内容：

a) 海流：

收集实测海流数据进行分析、计算余流的流速流向及最大运移距离等相关参数进行海流特征分析；开展悬沙平均含沙量、单宽含沙量、悬砂粒度等观测。

观测应分别在大潮期和小潮期各进行一次定点 25 h 的海流及表面漂流观测，并进行分析计算。

观测按 GB/T 12763.2 中的相关规定。

b) 潮汐：

在拟定路由区内如有常年验潮站，应直接利用长期观测的潮汐资料，还应收集影响路由区的风暴潮资料。如果没有常年验潮站，应在拟定路由区内进行为期 1 个月的短期观测，然后与邻近验潮站观测资料进行相关分析，并计算出设计潮位。

潮位观测按 GB/T 14914 及 JTS145—2015 中 5.5 的要求。

c) 波浪：

在拟定路由区内如有常年波浪观测站、应直接使用该站的波浪资料，如无该资料宜在拟定路由区设立临时波浪观测站，进行年度内不少于 3 个月的连续大浪期的波浪观测。

临时波浪观测站的波浪观测内容包括波高、波向、周期、波型和海况，并与附近常年波浪站的观测资料作相关分析，取 50 年一遇波要素作为放流管及扩散器的设计参数。

应收集工程区及附近海域的波浪资料，以弥补工程区波浪资料的不足。

波浪观测按 GB/T 12763.2 中的相关规定执行。

d) 水温、盐度：

以收集历史资料为主，如资料缺乏，其实测工作宜在夏、冬季进行，每次观测 25 h。应特别注意水体在垂向上温度和盐度的跃层及其分布位置，使用盐度作为海域混合强度的指标。

收集水温统计资料，给出水温统计特征值。

水温、盐度观测按 GB/T 12763.2 中的相关规定执行。

e) 海冰：

确定路由区是否通过固定冰或流冰活动海域；固定冰应观测冰期时间、范围、水温、冰温、气温、冰的厚度。流冰应观测冰块大小、在沿岸堆积厚度、流速、流向，并对冰的物理力学性质进行计算。

应收集历史上冰灾事件及严重冰期的资料。

海冰观测按 GB/T 12763.2 中的相关规定执行。

5.2.4 扩散系数

应使用染料法、浮标法或数模等科学方法求得勘察海区的水平及垂直扩散系数。

5.2.5 工程物探

5.2.5.1 技术要求

勘察路由区宽度不应小于 500 m。测量成图比例尺不应小于 1∶2 000。如有 2 条以上管道同时施工，可视管道间距酌情减少路由勘察宽度。为保持混合区环境资料的完整性，其勘察范围应根据流速流向适当扩大。在拟定路由区应同步进行水深、海底地貌及浅地层剖面测量。获得资料宜绘制成工程直方图或北向上图显示。

5.2.5.2 水深测量

在水深大于 10 m 的海域，应使用多波束测深系统等设备进行路由区的全覆盖水深测量，在水深小于 10 m 的海域使用双频测深仪作水深测量，测量按 GB 17501—1998 中 4.2 及 5.3.2.3 的相关规定执行。

5.2.5.3 海底地貌探测

应用侧扫声纳对路由区进行全覆盖测量，单侧扫描量程不应大于 75 m。对海底出现的基岩露头，大漂石及砾石、沙波、沉船、海底管线及其他人为设施等障碍物应作清晰地表示。探测资料解释按 GB 12763.8中的相关规定执行。

5.2.5.4 浅地层剖面测量

选用浅地层剖面仪进行地层探测，松散沉积物探测深度应不小于 25 m，分辨率达到 0.3 m，应做好浅地层剖面资料解释。测量按 GB/T 17502—2009 中 8.6 的相关规定执行。

5.2.5.5 磁力仪测量

应用磁力仪探测海底沉积物中的含铁磁性物体，并标明已敷设的光缆、管道、沉船及爆炸物的位置。测量按 GB/T 17502—2009 中 8.7 的相关规定执行。

5.2.6 工程地质

5.2.6.1 布设取样点

应按 GB/T 12763.8 中的相关规定执行。使用蚌式、箱式及柱状取样器采集表层样及柱状样，或使用 CPT(静力触探仪)进行岩土的原位测试，提供测区底质类型分布图、柱状剖面图。对易产生液化的底质类型，应准确标出其范围。

5.2.6.2 钻孔技术要求

钻孔根据勘察比例尺及工程需要布设，主要沿管道路由中心线分布。在岸边、放流管及扩散器的末端应布设钻孔，其余视情况确定。钻孔深度应大于管道埋深，最小钻孔深度应大于 50 m(遇到基岩停钻)，岩芯取样长度间距不得大于 1.0 m，提供钻孔剖面图。除进行岩土样力学性质试验外，还应根据岩土特性做原位测试(标贯、十字板剪切等)。钻探各项技术要求及报告编写按 GB/T 17502—2009 中 10 的相关规定执行。

5.2.6.3 土工试验技术要求

取得的样品应在现场或实验室进行常规土工试验。最后根据土的颗粒分析及物理性质指数进行土的分类和评价。土工实验内容、分析方法及技术要求等应按 GB/T 17502—2009 中 12 的相关规定执行。

5.2.7 海洋生物

本项调查应包括以下内容：

a) 浮游植物(种类组成、密度、分布趋势、生物多样性指数)；
b) 浮游动物(种类组成、密度、生物量、分布趋势、生物多样性指数)；
c) 底栖生物(大型、小型、微型底底栖生物种类的组成、密度、生物量、分布趋势、生物多样性指数)；
d) 附着生物(种类组成、密度、生物量、分布趋势、生物多样性指数)。应考虑附着在管道和立管及其喷口上的生物造成的表面粗糙度增大和载荷变化；

e） 对生物群落结构进行分析并绘出浮游动物、底栖生物、附着生物的生物量分布图；

f） 生物多样性指数计算应按 GB 17378.7 的相关规定执行。

5.2.8 海底稳定性

5.2.8.1 地质构造与地震

本项调查应包括以下内容：

a） 收集或通过调查获得管道路由区及其附近海域的地质构造和地震活动资料；

b） 当管道处于可液化地段时，应充分考虑地震、波浪、海流活动引起的底土液化和滑动的可能性，对地基及管线应予以抛石或压块加固，提高管材的强度。防止管道的上浮或下沉；

c） 在地震烈度达到国家地震局Ⅷ度区的海域，应按工程抗震设计规范对管道路由进行抗震能力的调查计算；

d） 管道路由应选择在海床底质硬实稳定的海域，避免因地震引起的底质的滑动或迁移损坏管道。

5.2.8.2 水动力与冲淤作用

本项调查应包括以下内容：

a） 了解水动力对路由区作用特征，结合历史海图水深资料，对比判断其是冲刷还是淤积作用区；

b） 在管道系统设计寿命期限内，取 50 年一遇的波要素、可能最大流速及可能造成底土液化的波浪和水位，作为管道工程的设计参数；

c） 进行底土的类型、运移、冲淤量和速率的分析计算，正确判断水动力对管道路由区的冲淤作用及其危害，并做防止冲淤的工程措施。

5.2.8.3 地质灾害状况

本项调查应包括以下内容：

a） 进行地质灾害类型的划分，重点是海底陡坡、崩塌、滑坡、沙波移动，埋藏古河道与浅层天然气；

b） 开展地质灾害成因的分析，着重分析其与海底地形、底土性质、地质构造、地震、水动力及泥沙冲淤的关系；

c） 应圈出断裂、崩塌、滑坡区并说明它们的规模、形态特征；

d） 应进行沙波形态、稳定性及活动趋势的分析；

e） 对已发现的埋藏古河道应进行形态描述并确定其埋藏深度；

f） 确定浅层天然气的分布范围及其埋藏深度。

5.2.9 腐蚀环境

本项调查应包括以下内容：

a） 波浪及流况：应了解波高、波向、周期及流速、流向，调查按 GB/T 12763.2 相关规定执行；

b） 底质类型：应了解底质类型及其特征，调查按 GB/T 12763.8 相关规定执行；

c） 水温和泥温：应测量水温和泥温，调查按 GB/T 12763.2 相关规定执行；

d） pH 值：应测定海水和含水底质的 pH 值，测定按 GB 17378.5 中的相关规定执行；

e） Eh 值：应测定海水和底质的 Eh 值，测定按 GB 17378.5 中的相关规定执行；

f） 电阻率：应测定海水和底质的电阻率，测定按 GB 17378.5 中的相关规定执行；

g） Fe^{3+}/Fe^{2+}：应测定海水和底质的 Fe^{3+}/Fe^{2+}，测定按 GB 17378.5 中的相关规定执行；

h） 硫化物：应测定底质的硫化物含量，测定按 GB 17378.5 中的相关规定执行；

i） 有机质：应测定底质的有机质含量，测定按 GB 17378.5 中的相关规定执行；

j) 嗜氧及厌氧细菌:应测定底质中硫酸盐还原菌等嗜氧及厌氧细菌数量。硫酸盐还原菌检测应按 GB/T 12763.6 中的相关规定执行;

k) 污损生物:对底质中的附着生物和钻孔生物进行鉴定,并对它们的危害性作分析。该项调查应按 GB/T 12763.6 中的相关规定执行;

l) 通过上述调查、分析进行路由区海底腐蚀环境及强度评价。上述调查如无检测方法,可使用通用的方法进行检测。

5.2.10 海洋环境质量状况及评价

本项调查应包括以下内容:

a) 大肠杆菌衰减速率(T90);应用实验室模拟试验、现场模拟试验和现场实验等方法中的一种测出大肠杆菌浓度及其衰减速率。该项测试应按 GB 17378.6 中的相关规定执行;

b) 水质、底质监测及分析;监测分析项目包括;水温、水色、透明度、盐度、pH、化学需氧量(COD)、生物耗养量(BOD)、叶绿素 a、溶解氧(DO)、油类、三氮、无机磷、有机质、硫化物、铜(Cu)、砷(As)、镉(Cd)、汞(Hg)、锌(Zn)、铅(Pb)、总铬、多环芳烃(PAHs)、多氯联苯(PCBs)等污染物调查。上述调查应按 GB 17378.4 和 GB 17378.5 中的相关规定执行,以水质分析为主;

c) 环境质量评价;海域整体环境质量进行综合评价;

d) 设立对照区:通过调查在排污区以外,即不受排污影响的海域建立一对照区,对排污区及对照区进行调查对比,以区别自然因素及人为污染引起的环境质量变化。

5.2.11 海域与海洋资源利用状况

本项调查应包括以下内容:

a) 进行路由区内养殖及捕捞活动调查。该项目调查包括养殖范围、品种、捕捞种类、数量、捕捞船的数量、吨位、锚重等;

b) 路由区附近的港口及航运状况调查,包括船只的数量、吨位、锚重及扎入底泥的深度、航线位置等;

c) 查明已有海底管线、沉船,其他人工设施和废弃物的位置;

d) 对路由区及其附近的锚地、旅游区、自然保护区、养殖区、倾废区及军事训练区进行调查并确定其位置。

5.3 路由选择

5.3.1 对污水排海管道路由勘察获得的资料逐项进行分析及比较,指出路由海洋环境及开发活动的有利及不利条件并进行综合评价。

5.3.2 根据海洋功能区划、海洋生态红线的要求和有利于排海管道路由区的环境保护及邻近海域的可持续发展的原则,按照管道工程科学性、可靠性、经济性要求通过比选确定用于施工的最佳路由。

6 放流管和扩散器

6.1 通则

6.1.1 放流管和扩散器是污水排海管道工程的重要组成部分,对它们的设计除考虑自然条件和开发活动外,还应考虑社会经济的现状及发展需求。

6.1.2 应全面充分地考虑影响放流管和扩散器的安全及效能的各种因素。污水排海管道设计应符合 SY/T 10037—2010 中 2.2、2.2.5、2.2.6 的要求。

6.2 设计要求

6.2.1 城镇污水排放量应根据城镇规划分别按近期和远期进行设计。近期污水排放量的计算时段为10 a,远期污水排放量计算时段最少为20 a 。在上述规划的基础上,确定污水排海工程的规模及排污管管径。工程建设可分期进行。排海管的污水排放能力应按远期污水量设计,为达到自净流速应采用间歇排放。

6.2.2 应进行污水处理厂建设与污水排海管道建设费用的比较分析,充分考虑建设单位的经济承受能力和社会经济效益。

6.2.3 建立污水与雨水分离截流和处理系统,减轻排海管道的负荷并节省资金。

6.2.4 管道系统设计中,以设计内压为最大内压计算依据,应能承受最大可能外压。管道设计温度范围限定为－30 ℃～40 ℃。

6.2.5 污水排海管施工工艺设计应根据管道海域的基床稳定性、通航要求和海洋环境情况选择安全经济的管道敷设方法。

6.2.6 污水排海系统应进行承载能力和正常使用时极限状态的计算。

6.2.7 管道系统结构分析模型应能正确地模拟真实结构体系的主要特点,包括载荷、支承条件和结构特点。管道系统的力学计算应根据静力学、动力学、材料强度理论及断裂力学、损伤力学的要求进行。

6.2.8 所有管道附件在工作载荷与环境载荷作用下,其强度、稳定性与疲劳安全指标不应低于管道所要求的指标。

6.2.9 制造排污管的材料应根据污水特性、使用期限、水温、冰冻状况、管径、管内外承受的压力、土质、水动力条件对其冲蚀等因素进行选择。应采用优质材料及工艺环保的管道,如钢管及连续缠绕玻璃钢管等。

6.2.10 为防止管道损坏,应设置应急排海管道或有效的防止污水直接排海措施。

6.2.11 排污管应沿确定的路由敷设,如有拐弯,其拐角应大于120°。

6.2.12 污水排海管道的埋设深度应根据埋管海域的底质,来往船只数量、吨位,锚的尺寸、重量及管道外径、壁厚,浪潮流对海底的冲刷作用,计算出最佳的管道埋深值。

6.2.13 根据管道敷设形式即表层敷设还是海底埋设而采用适当的扩散器。

6.2.14 进行放流管的长度计算时,应使放流管走向与海流的流向垂直,放流管末端的水深通常应大于10 m,其起点离低潮线至少200 m远,保证扩散器第一个孔口排出的污水到达水面时发生的羽流的边缘不触及海岸。

6.2.15 扩散器的长度和立管、喷嘴设计应满足规定的起始稀释倍数要求如40、60或大于100倍。

6.2.16 扩散器的长度与稀释效果密切相关,扩散器长度按式(1)计算:

$$L_b = 4.27QS_c^{3/2}h^{-2/3}\left(\frac{\rho_a - \rho_0}{\rho_0}g'\right)^{-1/2} \qquad (1)$$

式中:

L_b ——扩散器长度,单位为米(m);

Q ——污水排放量,单位为立方米每秒(m^3/s);

S_c ——初始稀释度;

h ——污水的最大浮升高度,单位为米(m);

g' ——折减重力加速度,单位为米每二次方秒(m/s^2);

6.2.17 应使扩散器中流速达到自净流速,即不小于0.6 m/s,一般可取0.8 m/s～1.0 m/s左右。敷设在海底表层的扩散器在末端应安装翻板闸门,平时关闭,进行冲洗时打开。

6.2.18 扩散管应由直径递减的几段管子组成,保持扩散器的自净流速。扩散器立管上喷口的间距约等于喷口至水面深度的1/3。喷口间距应小于扩散器长度,达到各喷口排出的污水在初始稀释扩散过程中相互不重叠的要求。喷口数的计算公式见式(2)：

$$m=\frac{3L_{D}}{h} \qquad (2)$$

式中：

m ——喷口数，单位为个；

L_D ——扩散器有效长度，单位为米(m)；

h ——污水排放深度，单位为米(m)。

6.2.19 立管的喷口孔径的确定应满足污水稀释扩散要求，保证污水中大尺寸的悬浮物能顺利通过。在泥沙快速淤积及附着生物聚集区，应使用鸭嘴阀并对其和喷口进行防止泥沙及附着生物阻塞扩散器喷口的措施。使喷口出流应有足够大的速率，设计时应使佛汝德数 $Fr>1.0$，喷口孔径应为 5 cm～23 cm。第 i 段扩散器上喷口的孔径，计算公式见式(3)：

$$d_{i}=\sqrt{\frac{4q_{di}}{\pi C_{Di}\sqrt{2gE_{i}}}} \qquad (3)$$

式中：

d_i ——第 i 段孔口孔径；

q_{di} ——第 i 段孔口出流量；

C_{Di} ——第 i 段管上喷口的出流系数；

g ——重力加速度，单位为米每二次方秒(m/s^2)；

E_i ——排放口处($X=i$)的涡流扩散系数。

污水在第 i 段扩散器上喷口处的出流速度按式(4)计算：

$$V_{di}=C_{Di}\sqrt{2gE_{i}} \qquad (4)$$

式中：

V_{di} ——第 i 段扩散器上喷口处的出流速度；

C_{Di} ——第 i 段管上喷口的出流系数；

g ——重力加速度，单位为米每二次方秒(m/s^2)；

E_i ——排放口处($X=i$)的涡流扩散系数。

6.2.20 扩散器喷嘴的总面积应小于放流管的横截面积。两者的比值约为 1/3。

6.2.21 扩散器的水力计算应包括沿程和局部阻力损失、动水头和静水头、各孔口的出流系数、出流流量及流速等。扩散器水力计算(出流量)公式见式(5)：

$$q_{n}=C_{D}a_{n}\sqrt{2gE_{n}} \qquad (5)$$

式中：

q_n ——n 号喷口出流量；

g ——重力加速度，单位为米每二次方秒(m/s^2)；

C_D ——出流系数；

E_n ——n 号喷口处扩散器内外总水头差；

a_n ——n 号喷口面积。

6.2.22 污水入海的总水头 H_a 的计算公式见式(6)：

$$H_{a}=h_{1}+h_{2}+h_{3}+(\rho_{a,0}-\rho_{0})h_{3} \qquad (6)$$

式中：

H_a ——污水入海总水头；

h_1 ——放流管与扩散器水头损失，单位为米(m)；

h_2 ——剩余水头，单位为米(m)；

h_3 ——最高潮位与扩散器终端海底高程,单位为米(m);

h_4 ——海水与污水密度差造成的压差;

$h_4=(\rho_{a,0}-\rho_0)h_3$

$\rho_{a,0}$ ——排水口处海水密度;

ρ_0 ——污水密度。

6.2.23 当路由区有饱和沙土或饱和粉土分布时,应对其液化的可能性进行分析,应对大浪、强流和地震引起的砂土液化采取预防措施:把管道埋在液化层之下或用不液化材料进行回填及地表保护,使用优质材料作管道等。

6.2.24 在波浪或潮流较强的地区应防止海底管道裸露或被冲刷悬空。在水动力较弱的海域应防止沉积物的淤积导致扩散器喷口的阻塞。放流管及扩散器应置于同一地层内,如置于不同地层或管道地基土质硬度有显著变化时,管道设计应考虑不均匀沉降影响,进行针对性设计。

6.2.25 污水排海系统,特别是排污口标高应低于整个城市排污管道,而管径应不小于污水转输管,最小设计坡降为4‰。

6.2.26 在污水处理厂尾水排出与排海管的起始端连接处应建调压井,以调节扩散器的泄流能力。

6.2.27 在季节性冻土及有冰冻现象发生的海滨地区,排污管道及排污口应设在冻土层以下。

6.2.28 应有防止管道及其附属构筑物发生破裂及损坏的预防措施,具体包括:

a) 管道强度应有足够的余量,余量不应小于50%;

b) 环境条件重现期应按50 a设计;

c) 管道沿线应设置醒目的警示标志,管道位置应在海图上标出,并报有关管理部门备案;

d) 禁止在管道保护区内抛锚、拖锚、捕鱼、挖沙及疏浚作业;

e) 定期作管线检查,发现问题及时维修加固,发现管道断裂时,应打开紧急排放口或有效实施进行污水分流;

f) 扩散器基床面应设置防冲刷铺盖。

6.3 载荷分析

6.3.1 应对施工至完工阶段敷设在海中的管道进行载荷分析,包括工作载荷及设计海洋环境载荷两部分。对管道系统应进行可能的最大的载荷计算,但地震载荷不计在内。

6.3.2 工作状况下的管道载荷应考虑重量、压力、温度变化及在安装状态中因永久性弯曲或伸长变形而产生的预应力等因素。

6.3.3 对管道产生影响的环境载荷因子应包括:风载荷、波浪载荷、海流载荷、冰载荷和由船舶的碰撞、拖网渔具的撞击、坠落物的撞击等引起的偶然载荷。

6.4 防腐

6.4.1 排放腐蚀性污水的排污管及其附属构筑物应达到国家防腐技术标准。管道防腐措施可采取三种形式:外涂层、阴极保护和内防腐。

6.4.2 在进行管道系统涂层时,应按涂层技术要求和涂敷规程SY/T 10037—2010中8.3及8.4的要求进行。涂层材料应满足环保要求,不应含有强烈刺激性气味及有害人体健康或污染海洋环境的物质,应具有较强的粘结力、持久性及抗化学、物理和海洋生物破坏能力;适用温度范围广,延伸与柔性好并应具有与混凝土加重层的相容性,现场接头或补口的适用性,被损坏涂层的可修补性。

6.4.3 防腐工程的设计与选择应满足管道在使用期限内的可靠性和经济性。

6.4.4 污水排海管道应采取相应的内防腐措施。确定内防腐方案时应考虑污水的性质及成分:盐度、细菌含量、pH值、硫化物、溶解氧、泥沙含量、温度和压力等,并应考虑内腐蚀与时间的关系。

6.5 敷设

6.5.1 参与大型管道工程建设的单位应具备相关部委要求的相应资质。施工作业人员应具有相应的技术等级合格证书。施工阶段应有具备与工程规模相当的资质的监理单位按照图纸及技术要求对施工进行全过程的监理，为施工质量负责。

6.5.2 施工阶段用于定位测量的主要仪器设备及敷设管道的主要设备托管架等应质量合格并经质检部门检验，具有合格证书。

6.5.3 海底管道敷设前，应先沿路由进行扫海。如发现海底礁石等应先进行清障或爆破。敷设时应充分了解和掌握路由区的底质及水动力状况，避免它们对敷设造成不利影响。

6.5.4 应保证安装后的海底管道系统能满足设计和已认可技术标准的要求，应符合 GB/T 50268—2008 中的 5.3 的要求。

6.5.5 排污管在装卸、运输和储存过程中应防止加重层或防腐涂层损伤、脱落，吊装前应对管子两端进行保护，应在排污管敷设前对损伤、脱落处进行修补。

6.5.6 在管道敷设过程中，若所采用的敷设方法可能使海底管道产生屈曲时，应设法对管道屈曲部分进行检查。

6.5.7 为防止管道受到腐蚀和水动力冲击，对架空或敷设在海底表面的管道系统应进行锚固及防护。

6.5.8 海底管道的各管段之间，海底管道与立管或与岸段管段之间的连接应选择合适的方法，并达到技术要求。

6.5.9 对不同的管材应采用不同敷设方法，钢管，玻璃钢管应采用铺管船法，底部牵引或顶管法，大管径的钢筋混凝土管应采用逐段敷设法，塑料管可采用浮沉法敷设。

6.5.10 管道焊接应根据管道材质使用不同的焊接工艺，精度应达到 GB/T 50268—2008 中的 4.6 的要求。

6.5.11 进行埋设的污水排海管道，其上缘埋设深度应满足管道安全及相关部门规定。扩散器所在海域水深应在 10 m 以下，并使立管—喷口型扩散器的立管在大潮低潮时也不露出水面。

6.5.12 污水排海管不应与其他海底管线（如海缆、海底油气或供水管道）交叉，如交叉不可避免时应敷设在它们的下面，垂直净距（管道外壁净距）应达 0.5 m 以上。

6.5.13 污水排海管与其他海底管线之间的水平净距应达 50 m 以上。与海底易爆、强辐射等危险物之间的距离应保持在 500 m 以上。

6.5.14 埋设管道不应产生浮起现象，应根据需要设置管道加重混凝土压块，当海域有液化可能时，应按土液化状态校核管道的抗起浮能力，并应考虑土的液化深度。应将管道埋设在可能的液化深度以下。如是表层敷设的管道应有加大管道比重，加压块等稳定管道措施。

6.5.15 污水排海管道工程建设在海水温差或应力变化大的海域应使用伸缩节保护管道。

6.6 完工检验

6.6.1 对竣工的管道系统应及时由第三方进行检测，检测时应使用水下机器人等先进仪器设备。确定该系统是否达到工程设计和有关技术标准的要求。检测主要内容为管道位置、姿态、埋设深度等。检测应符合 GB/T 50268—2008 的要求。

6.6.2 应在管道安装完毕后进行现场屈曲检查，对埋设的管道，最终的屈曲检查应在挖沟后（指后挖沟法）进行。如发现有局部屈曲，应进行修理或切除，切除的管段长度至少为 3 m。

6.6.3 建成后的管道系统应进行水压试验，以了解管道系统的状况是否满足常规的技术条件。埋设或覆盖管道水压试验应在管道敷设完成后进行。水压试验应包括以下内容：

a) 管道水压试验应注意安全。在试验期间，管道试验段应定时巡视，保持正常的通信联络和监控；

b) 为能可靠地判断所试管段的强度和严密性，最小试验压力应为设计内压的1.25倍。在试压期间，管子的环向应力一般应不超过规定的最小屈服强度的90%；
c) 试验管道加压后，为使其压力保持稳定，压力稳压时间一般应不少于24 h。短管道和立管稳压时间允许为8 h。完全可以外观检验的管段、稳压时间至少保持2 h；
d) 试验管段内全部压力部件若能在试验中保持完整良好状态且无泄露，则应认为合格。在稳压时间内允许有±0.2%的压力变化；
e) 如试验管段出现破裂或泄漏，事故部位应予修补甚至更换。对修补或更换的管道应重新进行水压试验。

6.6.4 水压试验应提交包括以下内容的报告：
a) 水压试验报告表；
b) 实际压力—容积图与理论压力—容积图的比较；
c) 压力与时间的关系曲线；
d) 温度与时间的关系曲线；
e) 压力测量系统的检验合格证书。

6.6.5 检测形成的检测报告，包括下列内容：建成后的管道系统位置、管道埋设深度图、加重体、锚固系统、防腐层及立管支撑结构是否按批准的技术文件和GB/T 50268—2008中3.2的要求安装。

7 污水排海混合区

7.1 预测水质变化

应在工程确定的污水排放量、处理程度的基础上，根据污水排海管道路由区，混合区和邻近海域的海洋功能区划及其水质要求预测污水水质变化，在进行污水排海对海洋环境影响评价及海洋环境与入海污水的相互作用的基础上，对水质变化进行控制。

7.2 混合区的调查

污水排海混合区的调查按本标准5.2.3、5.2.5、5.2.6、5.2.7、5.2.8、5.2.9等有关规定执行。

7.3 混合区的选择

7.3.1 应按5.1.3要求选定混合区，并在初步拟定混合区所在海域的基础上，按5.1.4要求通过比选确定混合区的位置。

7.3.2 混合区和排污点的选择，不仅应符合海洋功能区划、避开海洋生态红线，还应考虑该海域水动力条件和路由地质地貌的状况，应选择在海底稳定，海域开阔，水动力活跃，最小水深大于10 m，生物资源相对贫乏，无珍稀濒危生物，海底面地形地貌单一，易于管道施工的水域。

7.3.3 由排污点排放污水形成的混合区，不应影响鱼类洄游和邻近功能区的功能。

7.3.4 混合区范围应根据排海污水与受纳水体的背景值之和不超过GB 3097规定的海水水质标准的要求来确定，混合区范围按GB 18486—2001中3.5的相关规定执行。

7.3.5 进行混合区范围计算时，应针对其地形、地貌及水文特征和扩散器的结构、排放形式而采用不同的计算公式。

7.3.6 混合区允许超过规定的水质标准，但是不能形成油膜、难闻的气味和可见的混浊云斑。

7.4 水质目标

排污海域水质标准是针对混合区以外海域的，混合区以外的纳污水域水质变化应控制在当地《海洋功能区划》规定的范围内，水质应达到GB 3097中相关规定的要求。

7.5 环境质量分析

进行混合区的环境质量分析时，应将5.2.10的环境质量分析结果，作为本底值。根据海洋功能区划和GB 3097中的相关规定，对混合区进行环境质量受损程度的分析评价，并为污水稀释扩散倍数的选择提供依据。

7.6 生态目标

在混合区以外的海域，应通过底牺动物群落结构的调查分析。确定生态目标的主要指标包括种类数量、栖息密度、生物量及生物多样性指数。上述各项指标的变化不得超过本底值的15%。

7.7 生物质量保护目标

当污水排放到混合区以外的海域时，该海域被污染的区域中，生物体内的总汞、镉、砷、铜、锌等重金属及石油烃含量应低于GB 18421中的第三类标准。

7.8 污水总量计算

对进入污水处理排放系统的污水应进行总量计算，包括生活污水、工业废水。如果未建立污水与雨水分离截流系统，混合污水中还应包括部分地面径流水。

7.9 污水物理净化过程

排污区内污水的净化以物理净化过程为主。在排污区内污水混合与输送的不同的阶段应采用适宜的预测模型，并进行初始稀释度的计算和迁移阶段以及长期扩散，输运阶段的预测，以此确定建立排污区的可能性。

7.10 初始稀释度

污水由扩散器排出后，在出口被稀释，被稀释的倍数称为初始稀释度。初始稀释度数据应由污水排海管道工程海洋环境评价单位提出。它有多种不同的计算方法，运用较多的为经验公式。

经验公式求证，应针对以下2种情况进行：

a) 周围海水密度均匀时，初始稀释度 S_1 计算公式见式(7)：

$$S_1 = S_c\left(1+\frac{\sqrt{2}\,S_c q}{uh}\right)^{-1} \qquad \cdots\cdots(7)$$

式中：

S_1——初始稀释度；

S_c——无水流时，轴线处稀释度；

q ——扩散器单位长度的排放量，单位为立方米每秒米[$m^3/(s \cdot m)$]；

u ——海水流速，单位为米每秒(m/s)(进行稀释度计算时流速)；

h ——污水排放深度，单位为米(m)。

无水流时，轴线处稀释度计算公式见式(8)：

$$S_c = 0.38\left(\frac{\rho_a-\rho_0}{\rho_0}g\right)^{\frac{1}{3}} hq^{-\frac{2}{3}} \qquad \cdots\cdots(8)$$

式中：

S_c ——无水流时，轴线处稀释度；

ρ_a ——周围海水密度；

ρ_0 ——污水密度；

g ——重力加速度，单位为米每二次方秒(m/s^2)；
h ——污水排放深度，单位为米(m)；
q ——扩散器单位长度的排放量，单位为立方米每秒米[$m^3/(s \cdot m)$]。

b) 周围海水密度呈线性分布时，初始稀释度 S_1 计算公式见式(9)：

$$S_1 = S_c\left(1+\frac{\sqrt{2}S_c q}{u z_{max}}\right)^{-1} \quad \cdots\cdots (9)$$

式中：
S_1 ——初始稀释度；
S_c ——无水流时，轴线处稀释度；
q ——扩散器单位长度的排放量，单位为立方米每秒米[$m^3/(s \cdot m)$]；
u ——海水流速，单位为米每秒(m/s)(进行稀释度计算时流速)；
z_{max} ——污染云的最大浮升高度，单位为米(m)。

静水中污染云升至最大高度时的轴线稀释度计算公式见式(10)：

$$S_c = 0.31\left(\frac{\rho_a-\rho_0}{\rho_0}\right)^{\frac{1}{3}} z_{max} q^{-\frac{2}{3}} \quad \cdots\cdots (10)$$

式中：
S_c ——静水中污染云升至最大高度时的轴线稀释度；
ρ_a ——周围海水密度；
ρ_0 ——污水密度；
q ——扩散器单位长度的排放量，单位为立方米每秒米[$m^3/(s \cdot m)$]。
z_{max} ——污染云的最大浮升高度，单位为米(m)，计算公式见式(11)：

$$z_{max} = 6.25\left(\frac{\rho_a-\rho_0}{\rho_0}q\right)^{\frac{2}{3}}\left[\frac{\rho_0}{g(\rho_a-\rho_0)}\right] \quad \cdots\cdots (11)$$

式中：
z_{max} ——污染云的最大浮升高度，单位为米(m)；
ρ_a ——周围海水密度；
ρ_0 ——污水密度；
q ——扩散器单位长度的排放量，单位为立方米每秒米[$m^3/(s \cdot m)$]；
g ——重力加速度，单位为米每二次方秒(m/s^2)。

7.11 初始稀释度设计的关键数据

一个是确定该工程所需要的初始稀释度(Sreq)，另一个是确定污水场的潜没状态(Hreq)。不同的海区和工程对 Sreq 和 Hreq 的要求是不同的，应按 7.12 的要求确定 Sreq 和 Hreq。

7.12 确定初始稀释度(Sreq)和潜没深度(Hreq)

初始稀释度和潜没深度的确定应按下列要求：

a) 应保证岸边排污区周围的水域达到预定水质目标；
b) 为避免形成稳定的水面污水场，Sreq 应根据水质、排污量、水动力条件分别设为 40、60 或大于 100 倍；
c) Sreq 应保证混合区水面不形成油膜、明显的混浊云斑，没有难闻的气味；
d) 防止污水场潜没在深水层及跃层处形成很薄的污水场。

7.13 污染羽流的再稀释

应对污水排海混合区周边水域及保护区的入侵污水浓度，入侵频率和持续时间进行计算，以此作出污染羽流对周围水域的侵袭和危害的评价。

7.14 污染羽流再稀释的计算公式

当按初始稀释度计算得到的近岸区污染物浓度加上受纳水体背景浓度超过《海洋功能区划》规定的海水水质标准时，应根据当地海洋功能区划的水质要求，建立污水再稀释和迁移阶段预测模型，进行后续输移扩散的计算。该计算宜用Brooks公式，也可应用其他模型进行计算。常用的Brooks公式的计算及应用条件参见附录A。

7.15 污染羽流浓度场预测模型

在污染羽流消失、出现光滑变化的浓度场时，应在污水排海混合区以外，建立污染物平衡影响的浓度场预测模型，计算海水中污染物经稀释达到《海洋功能区划》规定的水质要求所需的时间及影响的范围。

7.16 污染物的迁移

应通过水质点的拉格朗日漂移和拉格朗日余流，掌握污染物在海域中的迁移规律，并以此选出污水排海混合区、排污点位置，并对污染物迁移造成近岸或海洋自然保护区损害的可能性进行评估。

7.17 风海流与污水场运动

应测算出风海流的流速、流向，了解水面污水场的运动速度及方向。

7.18 污水中固体颗粒的调查

当排污引起的固体颗粒的悬浮量及沉积量大于海区中固体颗粒的悬浮量和沉积量的10%时，应进行污水中固体颗粒在海底的沉积状况的调查及预测。该项调查应按GB 17378.5的有关规定进行。

7.19 污水的全程监测

工程运行中应进行污水处理厂排出污水到进入混合区的污水的水质全程监测，监测方法见GB 8978—1996中4.2.1.1、4.2.1.2及第5章。

附　录　A
（资料性附录）
Brooks公式的推导过程及应用条件（用于污染羽流再稀释的计算公式）

A.1　Brooks分析中的假设条件

Brooks分析中的假设条件包括：

a）表面场随环境水流的移动是单方向、持续和均匀的；

b）忽略受纳水域流动方向及垂向的混合；

c）横向混合采用4/3指数定律。

A.2　Brooks公式的推导过程及应用条件

Brooks公式的推导过程及应用条件见式(A.1)、式(A.2)和式(A.3)：

$$\frac{L_x}{L_b}=\left(1+\frac{2}{3}\beta\frac{X}{L_b}\right)^{3/2} \qquad \cdots\cdots(\text{A.1})$$

式中：

L_x——表面场宽度，单位为米(m)；

L_b——扩散器长度，单位为米(m)；

β——风险系数；

X——断面距扩散器的水平距离，单位为米(m)。

$$\beta=\frac{12\varepsilon_0}{V_a L_b} \qquad \cdots\cdots(\text{A.2})$$

式中：

ε_0——排放口处($t=0$)涡流扩散系数，单位为平方米每秒(m^2/s)；$\varepsilon_0=4.53\times L_b^{4/3}\times10^{-4}\ m^2/s$；

V_a——横流速度，单位为米每秒(m/s)；

L_b——扩散器长度，单位为米(m)。

$$\frac{C_x}{C_o}=erf\left[\frac{1.5}{\left(1+\frac{2}{3}\beta\frac{X}{L_b}\right)^3-1}\right]^{1/2} \qquad \cdots\cdots(\text{A.3})$$

式中：

C_o——混合区起始浓度，单位为毫克每升(mg/L)；

C_x——表面场中心线X处的浓度增值，单位为毫克每升(mg/L)；

erf——误差函数；

L_b——扩散器长度，单位为米(m)；

β——风险系数；

X——断面距扩散器的水平距离，单位为米(m)。

参 考 文 献

[1] Submarine Pipeline Systems：Offshore Standard DNV-OS-F101：2013.[2013-10].http://www.dnv.com.

[2] 美国约翰 B.赫比希.海底管线设计原理[M].北京：石油工业出版社，1988：90-118.

[3] 杨明华.海洋油气管道工程[M].天津：天津大学出版社，1992：108-137.

[4] 黄河宁.污水排海工程导论[M].大连：大连理工大学出版社，1990：127-151.

[5] 黄河宁.污水排海工程初始稀释设计原理[J].海洋通报，1991，10(3)：83-87.

[6] 徐高田，韦鹤平.上海市污水处理二期工程白龙港排放口潜没多排多孔排放污水近区稀释扩散效果研究[J].海洋环境科学.2000，19(4)：41-45.

[7] 钟迪锋，韦鹤平.污水排海工程近区稀释扩散研究[J].同济大学学报(自然科学版).1997，25(4)：417-422.

[8] 韦鹤平，张瑞安，梁源高.烟台市城市污水排海管道设计探讨[J].海洋通报.1990，9(6)：61-65.

[9] 丁玉兰，张瑞安.烟台市海底污水排海管道有关参数的确定[J].海岸工程.1995.14(4)：5-10.

ICS 77.160
H 16

中华人民共和国国家标准

GB/T 19587—2017/ISO 9277:2010
代替 GB/T 19587—2004

气体吸附BET法测定固态物质比表面积

Determination of the specific surface area of solids by gas adsorption using the BET method

(ISO 9277:2010,IDT)

2017-09-29 发布 2018-04-01 实施

中华人民共和国国家质量监督检验检疫总局
中国国家标准化管理委员会 发布

前　言

本标准按照 GB/T 1.1—2009 给出的规则起草。

本标准代替 GB/T 19587—2004《气体吸附 BET 法测定固态物质比表面积》。

本标准与 GB/T 19587—2004 相比主要技术变化如下：

——增加了 BET 法适用的吸附等温线类型及有关化学吸附的内容；

——增加了吸附体积、大孔、介孔、微孔等若干个术语；

——对表 1 中部分符号做了增减；

——原理部分有较大改动；

——增加了图 1 吸附等温线的 IUPAC 分类；

——删除了原标准中的图 2、图 6、图 7 及相关说明，对部分图进行了改动；

——对标准的章节内容作了改动；

——增加了“9 标样的使用”。

本标准使用翻译法等同采用 ISO 9277:2010《气体吸附 BET 法测定固态物质比表面积》。

本标准由中国有色金属工业协会提出。

本标准由全国有色金属标准化技术委员会(SAC/TC 243)和全国颗粒表征与分检及筛网标准化技术委员会(SAC/TC 168)归口。

本标准起草单位：广州有色金属研究院、西安赛隆金属材料有限责任公司、北京精微高博科学技术有限公司、西北有色金属研究院、北京粉体技术协会、国家纳米科学中心、中机生产力促进中心。

本标准主要起草人：谭立新、刘辛、蔡一湘、王利、贺卫卫、高原、周素红、陈金妹、高洁、闫晓英、侯长革。

本标准所代替标准的历次版本发布情况为：

——GB/T 19587—2004。

气体吸附 BET 法测定固态物质比表面积

1 范围

本标准规定了气体吸附 BET 法测定分散的(例如纳米粉)或多孔的固体物质的整个(见注释)外部和内部通孔的比表面积的方法[1]。

注：对表面具有化学不均匀性的固体,例如金属催化剂,BET 法测得的整个表面积中,金属部分的表面积能够通过化学吸附法测得。

BET 法适用于具有Ⅱ型(分散的、无孔或大孔固体)和Ⅳ型(介孔固体,孔径在 2 nm～50 nm 之间)吸附等温线的固态物质。对于气体分子难以到达的孔隙,其表面积测不到。BET 法不适用于对气体分子有吸收性的固态物质。

微孔材料(Ⅰ型等温线)的比表面积测定在附录 C 中有叙述。

2 规范性引用文件

下列文件对于本文件的应用是必不可少的。凡是注日期的引用文件,仅注日期的版本适用于本文件。凡是不注日期的引用文件,其最新版本(包括所有的修改单)适用于本文件。

ISO 8213 工业用化学品 取样技术 从粉体到粗糙块体不同形状颗粒的固体化学品(Chemical products for industrial use—Sampling techniques—Solid chemical products in the form of particles varying from powders to coarse lumps)

ISO 14488 颗粒材料 颗粒特性的测定用取样和样品分离(Particulate materials—Sampling and sample splitting for the determination of particulate properties)

3 术语和定义

下列术语和定义适用于本文件。

3.1

吸附 adsorption

吸附气体在固体材料外表面和可到达的内表面上的富集。

[ISO 15901-2:2006[2],定义 3.4]

3.2

物理吸附 physisorption

吸附质弱的键合:压力和温度微小变动即可引发过程逆转的吸附。

[ISO 15901-3:2007[3],定义 3.13]

3.3

吸附质 adsorbate

被吸附的气体。

[ISO 15901-2:2006[2],定义 3.1]

3.4

吸附物质 adsorptive

可被吸附的气体或蒸汽。

[ISO 15901-2:2006[2],定义 3.5]

3.5

吸附剂 adsorbent

发生吸附的固体材料。

[ISO 15901-2:2006[2],定义 3.3]

3.6

等温线 isotherm

恒定温度下,气体吸附量与气体平衡压力之间的关系曲线。

[ISO 15901-2:2006[2],定义 3.10]

3.7

吸附体积 volume adsorbed

标准状态下与吸附量等效的气体体积。

[ISO 15901-2:2006[2],定义 3.22]

3.8

吸附量 adsorbed amount

在给定压力 p 和温度 T 下吸附的气体摩尔数。

注 1:吸附量用摩尔表示。

注 2:改写 ISO 15901-3:2007[3],定义 3.6。

3.9

单层吸附量 monolayer amount

在吸附剂表面形成单分子层的吸附质摩尔数。

[ISO 15901-3:2007[3],定义 3.8]

3.10

表面积 surface area

在指定条件下由给定方法测得的表面积的总和。

[ISO 15901-1:2006[1],定义 3.25]

注:对本标准而言,该表面积包括固体外表面积和吸附质可进入的大孔、介孔和微孔的内表面积之和。

3.11

比表面积 specific surface area

单位质量固态物质的表面积。

3.12

分子横截面积 molecular cross-sectional area

完全单层吸附时,吸附质分子所占有的面积。

3.13

大孔 macropore

孔宽大于 50 nm 的孔。

注:根据 ISO 15901-3:2007[3],定义 3.10。

3.14

介孔 mesopore

孔尺寸介于 2 nm~50 nm 之间的孔。

[ISO 15901-3:2007[3],定义 3.11]

3.15

微孔 micropore

孔尺寸小于或约等于 2 nm 的孔。

注:根据 ISO 15901-3:2007[3],定义 3.12。

3.16

相对压力 relative pressure

平衡压力 p 与饱和蒸气压 p_0 的比值。

[ISO 15901-3:2007[3],定义 3.15]

3.17

平衡吸附压力 equilibrium adsorption pressure

吸附物质与吸附质的平衡压力。

[ISO 15901-2:2006[2],定义 3.7]

3.18

饱和蒸气压 saturation vapour pressure

吸附温度下,吸附质大量液化时的蒸气压。

[ISO 15901-2:2006[2],定义 3.20]

3.19

自由空间 free space

顶部空间 head space

死空间 dead space

死体积 dead volume

除去试样体积以外的样品室的体积。

4 符号

本标准引用的符号及国际单位见表 1。为了便于比较,IUPAC(国际理论和应用化学联合会)符号[7],[8]也有列出。这些符号可能不同于国际标准中使用的符号。样品的质量均用克为单位。

表 1 符号

符 号	释义	单位
a_m	分子横截面积	nm^2
a_s	比表面积	m^2/g
C	BET 常数	1[a]
L	阿伏伽德罗常数($=6.022\times10^{23}$)	mol^{-1}
m	试样质量	g
m_a	比吸附质量	1[a]
n_a	比吸附量	mol/g
n_m	单分子层吸附量	mol/g
$n_{m,mp}$	由多点法测量导出的单层吸附量	mol/g
$n_{m,sp}$	由单点法测量导出的单层吸附量	mol/g
p	平衡吸附压力	Pa
p_0	饱和蒸气压	Pa
p/p_0	相对压力	1[a]
R	理想气体常数(=8.314)	J/(mol·K)

表 1（续）

符 号	释义	单位
r_s	均匀无孔的球体半径	nm
t	时间	min
T	温度	K
V_a	比吸附体积	cm^3/g
$V_{p,micro}$	比微孔体积	cm^3/g
ρ	密度	g/cm
u_c	BET 标样所确定的比表面积的标准不确定度	m^2/g
k	与标准不确定度相关的包含因子	1[a]
U	BET 标样所确定的比表面积的扩展不确定度（$=ku_c$）	m^2/g
[a] 根据 ISO 80000-1:2009[4]，3.8，注 3，对于任何量纲为 1（目前常定为“无量纲”）的量，规定其单位为 1。		

5 原理

BET 法只适用于Ⅱ型（分散的、无孔或大孔固体）和Ⅳ型（介孔固体，孔径在 2 nm～50 nm 之间）的吸附等温线（如图 1 所示）。气体分子难以到达的孔隙其表面积测试不到。BET 法不能有效地应用于对气体分子有吸收性的固体。

该方法涉及对图 2 所示的在固体颗粒外部和可到达的内部孔隙表面形成单分子层的吸附质或吸附气体量的测定。可用 BET 公式（1）根据吸附等温线求出试样表面气体单分子层的吸附量。只要是通过弱键物理吸附（范德华力）在固体表面并且在相同温度下通过降低压力可以脱附的任何气体都可以使用。

通常沸点为约 77.3 K 的氮气是最合适的吸附气体。有时沸点为 87.27 K 的氩气也是一种很好的用于比表面积测量的吸附气体（尤其是对石墨化的碳和羟基氧化物表面而言，见表 A.1，脚注 a）。氩气是一种具有化学惰性的单原子气体，尽管氩气和氮气的极化率非常相似，但其对称电子壳层结构完全不同于氮气。

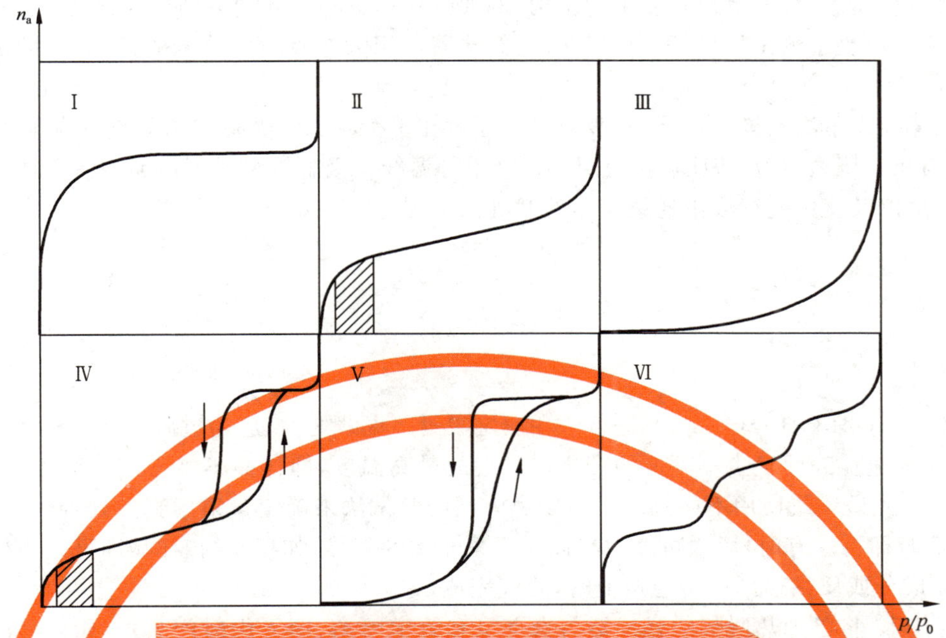

说明：

n_a ——比吸附量；

p/p_0——相对压力。

图 1 吸附等温线的 IUPAC 分类

（典型的 BET 测试范围为Ⅱ型和Ⅳ型等温线图中的阴影区域）

图 2 横截面示意图——用虚线表示吸附法所测定的颗粒表面积

对于 1 m^2/g 左右或者更小的低比表面积的样品，使用氮气测量时仪器的灵敏度不够，因此建议在液氮温度下用氪作吸附气体来测定比表面积。由于氪在 77.3 K 时的饱和蒸汽压约低至 0.35 kPa，与在相同温度下的氮吸附相比，对未吸附气体的“死空间”的校正（见 3.19）明显减少（到 1/300 th），以致在允许的准确度内能够测量低摄取吸附气体的体积。虽然 77.3 K 与氪的三相点温度相比低了 38.5 K，从微量量热法和中子衍射研究有一些证据表明，在 BET 区域中的吸附质很可能处于液体状态，因此过冷液体的值可以作为 p_0 的有效值来制作 BET 图。

用不同吸附气体测量时，由于分子横截面积、孔连通性和测量温度的不同，结果会有偏差。此外，众所周知的分形分析概念[8]，即不规则复杂的结构，例如多孔的、高度弥散的物质，其长度和面积的测量值不是绝对的，而是取决于测量标尺，即“尺度”。这意味着使用大的吸附质分子的话，有效的测量面积会减少。

将吸附气体导入恒温的样品容器中，吸附量是通过在平衡状态下吸附气体平衡吸附压力 p 来测量的，对吸附量与相对压力 p/p_0 做图，就得到一条吸附等温线。吸附等温线可以通过容量法、重量法，气相色谱法等方法以及使用连续或不连续操作的载气法得到(见 6.3)。

6 步骤

6.1 制样

取样应按 ISO 8213 和 ISO 14488 进行。在测定吸附等温线之前，应通过脱气除去样品表面的物理吸附物质，同时要避免表面发生不可逆的变化。脱气的最高温度，即样品不被影响的温度，可以通过热重分析(见图 3)、光谱法或使用不同的脱气温度和时间的尝试法来确定。采用真空处理时，真空度达到约 1 Pa 或更低时即可。有时，脱气可通过在高温下采用惰性气体(如氦)吹扫样品即可。当残留气体压力 p 或者样品成分或质量达到一个稳定值时，脱气完成。

使用真空技术，将已加热脱气的盛样器与真空泵和管道隔离(图 4 中时间 t_i)。如果气压稳定不变达 15 min～30 min，则脱气完全。稳定不变的气压也可以证明系统没有泄漏。比表面积与脱气样品的质量有关。

脱气后，将盛样器冷却到测试温度。应注意：由于在低气压下盛样器内热导率降低，样品温度需要一些时间才能达到平衡。

对于敏感的样品，建议通过控制气压来加热(见图 5)。这包括在真空状态下根据多孔材料脱气时的气压变化来改变加热速率。当从样品表面脱附的物质使得气压超过极限值 p_L 时(通常约为 7 Pa～10 Pa)，要停止升温，保持温度恒定直到气压低于极限值。在此临界点后系统可继续升温。加热过程应避免微孔材料结构发生变化，因为过快的加热速率会导致蒸汽剧烈释放，破坏材料脆弱的结构。此外该方法非常安全，它能在水或其他蒸气从非常细小粉体材料的孔隙中释放时防止样品扬析。

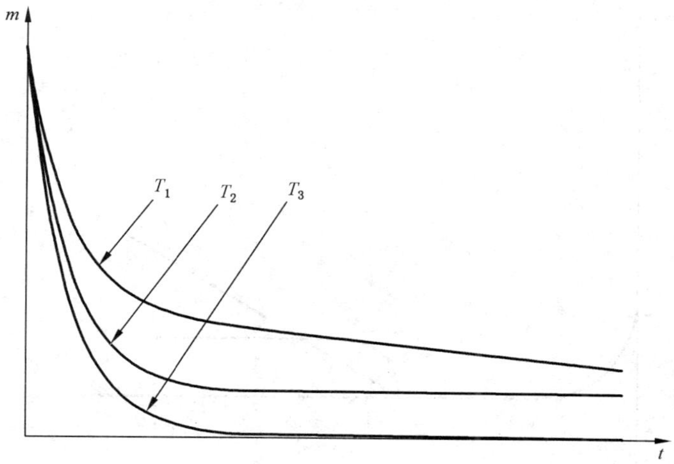

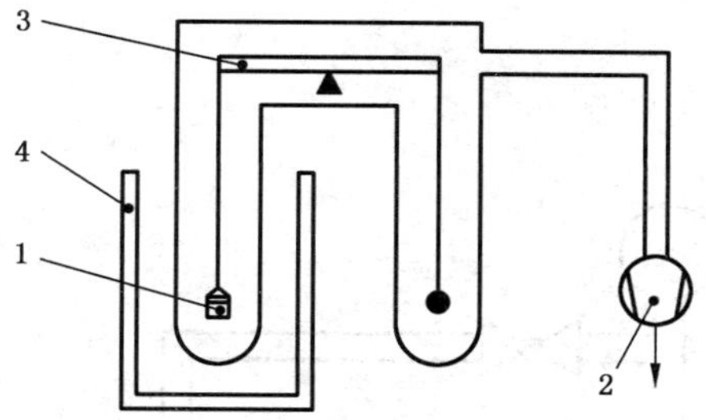

说明：

m ——样品质量；

t ——脱气时间；

T_1 ——温度太低，需长时间脱气；

T_2 ——最佳温度；

T_3 ——温度太高，因样品分解导致气体逸出；

1 ——样品；

2 ——真空系统；

3 ——天平；

4 ——加热炉。

图 3 脱气热重分析控制

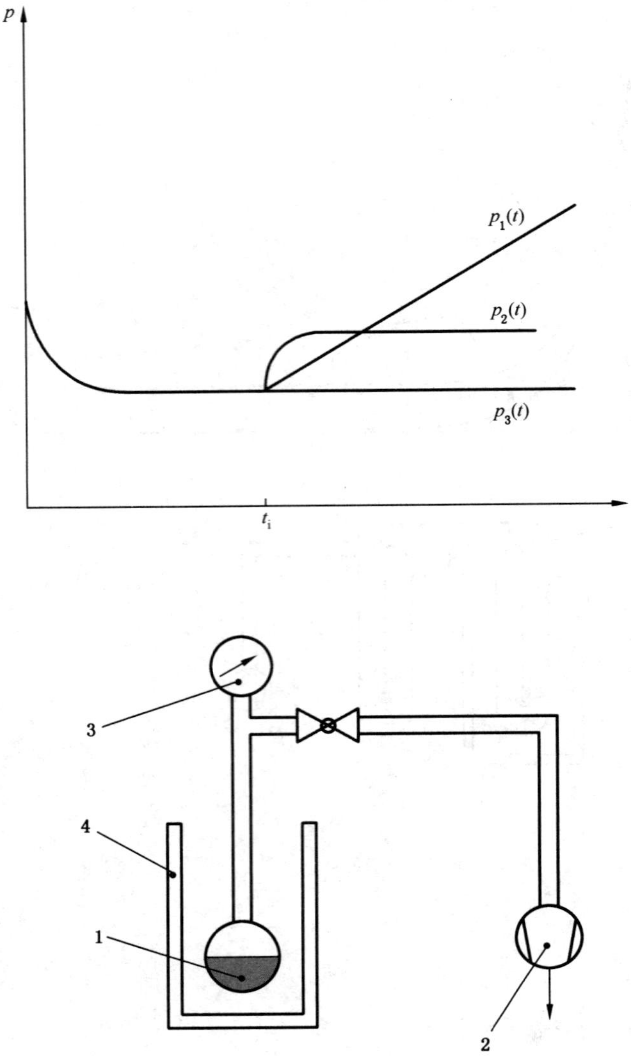

说明：

p ——压力；

t_i ——样品隔离时间；

$p_1(t)$——脱气完全，密封好；

$p_2(t)$——脱气不完全；

$p_3(t)$——漏气；

1 ——样品；

2 ——真空系统；

3 ——压力计；

4 ——加热炉。

图 4 脱气压力控制

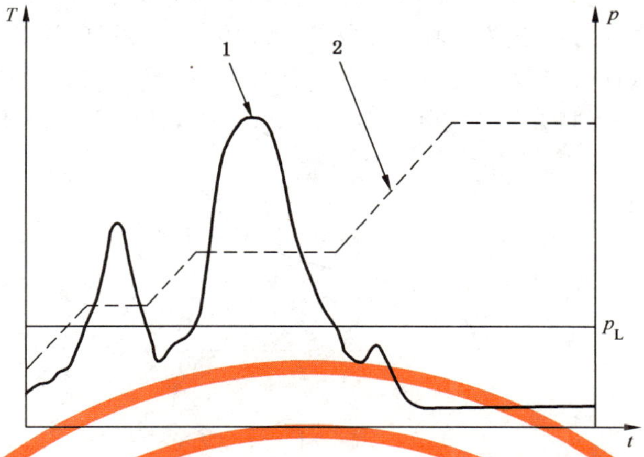

说明：

p ——压力；

T ——温度；

t ——时间；

p_L ——固定压力限制；

1 ——压力曲线；

2 ——温度曲线。

图5 受控压力下的加热

6.2 试验条件

测量的精确度取决于下列条件的控制：

a) 在分析过程中应监测吸附气体的温度或者 p_0 值。

b) 吸附气体以及任何用来校定体积或载气用的氦气纯度至少为99.99%(体积分数)。必要时应干燥和净化气体,例如从氮气中除去氧气。

c) 吸附气体的饱和蒸汽压力 p_0 的温度测量既可以使用氮蒸气压温度计直接测定,也可以通过测量恒温槽内液体的温度来监测和测定。

d) 结果的有效性取决于细致地取样和样品的制备。

在不连续的静态测量过程中,BET方程有效的相对压力范围内(尤其是0.05～0.3)至少有四个点应当在平衡状态下测量。在连续的测量中,可以通过气流的偶尔中断或通过不连续法测量来控制偏离平衡。

6.3 被吸附的气体量的测定方法

6.3.1 静态容量法

在静态容量法中,将已知量的吸附气体通入处于吸附温度下的样品室中(见图6)。在有限的固定容积中,因样品开始吸附气体导致气压下降,直到吸附达到平衡。在平衡压力下被吸附的气体量是加进去的气体量和仍然保留为气相的吸附气体量之差。测量压力的同时还需测量系统的体积和温度。很容易通过惰性气体如氦气的气体膨胀来测定体积。死体积应在测量吸附等温线之前或之后来确定。在测量温度下系统的体积是用氦气进行标定的。应注意有些材料会吸收或吸附氦气。在这种情况下,吸附等温线测定完后要进行修正。如果死体积的测定可以与吸附量的测定分开,则可避免使用氦气。样品室的体积可以在室温下用氦气测定。随后在相同的实验条件下(温度和相对压力范围)可做一个空白试验作为吸附测量。开始进行吸附分析(当氮吸附的影响可以忽略)之前,试样体积的修正是通过输入样品的密度或通过比重瓶测量在常温下采用氦气完成的。死体积的测定应避免使用测差法,即通过与差动传感器连接的标准管和试样管之差来测定。在进行样品分析和死体积测量过程中,除非另外补充液氮,建议杜瓦瓶内的液氮液面保持在至少高出试样 15 mm 以上,且变化不超过 1 mm。

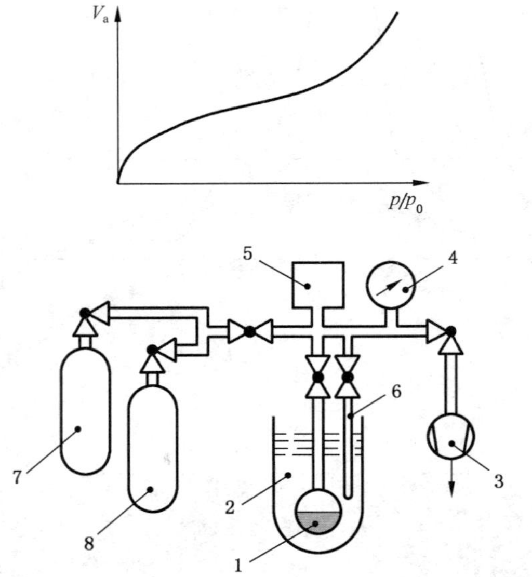

说明:

V_a ——比吸附体积;

p/p_0——相对压力;

1 ——样品;

2 ——盛有液氮的杜瓦瓶;

3 ——真空系统;

4 ——压力计;

5 ——气体量管;

6 ——饱和压力管;

7 ——吸附气体;

8 ——测量死空间的气体(如:氦气)。

图 6 容量法

6.3.2 动态容量法

动态容量法与静态容量法类似,差别在于它的气体连续不断以一个相对低的流速流过样品而不是一系列的批量投放。通过该方法,样品室中气体压力的变化在一个可控的流速下连续测量。气体的吸附量是通过吸附气体压力的上升速率与非吸附气体(如用于校准的氦气)压力上升速率之间的对比来测定。另一个可以直接测定气体的吸附量的方法是测量通入了同样体积的吸附气体后参考管和样品管的气压差。其中一个体积是通过一个流量控制阀与试样管连接,同样的另一体积与一个无样品的平衡管相连。由于气体连续不断地引入,在某些情况下,与静态容量法相比,动态容量法可以在更短的时间内完成分析。特别要注意气体流速要足够低,以确保在所有时间内吸附气体与吸附质接近平衡。建议按条款 6.3.1 中所描述的同样要求来测定死体积和控制杜瓦瓶内液氮液面。

6.3.3 重量法

在连续式重量法中,用一个灵敏的微量天平测量吸附的气体质量同压力的关系(见图 7)。在测量吸附等温线之前,需要测量天平和样品在吸附气体中于室温下的浮力。借助于平衡臂设备,天平的浮力可以消除,样品的密度可以通过与样品密度相同的砝码来补偿。因为样品不与温控器接触,所以要确保样品一直处于测量温度。应监测样品温度。因为在 1 Pa 左右热气流带来的干扰最大,所以等温线的零点应在低于 10^{-2} Pa 的真空度下测量。在非连续式重量法中,逐步引入吸附气体,而压力保持不变,直到样品的质量达到一个恒定值为止。

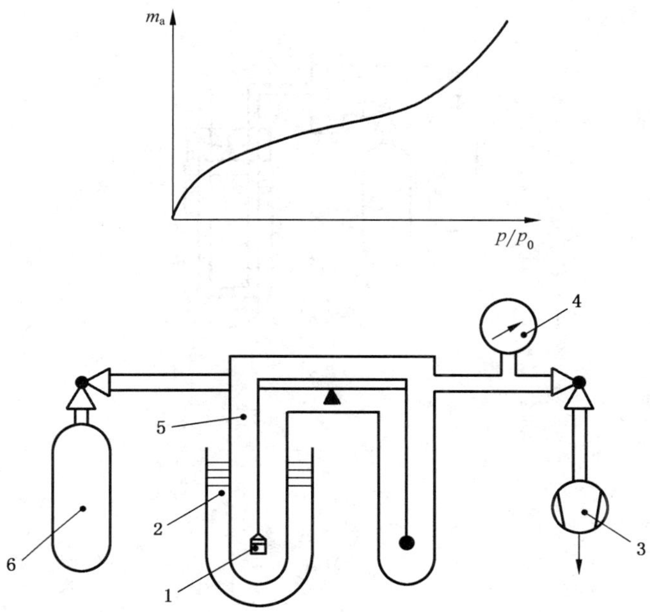

说明:

m_a ——比吸附质量;

p/p_0——相对压力;

1 ——样品;

2 ——冷却浴;

3 ——真空系统;

4 ——压力计;

5 ——天平;

6 ——吸附气体。

图 7 重量法

6.3.4 气相色谱法

在气相色谱法中,吸附气体和载气(氦气)两种气体以一定比例混合后流过试样(见图 8)。由于样品的吸附,吸附气体的浓度减少。与初始混合气体相比,浓度的减少可通过气体探测器(通常是一个热传导器)产生一个与时间成函数关系的吸附峰信号。当把液氮移开样品后,又可检测到一个脱附峰。脱附峰更尖锐,能够被更好地整合,所以被首选用来评价初始的吸附气体量。为防止信号被热扩散干扰,要用已知体积的纯吸附气体来校准探测器,样品的检测峰和标准峰其大小应当类似[9]。

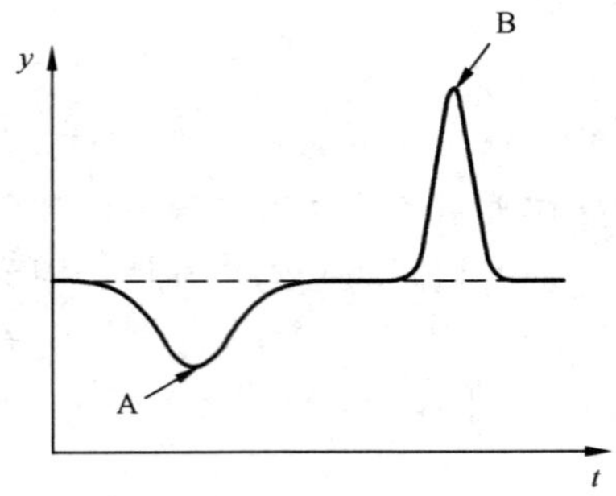

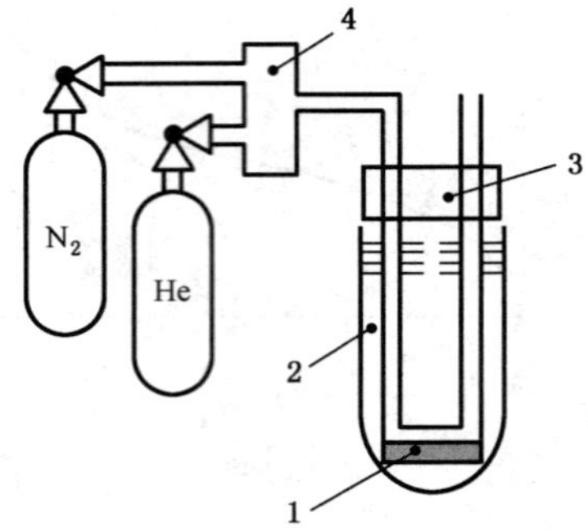

说明：

y ——探测器的信号；

t ——时间；

A——吸附峰；

B ——脱附峰；

1 ——样品；

2 ——盛有液氮的杜瓦瓶；

3 ——热导率探测器；

4 ——气体混合器。

图8 气相色谱法

7 吸附数据的分析

7.1 概述

用被吸附气体的量 n_a[单位为摩尔每克(mol/g)]，标绘在对应横坐标为相对压力 p/p_0 的等温吸附线的纵坐标上。单分子层吸附量 n_m，可用 BET 式(1)计算：

$$\frac{p/p_0}{n_a(1-p/p_0)}=\frac{1}{n_m C}+\frac{C-1}{n_m C}\frac{p}{p_0} \quad \cdots\cdots(1)$$

注：除了 BET 参数之外，修正过的方程还包括一个额外的参数 C，其限制了吸附剂表面上吸附层的数量[10]。虽然由 IUPAC 推荐的双参数 BET 方程允许多层吸附[11]，但它给出了介孔材料的可比性结果。

7.2 多点法测定

7.2.1 在 BET 图中，$(p/p_0)/[n_a(1-p/p_0)]$标绘为纵坐标，p/p_0 为横坐标(见图 9)。在相对压力 p/p_0为 0.05～0.30 范围内，$y=a+bx$ 通常是线性的，截距 a 要求为正。由线性回归法求出斜率 $b=$

$\Delta y/\Delta x=(C-1)/(n_{\mathrm{m}}C)$和截距 $a=1/(n_{\mathrm{m}}C)$。单分子层吸附量可通过式(2)和式(3)计算：

$$n_{\mathrm{m}}=\frac{1}{a+b} \qquad \cdots\cdots(2)$$

$$C=\frac{b}{a}+1 \qquad \cdots\cdots(3)$$

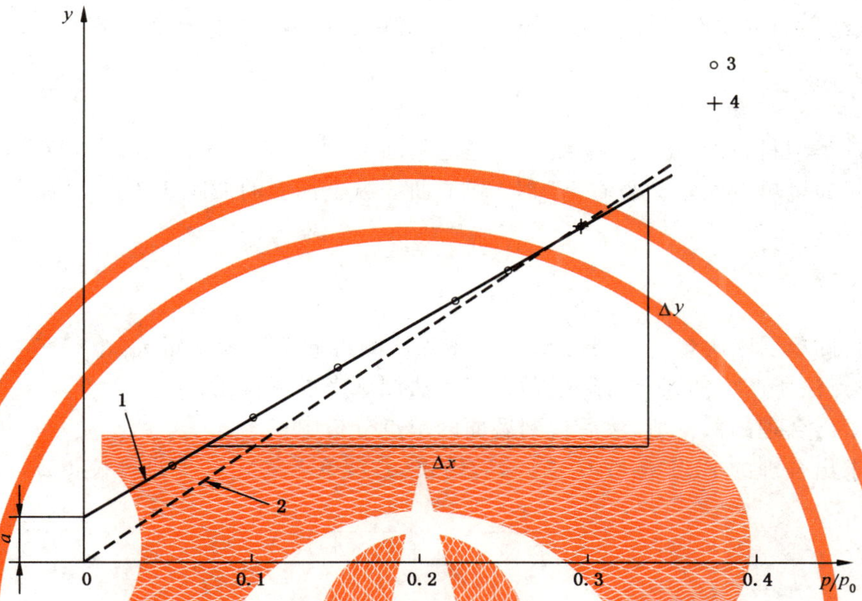

说明：

$y=(p/p_0)/[n_a(1-p/p_0)]$——BET 方程的纵坐标；

p/p_0——相对压力；

a——纵坐标的截距；

Δx——横坐标的变化(斜率计算)；

Δy——纵坐标的变化(斜率计算)；

1——多点 BET 拟合；

2——单点 BET 线；

3——试验数据点；

4——选作单点 BET 计算的数据点。

图 9 BET 图

质量比表面积 a_{s} 可通过评估整个单层中每个分子占据的平均面积所得到的单层吸附量按式(4)计算：

$$a_{\mathrm{s}}=n_{\mathrm{m}}a_{\mathrm{m}}L \qquad \cdots\cdots(4)$$

一个氮气分子在 77.3 K 时的横截面积 $a_{\mathrm{m}}=0.162\ \mathrm{nm}^2$。则式(4)可以变为式(5)：

$$a_{\mathrm{s}}=9.76\times10^4 n_{\mathrm{m}} \qquad \cdots\cdots(5)$$

对无孔隙的球体，样品单位质量的比表面积由式(6)计算：

$$a_{\mathrm{s}}=\frac{3}{\rho r_{\mathrm{s}}} \qquad \cdots\cdots(6)$$

7.2.2 其他吸附质的分子横截面积值可以在参考文献中找到 [12]~[16]。一些被普遍认可的分子横截面积值列在附录 A 中。

7.2.3 对于一些材料(主要是微孔吸附剂，见附录 C)和吸附气体，在较低的相对压力区间范围内其

BET 图呈线性。BET 图的线性不能证明测量的有效性，此外还要求 $n_a/n_m \approx 1$。如果无法获得直线或有一个负截距时，BET 法不适用。在 $100<C<200$ 范围内，等温线在 $p/p_0 \approx 0.1$ 的附近出现弯曲，单分子层理论的完整性则变得非常有证据，BET 法可以很好拟合。

7.2.4 C 值大于 200 可能表明存在微孔。C 值可以作为吸附质和吸附剂相互作用力的一个指标，但不能用来定量计算吸附焓。由测量值或线性回归的不确定性所导致的误差评估并不包括所有的误差来源。相反，测试结果的重现性需要每次用新样品反复测试，检测报告中要给出带有平均偏差的平均值。

7.3 单点法测定

建立在特殊类型材料的 BET 图呈线性的理论基础上，可以通过简化步骤在相对压力为 0.2～0.3 之间的等温线上只通过单点测定。当 $C \gg 1$ 时，BET 曲线纵坐标上的截距 $1/(n_m C)$ 很小，公式(1)可以简化为式(7)：

$$n_{m,sp} = n_a \left(1 - \frac{p}{p_0}\right) \qquad \cdots\cdots (7)$$

单点法测得的单层吸附量 $n_{m,sp}$ 小于或等于多点法测得的单层吸附量 $n_{m,mp}$。在类似材料的样品上进行测量时，单点法所产生的误差可通过预先多点法测试来进行校正：

——或是求出合理的截距值，然后代到后面的单点分析中；

——或是求出合理的 BET 参数 C 值，然后用式(8)对单点的 $n_{m,sp}$ 值进行校正：

$$\frac{n_{m,mp} - n_{m,sp}}{n_{m,mp}} = \frac{1-(p/p_0)}{1+(p/p_0)(C-1)} \qquad \cdots\cdots (8)$$

8 试验报告

试验报告应包括以下内容：

a) 本标准编号；

b) 实验室、设备型号、操作者、检测日期；

c) 样品标识(样品的特征)，例如：样品来源，化学成分，纯度，取样方法，样品细分；

d) 样品预处理和脱气条件，如真空或在惰性气体里脱气，脱气温度和时间；

e) 脱气样品的质量；

f) 测定吸附等温线的实验方法，如：容量法，重量法，静态或连续供气，单点法测量，死空间或浮力校准；

g) 吸附气体(化学性质，纯度)；

h) 吸附等温线(n_a 与相对压力 p/p_0 的图)，测试温度；

i) 评价参数：多点或单点测试，BET 图或线性区间，单分子层吸附量 n_m，BET 参数 C，所用分子的横截面积；

j) 比表面积；

k) 用于仪器性能测试和结果验证的有证标准样品或实验室用标样。

9 标样的使用

为保证数据的可靠性，仪器应定期地用有证的标准样品或质量可控的参比物质进行校准。参比物质可以是内部产生的二级标样，该标样应与有证的标准样品进行比对。附录 B 中列有一些国内外机构或组织提供的认证标样和目前适合 BET 法的认证标样。

附　录　A
（资料性附录）
一些常用吸附质的横截面积

表 A.1　横截面积

吸附质	温度/K	参考值/nm^2
氮气	77.35	0.162[a]
氩气	77.35	0.138[b]
氩气	87.27	0.142
氪气	77.35	0.202
氙气	77.35	0.168
二氧化碳	195	0.195
二氧化碳	273.15	0.210
氧气	77.35	0.141
水	298.15	0.125
正丁烷	273.15	0.444
正庚烷	298.15	0.631
辛烷	298.15	0.646
甲苯	293.15	0.430

[a] 在石墨化碳和羟基氧化物的表面，氮四极的排列方向是取决于羟基基团的表面密度，因为氮分子倾向于相互垂直作用于羟基基团的表面。这导致氮分子的横截面积值减少。对这些物质的表面积 BET 测试推荐在液氩温度(87.3 K)下使用氩气吸附。

[b] 与在 87.3 K 氩吸附相反，在 77.3 K 使用氩气(该温度低于氩的三相点约 6.5 K)被认为比氮气吸附更不可靠。这是因为在 77.3 K，所有无孔吸附剂的氮等温线都是Ⅱ型，而在 77.3 K 氩等温线是Ⅱ型和Ⅵ型的。这些以及其他的差异表明，在 77.3 K，氩气的单层结构可能是主要依赖于吸附剂的表面化学性能。在 77.3 K，氩气的横截面积不确定。在表里给出的数值 0.138 nm^2 是基于密排液体单分子层基础上，也可以认为是常规值。然而，在文献中也有使用 0.166 nm^2 的数值。

附 录 B
（资料性附录）
BET法用有证的标准样品

目前有证的标准样品可以从德国BAM[1)]、比利时IRMM[1)]、美国NIST[1)]和日本APPIE[1)]（见表B.1与参考文献[17]）获得。其他的和新的有证标准样品可在COMAR查询，这是有证标样的国际数据库（www.comar.bam.de）。

Bundesanstalt für Materialforschung und-prüfung (BAM)
部门1，分析化学，标准样品
Richard-Willstätter-Straβe 11，
D-12489 BERLIN
德国
http://www.bam.de/

欧洲委员会——联合研究中心
标准物质和测量研究所(IRMM)
标准物质的单位，经办人，标准物质的销售
Retieseweg 111，
B-2440 GEEL
Belgium(比利时)
http://irmm.jrc.ec.europa.eu/html/homepage.htm

标准物质的国家标准编制
美国国家标准与技术研究所(NIST)
100 Bureau Drive, Stop 2322
GAITHERSBURG
MD 20899-2322
USA(美国)
http://www.nist.gov/

日本粉末过程工业和工程协会(APPIE 日本)
No.5 Kyoto Bldg., 181 Kitamachi
Karasuma-dori, Rokujo-agaru, Shimogyo-ku
KYOTO 600-8176
Japan(日本)
http://www.appie.or.jp/english/

---

1) 例如某供应商提供商业用有证标准样品。这些信息是为了给本标准使用者提供方便，不构成ISO标准对其提供的担保。

表 B.1 有证的标准样品

材料	SRM/CRM 编号	生产商或经销商	方 法	比表面积/ $m^2 g^{-1}$	测量结果的不确定性
二氧化硅	BAM-PM-101	BAM	氮气吸附	0.177	0.008[a]
α-氧化铝	BAM-PM-102	BAM	氮气吸附	5.41	0.09[a]
氧化铝	BAM-PM-103	BAM	氮气吸附	156.0	2.7[a]
氧化铝	BAM-PM-104	BAM	氮气吸附	79.8	0.8[a]
多孔玻璃	BAM-P105	BAM	氮气吸附	198.5	1.6[b]
活性炭	BAM-P108	BAM	氮气吸附	550	5[b]
α-氧化铝	BCR-169	IRMM	氮气吸附	0.104	0.012[a]
α-氧化铝	BCR-170	IRMM	氮气吸附	1.05	0.05[a]
氧化铝	BCR-171	IRMM	氮气吸附	2.95	0.13[a]
石英	BCR-172	IRMM	氮气吸附	2.56	0.10[a]
二氧化钛	BCR-173	IRMM	氮气吸附	8.23	0.21[a]
钨	BCR-175	IRMM	氮气吸附	0.18	0.04[a]
二氧化硅/氧化铝	SRM 1897	NIST	氮气吸附	258.32	5.29[b]
氮化硅	SRM 1899	NIST	氮气吸附	10.52	0.19[b]
氮化硅	SRM 1900	NIST	氮气吸附	2.85	0.09[b]
二氧化钛	SAP11-05 Class1	APPIE	氮气吸附	8.88	0.55[b]
碳黑	SAP11-05 Class2	APPIE	氮气吸附	23.8	1.10[b]
碳黑	SAP11-05 Class3	APPIE	氮气吸附	111.7	8.62[b]

[a] 不同实验室之间测试结果($m^2 g^{-1}$)的可信度在95%之间。

[b] 扩展不确定度 $U=ku_c$(覆盖因子 $k=2$ 对应一个95%可信度的水平),单位 $m^2 g^{-1}$,根据 ISO/IEC 指南 98-3[5] 计算,u_c 是一个平均标准不确定度。

附 录 C
（资料性附录）
微孔材料的表面积

C.1 在许多应用领域里，比表面积作为一个重要的参数不仅可应用于介孔、大孔材料中，同时也可应用于微孔材料。然而由于多孔材料的复杂性质，没有单一的实验技术可以评价“绝对”的表面积。表面积值已经被程序定义，应该总是与实验中的方法、条件和所用的探针分子相关联。尽管有众所周知的局限性，1938 年起 BET 方法[6]一直被广泛用于测定多孔材料的比表面积。

C.2 正如条款 7 所指出的，BET 比表面积的评估通常分为两个阶段。第一步，有必要将物理吸附等温线转换成 BET 曲线并由此导出 BET 单分子层吸附量的值，n_m。第二步是比表面积值的计算，这里需要用到分子横截面积的数据。

C.3 在参考文献[6]中，对不同的吸附剂其Ⅱ型氮等温线 p/p_0 为 0.05～0.35 时是呈线性 BET 曲线。

C.4 除了表面的化学和几何异质性所产生的问题外，孔隙的类型（即大孔、介孔或微孔的存在）对 BET 方程的适用性起着重要的作用。BET 方程适用于无孔、大孔和由宽孔径构成的介孔的比表面积分析，但在严格意义上不适用于微孔吸附剂，（在有关多孔性测试的不同教科书上给出了一个对 BET 法的严格评价，见参考文献[13]～[16]）。

C.5 很难把单层-多层吸附过程与微孔填充区分开来，微孔填充通常在相对压力低于 0.1 时完成。

C.6 存在微孔时，线性（BET）的范围明显地移向较低的相对压力。在评估孔宽小于约 4 nm 的介孔分子筛的比表面积时，BET 方程的应用是有困难的，因为在接近发生单层、多层吸附的压力范围内时，在孔壁可以观察到孔冷凝液出现。这可能导致在 BET 分析中单层量显著高估。另一个问题是与吸附分子的大小和形状有关，即用于评估表面积的有效尺度。如果吸附剂有着很窄的圆柱形微孔（约 0.5 nm～7 nm 孔隧道），吸附气体（通常是氮气或氩气）覆盖的面积显著小于有效的总面积。这是由于孔隙通道曲率极值和探针分子相对大的尺寸（在参考文献[18]中最近有讨论关于沸石颗粒比表面积正确评估的问题）。然而，在更宽的超大微孔（>0.7 nm）中，位于孔中心的分子没有碰到表面，这将导致比表面积值的高估。因此，用 BET 法通过微孔固体吸附等温线获得的比表面积并不能反映真实的内部比表面积，但应视为一种特征或等效的 BET 比表面积。在这种情况下，应报告 BET 曲线的线性范围。当然，存在如何找到微孔材料 BET 曲线线性范围的问题，以便在某种程度上减少主观地对单层量的评估。参考文献[19]推荐了一个步骤，主要基于两个准则：

a） C 值应为正（即 BET 曲线在纵坐标上任何为负的截距表明超出 BET 方程的适用范围）；

b） BET 方程的应用应限于 $n_a(p_0-p)$ 或 $n_a(1-p/p_0)$ 对相对压力 p/p_0 连续增加的压力范围内。

C.7 为了测定用于沸石分子筛上在 87.3 K 时的氩吸附等温线（吸附等温线数据来自图 C.1）的线性 BET 范围，该步骤被应用的例子如图 C.2 所示。

C.8 显而易见，基于此准则应用 BET 公式计算时，相对压力为 0.053 以上的所有数据点要被排除掉。图 C.3 所示为结果曲线图，即相对压力低于约 0.053～0.01 范围时，应用 BET 方程可以获得一个正的常数 C 的线性图。

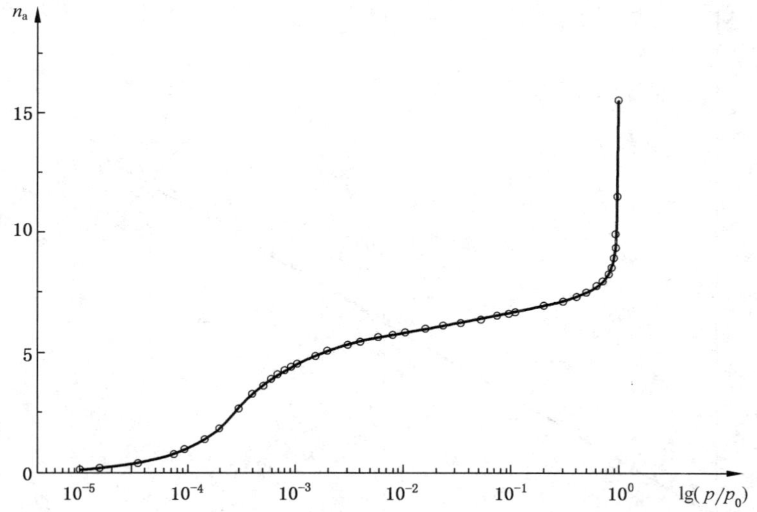

说明：

n_a ——比吸附量；

p/p_0——相对压力。

图 C.1　87.3 K 时，氩气在沸石分子筛上吸附等温线的半对数曲线

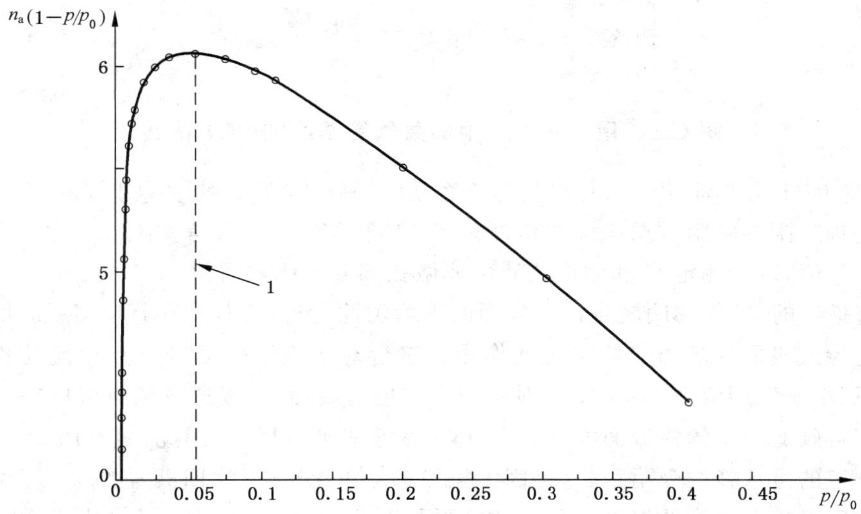

说明：

$n_a(1-p/p_0)$——BET 方程中分母为左边的纵坐标；

p/p_0 ——相对压力；

1 ——BET 使用范围上限。

图 C.2　在图 C.1 中所示氩气等温线的术语 $n_a(1-p/p_0)$ 对 p/p_0 曲线图

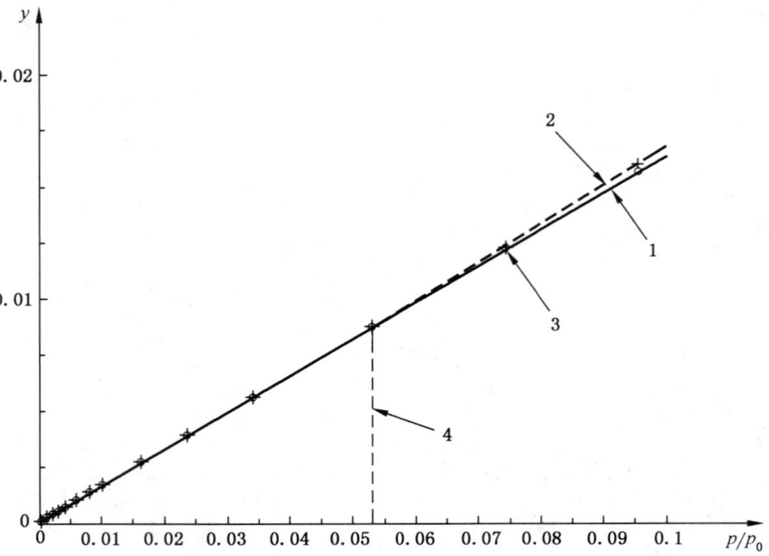

说明：

$y=(p/p_0)/[n_a(1-p/p_0)]$——BET 方程左边；

p/p_0——相对压力；

1——BET 回归线；

2——测量数据点；

3——测量数据点偏差的开始；

4——BET 范围极限。

图 C.3 用在图 C.1 中的氩气等温线的 BET 曲线

C.9 为了解决将 BET 方程应用于微孔材料等温数据的问题，参考文献[20]建议利用一个修正的 BET 方程来处理氮物理吸附的吸附数据。该方程含有微孔体积 $V_{p,micro}$。参考文献[20]中的方法运行从吸附数据中提取 $V_{p,micro}$ 值，以及测定 C 和固体物质中非微孔部分的比表面积。

C.10 正如之前指出的，额外的问题是许多表面的不均匀性，包括负载型和其他多组分的催化剂。例如单分子的四极矩导致表面羟基团的特殊相互作用。这会对于吸附的氮分子产生定位作用[21]~[23]。因此，有效横截面积小于惯用值 0.162 nm^2。对于完全的羟基表面，可以通过测量吸附在已知直径氧化硅球上氮气的体积得到氮分子的横截面积 0.135 nm^2（参考文献[21]）。因此，氩气吸附(87.3 K 时)可以作为比表面积测定的可选择的吸附剂，这是因为氩原子是单原子，且比四极矩的双原子氮分子的活性要低。由于不存在四极矩和更高的温度，氩的横截面积(87.3 K 时为 0.142 nm^2)比吸附剂表面结构差异性的敏感性要低。然而，如表 A.1 的注脚所示，77.3 K 时的氩更不稳定，主要因为氩单分子层结构和等温线类型可能更高度依赖于吸附剂的表面化学性能。

C.11 用于从气体吸附得到比表面积的其他方法是基于标准等温线概念的应用，例如 t 曲线和 a_s 曲线方程(见 ISO 15901-3[3])，尤其给出了外部(即非微孔)比表面积。通过从表观 BET 表面积(总比表面积)中减去外部表面积，可以测定表观微孔表面积(具体见 ISO 15901-3[3])。

C.12 非局部密度函数理论(NLDFT，见 ISO 15901-3[3] 的应用以及基于分子模拟方法的应用，允许测定多孔固态的比表面积和微孔、介孔和外部表面积的差异。然而，仅当给定的实验吸附物质和吸附剂系统与有效的 NLDFT 核心相适应时，这些先进方法的应用才能得出准确的结果。

参 考 文 献

[1] ISO 15901-1, Pore size distribution and porosity of solid materials by mercury porosimetry and gas adsorption—Part 1: Mercury porosimetry

[2] ISO 15901-2, Pore size distribution and porosity of solid materials by mercury porosimetry and gas adsorption—Part 2: Analysis of mesopores and macropores by gas adsorption

[3] ISO 15901-3, Pore size distribution and porosity of solid materials by mercury porosimetry and gas adsorption—Part 3: Analysis of micropores by gas adsorption

[4] ISO 80000-1:2009, Quantities and units—Part 1: General

[5] ISO/IEC Guide 98-3:2008, Uncertainty of measurement—Part 3: Guide to the expression of uncertainty in measurement (GUM:1995)

[6] BRUNAUER, S., EMMETT, P.H., TELLER, E. Adsorption of gases in multimolecular layers. J. Am. Chem. Soc. 1938, 60, pp.309-319. Available (2010-04-28) at: http://zumbuhllab.unibas.ch/pdf/refs/BET_JACS_1938.pdf

[7] SING, K.S.W., EVERETT, D.H., HAUL, R.A.W., MOSCOU, L., PIEROTTI, R.A., ROUQUEROL, J., SIEMIENIEWSKA, T. Reporting physisorption data for gas/solid systems with special reference to the determination of surface area and porosity [IUPAC Recommendations 1984]. Pure Appl. Chem. 1985, 57, pp.603-619. Available (2010-04-28) at: http://media.iupac.org/publications/pac/1985/pdf/5704x0603.pdf

[8] ROUQUEROL, J., AVNIR, D., FAIRBRIDGE, C.W., EVERETT, D.H., HAYNES, J.H., PERNICONE, N., RAMSAY, J.D.F., SING, K.S.W., UNGER, K.K. Recommendations for the characterization of porous solids [IUPAC Recommendations 1994]. Pure Appl. Chem. 1994, 66, pp. 1739-1758. Available (2010-04-28) at: http://media.iupac.org/publications/pac/1994/pdf/6608x1739.pdf

[9] FRISCH, B., RÖPER, M. Theorie der Strömungsmethode bei der Messung spezifischer Oberflächen und Mikroporositäten [Theory of the flow method during the measurement of specific surface areas and microporosities]. Colloid Polym. Sci. 1968, 223, pp.150-160

[10] BRUNAUER, S., SKALNY, J., BODOR, E.E. Adsorption on nonporous solids. J. Colloid Interf. Sci. 1969, 30, pp.546-552

[11] STRAUBE, B. Kritische Untersuchung und Standardisierung physikalisch-chemischer Meßmethoden zur Ermittlung der spezifischen Oberfläche und Porenverteilung von Adsorbentien [Critical investigation and standardization of physicochemical measuring methods for the determination of the specific surface and pore distribution of adsorbent materials]. Dissertation, Mainz University, 1985

[12] MCCLELLAN, A.L., HARNSBERGER, A.H.F. Cross-sectional areas of molecules adsorbed on solid surfaces. J. Colloid Interf. Sci. 1967, 23, pp.577-599

[13] GREGG, S.J., SING, K.S.W. Adsorption, surface area and porosity, 2nd edition. London: Academic Press, 1982. 303 p.

[14] MIKHAIL, R.S., ROBENS, E. Microstructure and thermal analysis of solid surfaces. Chichester: Wiley, 1983. 496 p.

[15] ROUQUEROL, F., ROUQUEROL, J., SING, K.S.W. Adsorption by powders and porous solids: Principles, methodology, and applications. San Diego, CA: Academic Press, 1999.

467 p.

[16] LOWELL, S., SHIELDS, J.E., THOMAS, M.A.THOMMES, M.Characterization of porous solids and powders: Surface area, pore size and density, 4 th edition.Dordrecht: Kluwer, 2004.347 p.

[17] DABROWSKI, A., ROBENS, E., KLOBES, P., MEYER, K., PODKOŚCIELNY, P. Standardization of methods for characterizing the surface geometry of solids.Part.Part.Syst.Char.2003, 20, pp.311-322

[18] AGUADO, J., SERRANO, D.P., ESCOLA, J.M., RODRIGUES, J.M.Low temperature synthesis and properties of ZSM-5 aggregates formed by ultra-small nanocrystals.Micropor.Mesopor. Mat.2004, 75, pp.41-49

[19] ROUQUEROL, J., LLEWELLYN, P., ROUQUEROL, F. Is the BET equation applicable to microporous adsorbents? In: LLEWELLYN, P.L., ROUQUEROL, J., RODRIGUEZ-REINOSO, F., SEATON, N.A., editors.Characterisation of porous solids Ⅶ, pp.49-56.Amsterdam: Elsevier, 2007.(Studies in Surface Science and Catalysis, 160.)

[20] SCHNEIDER, P.Adsorption isotherms of microporous-mesoporous solids revisited.Appl. Catal A: Gen.1995, 129, pp.157-165

[21] JELINEK, L., KOVATS, E.S.True surface areas from nitrogen adsorption experiments. Langmuir 1994, 10, pp.4225-4231

[22] GALARNEAU, A., DESPLANTIER, D., DUTARTRE, R.DI RENZO, F.Micelle-templated silicates as a test bed for methods of mesopore size evaluation.Micropor.Mesopor.Mat.1999, 27, pp.297-308

[23] ROUQUEROL, J., ROUQUEROL, F., PERES, C., GRILLET, Y.BOUDELLAL, M. Calorimetric study of nitrogen and argon adsorption on porous silicas.In: GREGG, S.J., SING, K.S. W., STOECKLI, H.F., editors.Characterisation of porous solids, pp.107-116.London: Society of Chemical Industry, 1979

ICS 43.020
T 04

中华人民共和国国家标准

GB/T 19596—2017
代替 GB/T 19596—2004

电动汽车术语

Terminology of electric vehicles

2017-10-14 发布　　2018-05-01 实施

中华人民共和国国家质量监督检验检疫总局
中国国家标准化管理委员会　发布

前　言

本标准按照 GB/T 1.1—2009 给出的规则起草。

本标准代替 GB/T 19596—2004《电动汽车术语》，与 GB/T 19596—2004 相比，除编辑性修改外主要技术变化如下：

——增加了按外接充电能力和行驶模式选择方式分类的电动汽车整车术语(见 3.1.1.2)；

——增加了电驱动系统、高压系统等驱动与行驶装置术语(见 3.1.2.1)；

——增加了电动汽车安全性能、经济性能的相关术语(见 3.1.3.2 和 3.1.3.3)；

——删除了电机最高工作转速术语(见 2004 年版的 3.2.5)；

——增加了按封装形式和性能分类的可充电储能装置术语(见 3.3.1.3 和 3.3.1.4)

——增加了可充电储能系统功率性能的相关术语(见 3.3.3.6)；

——修改了充电器的术语(见 3.4)。

本标准由中华人民共和国工业和信息化部提出。

本标准由全国汽车标准化技术委员会(SAC/TC 114)归口。

本标准起草单位：中国汽车技术研究中心、比亚迪汽车工业有限公司、安徽安凯汽车股份有限公司、中国第一汽车股份有限公司技术中心、上海汽车集团股份有限公司技术中心、郑州宇通客车股份有限公司、浙江尤奈特电机有限公司、东南(福建)汽车工业有限公司、安徽江淮汽车股份有限公司、泛亚汽车技术中心有限公司、奇瑞新能源汽车技术有限公司、东风汽车公司技术中心、湖南中车时代电动汽车股份有限公司、上汽通用五菱汽车股份有限公司。

本标准主要起草人：刘桂彬、陆春、徐枭、吴庆淼、刘嘉梁、刘益斌、祝丹晖、单渤凯、陈顺东、杨燕、戴蕤睿、尹芳芳、王会朋、马其贞、刘曙光、彭能岭、郑诗庸、唐小华、王晓明、梁利娟、张国胜、傅福美、艾龙才、易茂明、邵杰。

本标准所代替标准的历次版本发布情况为：

——GB/T 19596—2004。

电动汽车术语

1 范围

本标准界定了电动汽车相关的术语及定义。

本标准适用于电动汽车整车、驱动电机系统、可充电储能系统及充电机。

2 规范性引用文件

下列文件对于本文件的应用是必不可少的。凡是注日期的引用文件，仅注日期的版本适用于本文件。凡是不注日期的引用文件，其最新版本(包括所有的修改单)适用于本文件。

GB/T 2900.41 电工术语 原电池和蓄电池

GB/T 19752 混合动力电动汽车 动力性能 试验方法

GB/T 24548 燃料电池电动汽车 术语

GB/T 30038 道路车辆 电气电子设备防护等级(IP代码)

3 术语和定义

GB/T 2900.41、GB/T 19752、GB/T 24548和GB/T 30038界定的以及下列术语和定义适用于本文件。

3.1 整车

3.1.1

电动汽车 electric vehicle;EV

下述汽车总称为电动汽车。

3.1.1.1

纯电动汽车 battery electric vehicle;BEV

驱动能量完全由电能提供的、由电机驱动的汽车。电机的驱动电能来源于车载可充电储能系统或其他能量储存装置。

3.1.1.2

混合动力电动汽车 hybrid electric vehicle;HEV

能够至少从下述两类车载储存的能量中获得动力的汽车：

——可消耗的燃料；

——可再充电能/能量储存装置。

3.1.1.2.1 按照动力系统结构型式

3.1.1.2.1.1

串联式混合动力电动汽车 series hybrid electric vehicle

车辆的驱动力只来源于电机的混合动力电动汽车。

3.1.1.2.1.2

并联式混合动力电动汽车　parallel hybrid electric vehicle

车辆的驱动力由电机及发动机同时或单独供给的混合动力电动汽车。

3.1.1.2.1.3

混联式混合动力电动汽车　combined hybrid electric vehicle

同时具有串联式和并联式驱动方式的混合动力电动汽车。

3.1.1.2.2　**按照外接充电能力**

3.1.1.2.2.1

可外接充电式混合动力汽车　off-vehicle-chargeable hybrid electric vehicle;OVC-HEV

正常使用情况下可从非车载装置中获取电能量的混合动力电动汽车。

插电式混合动力电动汽车(PHEV)属于此类型。

3.1.1.2.2.2

不可外接充电式混合动力汽车　non off-vehicle-chargeable hybrid electric vehicle;NOVC-HEV

正常使用情况下从车载燃料中获取全部能量的混合动力电动汽车。

3.1.1.2.3　**按照行驶模式的选择方式**

3.1.1.2.3.1

有手动选择功能的混合动力电动汽车　hybrid electric vehicle with selective switch

具备手动选择行驶模式功能的混合动力电动汽车。车辆可选择的行驶模式包括纯电动模式、热机模式和混合动力模式。

3.1.1.2.3.2

无手动选择功能的混合动力电动汽车　hybrid electric vehicle without selective switch

不具备手动选择行驶模式功能的混合动力电动汽车。车辆的行驶模式可根据不同工况自动切换。

3.1.1.2.4

增程式电动汽车　range extended electric vehicle;REEV

一种在纯电动模式下可以达到其所有的动力性能,而当车载可充电储能系统无法满足续航里程要求时,打开车载辅助供电装置为动力系统提供电能,以延长续航里程的电动汽车,且该车载辅助供电装置与驱动系统没有传动轴(带)等传动连接。

3.1.1.3

燃料电池电动汽车　fuel cell electric vehicle;FCEV

以燃料电池系统作为单一动力源或者是以燃料电池系统与可充电储能系统作为混合动力源的电动汽车。

3.1.1.3.1

燃料电池混合动力电动汽车　fuel cell hybrid electric vehicle;FCHEV

以燃料电池系统与可充电储能系统作为混合动力源的电动汽车。

3.1.1.3.2

纯燃料电池电动汽车　pure fuel cell vehicle;pure FCV

以燃料电池系统作为单一动力源的电动汽车。

3.1.2 结构、部件

3.1.2.1 驱动、行驶装置

3.1.2.1.1

辅助系统 auxiliary system

驱动系统以外的用电或采用电能操纵的车载系统。

例如：灯具、风窗玻璃刮水电机、音响等。

3.1.2.1.2

车载能源 on-board energy source

变换器和储能装置的组合。

3.1.2.1.3

驱动系统 propulsion system

汽车启动后，能够依据驾驶员的操作指令，给汽车提供驱动力的系统。

3.1.2.1.4

动力系 power train

动力单元与传动系的组合。

3.1.2.1.4.1

电驱动系统 electric drive

由驱动电机、动力电子装置和将电能转换到机械能的相关操纵装置组成的系统。

3.1.2.1.4.2

电动动力系 electric power train

包括了电驱动系统与传动系统的动力系。

3.1.2.1.4.3

混合动力系 hybrid power train

混合动力汽车的动力系，包括一项可以添加燃料的动力源与一项电动动力系。

3.1.2.1.5

前后方向控制器 drive direction control

通过驾驶员操作，用来选择汽车行驶方向（前进或后退）的专用装置。例如：操纵杆或按钮开关。

3.1.2.1.6

整车控制器 vehicle control unit

动力总成控制器，采集加速踏板信号、制动踏板信号及其他部件信号，并做出相应判断后，控制下层的各部件控制器的动作，可实现整车驱动、制动、能量回收。

3.1.2.1.7

电力系统 electric power system

产生、输送、使用电能的电路系统，包括电源。

3.1.2.1.8

制动能量回收系统 regenerative braking

汽车滑行、减速或下坡时，将车辆行驶过程中的动能及势能转化或部分转化为车载可充电储能系统的能量存储起来的系统。

3.1.2.1.9

动力蓄电池系统 power battery system

一个或一个以上蓄电池包及相应附件（蓄电池管理系统、高压电路、低压电路、热管理设备以及机械总成)构成的为电动汽车整车的行驶提供电能的能量存储装置。

3.1.2.1.10

驱动电机系统　dive motor system

驱动电机、驱动电机控制器及其工作必需的辅助装置的组合。

3.1.2.1.11

高压系统　high voltage power system

电动汽车内部B级电压以上与动力电池直流母线相连或由动力电池电源驱动的高压驱动零部件系统,主要包括但不限于:动力电池系统和/或高压配电系统(高压继电器、熔断器、电阻器、主开关等)、电机及其控制器系统、DC/DC变换器和车载充电机等。

3.1.2.2　车身、底盘

3.1.2.2.1

电池托架　battery carrier

为便于安装承载动力蓄电池的装置。有移动式和固定式之分。

3.1.2.2.2

电平台　electrical chassis

一组电气相联的可导电部分,其电位作为基准电位。

3.1.2.2.3

动力电缆　power cable

驱动用电机动力电路所用的电线。

3.1.2.2.4

充电插孔　charging inlet

在车身上安装充电用插座(传导式充电)或充电口(感应式充电)的装置。

3.1.2.2.5

乘员舱　passenger compartment

由顶盖、地板、侧围、车门、玻璃窗和前围、后围或后座椅靠背支撑板以及防止乘员接触带电部件的电气保护遮栏、外壳围成的容纳乘员的空间。

3.1.2.3　电气装置及部件

3.1.2.3.1

储能装置　energy storage

安装在电动汽车上储存电能的装置,包括各种动力蓄电池、超级电容和飞轮电池等或其组合。

3.1.2.3.2

带电部分　live part

正常使用时通电的导体或导电部分。

3.1.2.3.3

可导电部分　conductive part

能够使电流通过的部分,在正常工作状态下不带电,但在基本绝缘失效的情况下,可能成为带电部分。

3.1.2.3.4

外露可导电部分　exposed conductive part

可以通过IPXXB(防护等级代码)关节试指触及的可导电部分。

注:本概念是针对特定的电路而言,一个电路中的带电部分也许是另一个电路中的外露导体。例如乘用车车身可能是辅助电路的带电部分,但对于动力电路来说它是外露的导体。

3.1.2.3.5

主开关 main switch

用于开、关动力蓄电池和控制其主电路的开关。

3.1.2.3.6

绝缘电阻监测系统 insulation resistance monitoring system

对动力蓄电池及连接高压母线和车辆底盘之间的绝缘电阻进行定期(或持续)监测的系统。

3.1.2.3.7

维护插接器 service plug

当维护和更换动力蓄电池时断开电路的装置。

3.1.2.3.8

高压母线 high voltage bus

当 REESS 相连接的高压电路,包括 REESS 的对外输出部分和充电部分。

3.1.2.3.9

电力系统负载 balance of electric power system

断开所有可充电储能系统和燃料电池堆,剩下的 B 级电压电路。

3.1.2.4 指示器、信号装置

3.1.2.4.1

电池过热报警装置 battery overheat warning device

当动力蓄电池的温度超出限值时,发出报警信号的装置。

3.1.2.4.2

电池液位报警装置 battery level warning device

当动力蓄电池的电解液液位过低需要补充时,发出报警信号的装置。

3.1.2.4.3

剩余电量显示器 residual capacity gauge

显示动力蓄电池剩余电量的仪器。

3.1.2.4.4

电机超速报警装置 motor over revolution warning device

当电机的转速超过限值时,发出报警信号的装置。

3.1.2.4.5

电机过热报警装置 motor overheat warning device

当电机的温度超出限值时,发出报警信号的装置。

3.1.2.4.6

电机过流报警装置 motor over current warning device

当电机的电流超过限值时,发出报警信号的装置。

3.1.2.4.7

控制器过热报警装置 controller overheat warning device

当控制器的温度超出限值时,发出报警信号的装置。

3.1.2.4.8

绝缘失效报警装置 insulation failure warning device

当主电路绝缘电阻低于限值,发出报警信号的装置。

3.1.2.4.9

可运行指示器　stand by indicator

显示车辆可以正常运行的装置。

3.1.2.4.10

制动能量回收指示器　electric regeneration indicator

显示电制动系统能量回收强弱的装置。

3.1.3　性能

3.1.3.1　行驶性能

3.1.3.1.1

放电能量(整车)　discharged energy

电动汽车行驶中,由储能装置释放的电能,单位为 Wh。

3.1.3.1.2

再生制动　regeneration braking

汽车滑行、减速或下坡时,将车辆行驶过程中的动能及势能转化或部分转化为车载可充电储能系统的能量存储起来的制动过程。

3.1.3.1.3

再生能量　regenerated energy

行驶中的电动汽车用再生制动回收的电能,单位为 Wh。

3.1.3.1.4

续驶里程　range

电动汽车在动力蓄电池完全充电状态下,以一定的行驶工况,能连续行驶的最大距离,单位为 km。

3.1.3.1.5

能量消耗率　energy consumption rate

电动汽车经过规定的试验循环后对动力蓄电池重新充电至试验前的容量,从电网上得到的电能除以行驶里程所得的值,单位为 Wh/km。

3.1.3.1.6

最高车速(1 km)　maximum speed(1 km)

电动汽车能够往返各持续行驶 1 km 以上距离的最高平均车速。

3.1.3.1.7

30 min 最高车速　maximum thirty-minutes speed

电动汽车能够持续行驶 30 min 以上的最高平均车速。

3.1.3.1.8

加速能力 v_1 至 v_2　acceleration ability(v_1 to v_2)

电动汽车从速度 v_1 加速到速度 v_2 所需的最短时间。

3.1.3.1.9

坡道起步能力　hill starting ability

电动汽车在坡道上能够启动且 1 min 内向上行驶至少 10 m 的最大坡度。

3.1.3.1.10

动力系效率　power train efficiency

在纯电动情况下,从动力系输出的机械能除以输入动力系的电能所得的值。

3.1.3.1.11

爬坡车速　speed uphill

电动汽车在给定坡度的坡道上能够持续行驶 1 km 以上的最高平均车速。

3.1.3.1.12

总功率　total power

混合动力电动汽车在联合驱动模式下可输出的峰值功率。

3.1.3.2　安全性能

3.1.3.2.1

误起步　unintended starting

车辆在不期望的情况下发生的起步移动。

3.1.3.2.2

爬电距离　creepage distance

在两个可导电部分之间沿固体绝缘材料表面的最短距离。

3.1.3.2.3

直接接触　direct contact

人或动物与带电部分的接触。

3.1.3.2.4

间接接触　indirect contact

人或动物与基本绝缘失效情况下变为带电的外露可导电部分的接触。

3.1.3.2.5

基本绝缘　basic insulation

带电部分上对触电(在没有故障的状态下)起基本防护作用的绝缘。

注:基本绝缘不必包括功能性绝缘。

3.1.3.2.6

附加绝缘　supplementary insulation

为了在基本绝缘失效情况下防止触电而在基本绝缘之外使用的独立绝缘。

3.1.3.2.7

双重绝缘　double insulation

同时具有基本绝缘和附加绝缘的绝缘。

3.1.3.2.8

加强绝缘　reinforced insulation

为防止直接接触所提供的相当于双重绝缘防护等级的带电部分上的绝缘结构。

注:"绝缘结构"一词并不意味着绝缘是同类材料,它可以由几种不同于基本绝缘或附加绝缘那样能够单独测试的绝缘层组成。

3.1.3.2.9

防护等级　protection grade

按照 GB/T 30038 定义,对带电部分的试指(IPXXB)、试棒(IPXXC)或试线(IPXXD)接触所提供的防护程度。

3.1.3.2.10

遮栏　barrier

能够在任何通常的进入方向上防止直接接触的部件。

3.1.3.2.11

基本防护　basic protection

无故障情况下防止带电部分直接接触。

3.1.3.2.12

电气间隙　clearance

两个导电零部件之间测得的最短空间距离。

3.1.3.2.13

可行驶模式　driving-enabled mode

当踩下加速踏板(或激活某种控制设备)或松开制动系统，车辆的驱动系统就可以移动车辆的模式。

3.1.3.2.14

电击　electric shock

由于电流通过人体产生的生理作用。

3.1.3.2.15

外壳　enclosure

用来防止设备受到某种外部影响或任何方向上直接接触的部件。

注：外部影响可以包括水或灰尘的进入，防止机械破坏。

3.1.3.2.16

电位均衡　potential equalization

电气设备的外露可导电部分之间电位差最小化。

3.1.3.2.17

最大工作电压　maximum working voltage

在正常的工作状态下电力系统可能发生的交流(a.c.)电压有效值(rms)或者直流(d.c.)电压的最大值，忽略暂态峰值。

3.1.3.2.18

A 级电压电路　voltage class A electric circuits

最大工作电压小于或等于 30 V a.c.(rms)，或小于等于 60 V d.c.的电力组件或电路。

3.1.3.2.19

B 级电压电路　voltage class B electric circuits

最大工作电压大于 30 V a.c.(rms)且小于或等于 1 000 V a.c.(rms)，或大于 60 V d.c.且小于或等于 1 500 V d.c.的电力组件或电路。

3.1.3.2.20

单点失效　single point failure

未采用安全机制进行保护的系统或系统中的部分(包括硬件、软件)因故障而导致的失效。

3.1.3.3　经济性能

3.1.3.3.1

净能量改变量　net energy change；NEC

储能装置能量的净改变量。

注：单位为千瓦时(kWh)。

3.1.3.3.2

用于驱动的能量　propulsion energy

通过消耗的燃料和/或储能装置而获得的用于驱动汽车的能量。如果能量仅供给汽车附件(如传统汽车中 12 V/24 V 的辅助蓄电池)，则不应看作驱动能量。

3.1.3.3.3

总燃料能量　total fuel energy

基于燃料低热值进行计算出的燃料能量总和，单位为 kWh。

3.1.3.3.4

总燃料驱动能量　total fuel propulsion energy

燃料能量转化成用于驱动汽车的机械能量，单位为 kWh。

3.1.3.3.5

循环总驱动能量　total cycle propulsion energy

在试验运转循环的全过程中，车辆的总驱动能量，包括总燃料驱动能量和电驱动能量。

3.1.3.3.6

电动汽车整车整备质量　complete electric vehicle kerb mass

包括车载储能装置在内的整车整备质量。

3.1.3.3.7

电动汽车试验质量　test mass of an electric vehicle

电动汽车整车整备质量与试验所需附加质量的总和。

3.2　驱动电机系统

3.2.1　电机及控制器

3.2.1.1

电机　electrical machine

将电能转换成机械能或将机械能转换成电能的装置，它具有能做相对运动的部件，是一种依靠电磁感应而运行的电气装置。

3.2.1.1.1

发电机　generator

将机械能转换为电能的电机。

3.2.1.1.2

电动机　motor

将电能转换为机械能的电机。

3.2.1.1.2.1

驱动电机　drive motor

为车辆行驶提供驱动力的电动机。

3.2.1.1.2.2

辅助电机　auxiliary motor

驱动电机以外的电动机。

3.2.1.1.3

启动发电电机　integrated starter and generator;ISG

用于启动发动机和具有发电功能的电机。

3.2.1.2

电机控制器　electrical machine controller

控制动力电源与电机之间能量传输的装置，由控制信号接口电路、电机控制电路和驱动电路组成。

3.2.2 电机类型

3.2.2.1

串励直流电机 DC series electrical machine

励磁绕组和电枢绕组串联的直流电机。

3.2.2.2

并励直流电机 DC shunt electrical machine

励磁绕组和电枢绕组并联的直流电机。

3.2.2.3

无刷直流电机 DC brushless electrical machine

用电子电路取代电刷和机械换向器的直流电机，通常由永磁转子电机本体、转子位置传感器和电子换向电路三部分组成。

3.2.2.4

交流感应电机 AC induction electrical machine

定子及转子为独立绕组，双方通过电磁感应来传递力矩，其转子以低于/高于气隙旋转磁场转速旋转的交流电机。

3.2.2.5

交流同步电机 AC synchronous electrical machine

转子与气隙旋转磁场同步旋转的交流电机。

3.2.2.5.1

永磁同步电机 permanent-magnet synchronous electrical machine

转子采用永磁材料励磁的同步电机。

3.2.2.5.2

电励同步电机 electrical wound-field synchronous electrical machine

转子上的励磁绕组通过集电环接至转子外部励磁电源的同步电机。

3.2.2.5.3

开关磁阻电机 switched reluctance electrical machine

采用定转子凸极且极数相接近的大步距磁阻式步进电机的结构，利用转子位置传感器通过电子功率开关控制各相绕组导通使之运行的电机。

3.2.3 控制器部件

3.2.3.1

变换器 convertor(converter)

使电气系统的一个或多个特性(电压、电流、波形、相数、频率)发生变化的装置。

3.2.3.1.1

逆变器 inverter

将直流电转换为交流电的变换器。

3.2.3.1.2

整流器 rectifier

将交流电转换为直流电的变换器。

3.2.3.1.3

斩波器 chopper

将输入的直流电压以一定的频率通断，从而改变输出的平均电压的变换器。

3.2.4 相关装置

3.2.4.1

DC/DC 变换器 DC/DC convertor(converter)

将某一直流电源电压转换成任意直流电压的变换器。

3.2.4.2

冷却装置 cooling equipment

用于冷却电机及控制器的装置。

3.2.5 性能参数

3.2.5.1

额定功率 rated power

在额定条件下的输出功率。

3.2.5.2

持续功率 continuous power

规定的最大、长期工作的功率。

3.2.5.3

峰值功率 peak power

在规定的持续时间内,电机允许的最大输出功率。

3.2.5.4

额定转速 rated speed

额定功率下电机的最低转速。

3.2.5.5

额定转矩 rated torque

电机在额定功率和额定转速下的输出转矩。

3.2.5.6

峰值转矩 peak torque

电机在规定的持续时间内允许输出的最大转矩。

3.2.5.7

堵转转矩 locked-rotor torque

转子在所有角位堵住时所产生的转矩最小测得值。

3.2.5.8

电压控制方式 voltage control method

通过改变电机端电压而实现控制转速的方式。

3.2.5.9

电流控制方式 current control method

通过改变电机绕组电流而实现控制转速的方式。

3.2.5.10

频率控制方式 frequency control method

通过改变电机的电源频率而实现控制转速的方式。

3.2.5.11

矢量控制 vector control

将交流电机的定子电流作为矢量,经坐标变换分解成与直流电机的励磁电流和电枢电流相对应的独立控制电流分量,以实现电机转速/转矩控制的方式。

3.2.5.12

PWM 控制　PWM control

通过脉宽调制(PWM)实现电压变化的控制方式。

3.2.5.13

转矩控制　torque control

以转矩为目标值,控制指令为转矩值的控制方式。

3.2.5.14

转速控制　speed control

以转速为目标值,控制指令为转速值的控制方式。

3.2.5.15

功率控制　power control

以功率为目标值,控制指令为功率值的控制方式。

3.2.5.16

再生制动控制　regenerative braking control

通过驱动电机由电动状态转换为发电状态,将行驶中车辆的动能转换为电能回充至车载储能装置而实现对车速控制的控制方式。

3.2.5.17

弱磁控制　field weakening control

通过减弱气隙磁场控制电机转速的控制方式。

3.2.5.18

输出特性　output characteristic

电机的转矩、输出功率与转速的关系。

3.2.5.18.1

连续输出特性　continuous output characteristic

在规定的条件下,电机和控制器非限时连续运行的最大输出特性。

3.2.5.18.2

短时输出特性　short time output characteristic

在规定的条件下,电机和控制器在规定的时间内连续运行的最大输出特性。

3.2.5.19

电机效率　motor efficiency

驱动电机输出功率与输入电功率的百分比。

3.2.5.20

控制器效率　controller efficiency

控制器输出电功率与输入电功率的百分比。

3.2.5.21

驱动电机系统效率　drive motor system efficiency

驱动电机系统的输出功率与输入电功率的百分比。输入电功率包含为确保驱动电机系统正常运行的其他器件电功率。

3.3 可充电储能系统

3.3.1 可充电储能装置种类

3.3.1.1 按用途分类

3.3.1.1.1

蓄电池 battery

一种将所获得的电能以化学能的形式储存并可以将化学能转变为电能的电化学装置，可以重复充电和放电。

3.3.1.1.1.1

动力蓄电池 traction battery; propulsion battery

为电动汽车动力系统提供能量的蓄电池。

3.3.1.1.1.2

辅助蓄电池 auxiliary battery

为电动汽车低压辅助系统供电的蓄电池。

3.3.1.1.1.3

高能量应用 high energy application

室温下蓄电池包或系统的最大允许持续输出电功率(W)和其在1C倍率下放电能量(W·h)的比值低于10的装置特性或应用特性。

3.3.1.1.1.4

高功率应用 high power application

室温下蓄电池包或系统的最大允许持续输出电功率(W)和其在1C倍率下放电能量(W·h)的比值大于或等于10的装置特性或应用特性。

3.3.1.2 按工作介质分类

3.3.1.2.1

锂离子蓄电池 lithium ion battery

利用锂离子作为导电离子，在阳极和阴极之间移动，通过化学能和电能相互转化实现充放电的电池。

3.3.1.2.2

铅酸蓄电池 lead-acid battery

正极活性物质使用二氧化铅，负极活性物质使用铅，并以硫酸溶液为电解液的蓄电池。

3.3.1.2.3

金属氢化物镍蓄电池 nickel-metal hydride battery

正极使用镍氧化物，负极使用可吸收释放氢的贮氢合金，以氢氧化钾为电解质的蓄电池。

3.3.1.2.4

超级电容器 ultra-capacitor

至少有一个电极主要是通过电极/电解液界面形成的双电层电容或电极表面快速氧化还原反应形成的赝电容实现储能的电化学储能器件。

3.3.1.3 按封装形式分类

3.3.1.3.1

圆柱形电池 cylindrical cell

具有圆柱形电池外壳和连接元件(电极)的蓄电池。

3.3.1.3.2

方形电池 prismatic cell

具有长方体电池外壳和连接元件(电极)的蓄电池。

3.3.1.3.3

软包电池 pouch cell

具有复合薄膜制成的电池外壳和连接元件(电极)的蓄电池。

3.3.1.4 按性能分类

3.3.1.4.1

高能量型电池 high energy traction battery

以高能量密度为特点,主要用于高能量输出的动力蓄电池。

3.3.1.4.2

高功率型电池 high power traction battery

以高功率密度为特点,主要用于瞬间高功率输出、输入的动力蓄电池。

3.3.2 结构、部件

3.3.2.1 结构

3.3.2.1.1

单体蓄电池 secondary cell

将化学能与电能进行相互转换的基本单元装置,通常包括电极、隔膜、电解质、外壳和端子,并被设计成可充电。也称作电芯。

3.3.2.1.2

蓄电池电芯组 cell block

一组并联连接的单体蓄电池,可能包含监测电路与保护装置(如熔断器等)。

注:蓄电池电芯组没有固定的封装外壳、电子控制装置,且没有确定极柱的布置,不能直接应用到车辆上。

3.3.2.1.3

蓄电池模块 battery module

将一个以上单体蓄电池按照串联、并联或串并联方式组合,并作为电源使用的组合体。也称作蓄电池组。

3.3.2.1.4

蓄电池控制单元 battery control unit;BCU

控制、管理、检测或计算蓄电池系统的电和热相关的参数,并提供蓄电池系统和其他车辆控制器通讯的电子装置。

3.3.2.1.5

蓄电池电子部件 battery electronics

采集或者同时监测蓄电池单体或模块的电和热数据的电子装置,必要时可以包括用于蓄电池单体均衡的电子部件。

注:蓄电池电子部件可以包括单体控制器。单体电池间的均衡可以由蓄电池电子部件控制,或者通过蓄电池控制单元控制。

3.3.2.1.6

蓄电池辅助装置　battery auxiliaries

蓄电池系统正常工作所需的蓄电池托架、冷却系统、温控系统等部件。

3.3.2.1.7

动力蓄电池箱　traction battery enclosure

用于盛装蓄电池组、蓄电池管理系统以及相应的辅助元器件，并包含机械连接、电气连接、防护等功能的总成，简称蓄电池箱。

3.3.2.1.8

快换动力蓄电池箱　swapping traction battery enclosure

能够通过人力或机械协助，短时间(一般不超过 5 min)内在电动汽车完成安装，并可以在非车载情况下对蓄电池进行充电的蓄电池箱。

3.3.2.1.9

蓄电池包　battery pack

通常包括蓄电池组、蓄电池管理系统、蓄电池箱及相应附件(冷却部件、连接线缆等)，具有从外部获得电能并可对外输出电能的单元。

3.3.2.1.10

蓄电池管理系统　battery management system；BMS

监视蓄电池的状态(温度、电压、荷电状态等)，可以为蓄电池提供通信、安全、电芯均衡及管理控制，并提供与应用设备通信接口的系统。

3.3.2.1.11

蓄电池系统　battery system

一个或一个以上蓄电池包及相应附件(管理系统、高压电路、低压电路、热管理设备及机械总成等)构成的能量存储装置。

3.3.2.1.12

储能系统安装舱体　mounting cabin for energy storage system

电动汽车上固定于车架上，承载蓄电池包的结构。

3.3.2.2　关键部件及相关装置

3.3.2.2.1

活性物质　active materials

在电池充放电过程中发生电化学反应以存储或释放电能的物质。

3.3.2.2.2

电解质　electrolyte

含有可移动离子并具有离子导电性的液体或固体物质。

注：电解质可以是液体、固体或凝胶体。

3.3.2.2.3

电芯壳体　cell case

将单体蓄电池内部部件封装并为其提供放置于外部直接接触的保护部件。

3.3.2.2.4

液孔塞　vent plug

装在单体蓄电池盖上的注液孔塞，它具有排气、防沫结构和防爆功能。

3.3.2.2.5

安全阀　safety valve；vent valve

为能释放蓄电池中的气体以避免过大的内压而特殊设计的排气阀。

3.3.2.2.6

端子　terminal

用于外电路连接电池正、负极的导电部件。

3.3.2.2.7

端子盖　terminal cover

为防止端子(极柱)间发生短路的盖。

3.3.2.2.8

排气装置　ventilation device

将充电时因电化学反应产生的气体，在蓄电池内外压差作用下，排出蓄电池外的装置。

3.3.2.2.9

高压熔断器　high voltage fuse

高压电路的短路保护装置。

3.3.2.2.10

高压继电器　high voltage relay

过辅助控制电路，控制流经线圈电流产生的磁场，使触头闭合、分断，具备灭弧能力，可实现带载通断，以达到控制负载的电器。

3.3.2.2.11

高压预充电阻　high voltage precharge resistor

限制高压预充电回路电流的电阻。

3.3.2.2.12

高压维修开关　high voltage maintenance switch

为车辆维修时切断动力电池高压输出的开关或相关装置。

3.3.2.2.13

电流传感器　current sensor

能监测电流并转换成可用输出信号的传感器。

3.3.2.2.14

温度传感器　temperature sensor

能监测温度并转换成可用输出信号的传感器。

3.3.3　规格、性能

3.3.3.1　放电

3.3.3.1.1

放电　discharge

将蓄电池里贮存的化学能以电能的方式释放出来的过程。

3.3.3.1.2

工况放电　load profile discharge

模拟实际运行时的负荷，用相应的负载进行放电的过程。

3.3.3.1.3

恒流放电　constant current discharge

蓄电池以某个设定的恒定电流进行放电。

3.3.3.1.4

恒压放电　constant voltage discharge

蓄电池以某个设定的恒定电压进行放电。

3.3.3.1.5

恒功率放电 constant power discharge

蓄电池以某个设定的恒定功率进行放电。

3.3.3.1.6

倍率放电 rated discharge

蓄电池以 1 h 放电率电流值的倍数进行放电。

3.3.3.1.7

放电深度 depth of discharge; DOD

表示蓄电池放电状态的参数,等于实际放电容量与可用容量的百分比。

3.3.3.1.8

过放电 over discharge

当电芯或电池完全放电后继续进行放电。

3.3.3.2 充电

3.3.3.2.1

涓流充电 trickle charge

为补偿自放电效应,使蓄电池保持在近似完全充电状态的连续小电流充电。

3.3.3.2.2

充电特性 charge characteristics

充电时蓄电池的电流、电压等与时间、荷电状态之间的关系。

3.3.3.2.3

完全充电 full charge

电池贮存的容量达到制造商规定的充电截止(终止)条件时即被认为完全充电。

3.3.3.2.4

过充电 overcharge

当电芯或电池完全充电后继续进行充电。

3.3.3.2.5

荷电状态 stage-of-charge; SOC

当前蓄电池中按照规定放电条件可以释放的容量占可用容量的百分比。

3.3.3.3 充、放电共用

3.3.3.3.1

n 小时率 n hour rate

表示蓄电池放电电流大小的参数,如果以电流 I 放电,蓄电池在 n 小时内放出的电量为额定容量,该放电率称为 n 小时放电率。

3.3.3.3.2

温度特性 temperature characteristics

表示蓄电池性能随温度变化的特性。

3.3.3.4 容量

3.3.3.4.1

容量 capacity C

完全充电的蓄电池在规定条件下所释放出的总容量,单位为 Ah。

3.3.3.4.2

额定容量　rated capacity

在规定条件下测得的并由制造商标明的电池容量值。

注：额定容量通常用安时(Ah)或毫安时(mAh)来表示。

3.3.3.4.3

***n* 小时率容量　*n* hour rates capacity**

完全充电的蓄电池以 n 小时率放电电流放电，达到规定终止条件时所释放的容量。

3.3.3.4.4

初始容量　initial capacity

新出厂的动力蓄电池，在室温下，完全充电后，以1小时率放电电流放电至企业规定的放电终止条件时所放出的容量(Ah)。

3.3.3.4.5

可用容量　available capacity

在规定条件下，从完全充电的蓄电池中释放的容量值。

3.3.3.4.6

理论容量　theoretical capacity

假设活性物质完全被利用，蓄电池可释放的容量值。

3.3.3.4.7

贮存性能　storage characteristics

表示蓄电池长期搁置后容量、内阻等参数变化的特性。

3.3.3.4.8

容量恢复能力　capacity recovery

完全充电的蓄电池在一定温度下贮存一定时间后，再完全充电，其后放电容量与初始容量之比。

3.3.3.5　能量

3.3.3.5.1

初始能量　initial energy

新出厂的动力蓄电池，在室温下，完全充电后，以1小时率电流放电至企业规定的放电终止条件时所放出的能量(Wh)。

3.3.3.5.2

放电能量(蓄电池)　discharge energy

蓄电池放电时输出的电能，单位为Wh。

3.3.3.5.3

额定能量　rated energy

室温下完全充电的电池以1小时率电流放电，达到放电终止电压时放出的能量(Wh)。

3.3.3.6　功率

3.3.3.6.1

峰值放电功率　peak discharge power

蓄电池在特定时间(一般不大于30 s)内能够放电的最大功率。

3.3.3.6.2

峰值充电功率　peak charge power

蓄电池在特定时间内以规定条件能够充电的最大功率。

3.3.3.6.3

高温启动功率 starting power at high temperature

蓄电池系统 SOC 在 20%或制造商允许的最低 SOC 时,在 40 ℃下恒压放电(可根据制造商提供的参数设定放电电流上限)输出的功率。

3.3.3.6.4

低温启动功率 starting power at low temperature

蓄电池系统 SOC 在 20%或制造商允许的最低 SOC 时,在−20 ℃下恒压放电(可根据制造商提供的参数设定放电电流上限)输出的功率。

3.3.3.7 密度

3.3.3.7.1

能量密度 energy density

从蓄电池的单位质量或单位体积所获取的电能,用 Wh/kg、Wh/L 来表示。也称作比能量。

3.3.3.7.1.1

质量能量密度 specific energy density

从蓄电池的单位质量所获取的电能,用 Wh/kg 表示。也称作比能量或质量比能量。

3.3.3.7.1.2

体积能量密度 volumetric energy density

从蓄电池的单位体积所获取的电能,用 Wh/L 表示。也称作体积比能量。

3.3.3.7.2

功率密度 power density

从蓄电池的单位质量或单位体积所获取的输出功率,用 W/kg、W/L 表示,也称作比功率或质量比功率。

3.3.3.7.2.1

质量功率密度 specific power density

从蓄电池的单位质量所获取的输出功率,用 W/kg 表示。也称作比功率或质量比功率。

3.3.3.7.2.2

体积功率密度 volumetric power density

从蓄电池的单位体积所获取的输出功率,用 W/L 表示。也称作体积比功率。

3.3.3.8 电压

3.3.3.8.1

标称电压 nominal voltage

由厂家指定的用以标识电池的适宜的电压近似值。

3.3.3.8.2

开路电压 open circuit voltage;off-load voltage

蓄电池在开路条件下的端电压。

3.3.3.8.3

平均电压 average(mean) voltage

在规定的充放电过程中,用瓦时数除以安时数所得到的值,它不是某一段时间内的平均电压(除了在定电流情况下)。

3.3.3.8.4

负载电压　on-load voltage

蓄电池接上负载后处于放电状态下的端电压。

3.3.3.8.5

电压-电流特性(U-I 特性)　voltage-current characteristics

蓄电池在充/放电过程中,电压与电流关系的特性。

3.3.3.8.6

充电截止(终止)电压　end-of-charge voltage

蓄电池正常充电时允许达到的最高电压。

3.3.3.8.7

放电截止(终止)电压　end-of-discharge voltage

蓄电池正常放电时允许达到的最低电压。

3.3.3.9

放电电流　discharge current

放电时蓄电池输出的电流。

3.3.3.10

内阻　internal resistance

蓄电池中电解质、正负极群、隔膜等电阻的总和。

3.3.3.11　**效率**

3.3.3.11.1

充电效率　charge efficiency

库仑效率与能量效率的总称。

3.3.3.11.1.1

库仑效率(安时效率)　coulombic efficiency

放电时从蓄电池中释放的容量与同循环过程中充电容量的比值。

3.3.3.11.1.2

能量效率(瓦时效率)　energy efficiency

放电时从蓄电池中释放的能量与同循环过程中充电能量的比值。

3.3.3.12　**寿命**

3.3.3.12.1

使用寿命　service life

描述动力蓄电池可使用时间的通用术语,可以表示为工作循环数或时间。

3.3.3.12.1.1

循环寿命　cycle life

在指定的充放电终止条件下,以特定的充放电制度进行充放电,动力蓄电池在不能满足寿命终止标准前所能进行的循环数。

3.3.3.12.1.2

日历寿命　calendar life

动力蓄电池在不能满足寿命终止标准前能够接受指定操作的时间。

3.3.3.12.2

寿命开始　beginning-of-life;BOL

蓄电池经特定程序测试后,能够满足特定的标准,并且可以使用时为寿命开始。

3.3.3.12.3

寿命终止　end-of-life;EOL

在特定测试标准下,蓄电池不能满足特定的容量、能量或功率性能标准时为寿命终止。

3.3.3.13　现象

3.3.3.13.1

自放电　self-discharge

蓄电池内部自发的或不期望的化学反应造成可用容量自动减少的现象。

3.3.3.13.2

内部短路　internal short circuit

蓄电池内部正极与负极间发生短路的现象。

3.3.3.13.3

热失控　thermal runaway

蓄电池放热连锁反应引起的电池自温升速率急剧变化的过热、起火、爆炸现象。

3.3.3.13.4

热扩散　thermal propagation

电池系统内由单体蓄电池热失控引发的其余单体蓄电池接连发生温度上升的现象。

3.3.3.13.5

起火　fire

蓄电池任何部位发生持续燃烧(持续时间长于 1s),火花及拉弧不属于燃烧。

3.3.3.13.6

爆炸　explosion

蓄电池外壳猛烈破裂,伴随剧烈响声,且有主要成分抛射出来。

3.3.3.13.7

漏液　leakage

蓄电池内部电解液泄漏到电池壳体外部。

3.3.3.13.8

泄气　venting

单体电池或电池组中内部压力增加时,气体通过预先设计好的方式释放出来。

3.3.3.13.9

记忆效应　memory effect

蓄电池经过长期浅充浅放电循环后,进行深放电时,表现出明显的容量损失和放电电压下降,经数次全充/放电循环后,电池特性即可恢复的现象。

3.4　充电机

3.4.1　概述

3.4.1.1

电动汽车充电　electric vehicle charge

以受控的方式将电能从车外电源传输到电动汽车的蓄电池或其他车载储能装置中的过程。

3.4.1.2

充电能量　charging energy

用于充电的电能。有交流充电能量和蓄电池充电能量两种。

3.4.1.2.1

交流充电能量　AC charging energy

通过交流电源输入充电机的电能,单位为 Wh。

3.4.1.2.2

蓄电池充电能量　battery charging energy

通过充电机输入蓄电池的电能,单位为 Wh。

3.4.1.3

充电电流　charging current

充电机充电时的输出电流。

3.4.1.4

充电电压　charging voltage

充电机充电时的输出端电压。

3.4.1.5

充电机　charger

控制和调整蓄电池充电的电能转换装置。

3.4.1.5.1

车载充电机　on-board charger;OBC

固定地安装在车上的充电机。

3.4.1.5.2

非车载充电机　off-board charger

所有部件均不安装在车上的充电机。

3.4.2　充电方式

3.4.2.1

传导充电　conductive charge

利用电传导给蓄电池进行充电的方式。

3.4.2.2

感应充电　inductive charge

利用电磁感应给蓄电池进行充电的方式。

3.4.3　控制方式

3.4.3.1

均衡充电　equalizing charge

为确保蓄电池中所有单体蓄电池荷电状态均匀的一种延续充电。

3.4.3.2

恒流充电　constant current charge

以一个受控的恒定电流给蓄电池进行充电的方式。

3.4.3.3

恒压充电　constant voltage charge

以一个受控的恒定电压给蓄电池进行充电的方式。

3.4.3.4

脉冲充电　pulse charge

以脉冲电流给蓄电池进行充电的方式。

3.4.4　结构、部件

3.4.4.1

直流电源　DC power supply

提供直流电能的装置。

3.4.4.2

充电电缆　charging cable

给电动汽车充电用的连接线。

3.4.4.3

充电连接器　charging connector

充电电缆与电动汽车的连接装置。

3.4.4.4

充电计时器　charging timer

设定充电时间的装置。

3.4.4.5

充电插头、插座　charging plug，outlet

电动汽车充电用的插头、插座。

3.4.4.6

锁止机构　lock actuator

机械锁止充电连接器的装置。

3.4.4.7

充电控制器　charging controller

对充电过程进行控制的装置。

3.4.5　规格、性能

3.4.5.1

额定频率　rated frequency

交流电源输出频率的额定值。

3.4.5.2

额定[交流]输入容量　rated input capacity

在规定条件下，充电机工作时的[交流]输入容量，一般用(VA)表示。

3.4.5.3

输入频率　input frequency

交流输入电源的频率。

3.4.5.4

频率变动范围　frequency fluctuation range

交流输入电源的频率允许变动范围。

3.4.5.5

效率　efficiency

输出与输入能量之比。

3.4.5.6

电压调节范围 voltage adjustable range

充电机输出电压的可调整范围。

3.4.5.7

电压变动范围 voltage alteration range

充电机的交流输入电源电压的允许变动范围;(恒压充电)直流输出电压的变动范围。

3.4.5.8

电压脉动 voltage ripple

叠加在直流电压上的脉动电压。

3.4.5.9

电流脉动 current ripple

叠加在直流电流上的脉动电流。

3.4.5.10

谐波电流 harmonic current

与基本频率以外成整数倍的电流的总称。

3.4.5.11

冲击电流 rush current

充电机启动时在1至数个周期内产生的过大交流(输入)电流,一般用峰值表示。

3.4.5.12

高频噪声 high frequency noise

由充电机发出的传导性及辐射性电磁噪声。

3.4.5.13

传导噪声 conduction noise

重叠或侵入充电机输入或输出端接线的高频电磁噪声。

3.4.5.14

辐射噪声 radiation noise

充电机传播并发射到空间的高频电磁噪声。

索　引

汉语拼音索引

E

F

G

H

J

K

L

M

N

P

Q

R

S

T

英文对应词索引

A

B

C

D

F

G

H

I

P

R

S

T

ICS 65.100.10
G 25

中华人民共和国国家标准

GB/T 19604—2017
代替 GB/T 19604—2004

毒死蜱原药

Chlorpyrifos technical material

2017-11-01 发布　　2018-05-01 实施

中华人民共和国国家质量监督检验检疫总局
中国国家标准化管理委员会　发布

前　言

本标准按照 GB/T 1.1—2009 给出的规则起草。

本标准代替 GB/T 19604—2004《毒死蜱原药》，与 GB/T 19604—2004 相比，主要技术变化如下：

——毒死蜱质量分数由不低于 95.0%修订为不低于 97.0%；

——丙酮不溶物由不高于 0.5%修订为不高于 0.2%；

——增加了治螟磷控制指标。

本标准由中国石油和化学工业联合会提出。

本标准由全国农药标准化技术委员会(SAC/TC 133)归口。

本标准负责起草单位：沈阳化工研究院有限公司。

本标准参加起草单位：南京红太阳股份有限公司、浙江新农化工股份有限公司、江苏宝灵化工股份有限公司、山东天成生物科技有限公司、安徽华星化工股份有限公司、利尔化学股份有限公司、江苏克胜集团股份有限公司。

本标准主要起草人：侯春青、李东、刘奎涛、蔡河财、殷汉军、李亮、殷宏树、刘惠华、吴重言。

本标准所代替标准的历次版本发布情况为：

——GB/T 19604—2004。

毒死蜱原药

1 范围

本标准规定了毒死蜱原药的要求、试验方法以及标志、标签、包装、贮运和验收期。

本标准适用于由毒死蜱及其生产中产生的杂质组成的毒死蜱原药。

注：毒死蜱及其相关杂质治螟磷的其他名称、结构式和基本物化参数参见附录A。

2 规范性引用文件

下列文件对于本文件的应用是必不可少的。凡是注日期的引用文件，仅注日期的版本适用于本文件。凡是不注日期的引用文件，其最新版本(包括所有的修改单)适用于本文件。

GB/T 1600 农药水分测定方法

GB/T 1604 商品农药验收规则

GB/T 1605—2001 商品农药采样方法

GB 3796 农药包装通则

GB/T 6682—2008 分析实验室用水规格和试验方法

GB/T 8170—2008 数值修约规则与极限数值的表示和判定

GB/T 19138 农药丙酮不溶物测定方法

GB/T 28135 农药酸(碱)度测定方法 指示剂法

3 要求

3.1 外观

浅棕色至白色固体。

3.2 技术指标

毒死蜱原药应符合表1要求。

表1 毒死蜱原药控制项目指标

项目		指标
毒死蜱质量分数/%	≥	97.0
治螟磷质量分数/%	≤	0.3
水分/%	≤	0.3
酸度(以 H_2SO_4 计)/%	≤	0.1
丙酮不溶物[a]/%	≤	0.2
[a] 正常生产时，丙酮不溶物每3个月至少测定一次。		

4 试验方法

安全提示：使用本标准的人员应有实验室工作的实践经验。本标准并未指出所有的安全问题。使用者有责任采取适当的安全和健康措施，并保证符合国家有关法规的规定。

4.1 一般规定

本标准所用试剂和水在没有注明其他要求时，均指分析纯试剂和 GB/T 6682—2008 中规定的三级水。检验结果的判定按 GB/T 8170—2008 中的 4.3.3 修约值比较法进行。

4.2 抽样

按 GB/T 1605—2001 中 5.3.1 商品原药采样方法进行。用随机数表法确定抽样的包装件；最终抽样量应不少于 100 g。

4.3 鉴别试验

红外光谱法——试样与毒死蜱标样在 4 000 cm^{-1}～400 cm^{-1} 范围的红外吸收光谱图应没有明显区别。毒死蜱标样红外光谱图见图 1。

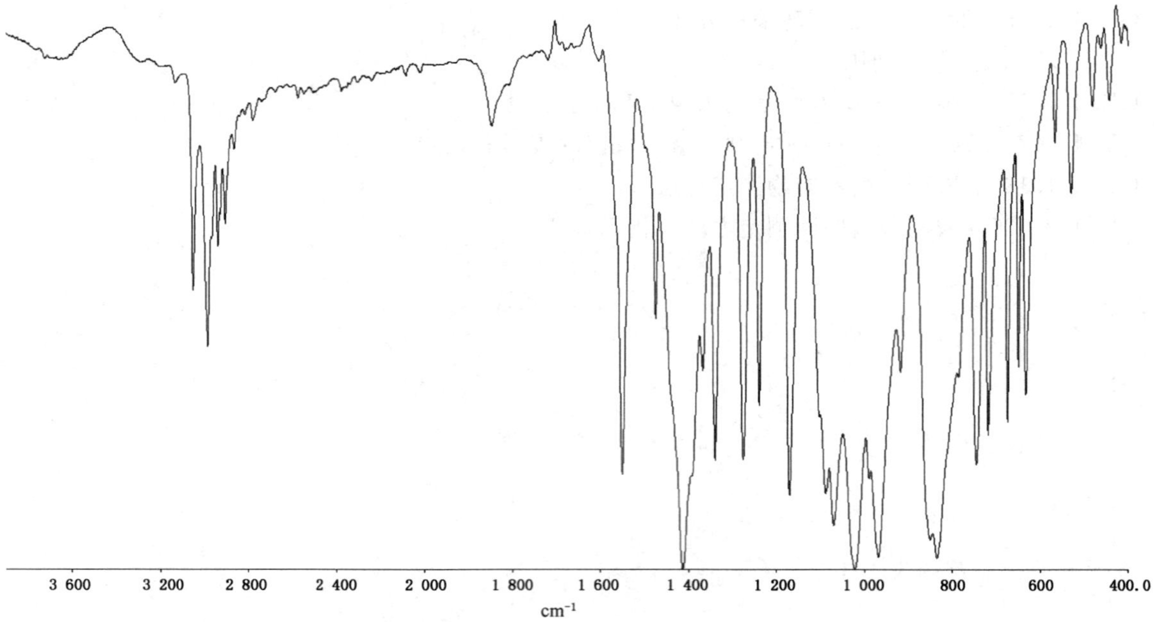

图 1 毒死蜱标样的红外光谱图

液相色谱法——本鉴别试验可与毒死蜱质量分数的测定同时进行。在相同的色谱操作条件下，试样溶液中某色谱峰的保留时间与标样溶液中毒死蜱的色谱峰的保留时间，其相对差值应在 1.5%以内。

气相色谱法——本鉴别试验可与毒死蜱质量分数的测定同时进行。在相同的色谱操作条件下，试样溶液中某色谱峰的保留时间与标样溶液中毒死蜱的色谱峰的保留时间，其相对差值应在 1.5%以内。

4.4 毒死蜱质量分数的测定

4.4.1 方法提要

试样用流动相溶解，以乙腈＋水＋冰乙酸为流动相，使用以 C_{18} 为填料的不锈钢柱和紫外检测器在波长 290 nm 下，对试样中的毒死蜱进行反相高效液相色谱分离，外标法定量。毒死蜱质量分数的测定也可采用气相色谱法，色谱操作条件参见附录 B。当发生质量争议时，以液相色谱法为仲裁法。

4.4.2 试剂和溶液

乙腈：色谱级。

冰乙酸。

水：超纯水或新蒸二次蒸馏水。

毒死蜱标样：已知质量分数，$w \geqslant 99.0\%$。

4.4.3 仪器

高效液相色谱仪：具有可变波长紫外检测器。

色谱数据处理机或色谱工作站。

色谱柱：200 mm×4.6 mm(内径)不锈钢柱，内装 C_{18}、5 μm 填充物(或具等同效果的色谱柱)。

过滤器：滤膜孔径约 0.45 μm。

定量进样管：5 μL。

超声波清洗器。

4.4.4 高效液相色谱操作条件

流动相：ψ(乙腈：水：冰乙酸)＝82：17.5：0.5，经滤膜过滤，并进行脱气。

流速：1.0 mL/min。

柱温：室温(温差变化应不大于 2 ℃)。

检测波长：290 nm。

进样体积：5 μL。

保留时间：毒死蜱 约 6.5 min。

上述操作参数是典型的，可根据不同仪器特点，对给定的操作参数作适当调整，以期获得最佳效果。典型的毒死蜱原药高效液相色谱图见图 2。

说明：

1——毒死蜱。

图 2 毒死蜱原药的高效液相色谱图

4.4.5 测定步骤

4.4.5.1 标样溶液的制备

称取 0.1 g(精确至 0.000 1 g)毒死蜱标样于 100 mL 容量瓶中,用流动相定容至刻度,超声波振荡 5 min 使试样溶解,冷却至室温,摇匀。

4.4.5.2 试样溶液的制备

称取含毒死蜱 0.1 g(精确至 0.000 1 g)的试样于 100 mL 容量瓶中,用流动相定容至刻度,超声波振荡 5 min 使试样溶解,冷却至室温,摇匀。

4.4.5.3 测定

在上述操作条件下,待仪器稳定后,连续注入数针标样溶液,直至相邻两针毒死蜱峰面积相对变化小于 1.5%后,按照标样溶液、试样溶液、试样溶液、标样溶液的顺序进行测定。

4.4.5.4 计算

将测得的两针试样溶液以及试样前后两针标样溶液中毒死蜱峰面积分别进行平均。试样中毒死蜱的质量分数按式(1)计算:

$$w_1 = \frac{A_2 \times m_1 \times w}{A_1 \times m_2} \qquad \cdots\cdots(1)$$

式中:

w_1——试样中毒死蜱的质量分数,%;

A_2——试样溶液中,毒死蜱峰面积的平均值;

m_1——毒死蜱标样的质量,单位为克(g);

w——毒死蜱标样的质量分数,%;

A_1——标样溶液中,毒死蜱峰面积的平均值;

m_2——试样的质量,单位为克(g)。

4.4.6 允许差

毒死蜱质量分数两次平行测定结果之差应不大于 1.2%,取其算术平均值作为测定结果。

4.5 治螟磷质量分数的测定

4.5.1 方法提要

试样用丙酮溶解,以正十八烷为内标物,使用 HP-5 毛细管柱和氢火焰离子化检测器,对试样中的治螟磷进行气相色谱分离和测定。

4.5.2 试剂和溶液

丙酮。

治螟磷标准品:已知质量分数,$w \geqslant 94.0\%$。

内标物:正十八烷,应不含有干扰色谱分析的杂质。

内标溶液:称取正十八烷 0.01 g(精确至 0.000 1 g)于 500 mL 容量瓶中,用丙酮溶解定容,摇匀备用。

4.5.3 仪器

气相色谱仪：具有氢火焰离子化检测器。

色谱柱：HP-5 30 m×0.32 mm（内径）毛细管柱，液膜厚 0.25 μm。

微量进样器：10 μL。

4.5.4 色谱操作条件

温度：柱温 130 ℃（保持 30 min），升温至 260 ℃（30 ℃/min）（保持 8 min），汽化室 230 ℃，检测器 280 ℃。

气体流量(mL/min)：载气(N_2)2.0，氢气 30，空气 300。

分流比：30∶1。

进样量：1.0 μL。

保留时间：治螟磷约 17.3 min，正十八烷约 28.1 min，毒死蜱约 33.6 min。

上述操作条件为典型操作系数，可根据不同仪器特点，对给定的操作参数作适当的调整，以期获得最佳效果，典型的毒死蜱原药中治螟磷测定的气相色谱图见图 3。

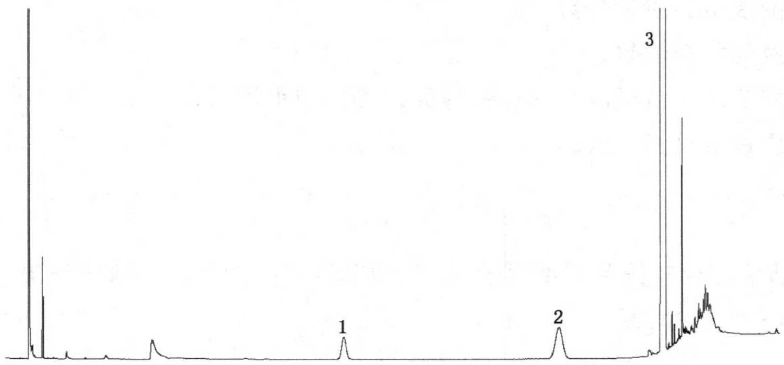

说明：

1——治螟磷；

2——正十八烷；

3——毒死蜱。

图 3 毒死蜱原药中治螟磷测定的气相色谱图

4.5.5 测定步骤

4.5.5.1 标样溶液的配制

称取治螟磷标样 0.03 g(精确至 0.000 1 g)于 10 mL 容量瓶中，加入丙酮定容至刻度，再用移液管移取 1 mL 溶液至一具塞玻璃瓶中，并用移液管准确加入 5 mL 内标溶液，摇匀。

4.5.5.2 试样溶液的配制

称取含毒死蜱 1 g(精确至 0.000 1 g)的试样于一具塞玻璃瓶中，用 4.5.5.1 的同一移液管准确加入 5 mL 内标溶液，摇匀。

4.5.5.3 测定

在上述操作条件下，待仪器基线稳定后，连续注入数针标样溶液，计算各针相对响应值的重复性。待相邻两针相对响应值变化小于 10%时，按照下列顺序进行气相色谱分析：标样溶液，试样溶液，试样溶液，标样溶液。

4.5.6 计算

将测得的两针试样溶液以及试样前后两针标样溶液中的治螟磷与内标物峰面积之比，分别进行平均。治螟磷的质量分数按式(2)计算：

$$w_2=\frac{r_2\times m_1\times w}{10\times r_1\times m_2} \qquad \cdots\cdots(2)$$

式中：

w_2——试样中治螟磷的质量分数，%；

r_2 ——两针试样溶液中治螟磷与内标物峰面积之比的平均值；

m_1——治螟磷标样的质量，单位为克(g)；

w ——标样中治螟磷的质量分数，%；

10 ——标样溶液的稀释倍数；

r_1 ——两针标样溶液中治螟磷与内标物峰面积之比的平均值；

m_2——试样的质量，单位为克(g)。

4.5.7 允许差

两次平行测定结果之相对偏差应不大于 30%；取其算术平均值作为测定结果。

4.6 水分的测定

按 GB/T 1600 中“卡尔·费休法”进行。

4.7 酸度的测定

按 GB/T 28135 进行。使用甲基红与溴甲酚绿混合指示剂。

4.8 丙酮不溶物的测定

按 GB/T 19138 进行。

4.9 产品的检验与验收

应符合 GB/T 1604 的规定。

5 标志、标签、包装、贮运、安全和验收期

5.1 标志、标签、包装

毒死蜱原药的标志、标签和包装应符合 GB 3796 的规定。

毒死蜱原药可用清洁、干燥、衬塑钢桶或纸板桶包装，每桶净含量一般为 25 kg，也可根据用户要求或订货协议采用其他形式的包装，但需符合 GB 3796 的规定。

5.2 贮运

包装件应贮存在通风、干燥的库房中。

贮运时，严防潮湿和日晒，不得与食物、种子、饲料混放，避免与皮肤、眼睛接触，防止由口鼻吸入。

5.3 安全

本品属中等毒性杀虫剂。使用本品时要戴防护镜和胶皮手套，穿必要的防护衣物。施药后应用肥皂和清水冲洗。误服者应立即送医院对症治疗。

5.4 验收期

毒死蜱原药的验收期为1个月。从收货之日起，在1个月内完成产品的质量验收，其各项指标均应符合标准要求。

附　录　A
（资料性附录）
毒死蜱及其相关杂质治螟磷的其他名称、结构式和基本物化参数

A.1　本产品有效成分毒死蜱的其他名称、结构式和基本物化参数

ISO 通用名称：chlorpyrifos

CAS 登录号：2921-88-2

化学名称：*O*,*O*-二乙基 *O*-(3,5,6-三氯-2-吡啶基)硫代磷酸酯

结构式：

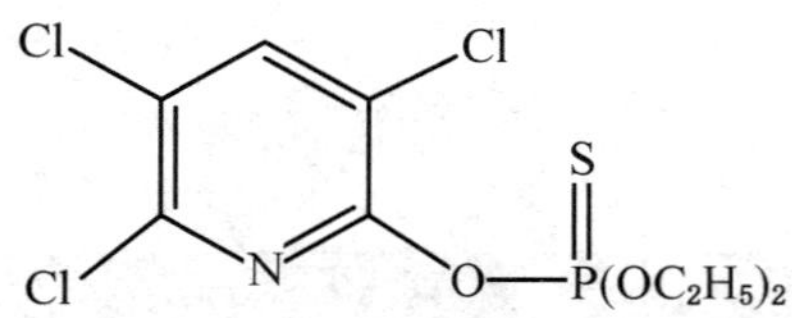

实验式：$C_9H_{11}Cl_3NO_3PS$

相对分子质量：350.6

生物活性：杀虫

熔点：42 ℃～43.5 ℃

溶解度(25 ℃,g/kg)：水中 1.4 mg/L(25 ℃)；苯 7 900，丙酮 6 500，氯仿 6 300，二硫化碳 5 900，乙醚 5 100，二甲苯 5 000，异辛醇 790，甲醇 450。

稳定性：在通常的贮存条件下稳定，其水解速率随 pH 值、温度升高而加速，在铜和其他金属存在时生成螯合物，水解半衰期 DT_{50} 为 1.5 d(pH 为 8,25 ℃)至 100 d(磷酸缓冲溶液 pH 为 7,15 ℃)。

A.2　本产品中杂质治螟磷的名称、结构式和基本物化参数

ISO 通用名称：sulfotep

化学名称：*O*,*O*,*O*,*O*′-四乙基二硫代焦磷酸酯

结构式：

$$(H_3CH_2CO)_2\overset{\overset{\displaystyle S}{\|}}{P}—O—\overset{\overset{\displaystyle S}{\|}}{P}(OCH_2CH_3)_2$$

实验式：$C_8H_{20}O_5P_2S_2$

相对分子质量：322.32

蒸汽压：为 1.4×10^4 Pa(20 ℃)

溶解度：在水中溶解度为 10 mg/L，易溶于大多数有机溶剂。

稳定性：不易水解，降解半衰期分别为 10.7 d(pH 4)、8.2 d(pH 7)和 9.1 d(pH 9)(22 ℃)。

附 录 B
（资料性附录）
毒死蜱的气相色谱测定方法

B.1 方法提要

试样用三氯甲烷溶解，以邻苯二甲酸二正戊酯为内标物，使用 HP-5 毛细管柱和氢火焰离子化检测器，对试样中的毒死蜱进行气相色谱分离和测定。

B.2 试剂和溶液

三氯甲烷。

毒死蜱标准品：已知质量分数，$w \geqslant 99.0\%$。

内标物：邻苯二甲酸二正戊酯，应不含有干扰色谱分析的杂质。

内标溶液：称取邻苯二甲酸二正戊酯 4 g（精确至 0.000 1 g）于 500 mL 容量瓶中，用三氯甲烷溶解，定容，摇匀备用。

B.3 仪器

气相色谱仪：具有氢火焰离子化检测器。

色谱柱：HP-5 30 m×0.32 mm（内径）毛细管柱，液膜厚 0.25 μm。

微量进样器：10 μL。

B.4 色谱操作条件

温度：柱温 180 ℃，汽化室 250 ℃，检测器 250 ℃。

气体流量（mL/min）：载气（N_2）2.0，氢气 30，空气 300。

分流比：30∶1。

进样量：1.0 μL。

保留时间：毒死蜱 约 7.8 min，邻苯二甲酸二正戊酯 约 13.1 min。

上述操作条件为典型操作系数，可根据不同仪器特点，对给定的操作参数作适当的调整，以期获得最佳效果，典型的毒死蜱原药中毒死蜱与内标物的气相色谱图见图 B.1。

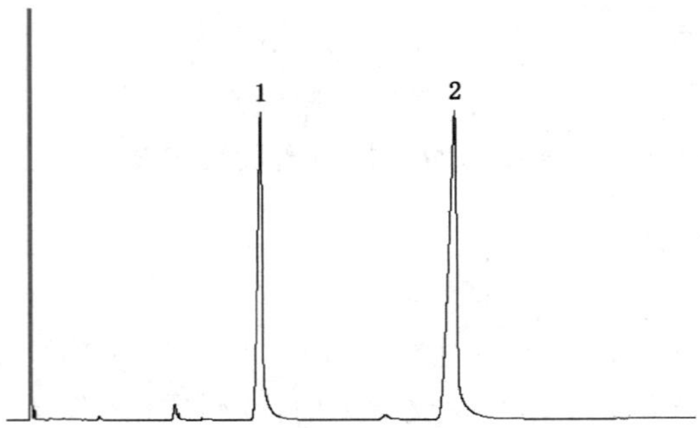

说明：

1——毒死蜱；

2——邻苯二甲酸二正戊酯。

图 B.1 毒死蜱原药中毒死蜱与内标物的气相色谱图

B.5 测定步骤

B.5.1 标样溶液的配制

称取毒死蜱标样 0.1 g(精确至 0.000 1 g)于一具塞玻璃瓶中，用移液管准确加入 5 mL 内标溶液，摇匀。

B.5.2 试样溶液的配制

称取含毒死蜱 0.1 g(精确至 0.000 1 g)的试样于一具塞玻璃瓶中，用移液管准确加入 5 mL 内标溶液，摇匀。

B.5.3 测定

在上述操作条件下，待仪器基线稳定后，连续注入数针标样溶液，计算各针相对响应值的重复性。待相邻两针相对响应值变化小于 1.5% 时，按照下列顺序进行气相色谱分析：标样溶液，试样溶液，试样溶液，标样溶液。

B.6 计算

将测得的两针试样溶液以及试样前后两针标样溶液中的毒死蜱与内标物峰面积之比，分别进行平均。试样中毒死蜱的质量分数按式(B.1)计算：

$$w_1 = \frac{r_2 \times m_1 \times w}{r_1 \times m_2} \qquad \cdots\cdots(B.1)$$

式中：

w_1——试样中毒死蜱的质量分数，%；

r_2 ——两针试样溶液中毒死蜱与内标物峰面积之比的平均值；

m_1——毒死蜱标样的质量，单位为克(g)；

w ——标样中毒死蜱的质量分数，%；

r_1 ——两针标样溶液中毒死蜱与内标物峰面积之比的平均值；

m_2——试样的质量，单位为克(g)。

B.7 允许差

毒死蜱质量分数两次平行测定结果之差应不大于1.2％，取其算术平均值作为测定结果。

ICS 65.100.10
G 25

中华人民共和国国家标准

GB/T 19605—2017
代替 GB/T 19605—2004

毒死蜱乳油

Chlorpyrifos emulsifiable concentrates

2017-11-01 发布　　2018-05-01 实施

中华人民共和国国家质量监督检验检疫总局
中国国家标准化管理委员会　发布

前 言

本标准按照 GB/T 1.1—2009 给出的规则起草。

本标准代替 GB/T 19605—2004《毒死蜱乳油》，与 GB/T 19605—2004 相比，主要技术变化如下：

——增加了 45%的规格；

——增加了治螟磷控制指标；

——将控制酸度修订为控制 pH 值。

本标准由中国石油和化学工业联合会提出。

本标准由全国农药标准化技术委员会(SAC/TC 133)归口。

本标准负责起草单位：沈阳化工研究院有限公司。

本标准参加起草单位：江苏宝灵化工股份有限公司、南京红太阳股份有限公司、安徽丰乐农化有限责任公司、利尔化学股份有限公司、山东天成生物科技有限公司、江苏东宝农药化工有限公司、青岛星牌作物科学有限公司、陕西上格之路生物科学有限公司、江苏蓝丰生物化工股份有限公司、浙江新农化工股份有限公司。

本标准主要起草人：侯春青、李东、金明华、刘奎涛、葛晓路、刘惠华、李亮、徐开云、韩海康、侯江利、谢印刚、蔡河财。

本标准所代替标准的历次版本发布情况为：

——GB/T 19605—2004。

毒死蜱乳油

1 范围

本标准规定了毒死蜱乳油的要求、试验方法以及标志、标签、包装、贮运和保证期。

本标准适用于由毒死蜱原药与乳化剂和适宜溶剂混合制成的毒死蜱乳油。

注：毒死蜱及其相关杂质治螟磷的其他名称、结构式和基本物化参数参见附录A。

2 规范性引用文件

下列文件对于本文件的应用是必不可少的。凡是注日期的引用文件，仅注日期的版本适用于本文件。凡是不注日期的引用文件，其最新版本(包括所有的修改单)适用于本文件。

GB/T 1600 农药水分测定方法

GB/T 1601 农药 pH值的测定方法

GB/T 1603 农药乳液稳定性测定方法

GB/T 1604 商品农药验收规则

GB/T 1605—2001 商品农药采样方法

GB 4838 农药乳油包装

GB/T 6682—2008 分析实验室用水规格和试验方法

GB/T 8170—2008 数值修约规则与极限数值的表示和判定

GB/T 19136 农药热贮稳定性测定方法

GB/T 19137 农药低温稳定性测定方法

3 要求

3.1 组成和外观

毒死蜱乳油由符合标准的毒死蜱原药与乳化剂、适宜溶剂混合制成，为稳定的均相液体，无可见悬浮物和沉淀。

3.2 技术指标

毒死蜱乳油应符合表1要求。

表1 毒死蜱乳油控制项目指标

项目		指标	
		40%	45%
毒死蜱质量分数/%		$40.0^{+2.0}_{-2.0}$	$45.0^{+2.2}_{-2.2}$
治螟磷质量分数[a]/%	≤	0.2	
水分/%	≤	0.8	

表 1（续）

项　　目	指　　标	
	40%	45%
pH 值范围	4.5～6.5	
乳液稳定性(稀释 200 倍)	合格	
低温稳定性[a]	合格	
热贮稳定性[a]	合格	
[a] 正常生产时治螟磷质量分数、低温稳定性试验、热贮稳定性试验每 3 个月至少测定一次。		

4　试验方法

安全提示：使用本标准的人员应有实验室工作的实践经验。本标准并未指出所有的安全问题。使用者有责任采取适当的安全和健康措施，并保证符合国家有关法规的规定。

4.1　一般规定

本标准所用试剂和水在没有注明其他要求时，均指分析纯试剂和 GB/T 6682—2008 中规定的三级水。检验结果的判定按 GB/T 8170—2008 中的 4.3.3 修约值比较法进行。

4.2　抽样

按 GB/T 1605—2001 中的 5.3.2 液体制剂采样方法进行。用随机数表法确定抽样的包装件；最终抽样量应不少于 100 mL。

4.3　鉴别试验

液相色谱法——本鉴别试验可与毒死蜱质量分数的测定同时进行。在相同的色谱操作条件下，试样溶液中某色谱峰的保留时间与标样溶液中毒死蜱的色谱峰的保留时间，其相对差值应在 1.5%以内。

气相色谱法——本鉴别试验可与毒死蜱质量分数的测定同时进行。在相同的色谱操作条件下，试样溶液中某色谱峰的保留时间与标样溶液中毒死蜱的色谱峰的保留时间，其相对差值应在 1.5%以内。

4.4　毒死蜱质量分数的测定

4.4.1　方法提要

试样用流动相溶解，以乙腈＋水＋冰乙酸为流动相，使用以 C_{18} 为填料的不锈钢柱和紫外检测器在波长 290 nm 下，对试样中的毒死蜱进行反相高效液相色谱分离和测定，外标法定量。毒死蜱质量分数的测定也可采用气相色谱法，色谱操作条件参见附录 B。当发生质量争议时，以液相色谱法为仲裁法。

4.4.2　试剂和溶液

乙腈：色谱级。

冰乙酸。

水：超纯水或新蒸二次蒸馏水。

毒死蜱标样：已知质量分数，$w \geq 99.0\%$。

4.4.3 仪器

高效液相色谱仪：具有可变波长紫外检测器。

色谱数据处理机或色谱工作站。

色谱柱：200 mm×4.6 mm(内径)不锈钢柱，内装 C_{18}、5 μm 填充物(或具等同效果的色谱柱)。

过滤器：滤膜孔径约 0.45 μm。

定量进样管：5 μL。

超声波清洗器。

4.4.4 高效液相色谱操作条件

流动相：ψ(乙腈：水：冰乙酸)＝82：17.5：0.5，经滤膜过滤，并进行脱气。

流速：1.0 mL/min。

柱温：室温(温差变化应不大于 2 ℃)。

检测波长：290 nm。

进样体积：5 μL。

保留时间：毒死蜱　约 6.5 min。

上述操作参数是典型的，可根据不同仪器特点，对给定的操作参数作适当调整，以期获得最佳效果。典型的毒死蜱乳油高效液相色谱图见图 1。

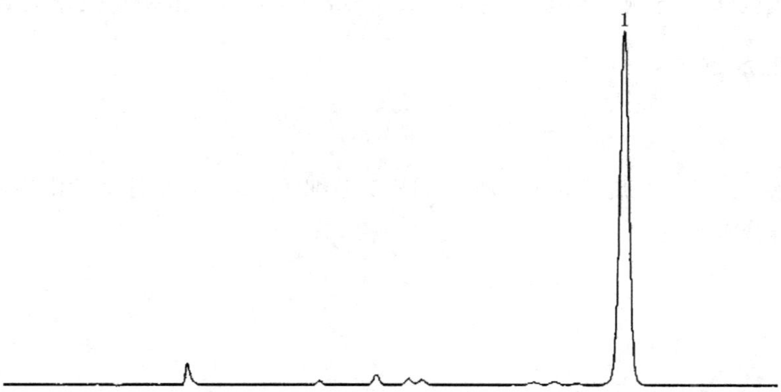

说明：

1——毒死蜱。

图 1　毒死蜱乳油的高效液相色谱图

4.4.5 测定步骤

4.4.5.1 标样溶液的制备

称取 0.1 g(精确至 0.000 1 g)毒死蜱标样于 100 mL 容量瓶中，用流动相定容至刻度，超声波振荡 5 min 使试样溶解，冷却至室温，摇匀。

4.4.5.2 试样溶液的制备

称取含毒死蜱 0.1 g(精确至 0.000 1 g)的试样于 100 mL 容量瓶中，用流动相定容至刻度，超声波振荡 5 min 使试样溶解，冷却至室温，摇匀。

4.4.5.3 测定

在上述操作条件下，待仪器稳定后，连续注入数针标样溶液，直至相邻两针毒死蜱峰面积相对变化小于1.5%后，按照标样溶液、试样溶液、试样溶液、标样溶液的顺序进行测定。

4.4.5.4 计算

将测得的两针试样溶液以及试样前后两针标样溶液中毒死蜱峰面积分别进行平均。试样中毒死蜱的质量分数按式(1)计算：

$$w_1 = \frac{A_2 \times m_1 \times w}{A_1 \times m_2} \qquad \cdots\cdots(1)$$

式中：

w_1——试样中毒死蜱质量分数，%；

A_2——试样溶液中，毒死蜱峰面积的平均值；

m_1——毒死蜱标样的质量，单位为克(g)；

w ——毒死蜱标样的质量分数，%；

A_1——标样溶液中，毒死蜱峰面积的平均值；

m_2——试样的质量，单位为克(g)。

4.4.6 允许差

毒死蜱质量分数两次平行测定结果之差应不大于0.8%，取其算术平均值作为测定结果。

4.5 治螟磷质量分数的测定

4.5.1 方法提要

试样用丙酮溶解，以正十八烷为内标，使用HP-5毛细管柱和氢火焰离子化检测器，对试样中的治螟磷进行气相色谱分离和测定。

4.5.2 试剂和溶液

丙酮。

治螟磷标准品：已知质量分数，$w \geq 94.0\%$。

内标物：正十八烷，应不含有干扰色谱分析的杂质。

内标溶液：称取正十八烷0.01 g(精确至0.000 1 g)于500 mL容量瓶中，用丙酮溶解定容，摇匀备用。

4.5.3 仪器

气相色谱仪：具有氢火焰离子化检测器。

色谱柱：HP-5 30 m×0.32 mm(内径)毛细管柱，液膜厚0.25 μm。

微量进样器：10 μL。

4.5.4 色谱操作条件

温度：柱温130 ℃(保持30 min)，升温至260 ℃(30 ℃/min)(保持8 min)，汽化室230 ℃，检测器280 ℃。

气体流量(mL/min)：载气(N_2)2.0，氢气30，空气300。

分流比：30∶1。

进样量：1.0 μL。

保留时间：治螟磷约 17.3 min，正十八烷约 28.1 min，毒死蜱约 33.6 min。

上述操作条件为典型操作系数，可根据不同仪器特点，对给定的操作参数作适当的调整，以期获得最佳效果，典型的毒死蜱乳油中治螟磷与内标物的气相色谱图见图 2。

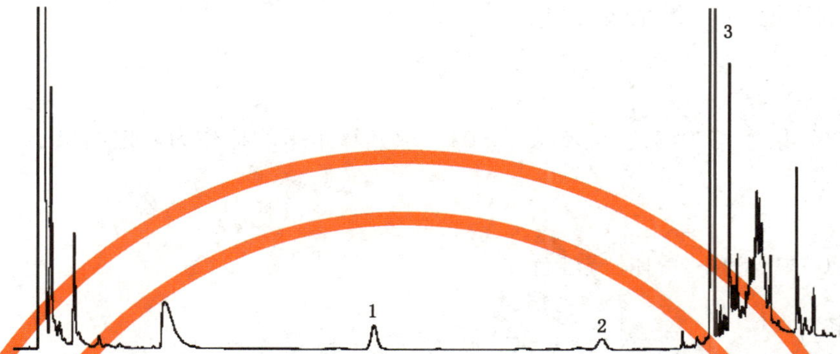

说明：

1——治螟磷；

2——正十八烷；

3——毒死蜱。

图 2 毒死蜱乳油中治螟磷与内标物的气相色谱图

4.5.5 测定步骤

4.5.5.1 标样溶液的配制

称取治螟磷标样 0.03 g（精确至 0.000 1 g）于 10 mL 容量瓶中，加入丙酮定容至刻度，再用移液管移取 1 mL 溶液至一具塞玻璃瓶中，并用移液管准确加入 5 mL 内标溶液，摇匀。

4.5.5.2 试样溶液的配制

称取含 1 g（精确至 0.000 1 g）毒死蜱的试样于一具塞玻璃瓶中，用 4.5.5.1 的同一移液管准确加入 5 mL 内标溶液，摇匀。

4.5.5.3 测定

在上述操作条件下，待仪器基线稳定后，连续注入数针标样溶液，计算各针相对响应值的重复性。待相邻两针相对响应值变化小于 10％时，按照下列顺序进行气相色谱分析：标样溶液，试样溶液，试样溶液，标样溶液。

4.5.6 计算

将测得的两针试样溶液以及试样前后两针标样溶液中的治螟磷与内标物峰面积之比，分别进行平均。治螟磷的质量分数按式（2）计算：

$$w_2 = \frac{r_2 \times m_1 \times w}{10 \times r_1 \times m_2} \qquad \cdots\cdots(2)$$

式中：

w_2——试样中治螟磷的质量分数，％；

r_2 ——两针试样溶液中治螟磷与内标物峰面积之比的平均值；

m_1——治螟磷标样的质量，单位为克(g)；

w ——标样中治螟磷的质量分数，%；

10 ——标样溶液的稀释倍数；

r_1 ——两针标样溶液中治螟磷与内标物峰面积之比的平均值；

m_2——试样的质量，单位为克(g)。

4.5.7 允许差

两次平行测定结果之相对偏差，应不大于30%；取其算术平均值作为测定结果。

4.6 水分

按GB/T 1600中"卡尔·费休法"进行。

4.7 pH值的测定

按GB/T 1601进行。

4.8 乳液稳定性

试样用标准硬水稀释200倍，按GB/T 1603进行试验，量筒中无浮油(膏)、沉油和沉淀析出为合格。

4.9 低温稳定性试验

按GB/T 19137中"乳剂和均相液体制剂"进行。析出物不超过0.3 mL为合格。

4.10 热贮稳定性试验

按GB/T 19136中"液体制剂"进行。热贮后毒死蜱质量分数应不低于贮前的95%。

4.11 产品的检验与验收

应符合GB/T 1604的规定。

5 标志、标签、包装、贮运、安全和保证期

5.1 标志、标签、包装

毒死蜱乳油的标志、标签和包装应符合GB 4838的规定。

毒死蜱乳油应用玻璃瓶或塑料聚酯瓶包装，每瓶净含量为100 g、200 g或500 g；每箱净含量不大于12 kg。也可根据用户要求或订货协议采用其他形式的包装，但需符合GB 4838的规定。

5.2 贮运

毒死蜱乳油包装件应贮存在通风、干燥的库房中。贮运时，严防潮湿和日晒，不得与食物、种子、饲料混放，避免与皮肤、眼睛接触，防止由口鼻吸入。

5.3 安全

本品属中等毒性杀虫剂。使用本品时要戴防护镜和胶皮手套，穿必要的防护衣物。施药后应用肥

皂和清水冲洗。误服者应立即送医院对症治疗。

5.4 保证期

在规定的贮运条件下，毒死蜱乳油的保证期，从生产日期起算为两年。

附 录 A
（资料性附录）
毒死蜱及其相关杂质治螟磷的其他名称、结构式和基本物化参数

A.1 本产品有效成分毒死蜱的其他名称、结构式和基本物化参数

ISO 通用名称：chlorpyrifos

CAS 登录号：2921-88-2

化学名称：*O*，*O*-二乙基 *O*-(3，5，6-三氯-2-吡啶基)硫代磷酸酯

结构式：

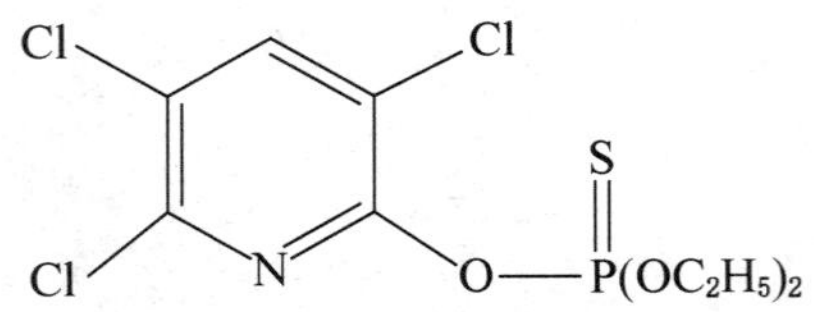

实验式：$C_9H_{11}Cl_3NO_3PS$

相对分子质量：350.6

生物活性：杀虫

熔点：42 ℃～43.5 ℃

溶解度(25 ℃，g/kg)：水中 1.4 mg/L(25 ℃)；苯 7 900，丙酮 6 500，氯仿 6 300，二硫化碳 5 900，乙醚 5 100，二甲苯 5 000，异辛醇 790，甲醇 450。

稳定性：在通常的贮存条件下稳定，其水解速率随 pH 值、温度升高而加速，在铜和其他金属存在时生成螯合物，水解半衰期 DT_{50} 为 1.5 d(pH 为 8，25 ℃)至 100 d(磷酸缓冲溶液 pH 为 7，15 ℃)。

A.2 本产品中杂质治螟磷的名称、结构式和基本物化参数

ISO 通用名称：sulfotep

化学名称：*O*，*O*，*O*，*O*′-四乙基二硫代焦磷酸酯

结构式：

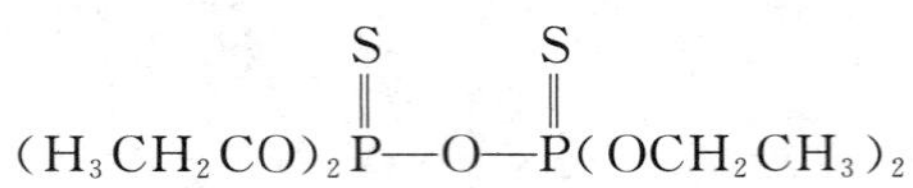

实验式：$C_8H_{20}O_5P_2S_2$

相对分子质量：322.32

蒸汽压：1.4×10^4 Pa(20 ℃)

溶解度：在水中溶解度为 10 mg/L，易溶于大多数有机溶剂。

稳定性：不易水解，降解半衰期分别为 10.7 d(pH 4)、8.2 d(pH 7)和 9.1 d(pH 9)(22 ℃)。

附 录 B
(资料性附录)
毒死蜱的气相色谱测定方法

B.1 方法提要

试样用三氯甲烷溶解，以邻苯二甲酸二正戊酯为内标物，使用 HP-5 毛细管柱和氢火焰离子化检测器，对试样中的毒死蜱进行气相色谱分离和测定。

B.2 试剂和溶液

三氯甲烷。

毒死蜱标准品：已知质量分数，$w \geqslant 99.0\%$。

内标物：邻苯二甲酸二正戊酯，应不含有干扰色谱分析的杂质。

内标溶液：称取邻苯二甲酸二正戊酯 4 g(精确至 0.1 g)于 500 mL 容量瓶中，用三氯甲烷溶解定容，摇匀备用。

B.3 仪器

气相色谱仪：具有氢火焰离子化检测器。

色谱柱：HP-5 30 m×0.32 mm(内径)毛细管柱，液膜厚 0.25 μm。

微量进样器：10 μL。

B.4 色谱操作条件

温度：柱温 180 ℃，汽化室 250 ℃，检测器 250 ℃。

气体流量(mL/min)：载气(N_2)2.0，氢气 30，空气 300。

分流比：30∶1。

进样量：1.0 μL。

保留时间：毒死蜱 约 7.8 min，邻苯二甲酸二正戊酯 约 13.1 min。

上述操作条件为典型操作系数，可根据不同仪器特点，对给定的操作参数作适当的调整，以期获得最佳效果，典型的毒死蜱乳油中毒死蜱与内标物的气相色谱图见图 B.1。

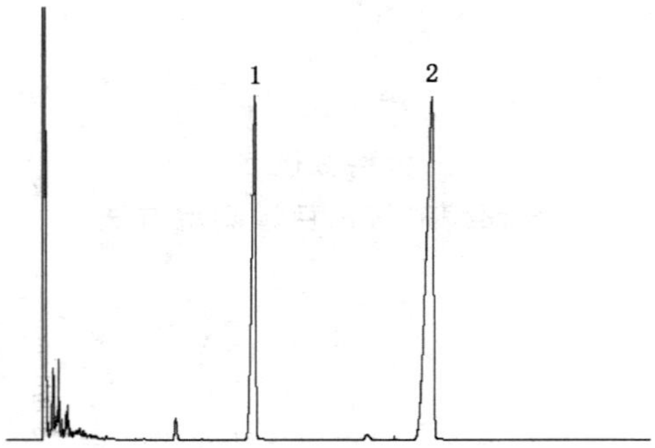

说明：

1——毒死蜱；

2——邻苯二甲酸二正戊酯。

图 B.1 毒死蜱乳油中毒死蜱与内标物的气相色谱图

B.5 测定步骤

B.5.1 标样溶液的配制

称取毒死蜱标样 0.1 g(精确至 0.000 1 g)于一具塞玻璃瓶中，用移液管准确加入 5 mL 内标溶液，摇匀。

B.5.2 试样溶液的配制

称取含毒死蜱 0.1 g(精确至 0.000 1 g)的试样于一具塞玻璃瓶中，用移液管准确加入 5 mL 内标溶液，摇匀。

B.5.3 测定

在上述操作条件下，待仪器基线稳定后，连续注入数针标样溶液，计算各针相对响应值的重复性。待相邻两针相对响应值变化小于 1.5%时，按照下列顺序进行气相色谱分析：标样溶液，试样溶液，试样溶液，标样溶液。

B.6 计算

将测得的两针试样溶液以及试样前后两针标样溶液中的毒死蜱与内标物峰面积之比，分别进行平均。毒死蜱的质量分数按式(B.1)计算：

$$w_1=\frac{r_2\times m_1\times w}{r_1\times m_2} \qquad \cdots\cdots(\text{B.1})$$

式中：

w_1——试样中毒死蜱的质量分数，%；

r_2——两针试样溶液中毒死蜱与内标物峰面积之比的平均值；

m_1——毒死蜱标样的质量，单位为克(g)；

w——标样中毒死蜱的质量分数，%；

r_1——两针标样溶液中毒死蜱与内标物峰面积之比的平均值；

m_2——试样的质量，单位为克(g)。

B.7 允许差

毒死蜱质量分数两次平行测定结果之差应不大于0.8%，取其算术平均值作为测定结果。

ICS 29.120.99
K 65

中华人民共和国国家标准

GB/T 19637—2017
代替 GB/T 19637—2005

电器附件 家用和类似用途电缆卷盘

Electrical accessories—Cable reels for household and similar purposes

(IEC 61242:1995,MOD)

2017-07-31 发布 2018-02-01 实施

中华人民共和国国家质量监督检验检疫总局
中国国家标准化管理委员会 发布

前　言

本标准按照 GB/T 1.1—2009 给出的规则起草。

本标准代替 GB/T 19637—2005《电器附件　家用和类似用途电缆卷盘》，与 GB/T 19637—2005 相比，主要技术变化如下：

——第 1 章明确了本标准不适用的产品范围；修改了产品的适用环境温度；
——第 2 章调整了部分规范性引用文件；
——修改了电缆卷盘的定义(见 3.3)；
——增加了软电缆、可拆卸的软电缆的定义，并修改了不可拆卸的软电缆的定义(见 3.4、3.4.1 和 3.4.2)；
——增加了薄弱点、延长线插座(电线加长组件)的定义(见 3.23 和 3.24)；
——修改了第 5 章标题名称，从“型式试验的一般条件”改为“关于试验的一般说明”；
——增加了“按 6.3.2 中 b)分类的电缆卷盘要与其标志的可拆卸软电缆一起试验”(见 5.1)；
——增加了“对 20.1 条款的测试，额外的样品有可能需要来确定薄弱点不动作时最高的可能电流”(见 5.2)；
——修改了按软电缆连接方法的分类(见 6.3)；
—— 6.5 标题中增加了“GB/T 4208 中描述的”；
——修改了按防过高温的保护的分类(见 6.6)；
——删除了无防过高温度保护功能的电缆卷盘、装有热切断器和/或电流切断器的电缆卷盘的附加标识(见 7.1)；
——修改了相关防护等级符号的要求(见 7.2)；
——增加了带可拆卸的软电缆的电缆卷盘的标识要求(见 7.3)；
——增加了对安装薄弱点的电缆卷盘的标识要求(见 7.4)；
——增加了可拆卸的软电缆的要求(见 11.1)；
——根据我国插头插座的额定电流情况，取消了 11.1.1 中的“≤6 A：不小于 0.75 mm^2”，表 1 标称截面积栏中“0.75”改为“1.0”，取消了表 3、表 4 和表 5 中导体的标称截面积 0.75 mm^2 行或列；
——增加了薄弱点的特性(见 12.11)；
——修改了 12.12 的第 1 句的温度条件；
——删除了合成的弹性材料(见 12.14)；
——增加了移动式电缆卷盘的结构要求和电缆卷盘防止过热保护的要求(见 12.17、12.18)；
——元件中增加了关于热切断器和/或电流切断器和薄弱点的要求(见第 13 章)；
——修改了根据产品标识的防护等级进行试验的要求，并明确了电缆卷盘测试时的条件和状态(见第 15 章)；
——修改了防有害进水的保护等级的描述(见第 16 章)；
——增加了薄弱点的判断、试验环境温度(见 19.2)；
——增加了在不可能检查保护方式切断动作点时的测试方法(见 20.1)；
——增加了“内外布线和软电缆的其他绝缘材料”的温升值(见表 6)；
——增加了“IPX6”(见 23.5)；
——增加了电磁兼容性(EMC)要求(见第 27 章)。

本标准使用重新起草法修改采用 IEC 61242:1995《电器附件　家用和类似用途电缆卷盘》及其

2008 年的修订件 1 和 2015 年的修订件 2。

本标准与 IEC 61242:1995 的技术性差异及其原因如下:

——根据我国地理气候环境,第 1 章中规定电缆卷盘适用于在环境温度通常不超过 35 ℃但偶尔会达到 40 ℃的场所下使用。IEC 61242:1995 该章中规定的环境温度为“通常不超过 25 ℃,偶尔会达到 35 ℃”。

——关于规范性引用文件,本部分做了具有技术性差异的调整,以适应我国的技术条件,调整的情况集中反映在第 2 章“规范性引用文件”中,具体调整如下:

- 用修改采用国际标准的 GB/T 2099(所有部分)代替了 IEC 60884(所有部分);
- 用 GB/T 2900.18—2008 代替了 IEC 60050-441:1984;
- 用等同采用国际标准的 GB/T 4207 代替了 IEC 60112:2003;
- 用等同采用国际标准的 GB/T 4208—2008 代替了 IEC 60529:1989;
- 用等同采用国际标准的 GB/T 5013(所有部分)代替了 IEC 60245(所有部分);
- 用等同采用国际标准的 GB/T 5023(所有部分)代替了 IEC 60227(所有部分);
- 用等同采用国际标准的 GB/T 5465.2—2008 代替了 IEC 60417;
- 用等同采用国际标准的 GB/T 9799—2011 代替了 ISO 2081:1986;
- 用修改采用国际标准的 GB/T 12599—2002 代替了 ISO 2093:1986;
- 用等同采用国际标准的 GB/T 14536.10 代替了 IEC 60730-2-9;
- 用等同采用国际标准的 GB/T 17464 代替了 IEC 60999(所有部分)。

——根据我国使用者的情况,保留了 GB/T 19637—2005 的 7.1 的第 2 段和第 3 段的有关使用安全的标识规定。

——根据我国插头插座的额定电流情况,11.1.1 中明确软电缆的最小标称截面积不小于 1.0 mm^2。

——根据 GB/T 2423.4 和我国的具体环境条件,第 16 章中规定防潮试验温度为(40±2)℃。IEC 61242:1995 该章中规定潮湿箱的“空气温度应维持在 20 ℃～30 ℃之间的任何方便值(t±1)℃”。

本标准做了下列编辑性修改:

——根据 GB/T 1.1 有关规定,在第 1 章“范围”中补充了“本标准规定了家用和类似用途电缆卷盘的分类、标志、结构、电气性能、机械性能等技术要求”;

——删除了 IEC 61242:1995 中一些适用于其他国家和地区的注释,如 12.2、12.12、21.2 的注。

本标准由中国电器工业协会提出。

本标准由全国电器附件标准化技术委员会(SAC/TC 67)归口。

本标准起草单位:中国电器科学研究院有限公司、上海天祥质量技术服务有限公司、公牛集团有限公司、浙江正泰建筑电器有限公司、宁波唯尔电器有限公司、杭州鸿雁电器有限公司、北京突破电气有限公司、浙江恒达高电器有限公司、威凯检测技术有限公司、跃华控股集团有限公司、飞雕电器集团有限公司、耐思电气(嘉兴)有限公司、山东野狼电器有限公司。

本标准主要起草人:蔡军、吴洋、阮立平、陈玉、李红文、汪凤琴、林海青、祝良雄、高一盼、王朝圣、郑伟、张礼荣、蔡映峰、徐敏、朱南龙。

本标准所代替标准的历次版本发布情况为:

——GB/T 19637—2005。

电器附件　家用和类似用途电缆卷盘

1　范围

本标准规定了家用和类似用途电缆卷盘的分类、标志、结构、电气性能、机械性能等技术要求。

本标准适用于仅作交流电用途的额定电压超过 50 V 但不超过 250 V(单相电缆卷盘)或者超过 50 V 但不超过 440 V(除单相以外的所有电缆卷盘)、额定电流不超过 16 A 的电缆卷盘。这些电缆卷盘是在正常使用时对安全要求特别高的家用、商用、轻工或类似用途的户内或户外使用的。

本标准不适用:

——安装在器具或灯具里的电缆卷盘;

——连接到器具或灯具里的电缆卷盘。

注 1:安装在器具里的电缆卷盘要求按照 GB 4706.1 和 GB 4706.7。

注 2:安装在灯具里的电缆卷盘要求按照 GB 7000.1 和 GB 7000.225。

注 3:连接到器具或灯具里的电缆卷盘是专门为器具和灯具设计的。它要固定在该器具或灯具上,或者与该器具或灯具同时交付,它不需被安装,它不具备独立的防触电保护外壳。例如,与手提灯连接的电缆卷绕装置符合的标准是 GB 7000.208。

本标准可用作安装或连接在器具或灯具里的电缆卷盘的指导手册。

符合本标准要求的电缆卷盘应适合于通常不超过 40 ℃的环境温度中使用,但 24 h 周期内的环境温度平均值不能超过 35 ℃,最低的环境(空气)温度不低于－5 ℃。

在某些特殊使用场合的电缆卷盘可能要求特殊结构。

2　规范性引用文件

下列文件对于本文件的应用是必不可少的。凡是注日期的引用文件,仅注日期的版本适用于本文件。凡是不注日期的引用文件,其最新版本(包括所有的修改单)适用于本文件。

GB/T 2099(所有部分)　家用和类似用途插头插座[IEC 60884(所有部分)]

GB/T 2900.18—2008　电工术语　低压电器

GB/T 4207　固体绝缘材料耐电痕化指数和相比电痕化指数的测定方法(GB/T 4207—2012,IEC 60112:2009,IDT)

GB/T 4208—2008　外壳防护等级(IP 代码)(IEC 60529:2001,IDT)

GB/T 5013(所有部分)　额定电压 450/750 V 及以下橡皮绝缘电缆[IEC 60245(所有部分),IDT]

GB/T 5023(所有部分)　额定电压 450/750 V 及以下聚氯乙烯绝缘电缆[IEC 60227(所有部分),IDT]

GB/T 5169.10—2006　电工电子产品着火危险试验　第 10 部分:灼热丝/热丝基本试验方法　灼热丝装置和通用试验方法(IEC 60695-2-10:2000,IDT)

GB/T 5169.11—2006　电工电子产品着火危险试验　第 11 部分:灼热丝/热丝基本试验方法　成品的灼热丝可燃性试验方法(IEC 60695-2-11:2000,IDT)

GB/T 5465.2—2008　电气设备用图形符号　第 2 部分:图形符号(IEC 60417 DB:2007,IDT)

GB/T 9797—2005　金属覆盖层　镍＋铬和铜＋镍＋铬电镀层(ISO 1456:2003,IDT)

GB/T 9799—2011　金属及其他无机覆盖层　钢铁上经过处理的锌电镀层(ISO 2081:2008,IDT)

GB/T 12599—2002　金属覆盖层　锡电镀层　技术规范和试验方法(ISO 2093:1986,MOD)

GB/T 14536.10　家用和类似用途电自动控制器　温度敏感控制器的特殊要求(GB/T 14536.10—2008,IEC 60730-2-9:2004,IDT)

GB/T 17464　连接器件　电气铜导线　螺纹型和无螺纹型夹紧件的安全要求　适用于0.2 mm^2 以上至35 mm^2(包括)导线的夹紧件的通用要求和特殊要求(GB/T 17464—2012,IEC 60999-1:1999,IDT)

3　术语和定义

下列术语和定义适用于本文件。

注：除另有规定者外,凡用"电压"和"电流"之处,均指其r.m.s值(方均根值)。

3.1

额定电压　rated voltage

制造商给电缆卷盘规定的电压。

3.2

额定电流　rated current

制造商给电缆卷盘规定的电流。

3.3

电缆卷盘　cable reel

结构上和用途上能使一根不可拆卸或一根可拆卸的软电缆卷绕在卷盘上的装置。

注：与电缆卷盘一起供货的插头和插座视为电缆卷盘的部件。

3.3.1

移动式电缆卷盘　portable cable reel

可易于由一个位置移动到另一位置的电缆卷盘。

3.3.2

固定式电缆卷盘　fixed cable reel

拟安装在固定支架上的电缆卷盘。

3.4

软电缆　flexible cable

结构和材料上适合弯曲的电缆。

3.4.1

不可拆卸的软电缆　non-detachable flexible cable

固定在或连线到电缆卷盘上的软电缆。

3.4.2

可拆卸的软电缆　detachable flexible cable

没有连线到电缆卷盘上的软电缆。

3.5

可拆线的电缆卷盘　rewirable cable reel

结构上可以用一般工具来更换软电缆的电缆卷盘。

3.6

不可拆线的电缆卷盘　non-rewirable cable reel

结构上与软电缆成一完整单元,而且插头和插座是由电缆卷盘的制造商固定安装,一经拆散,电缆卷盘便不能继续使用的电缆卷盘。

注：参见12.5。

3.7

易触及部件　accessible part

能用标准试验指触及的部件。

3.8

可拆卸部件　detachable part

不用一般工具即可拆卸的部件。

3.9

爬电距离　creepage distance

两个导电部件之间的沿绝缘材料表面测量得的最短距离。

3.10

电气间隙　clearance

两个导电部件之间的最短直线距离。

[GB/T 2900.18—2008,定义 6.1.1]

3.11

热切断器　thermal cut-out

用于在非正常操作条件下起自动关断作用的不能由使用者调整的温度敏感型控制器件。

3.12

电流切断器　current cut-out

用于在非正常操作条件下起自动关断作用的不能由使用者调整的电流敏感型控制器件。

3.13

自由脱扣机构　trip-free mechanism

机构的设计使其在断开时不会受到复位机构的阻碍或抑制,在持续的超温或过电流情况下,触头能够断开,不会保留在闭合状态。

3.14

非自动复位的热切断器或电流切断器　non-self setting thermal or current cut-out

只有进行手动操作,直接作用于装在电缆卷盘里的专用复位器件,才能复位的热切断器或电流切断器。

3.15

基本绝缘　basic insulation

加到带电部件上提供防触电基本保护的绝缘。

3.16

附加绝缘　supplementary insulation

在基本绝缘的基础上增加的用于在基本绝缘万一失效时提供防触电保护的独立的绝缘。

3.17

双重绝缘　double insulation

由基本绝缘与附加绝缘组成的用于在基本绝缘万一失效时提供防触电保护的绝缘。

3.18

加强绝缘　reinforced insulation

加在带电部件上的能提供与双重绝缘的等级一样的防触电保护的一种单独绝缘系统。

3.19

夹紧件　clamping unit

端子中导线的机械夹紧和电气连接所必需的部件,包括确保正确的接触压力所需的零件。

确保端子中导线的接触压力及其机械夹紧和电气连接牢固可靠所必需的零部件。

3.20

端子　terminal

由一个或多个夹紧件，必要时，还由绝缘所组成的一个极的导电部件。

3.21

连接器件　connecting device

用于进行一根或多根导线的电气连接的由固定到底座的或成为设备的一个整体部分的一个或多个端子所组成的器件。

3.22

端头　termination

用作电源导线连接的、不可重复使用的、有绝缘的或无绝缘的连接器件。

3.23

薄弱点　weak points

特意的不可重置的薄弱部件，在过载或非正常条件下它打算去切断电流，以阻止那些可能有损害符合本标准要求的情况出现，若不使电缆卷盘永久地无用，便不能将它们拆下。

注：这个部件可以是一个元件或者是元件的一部分，例如，安装在电缆卷盘里的一个电阻或一个电容或一个热熔断体。

3.24

延长线插座(电线加长组件)　cord extension set

一根带有一个插头和一个一位或多位移动式插座的软缆组成的组件。

注：术语"插头"包括插头和带熔断器的插头。术语"插座"也包括装有元件的插座，如开关和熔断器等。

[GB/T 2099.7—2015，定义 3.12]

4　一般要求

电缆卷盘在设计上和结构上应能做到在正常使用时性能可靠，对使用者和周围环境不会造成危害。

是否合格，应通过全部有关的要求和规定的试验来检查。

5　关于试验的一般说明

5.1　按本标准进行的试验为型式试验。

按 6.3 中 b)分类的电缆卷盘要与其标志的可拆卸软电缆一起试验(见 7.3.2)。

5.2　试验应在 3 个交货状态的试样上进行，另有规定者除外。

对 20.1 的测试，可能需要额外的样品来确定薄弱点不动作时的最高的电流。

电缆卷盘的元件应按有关标准中的适用要求来进行试验，另有规定者除外。

5.3　试验应按条款的顺序，在 15 ℃～35 ℃之间的环境温度下进行，另有规定者除外。如有怀疑时，试验应在(20±5)℃的环境温度下进行。

5.4　要送交 3 个试样来进行所有的试验，而且所有试验均合格才算符合要求，另有说明者除外。

如果只有一个试样由于装配或制造上的缺陷，在一项试验中不合格，而这一缺陷并不代表设计上的特性，则应在另一组 3 个试样上重复试验，并按要求的顺序进行随后的试验。这组试样应全部符合要求。

6　分类

电缆卷盘按如下分类：

6.1 按使用方法分类：

——移动式；

——固定式。

6.2 按软电缆的卷盘方法分类：

——手动操作；

——自动，即弹簧操作或电动机操作。

6.3 按软电缆连接方法分类：

a) 带不可拆卸的软电缆的电缆卷盘；

1) 可拆线；

2) 不可拆线；

b) 带可拆卸的软电缆的电缆卷盘。

6.4 按防触电保护等级分类：

—— 一般保护(例如：能符合8.1.1的要求)；

—— 加强保护(例如：能符合8.1.2的要求)。

6.5 按GB/T 4208中描述的防有害进水的防护等级分类：

——IPX0：没有防进水的电器附件；

——IPX4：防溅水的电器附件；

——IPX5：防喷水的电器附件。

注：关于IP代码的说明，见GB/T 4208。

6.6 按防过高温度的保护分类：

——内装有热切断器和/或电流切断器的；

——内装有薄弱点的。

7 标志

7.1 电缆卷盘应有如下的标志：

——额定电压(V)；

——电源性质的符号；

——制造商或代理销售商的名称、商标或识别标志；

——型号，型号可以是目录号；

——防进水的防护等级，如果高于IP20时；

——可以连接到插座的最大负载，以功率(W)及电压(V)两者同时示出，如能完全盘卷或能完全退卷者。

示例："1 500 W 230 V 软电缆完全盘卷；3 000 W 230 V 软电缆完全退卷。"

本标准的电缆卷盘，除了要有最大允许负载的标志之外，还应标出如下的标志：

"当心！超过最大允许负载，可能引起火灾危险！"

装有热切断器或电流切断器的电缆卷盘应标明切断器的复位方法，装有薄弱点装置的电缆卷盘要明示安全说明。

7.2 使用符号时，应使用如下符号：

安培……………………………………………………………A

伏特……………………………………………………………V

瓦特……………………………………………………………W

交流电…………………………………………………………～

中线……………………………………………………………N

保护接地……………………………………………………

完全盘卷的电缆卷盘……………………………

完全退卷的电缆卷盘……………………………

相关的防护等级……………………………………………IPXX

注 1：工具结构所形成的线条不视为标志。

注 2：a.c.和“接地”符号的结构见 GB/T 5465.2。

注 3：第一个字母“X”要改为相应数字；在本标准中，最小的数字为“2”。

7.3　根据 6.3 中 a)的 1)项和 6.3 中 b)分类的电缆卷盘应标出如下标志：

7.3.1　根据 6.3 中 a)的 1)项分类的电缆卷盘：

——中性线专用端子应以字母 N 示出；

——接地端子应以保护接地的符号示出(GB/T 5465.2—2008 的 5019)；

——标明导线的标称截面积、类型及长度等标志应位于清晰可见之处。

这些标志应放置在更换软电缆时易于可见之处，但不得位于螺钉、可拆卸的垫圈或在其他当进行导线连接时会被拆卸的零件上。

7.3.2　根据 6.3 中 b)分类的电缆卷盘：

——表明延长线插座(电线加长组件)的特征(软电缆的标称截面积、型号、长度和产品的额定电流，插头和插座的型号)的标志应位于清晰可见之处。

这些标志应放置在电缆卷盘正常使用时易于可见之处，但不得位于螺钉，可拆卸的垫圈或在其他容易被拆卸的零件上。

注：这些标志可包括多个型号的延长线插座(电线加长组件)。

7.4　7.1 所要求的标志应在电缆卷盘正常使用过程中清晰可见；如果 7.2 中有规定的符号，还应以这些符号示出，否则，应以中文表述。

此外，防进水防护等级及最大负载等的符号的位置应能保证是清晰可见的，要做到清晰可见，可以采用如下的办法：放大的字母、对比色、底部划线、排在不同的行列等。

对安装薄弱点的电缆卷盘，制造商应告知使用者，若超过最大负荷，电缆卷盘的继续使用将可能受到影响。

此信息必须注明在产品上和包装(如有)上。此信息必须注明在产品上，若有包装也必须同时注明在包装上。

7.5　如果采用标志牌或标签的办法，标志牌及标签应牢靠地固定。在本标准的所有试验完后，标志仍应清晰易辨；标签不得在拐角及边缘处卷翘或松脱。

是否符合 7.1～7.5 的要求，通过观察及进行 7.6 的试验检查。

7.6　标志应经久耐用，并应在无附加放大的正常或矫正视力清晰可见的。

通过观察和进行如下试验检查是否符合要求：

手持浸透水的布片擦拭标志 15 s，然后，再以浸透汽油的布片擦拭标志 15 s。

注 1：用压印、铸、压、刻等办法制成的标志不进行此项试验。

注 2：建议试验使用的汽油为溶剂正己烷，其芳族含量体积比最大为 0.1%，贝壳松脂丁醇值为 29，初沸点约为 65 ℃、干点约为 69 ℃，比重约为 0.68 g/cm³。

8 防触电保护

8.1 电缆卷盘在设计上应能做到：当电缆卷盘在正常使用时以及在那些不用工具便可拆下的零部件被拆下之后，其带电部件是不易触及的。

是否合格，通过观察，必要时还要进行 8.1.1 的试验检查。对有加强防触电保护的电缆卷盘，还应进行 8.1.2 的试验。

这些试验应在电缆卷盘处于(20±5)℃的环境温度下，加载相应于在完全盘卷时的最大负载值的电流 1 h 之后立即进行。

8.1.1 用(10±1)N 的力将图 1 所示的标准试验指施加到每一个可能的位置，用电压不低于 40 V 但不高于 50 V 的电指示器显示与有关部件接触的情况。

对由于使用弹性材料或热塑性材料可能导致不符合要求的电缆卷盘，试验应在(40±2)℃的环境温度下重复进行此试验，电缆卷盘亦要处于这一温度。

进行此附加试验时，电缆卷盘中的弹性材料或热塑性材料中部件应经受 75 N 的力 1 min，此力是通过与标准试验指相同尺寸的直而无铰接的试验指的端部来施加的。将装有上述规定的电指示器的试验指压向绝缘材料变形便会危害电缆卷盘的安全的所有部位。

在此试验期间，电缆卷盘不得变形到用以确保安全的尺寸过度地改变，任何带电部件亦不得变为易触及部件。

8.1.2 试验要用图 2 规定的探针以 $1^{+0.1}_{0}$ N 的力来进行。探针的端部应无毛刺并与其长度方向成 90°角。

如果探针不能进入壳体，或虽能进入，但不能触壳体里的带电部件，防触电保护便判定合格。

试验探针装有一个电压不低于 40 V 但不高于 50 V 的电指示器，能显示出与有关零部件的接触情况。

8.2 提供防触电保护的部件应有足够的机械强度，并应以螺钉或其他可靠的办法牢牢固定，以防止在正常使用时松脱。

是否合格，通过观察并进行第 21 章和第 23 章的试验检查。

9 接地措施

9.1 对易触及金属部件与带电部件之间仅以基本绝缘隔开的可拆线电缆卷盘：

——接地端子应符合第 10 章的要求；

——接地端子应位于载流导线的端子的附近；

——接地端子与易触及金属部件之间的内部连接应独立于软电缆的连接，以防在更换软电缆时内部连接松脱；

——插座应为能防止 0 类设备所用的插头插入的插座。

注：仅在国家布线规程允许的情况下才准使用 0 类设备用的插头。

9.2 接地端子的所有零部件不会由于接触接地导线的铜或接触其他任何金属而引起腐蚀。接地端子的本体应以黄铜或耐腐蚀性能不低于铜的其他金属制成，但本体为金属框架或外壳的一部分者除外，而螺钉或螺母则应以黄铜或符合第 26 章的要求的电镀钢或耐腐蚀性能相等的其他金属制成。

9.3 如果接地端子的本体是铝或铝合金框架或外壳的一部分，则应小心避免因铜与铝或铝合金接触而引起腐蚀。

用经受得住第 26 章的试验的电镀钢制成的螺钉和螺母视为耐腐蚀性能不低于铜的金属制品。

9.4 易触及的金属部件中，凡绝缘失效时会变成带电者，均应永久牢固地连接到接地端子。

在本项要求中，用以固定底座或盖的小螺钉之类不视作绝缘失效时会变成带电部件。

9.5 在正常使用时可能出现的所有情况下，包括盖子固定螺钉的松脱，盖或其他类似零件的轻率安装等，均应保证符合接地连接的要求。

是否符合 9.1～9.5 的要求，通过观察检查。

9.6 用以连接外部软导线的接地端子应有充裕的空间，使接地导线有一定的裕度，万一应力缓冲措施失效时，接地导线接头只有在载流导线接头受力之后才受力，而且，在应力过度的情况下，接地导线在载流导线断裂之后才断裂。

是否合格，通过如下试验检查：

将软电缆接到电缆卷盘时，要将载流导线沿着最短的路径用应力缓冲措施引导到相应的端子。

在正确连接的载流导线之后，将接地导线的线芯引导到接地端子，然后，在比其正确连接所需的长度长 8 mm 之处剪断。

然后，将接地导线连接到接地端子。当将电缆卷盘的盖重新正确安装并固定好之后，接线空间必须能接纳由接地导线的过长部分形成的线环。

9.7 电缆卷盘里的内部接地电路，包括任何接头等，均应是低电阻的。

是否合格，在第 21 章规定的试验之后，进行如下测量检查：

在接地电路通以来自空载电压不大于 12 V 的交流电源的 1.5 倍软电缆额定电流或 25 A 电流，二者中，取较大者。

测出电压降，并根据电流与这一电压降算出电阻。

电阻不得大于 0.05 Ω。

9.8 易触及部件与带电部件仅靠基本绝缘来隔开的电缆卷盘，进入的软电缆所用的接地端子与电缆卷盘的易触及的金属部件之间的连接应是低电阻的。

是否合格，在第 21 章规定的试验之后，进行如下测量检查：

接地电路通以来自空载电压不大于 12 V 的交流电源的 1.5 倍软电缆额定电流或 25 A 电流，二者中取较大者。测出电压降，并根据电流与这一电压降算出电阻。

电阻不得大于 0.1 Ω。

9.9 电缆卷盘的内部活动接地触头，例如滑环，应符合如下的要求。

9.9.1 引入的软电缆的接地导线所用的端子与输出的软电缆的接地端子或插座的接地端子之间的活动接地触头应是双重的。

其中之一个动触头应为一个滑环或等效的触头，而另一个则可以是滚珠轴承、滑动轴承或类似的轴承，但这个动触头必须是金属制品。

9.9.2 引入的软电缆的接地导线所用端子与电缆卷盘的易触及金属部件之间的活动接地触头应是双重的，如果是金属制品，每个都可以是滚珠轴承、滑动轴承或类似的轴承。

10 端子或端头

10.1 不可拆线的电缆卷盘应装有由锡焊的、熔焊的、压接的或等效的不可重复使用的接头所组成的端头。

不允许压接预先锡焊的软导线，但焊接处于夹紧区外侧者除外。

是否合格，通过观察检查。

10.2　可拆线的电缆卷盘应装有可连接外部铜导线用的螺纹型端子。

端子中用以夹紧导线的零件不得用来固定其他零部件，但可用于将端子保持在正常位置或防止端子转动。

内部连接应与外部软电缆的连接分开。

注：更换外部软电缆时，内部布线的导线能在端子里保持其正确位置，则该内部连接视作“不受外部软电缆连接的影响”。

是否合格，通过观察检查。

10.3　连接外部铜导线用的螺纹夹紧型端子

10.3.1　电缆卷盘应装有能正确连接表1所示标称截面积的铜导线的端子。

表1　导线的标称截面积

额定电流 A	硬(实心或绞合)铜导线		软铜导线	
	标称截面积 mm^2	最粗导线的直径 mm	标称截面积 mm^2	最粗导线的直径 mm
≤16 的移动式电缆卷盘	—	—	1～1.5	1.8
≤10 的固定式电缆卷盘	1～2.5	2.2	1～1.5	1.8
>10～16 的固定式电缆卷盘	1.5～2×2.5	2.2	1～1.5	1.8

是否合格，通过观察和进行如下操作检查：将最粗导线的绝缘去掉，并将硬的绞合导线的端部和软导线的端部，重新整形，然后插入导线。

应不用过度用力即可将已剥掉绝缘的导线端部完全插进夹紧件的开口里。

10.3.2　螺纹型端子应能连接未经特别处理的导线。

是否合格，通过观察检查。

注：“特别处理”一词，包括导线线丝的锡焊、电缆焊片的使用、孔眼的制作等，但不包括将导线插入端子之前的整形和为使线端强硬而对软导线的绞扭。

10.3.3　螺纹型端子应有足够的机械强度。用以夹紧导线的螺钉和螺母应为国家标准普通螺纹(相当于米制 ISO 螺纹)。

是否合格，通过观察检查。

10.3.4　螺纹型端子应能耐腐蚀。本体由23.5规定的金属制成的端子视为能符合本标准的要求。

由黑色金属制成的端子应进行第26章的试验。

注：其他材料制成的端子的试验在考虑中。

10.3.5　螺纹型端子应固定得：当拧紧或拧松夹紧件时，端子不会松脱，内部导线不会受到应力，爬电距离及电气间隙不会降至低于第24章的规定值。

是否合格，在23.1的试验之后观察检查。

注1：防止端子松脱的办法可以是：用两颗螺钉来固定，用一颗螺钉固定于凹槽里使端子不会明显位移，或其他的合适的办法。

注2：仅用密封胶来覆盖而无其他锁定措施是不够的，然而可以用自固树脂来锁定正常使用时不会受到机械应力影响的端子。

10.3.6　螺纹型端子应能夹紧导线而不过度损伤导线。

是否合格，进行如下试验检查：

将夹紧件接上表1规定的相应根数的导线，先接上标称截面积最小的，再接上标称截面积最大的导线。

夹紧螺钉或螺母要用表 2 规定的力矩拧紧。

表 2　用以检验螺钉和螺母的力矩

螺纹的标称直径 mm	力矩 Nm	
	Ⅰ	Ⅱ
≤2.8	0.2	0.4
>2.8～3.0	0.25	0.5
>3.0～3.2	0.3	0.6
>3.2～3.6	0.4	0.8
>3.6～4.1	0.7	1.2
>4.1～4.7	0.8	1.8
>4.7～5.3	0.8	2.0

第Ⅰ栏适用于旋紧后不会冒出螺孔的无头螺钉，以及不能用刀口宽于螺钉直径的螺钉旋具来旋紧的其他螺钉。

第Ⅱ栏适用于用螺钉旋具来旋紧的螺钉和不用螺钉旋具来旋紧的螺钉和螺母。

每根导线均要进行如下的试验，见图 3 所示。

将一根导线的端部插进平板中的相应套管里，平板定位于试验设备下面的距离(H)处。套管孔直径和 H 值由表 3 给出。套管应位于水平面内，使其中心线能作一个直径为 75 mm 的圆，并与处于水平面里的夹紧件的中心同心。然后，使平板以(10±2)r/min 的速率旋转。

夹紧件的口与套管上表面之间的距离应在表 3 的 H 值±15 mm 之间。为防止绝缘导线缠绕、绞拧或旋转，套管可加润滑油。

将表 3 规定的重物挂在导线的端部。试验应持续约 15 min。

试验期间，导线不能脱出夹紧件或在夹紧件处断开。导线不得损伤到无法再用。

表 3　检查导线受损程度用的套管孔直径、高度及重物质量(见图 3)

导线的标称截面积 mm^2	管套孔直径[b] mm	距离(H)[a] mm	与导线相应的重物质量 kg
1.0	6.5	260	0.4
1.5	6.5	260	0.4
2.5	9.5	280	0.7

[a] 距离 H 的偏差±15 mm。

[b] 如果套管孔直径不够大，要将导线捆绑才能插进套管孔，可以用大一个孔尺码的套管。

端子不应承受附加的扭矩和拉力。

试验期间，单芯导线或绞合导线的任何线丝应不脱出端子或在端子处断开。

10.3.7　螺纹型端子应设计得能将导线牢牢地夹紧在两个金属表面之间。

是否合格，通过观察并进行如下试验检查。

将端子接上表 1 规定的相应数目的导线，先接标称截面积最小的，再接标称截面积最大的导线。

用表 2 相应栏目里的力矩的 2/3 将夹紧螺钉拧紧。

然后，使每根导线经受表 4 规定的拉力 1 min。拉力施力方向为导线轴向，但施力时，不得用爆发力。

表 4 拉力

标称截面积 mm^2	1.0	1.5	2.5
拉力 N	35	40	50

注：进行 10.3.6 和 10.3.7 的试验时：

a) 夹紧件可以脱离电缆卷盘单独试验；

b) 制造商可另行提供夹紧件。

如果夹紧件夹紧两根或三根导线，则应依次向每根导线施加相应的拉力。

试验期间，导线不得在端子里明显地移动。

10.3.8 螺纹型端子应设计或放置得当拧紧夹紧螺钉或螺母时，硬的单芯导线或绞合导线的线丝均不会脱出。

是否合格，进行如下试验检查：

将端子接上表 1 中规定的最大标称截面积的导线。

预定要使两根或三根导线形成环路的端子要在接上允许根数的导线之后检查，将端子接上符合 GB/T 5023 和 GB/T 5013 要求的导线。

将硬单芯导线或绞合导线插入端子的夹紧装置之前，应将线丝弄直，此外可将硬绞合导线拧动，使之大致恢复原状。软导线要朝一个方向拧合，使能在约 2 cm 的长度内均匀地拧合一整圈。

将导线插进夹紧件，插到刚好从夹紧件的另一侧突出而且处于最易使线丝滑出的位置为止。

然后，以表 2 规定的力矩的 2/3 拧紧夹紧螺钉。

软导线要按前述方法但朝相反方向拧，用一根新导线重复试验。

试验之后，导线不得有任何线丝脱出夹紧件。

10.3.9 接地端子的夹紧螺钉或螺母应充分锁定，以免意外松脱：而且，应是不使用工具便无法将他们拧松的。

是否合格，进行手动试验检查。

注：GB/T 17464 所示的端子结构，即足以提供本标准要求的足够弹性。

11 软电缆及其连接

11.1 电缆卷盘应装有一根符合 GB/T 5023 和 GB/T 5013 要求的软电缆，软电缆不得轻于 60245 IEC 53(YZ) 型的普通橡胶护套软电缆或 60227 IEC 53(RVV)型的轻型 PVC 护套软电缆。

可拆卸的软电缆应为符合 GB/T 2099.7 的延长线插座(电线加长组件)，它应符合相关的国家标准并考虑到本标准第 11 章的其他规定。

按照 7.3.2 标志的电缆卷盘至少有一个延长线插座(电线加长组件)应与电缆卷盘一起交付给最终用户。

11.1.1 电缆的最小标称截面积以电缆卷盘插头或任何保护器件的最低额定值为依据，尤其是：

——10 A：不小于 1.0 mm^2；

——16 A：不小于 1.5 mm^2；

——其他电缆的值应通过插入法求出。

11.1.2 软电缆的线芯根数应与插头或插座里的极数相等；如有接地触头，则不论数目多少，均视为一极。

接到接地触头的导线应以绿/黄双色为识别标记。

11.1.3 软电缆的最大长度应如表5所示。

表5 软电缆的最大长度

软电缆的标称截面积 mm^2	1	1.5	2.5
软电缆的长度 m	40	60	100

11.1.4 凡在导线会受到接触压力之处，不得用软焊的办法来加固绞合导线的线端，但如果夹紧件设计成能消除焊料冷流造成的不良接触危险者除外。

是否符合11.1的要求，通过观察、测量及按GB/T 5023和GB/T 5013中的适用要求检查软电缆来确定。

11.2 电缆卷盘应装有电缆固定部件，使导线在端子处不受包括铰拧在内的应力，并使导线的护套受到保护而不被磨损。

电缆固定部件应为绝缘材料制品，或应装绝缘衬垫，衬垫要固定到电缆固定部件的金属部件上。如果夹紧螺钉是易触及的，或是与易触及金属部件电气连接，电缆固定部件的设计还应保证软电缆不会触及这些夹紧螺钉。

不得将压盖用作电缆固定部件。

不得使用权宜之计，例如，不得将软电缆打结，不得用绳子捆绑软电缆的端部等。

是否合格，通过观察检查。

11.3 对可拆线的电缆卷盘：

——如何解除张力和如何防止绞扭等应是明确的。

——软缆固定部件或软缆固定部件的一部分，应与电缆卷盘的一个零件成一整体或应固定到电缆卷盘的一个零件上的。

——电缆固定部件应适合于可能要连接的不同类型的软电缆，而且，如果有绝缘衬垫，衬垫应牢牢固定到金属部件上。电缆固定部件的金属部件应与接地电路绝缘。

——电缆固定部件应设计并定位得便于更换软电缆。

——如有更换软电缆时必须拧动的夹紧螺钉，不得用这些螺钉来固定任何其他元件。

是否合格，通过观察并进行11.4的试验检查。

11.4 使电缆卷盘的电缆固定部件经受拉力试验，然后再经受扭矩试验。

不可拆线的电缆卷盘要以交货状态的软电缆进行试验，使软电缆的导线应切到靠近端头之处。

将可拆线的电缆卷盘的导线插入端子，将端子螺钉拧紧到刚好足以防止导线轻易移位为止。电缆固定部件要按正常方式使用，夹紧螺钉均要以10.3.6规定值的力矩的2/3拧紧。

在重新装配好电缆卷盘之后，各组成部分应配合得恰到好处，而且，应无法将软电缆明显地推进到电缆卷盘里。

然后，使软电缆经受下列规定值的拉力100次，拉力要在紧靠着电缆固定部件之处朝最不利方向施加：

——60 N，对软电缆标称截面积1.0 mm^2的电缆卷盘；

——80 N，对软电缆标称截面积大于1.0 mm^2的电缆卷盘。

拉力每次施加1 s，施力时，不得用爆发力。

随即，使软电缆经受0.25 Nm的力矩1 min。

试验期间，软电缆不得损坏。

试验之后，软电缆的位移不得大于 2 mm，导线端部不得在端子里或在端头处明显移动。

11.5 电缆卷盘应设计得能使软电缆不会被软电缆通过的孔损坏。

是否合格，通过观察并进行如下试验检查：

使软电缆经受 60 N 的拉力 25 次，每次施加时间 1 s。拉力朝最不利方向施加，施加时，不得使用爆发力。

试验之后，软电缆不得损坏。

11.6 插头的额定电流，如有，不得小于电缆卷盘的额定电流。

是否合格，通过观察检查。

12 结构

12.1 电缆卷盘的结构上应能保证，盘卷软电缆的表面的直径至少为圆形软电缆最大直径的 8 倍或扁形软缆最大上下限尺寸平均值的 8 倍，这些电缆尺寸见 GB/T 5023 和 GB/T 5013 中的有关规定。

是否合格，通过测量检查。

12.2 电缆卷盘中，仅靠基本绝缘与带电部件隔开的易触及金属部件应可靠地连接到接地端子或接地端头(见 9.4)。

其他电缆卷盘的易触及金属部件应以双重绝缘或加强绝缘来与带电部件隔开。这种电缆卷盘可以装有用以维持保护电路的连续性的装置但这种装置必须是在电缆卷盘里的，而且，必须是用双重绝缘或加强绝缘将易触及表面隔开。

是否合格，通过观察并进行第 17 章和第 24 章中规定的试验检查。

12.3 可拆线的电缆卷盘在结构上应能允许：

——易于把导线接进端子里；

——使导线正确定位，导线绝缘不会接触与导线极性相反的裸露金属部件；

——盘卷软电缆的表面光滑平整，无锐边毛刺，不会损伤软电缆绝缘；

——连接固定布线的电缆时，内部布线的牢固程度保持不变；

——给接线端子留有足够的空间，使软电缆易于插入并连接，不会损坏软电缆绝缘。

是否合格，通过观察，并将与电缆卷盘一起供货的软电缆断接和重接检查。

12.4 金属里的软电缆入口孔应装有绝缘套管。

12.5 不可拆线的电缆卷盘应能做到：

——若不使电缆卷盘永久地的无用，便不能将软电缆从电缆卷盘拆下；

——不能用手或用一般用途的工具，例如螺钉旋具，来打开电缆卷盘。

注：凡不能用原来的零件或材料重新装配电缆卷盘者，该电缆卷盘便视作永久无用。

12.6 应有效地防止运动部件接触和损伤软电缆。

12.7 应以可靠的方式将裸露的带电导线固定，使它们之间及它们与易触及金属部件之间的距离保持不变，更不会缩短到小于第 24 章的规定值。

是否合格，在第 21 章的试验之后检查。

12.8 电缆卷盘在结构上应能做到：不会因内部布线、螺钉之类松脱而使带电部件与易触及金属部件接触。

12.9 绝缘衬垫、挡板之类应有足够的机械强度并应以可靠的方式固定。

12.10 电缆卷盘在结构上应能做到：盖子上除了插座有插头插销的插孔之外，再无任何能让带电部件进入的敞开的孔。

12.11 热切断器、电流切断器和薄弱点的特性如下：

热切断器和电流切断器如下：

——应是自动脱扣的；

——应是非自动复位的；

——结构上应是不用打开端子盖便可以复位；

——结构上，应能做到温度或者电流的设定值无法被使用者改变；

——应能断开：

- 两极电缆盘里的至少一个极，即带极性的电缆盘里的相极；
- 其他电缆卷盘里的除中性极外的所有极。

只有在使用者不能将熔断器换成更大额定值的熔断器时，才允许装熔断器，如有保护性导线，不得带电中断。

薄弱点如下：

——应是非自动复位的；

——结构上应不能被替换；

——结构上应能做到温度或者电流的设定值无法被使用者改变；

——应能断开：

- 两极电缆盘里的至少一个极，即带极性的电缆盘里的相极；
- 其他电缆卷盘里的除中性极外的所有极。

12.12　即使在低温下，切断器不得自动复位。

是否合格，进行如下试验检查：

将切断器置于(－10±2)℃ 的低温下约 8 h，然后，使切断器动作并检查其是否会自动复位。

12.13　如果装有开关，开关应能将所有极断开，但开关装在使用极性的即不必关断中性线的插头插座的电缆卷盘者除外。

如果有保护导线，保护导线不得带电中断。

12.14　入口套管应可靠地固定，而且加工成能防止受到其安装材料的损坏。入口套管不得用天然的弹性材料，例如橡胶等来制造。

12.15　凡带有内装式剩余电流动作断路器的电缆卷盘，在结构上应能做到，靠近剩余电流动作断路器电源侧的电缆长度应不大于 2 m(见图 6)。

是否符合 12.4～12.15 的要求，通过观察和进行手动试验检查。对分条款 12.14 的要求，还要进行第 14 章的试验检查。

12.16　装在电缆卷盘里的剩余电流动作断路器，其额定剩余动作电流不得大于 30 mA。

是否合格，通过观察检查。

12.17　移动式电缆卷盘应装有一个插头和至少一个插座。

固定式电缆卷盘应至少装有一个插座。

是否合格，通过观察检查。

12.18　防止过热的保护器(见 6.6)应能在电缆卷盘未卷绕、部分卷绕或全部卷绕的任何预期和可预见的状态下工作。

电缆卷盘应具备防止过热保护(见 6.6)。

可拆卸的软电缆从电缆卷盘上分离，并单独当作延长线插座(电线加长组件)使用时，就不需要防过热保护。

是否合格，通过观察检查并第 19 章和第 20 章中规定的试验来检查。

13 元件

13.1 装在电缆卷盘里的或与电缆卷盘成一整体的元件，如软电缆、插头和插座、电流切断器、热切断器、薄弱点、安全变压器、电动机、开关、熔断器、剩余电流动作断路器、灯座和连接器件等，均应符合相关标准的合理要求。

插头和插座应符合电缆卷盘使用的国家标准系统。

元件应适合于电缆卷盘所处的条件下使用，对于热切断器和/或电流切断器和薄弱点，13.2 也同样适用。

对于符合 GB/T 14536.10 的元件，动作类型必须是 1.D，2.D，1.E 或 2.E。

对于符合 GB/T 14536.10 的元件，需要的最小动作次数是 300 次。

是否合格，通过观察检查。

13.2 热切断器和/或电流切断器或薄弱点从内部小环境达到环境温度下应能正常工作。

带有 T 标志热切断器和/或电流切断器或薄弱点应等于或者高于内部小环境的温升＋25 ℃。

内部小环境的温升是第 19 章试验期间所做的内部空气的测量的三个不同点的平均值。

对于热切断器，如果 T 标志等于或高于设定值，上述要求被视为满足。

是否合格，通过元件和相关的数据表并进行第 19 章测试的温度来检查。

14 耐老化

电缆卷盘在结构上和材料上均应具有良好的耐老化性能。

是否合格，进行如下的加速老化试验，然后，再进行第 15 章和第 17 章规定的试验检查。

给电缆卷盘装上设计要装的软电缆，如有压盖，应以第 21 章规定的力矩的 2/3 拧紧。将完全盘卷好的电缆卷盘放进具有环境空气成分和压力并自然通风的加热箱里，使电缆卷盘置于正常使用位置。加热箱温度及老化试验持续时间为：

(70±2)℃ 7 d(168 h)

试验结束后，使电缆卷盘冷却到室温，然后，检查电缆卷盘。检查前，不拆卸电缆卷盘，亦不拧松或拧紧任何螺钉连接。

试样不应有在无附加放大的正常或矫正视力可见的裂痕，其材料不应发粘变腻，判断方法如下：

用干粗布包着食指，以 5 N 的力压在试样上。

试样上不应留有布痕，试样的材料不应粘住布片。

试验之后，试样不得有不符合本标准要求的损坏。

而且，密封胶不得外流。

注：5 N 的力可用如下方法来获得：将试样放在天平的一个托盘上，另一个托盘放上等于试样重量加上 500 g 的砝码。然后，用干粗布包着的食指按着试样，使天平恢复平衡状态。

15 防有害进水

电缆卷盘的外壳应提供与其分类相应的防有害进水等级的防护。

是否合格，按其防护等级，通过 GB/T 4208 的相关测试来检查，测试时电缆卷盘处于完全退卷的条件下：

——与安装在最不利位置的移动式电缆卷盘；

——与按制造商的说明安装的固定式电缆卷盘。

插座要在无插头插合的情况下进行试验，如果有盖子，则需关闭盖子来试验。

试验结束后，电缆卷盘应立即进行分条款 17.2 规定的电气强度试验，而且，观察应表明：水没有明显地进入试样，更没有浸到带电部件。

16 防潮

电缆卷盘应能耐受得住正常使用时可能出现的潮湿。

是否合格，进行如下潮湿处理检查：

如果有敲落孔，将其中一个打开。

潮湿处理在潮湿箱里进行，箱内空气的相对湿度应维持在 91%～95%之间，放置试样之处的空气温度应维持在(40±2)℃。[1)]

将试样放进潮湿室之前，要使试样温度达到这个温度。

将试样放在潮湿室里：

——2 d(48 h)，对不具有防有害进水的电缆卷盘；

——7 d(168 h)，对具有高于或等于 IPX4 等级的电缆卷盘。

注 1：在大多数情况下，在潮湿处理之前，将试样保持在这个温度下至少 4 h，即可使试样达到规定的温度。

注 2：要获得 91%～95%之间的相对湿度，可在潮湿箱里放置硫酸钠(Na_2SO_4)或硝酸钾(KNO_4)的饱和水溶液，并使溶液与空气有足够大的接触面。

注 3：要达到潮湿箱的规定条件，必须保证箱内空气不断循环，而且一般应使用隔热箱体。

本项处理结束后，电缆卷盘应立即进行 17.1 和 17.2 规定的绝缘电阻和电气强度试验。试样不得出现不符合本标准要求的损坏。

17 绝缘电阻和电气强度

电缆卷盘应有足够的绝缘电阻和电气强度。

是否合格，进行 17.1 和 17.2 规定的试验检查，这些试验是紧接着第 16 章的试验之后，并将可能已拆掉了的部件重新装好之后，在潮湿箱或者在使试样达到规定的温度的房间里进行。进行试验前，将电缆卷盘退卷。

17.1 施加约 500 V 的直流电压，电压施加 1 min 后，测出绝缘电阻。

绝缘电阻不得小于 5 MΩ，并应依次在如下部位测量：

a) 在所有连接在一起的极与本体之间；
b) 依次在每一极与所有其他极之间，这些极要连接到本体；
c) 在任何金属外壳与其绝缘衬垫的内表面相接触的金属箔之间；
   本试验只有在必须有绝缘衬垫才能提供绝缘的情况下才进行；
d) 在电缆固定部件的任何易触及金属部件，包括夹紧螺钉与移动式电缆卷盘中的接地端子或接地触头之间；
e) 在移动式电缆卷盘的软电缆固定部件的任何易触及金属部件与插入到正常位置的与软缆的最大直径相同的金属杆之间。

“本体”一词，包括所有的易触及金属部件手柄、旋钮、抓手等，如果他们的轴在绝缘失效时会变成带电体的话，则包括这些轴，还包括与绝缘材料的所有易触及表面接触的金属箔，但不包括不易触及的金属部件。

不可拆线的电缆卷盘上不进行 c)，d)和 e)项测量。

1) 根据 GB/T 2423.3 和我国的具体环境条件，本标准规定防潮试验温度为 40 ℃±2 ℃，IEC 61242:1995 此处规定为 20 ℃～30 ℃之间的任何方便的值 t±1 ℃。

在用金属箔包裹绝缘材料部件的外表面或将金属箔放置得与绝缘部件的内表面相接触的同时，要以适当的力，用图1所示尺寸的但直而无铰接的标准试验指将金属箔压着孔或槽。

17.2 电缆卷盘的绝缘要经受基本正弦波形的频率为50 Hz或60 Hz的电压1 min。试验开始时，施加的电压不大于规定值的一半，然后，迅速升至规定值。电压的施加点为分条款17.1所规定的点。

试验电压应为：

——1 250 V，对额定电压≤130 V的电缆卷盘；

——2 000 V，对额定电压>130 V的电缆卷盘。

如果是无接地的易触及金属部件，这些部件与带电部件之间的电压应为4 000 V。

试验期间，不得出现闪络或击穿现象。

注1： 4 000 V的值的修改正在考虑中。

注2： 不会引起电压降的辉光忽略不计。

注3： 试验用的高压变压器应设计成当输出电压调到相应的试验电压工作发生输出端子短路时，输出电流至少为200 mA。当输出电流少于100 mA时，过电流继电器不得跳闸。

注4： 所施加的试验电压的均方根值应测量到±3%的范围内。

18 正常操作

18.1 电缆卷盘应能经受得住正常使用时出现的机械应力、电应力和热应力而不会出现过度磨损或其他有害影响。

是否合格，进行18.2～18.4的试验检查。

18.2 电缆卷盘中，凡内装有预定要连接固定的和活动的部件(例如：滑环等)的触头者，每根相线、中线和接地线，如有，均应以电流加载，此电流来自空载电压不超过12 V的a.c.电源，电流值应为条款11.1的最小标称截面积对应的值。

电压降在靠近接触机构处测量。

本项测量在电缆卷盘加了额定负载并达到热稳定状态之后立即进行。

无论如何，电阻不得大于0.05 Ω。

本试验在电缆卷盘已经进行了18.3的正常操作试验及18.4的电气强度试验之后重新进行。

电阻的增加不能超过下列最大值的50%以上，对相线和中性线的电阻最大为0.075 Ω，接地导线的电阻最大为0.05 Ω。

注： 待获得更多经验之后，可能要修改本项试验。

18.3 按正常使用要求，以0.5 m/s的最大速率朝正常使用时最可能出现的方向将软电缆从电缆卷盘退卷后，再盘卷进电缆卷盘里。

试验按下列规定进行。

对于不装活动触头(滑环之类)的手动电缆卷盘：

——将软电缆的总长度完全退卷；

——操作周期数为100。

对于装了活动触头的手动电缆卷盘：

——将软电缆退卷，使盘卷里的旋转部件旋转大约两圈，并使至少有两圈电缆留在卷盘上。

——重新盘卷时，按电缆导线的总标称截面积以10 N/mm^2 的比率施力，使软缆保持拉紧状态。

——操作周期数为10 000。

对于自动电缆卷盘：

——将软电缆退卷，电缆卷盘的旋转部件旋转大约两圈，并使至少还有两圈电缆留在卷盘上。

——在重卷过程中施加该电缆卷盘盘卷电缆时所用的力，使电缆保持张紧状态。

——操作周期为10 000。

——内装自动回卷机构的电缆卷盘的电缆应完全退卷再用内装的自动回卷机构使电缆不受阻碍地回卷100次。

上述试验之后，电缆卷盘不得出现会影响安全及继续使用的损坏。

尤其是，电缆卷盘不得出现：

——电气连接松脱；

——机械部件或连接松脱；

——软电缆护套或绝缘损坏。

18.4 在18.3的试验之后，使电缆卷盘立即经受电气强度试验，试验条件如17.2所述，但试验电压降低500 V。试验前，不进行潮湿预处理。

试验期间，不得出现闪络或击穿。

此外，电气连接或电线不得断裂。

19 正常使用时的温升

19.1 电缆卷盘在正常使用时温升不应超过规定值，以免对人员或周围环境构成危险。

19.2 是否合格，通过测定各部件在下列条件下的温升来检查：

将移动式电缆卷盘按正常使用位置放置于测试角里，尽量靠近各侧壁。测试角由一块底板和两块壁组成，这三者互成直角，且均由标称厚度为20 mm的涂了无光黑漆的胶合板制成。

将固定式电缆卷盘安装在测试角的壁上或顶板上，尽量靠近壁或顶板之处。测试角由互成直角的一块顶板和两块壁所组成，三者均由厚度为20 mm的涂了无光黑漆的胶合板制成。

温升用细丝热电偶来测量，热电偶要挑选和定位好，使之对受试部件的温度影响最小。

将用以测定侧壁、顶板和底板等的表面温升的热电偶埋入这些表面或固定到紫铜或黄铜制成的黑色的盘背面，圆盘直径15 mm，厚1 mm，并要与这些表面齐平。

将电缆卷盘尽量放置好，使很可能达到最高温度的部件与圆盘接触。

确定手柄、旋钮、抓手等的温升时，要考虑正常使用时被握持的绝缘材料所有零部件和与热的金属接触的零部件。

电气绝缘的温升要在如下位置测量：如果绝缘失效会造成短路之处，会造成带电部件与易触及金属部件接触之处，会使将爬电距离和电气间隙降至低于第24章的规定值之处。

试验要在电缆卷盘完全盘卷和完全退卷这两种状态下进行。电缆卷盘应以标志中分别为这两种状态而规定的额定功率来加载，而且，要运行到稳定状态确立为止。

试验电流要相应于 $\cos\varphi = 1_{-0.05}^{\ 0}$。

试验期间，热切断器和/或电流切断器、薄弱点均不得动作。

试验后，电缆卷盘不得出现不符合本标准要求的变形或损坏。

试验期间要确定进行13.2和22.3试验所需的温升。

注：经验表明，软电缆绝缘的最热点很可能出现于仔细卷盘电缆卷盘时第2层和第3层之间的中心区域。

试验在(20±2)℃的环境温度下进行。

20 过载条件下的温升

电缆卷盘在结构上应能做到不会因非正常电负载而引起火灾或触电的危险。

是否合格，通过20.1和20.2的试验来检查。

这些测试应在(20±2)℃的环境温度下进行。

20.1 电缆卷盘要在第19章规定的条件下完全盘卷的和退卷的状态下进行试验，而且要以热切断器或电流切断器或者薄弱点不会动作的最大电流，直至确定为稳定状态或 4 h，二者中取时间最短者。

在不可能检查保护方式切断动作点时，以 0.5 A 的间隔值增加测试电流，每次增加测试电流后要等待达到热稳定状态，增加测试电流直到热切断器动作或温升超过规定的值，二者中取先发生的。

注：当温度变化不大于 1 K/h 时，便达到了稳定状态。

电缆卷盘零部件的温升由表 6 示出，零件温升应不超过表中有关值加上 25 K。

表 6　最大温升

部　件	温　升 K
内外布线及软电缆的橡胶绝缘	35
内部布线及软电缆的 PVC 绝缘	45
用作附加绝缘的软线护套	35
内外布线和软电缆的其他绝缘材料	55 或者相应标准规定的值，二者中取值小者
内部布线和软线的硅胶绝缘	145
用作衬垫或其他部件的橡胶，凡若损坏，会影响安全者	
——用作附加绝缘或加强绝缘	40
——其他场合	50
用作除电线绝缘之外的绝缘的材料	
——由如下列材料制成的模制件	
● 含纤维填料的酚醛	85
● 含矿物填料的酚醛	100
● 三聚氰胺甲醛	75
● 脲醛	65
——玻璃纤维增强聚酯	110
——硅酮橡胶	145
——聚四氟乙烯	265
——用作附加绝缘或加强绝缘的纯云母和紧密烧结的陶瓷材料	400
——热塑性材料	[a]
测试角支架、侧壁、顶板和底板	60
滑动触头	65
正常使用时被手触及的手柄及类似零部件：	
——金属制品	40
——绝缘材料制品	50
端子，包括外导线用的端子	60
E27 灯座：	
——金属或陶瓷型	160
——绝缘型，陶瓷除外	120
E14、B15 和 B12 灯座：	
——金属或陶瓷型	130
——绝缘型，陶瓷除外	90
——带 T 标志	T-25

[a] 由于热塑性绝缘材料的种类繁多，不可能为所有这些绝缘材料全都规定出允许温升值。暂时，应进行 22.3 的球压试验来检查。

试验之后，应能满足下列条件：

——电缆卷盘不得有会影响防触电保护的变形；

——电缆卷盘或软电缆的绝缘不得短路或损坏，亦不得影响电缆卷盘继续使用。

是否合格，通过观察并在温升试验之后立即用图1所示的标准试验指进行试验检查。还要进行17.2规定的电气强度试验，试验电压要减去500 V。

在电气强度试验之前，不进行潮湿处理。

——热切断器和/或电流切断器不得变形或损坏，预设值不得改变。

是否合格，通过观察，并与装有一个未进行过20.1试验的电缆卷盘里的热切断器或电流切断器上进行对比释放试验来检查。

——薄弱点的预设值不得改变。

是否合格，通过观察，并与装有一个未进行过20.1试验的电缆卷盘里的薄弱点上进行对比释放试验来检查。

——接地连接不得损坏。

是否合格，通过进行9.7规定的试验来检查。

20.2 电缆卷盘应在第19章规定条件下完全盘卷好的状态下进行试验，试验负载为电缆卷盘插头可以插入的插座在额定电压下的最大额定电流的1.5倍或固定式电缆卷盘保护装置的额定电流的1.5倍。

负载要施加到稳定状态，或施加到热切断器或电流切断器或薄弱点发生动作为止。

试验要在新样品上进行。

试验之后，应满足如下条件：

a) 电缆卷盘不得出现会影响防触电保护的变形。

是否合格，通过观察和图1所示的标准试验指进行试验检查；试验指不得碰触到带电部件。

b) 接地连接不得受损。

是否合格，通过进行9.7的规定试验来检查。

21 机械强度

21.1 电缆卷盘应有足够的机械强度，而且，结构上能经受得住正常使用时可预期的不正常操作。

是否合格，通过如下检查：

a) 总重量不大于2.5 kg的移动式电缆卷盘，进行21.2和21.3的试验；

b) 总重量大于2.5 kg但不大于30 kg的移动式电缆卷盘，进行21.2和21.4的试验；

c) 总重量大于30 kg的移动式电缆卷盘，进行21.2和21.5的试验；

d) 用于固定安装的电缆卷盘，进行21.2试验；

e) 装有螺纹压盖的电缆卷盘，进行21.7的附加试验。

21.2 用图4所示的弹簧操纵的冲击试验装置对电缆卷盘进行撞击，撞击能量为1 J。

试验装置由三个主要部分组成：本体，撞击元件和弹簧加载的释放锥体。本体由外壳、撞击元件的导向套、释放机构及牢牢固定在这些部件上的全部零件，这个组件的总质量为(1 250±1)g。撞击元件由锤头、锤杆和冲击击发把手组成。元件的总重量为(250±1)g。

锤头上有一洛氏硬度为HR100、半径为10 mm的聚酰胺半球面。

锥体质量为60 g，当释放卡爪在冲击元件释放点时，锥体弹簧应产生5 N的力。释放机构弹簧应调节到让其恰好产生一个足够的压力，使释放卡爪保持在啮合位置。

释放撞击元件所需的力不得大于10 N。锤杆、锤头及锤头弹簧的调节机构等的结构应能做到在锤头端部通过撞击平面之前1 mm时，锤头弹簧已经将其储存好的能量全部释放完毕。

在撞击前的最后1 mm行程时，撞击元件应不受任何摩擦，成为只有动能而无储能的自由运动体。

而且,在已经撞击阶段之后,撞击元件应能自由移动,不受任何干扰地再前进至少 8 mm 距离。

拉动冲击待发把手,直到释放卡爪卡入锤杆上的槽,使试验装置处于待发状态。

将试验装置朝垂直于待试点的表面,对着试样推动释放锥体,对试样进行冲击。

压力应缓慢增加,使锥体向后移动直到与释放杆接触,释放杆因此移动,并操纵释放机械使锤进行撞击。

将电缆卷盘牢牢固定,对其外壳上的每一个可能的薄弱部位,包括插座,信号灯之类,如果他们与卷盘结构成一整体的话,进行三次撞击。撞击要加在正常使用时会受到撞击,安装在凹槽时亦不受到保持的部件。

无防有害进水保护的移动式电缆卷盘要在−5 ℃的温度下进行此项冲击试验。

具有 IP 等级高于或等于 IPX4 的移动式的电缆卷盘应在(−15±2)℃的温度下进行本条款的冲击试验。

将电缆卷盘置放在冷冻箱里,直至到达规定的温度为止,在从冷冻箱中取出后 1 min 之内,对电缆卷盘进行试验。

21.3 使电缆卷盘以最不利的方法从 0.75 m 的搬运高度跌落到混凝土地板 10 次,试验期间,软电缆的总长度要盘卷进电缆卷盘里。

21.4 使电缆卷盘从 0.75 m 的搬运手柄高度跌落到混凝土地板 10 次。试验期间,软电缆的总长度要盘卷进电缆卷盘里

注:"搬运手柄高度"一词是指地板与通常短距离搬运电缆卷盘用手柄之间的垂直距离。

21.5 将电缆卷盘从其正常位置朝最不利方向翻转到混凝土地板上 10 次,但朝同一方向翻转不多于 3 次。

试验期间,软电缆的总长度要盘卷进电缆卷盘里。

21.6 在 21.2~21.5 的试验之后,防触电保护不得受损,而且,电缆卷盘不得出现会影响安全的损坏,或影响电缆卷盘继续使用的损坏,尤其是:

——插座及电气连接不得松脱或损坏;

——盖或外壳不得有肉眼可见的裂痕;

——绝缘挡板或其他绝缘材料零部件的效能不得降低。

表面层的损伤,不会影响爬电距离或电气间隙的小凹痕,以及不会影响防触电保护或防潮功能的小碎片忽略不计。

注:在无附加放大的情况下,正常或矫正视力看不见的裂缝及增强纤维模制件等的表面裂缝等忽略不计。

21.7 螺纹压盖应能经受得住正常使用时出现的机械应力。

是否合格,进行如下试验检查:

将螺纹压盖装上圆柱形金属棒,棒的直径(mm)小于外壳内径,取最近的整数。

然后,用合适的扳手将压盖拧紧,加到扳手的力矩由表 7 示出,时间为 1 min。

表 7 螺纹压盖的试验力矩

试验棒直径 mm	力矩 Nm	
	金属压盖	模铸材料压盖
≤14	6.25	3.75
>14 但≤20	7.50	5.00
>20	10.00	7.50

试验之后，压盖及试样的外壳不得有不符合本标准要求的损坏。

22 耐热

22.1 电缆卷盘应足以耐热

是否合格，通过22.2和22.3规定的试验检查，进行上述试验时，电缆卷盘要处于电缆完全退卷的状态。

22.2 将电缆卷盘放进温度为(100±2)℃的加热箱里1 h。

试验期间，试样不得出现会影响继续使用的变化，而且，密封胶不得流失到露出带电部件。

试验结束后，该试样冷却到接近室温。

然后，用不超过5 N的力施加图1所示的标准试验指：试验指不得触及带电部件。

试验之后，标志仍应清晰可辨。

注：只要不损坏本标准意义范围内的安全，密封胶的褪色、起泡或轻微位移，可忽略不计。

22.3 绝缘材料外部部件和用以将带电部件和接地电路的部件(如有)保持在正常位置所必需的绝缘材料部件要用图5所示的试验装置进行球压试验。

将待试部件的表面放置于水平位置，并用20 N的力将直径为5 mm的钢球压住该表面。

在试样放进加热箱之前，将球压试验装置升温至规定值。

试验在加热箱里进行，箱内的温度为(40±2)℃加上在第19章的试验期间测得的有关部件的温升，或(70±2)℃，二者中取较高者。对将带电部件和将接地电路部件，保持在正常位置所必需的绝缘材料部件，箱的温度为(125±2)℃。

1 h之后，将球从试样取下，将试样浸入冷水，使之在10 s之内冷却到接近室温。量出钢球压痕的直径，此直径不得超过2 mm。

23 螺钉、载流部件及连接

23.1 不论是电气连接还是非电气连接，均应能经受得住在正常使用过程中出现的机械应力。

传递电接触压力的螺钉应与金属螺纹啮合。

是否合格，通过观察，对传递接触压力或在安装和连接电缆卷盘时要拧动的螺钉和螺母，还要进行如下试验检查：

将螺钉或螺母拧紧并拧松。

——10次，对与绝缘材料螺纹啮合的螺钉；

——5次，对螺母和其他螺钉。

与绝缘材料螺纹啮合的螺钉每次均要完全卸下再重新拧入。

在对端子螺钉和螺母进行试验时，将具有10.3.1规定的最大标称截面积的铜导线或横截面积等于随电缆卷盘交货的软电缆一样的导线装在端子里。

试验要用合适的试验螺钉旋具来进行，施加的力矩按表2规定。

每次拧松螺钉或螺母时，均要移动导线。试验期间，端子不得松脱，不得出现有损于螺钉连接继续使用的损坏，如螺钉的断裂，会使相应的螺钉旋具无法使用的螺纹、垫圈、压力板或螺钉头槽损坏等。

注1：连接电缆卷盘时要拧动螺钉或螺母包括端子螺钉或螺母，装配螺钉、盖或类似零件的固定螺钉等。

注2：试验用螺钉旋具的刀口的形状宜与待试的螺钉头相配。

注3：螺钉和螺母不得用爆发力来拧紧。

注4：盖的损坏可忽略不计。

注5：建议：将可能要由使用者拧紧的螺钉拴住，使之不会自行脱落。

23.2 对与绝缘材料螺纹啮合的螺钉及安装和连接电缆卷盘时要拧动的螺钉，要保证将他们正确地导入螺孔或螺母里。

是否合格，通过观察、测量和手动试验检查。

注：例如，能用待固定的零件，用阳螺纹的凹槽或用去掉前导螺纹的螺钉来引导螺钉，防止螺钉斜向插入，则可满足“正确地导入”的要求。

23.3 电气连接在设计上应能做到不通过除陶瓷、纯云母或性能适用的其他材料以外的绝缘材料来传递接触压力，但金属部件有足够的弹性，足以补偿绝缘材料的任何可能的收缩或变形者除外。

是否合格，通过观察检查。

注：材料适用与否，宜从其尺寸稳定程度来考虑。

23.4 螺钉、螺母和铆钉，不论作电气连接还是作机械连接，均应锁紧，以防松动或旋转。

是否合格，通过观察和手动试验检查。

注1：弹簧垫圈有良好的锁定作用。

注2：对于铆钉，只要有非圆形铆钉体或合适的V形槽即可。

注3：遇热时会软化的密封胶，只有用于正常使用过程中不会受到扭力的螺钉连接时，才会有良好的锁定作用。

23.5 载流部件，包括端子(和接地端子)的载流部件均应为金属制品，而所用的金属应具有能满足在电缆卷盘工作时可能遇到的条件下，预期使用要求的机械强度、导电率和耐腐蚀性能。

是否合格，通过观察，必要时，还要进行化学分析来检查。

注：在可允许温度范围内和正常的化学污染条件下，适用的金属有：

——铜；

——铜含量至少为58%的合金，适合于作冷轧板材制成的部件；铜含量至少为50%的合金，适合于作其他部件；

——铬含量至少13%和碳含量不超过0.09%的不锈钢；

——符合GB/T 9799的锌镀层要求的钢，其镀层厚度至少为：

- 5 μm，适用于ISO 1号使用条件的IP等级为IPX0的电器附件；
- 12 μm，适用于ISO 2号使用条件的IP等级为IPX4的电器附件；
- 25 μm，适用于ISO 3号使用条件的IP等级为IPX5和IPX6的电器附件；

——符合GB/T 9797的镍铬镀层要求的钢，其镀层厚度至少为：

- 20 μm，适用于ISO 2号使用条件的IP等级为IPX0的电器附件；
- 30 μm，适用于ISO 3号使用条件的IP等级为IPX4的电器附件；
- 40 μm，适用于ISO 4号使用条件的IP等级为IPX5和IPX6的电器附件；

——符合GB/T 12599锡镀层要求的钢，其镀层厚度至少为：

- 12 μm，适用于ISO 2号使用条件的IP等级为IPX0的电器附件；
- 20 μm，适用于ISO 3号使用条件的IP等级为IPX4的电器附件；
- 30 μm，适用于ISO 4号使用条件的IP等级为IPX5和IPX6的电器附件。

23.6 不应用带有镀层的钢来制造会受到机械磨损的载流部件。

不应用彼此间化学电势差大的金属来制造在潮湿使用条件下互相接触的零部件。

是否合格，通过观察检查。

注：本条的要求不适用于端子中的螺钉、螺母、垫圈、夹板及类似零件。

23.7 不应用自攻锁紧螺钉或自切螺钉来连接载流部件。只有在正常使用过程中，无须拧动接头，而且每处至少要用两颗螺钉来连接的情况下，才可以用自攻锁紧螺钉来提供接地连续性。

23.8 凡使用者在连接或更换软电缆时可能要拆卸螺钉之处，不得使用自切螺钉。

23.9 在安装或连接电缆卷盘时要拧动的螺钉，不得用软的或易于蠕变的金属，例如锌或铝等来制造。

23.10 更换软电缆或其他零部件时要拆卸的螺钉，如果换成金属螺钉便会损坏带电部件与已接地的部件或易触及的金属部件之间的绝缘者，不得用绝缘材料来制造。

是否符合23.7～23.10的要求，通过观察检查。

23.11 正常使用时会有滑动作用的触头应以耐腐蚀的金属来制造。

是否符合本要求，通过观察，如有怀疑时，还要进行化学分析检查。

24 爬电距离、电气间隙和穿通密封胶距离

爬电距离和电气间隙不得小于表 8 的规定。

是否合格，通过测量检查。

测量要在装有相应的软电缆的交货状态的电缆卷盘上进行。固定式电缆卷盘要装上 10.3 规定的最大标称截面积的固定布线电缆。

通过绝缘材料外部部件的槽和孔口的距离要测量到与易触及表面接触的金属箔。

金属箔应以图 1 所示尺寸但无铰接的标准试验指推进到拐角或类似之处，但不压进孔里。

注 1：宽度小于 1 mm 的槽的爬电距离的值取槽的宽度。

注 2：计算总的电气间隙时，宽度小于 1 mm 的空气间隙均忽略不计。

表 8 最小爬电距离和电气间隙

说明	电缆卷盘的额定电压			
	≤250 V		＞250 V，且≤440 V	
	爬电距离 mm	电气间隙 mm	爬电距离 mm	电气间隙 mm
1） 不同极性的带电部件之间	3	3	4	3
2） 带电部件与				
a） 接地触头或易触及的已接地金属部件之间	3	3	4	3
b） 用加强绝缘或双重绝缘与带电部件隔开的易触及金属部件之间	6	6	8	6
c） 用功能绝缘与带电部件隔开的其他金属部件之间	3	3	4	3
3） 易触及的金属部件与用附加绝缘将易触及的金属部件隔开的其他金属部件之间	3	3	4	3
注：本表不适用于必须符合其自身标准的元件（见第 13 章）。				

25 绝缘材料的耐非正常热、耐热和耐电痕化

25.1 耐非正常热和耐燃

受到电热应力的劣化会损害电缆卷盘安全的绝缘材料部件不应受非正常热和火的过度影响。

是否合格，进行如下的灼热丝试验检查。

灼热丝试验按 GB/T 5169.10 和 GB/T 5169.11 的规定在下列条件下进行。

——将固定式电缆卷盘载流部件和接地电路部件保持在正常位置所必需的绝缘材料部件，要以 850 ℃的温度进行试验；

——将移动式电缆卷盘载流部件和接地电路部件保持在正常位置所必需的绝缘材料部件，要以 750 ℃的温度进行试验；

——与载流部件和接地电路部件接触但不是将他们保持在正常位置所必需的绝缘材料部件，要以

650 ℃的温度进行试验。

如果规定的试验在同一试样上一个以上部位进行，应小心确保已进行的试验所引起的劣化不会影响待进行试验的结果。

垫圈之类的小零件不进行本分条款的试验。

陶瓷材料零件不进行试验。

注：进行灼热丝试验的目的是，要保证电热试验丝在规定的试验条件下不会使绝缘材料部件着火，或保证绝缘材料部件虽然会在规定条件下被电热试验丝点着，但只在有限的时间内燃烧，而且火势不会因火焰或从被试零件上跌落到用绢纸覆盖的松木板的燃烧颗粒而蔓延。

如可能，试验应为完整的电缆卷盘。

如试验无法在完整的电缆卷盘上进行，则可从电缆卷盘上切取适当的部分来进行试验。

试验在一个试样上进行。

如有怀疑，试验再在另外两个试样上重复进行。

试验时，用灼热丝灼烧一次。

试验期间，应将试样复位于预期使用时的最不利位置上(被试表面要处于垂直位置)。

考虑到预期的使用条件，即受热的或灼热的元件可能与试样相接触，使灼热丝的端部灼烧到规定的试样表面。

如果出现下列情况，试样应视作灼热丝试验合格：

——无可见的火焰又无持续的辉光；或

——在灼热丝撤走后 30 s 内，试样上的火焰熄灭或辉光消失。

绢纸不起火，松木板不应烧焦。

25.2 耐电痕化

对于高于 IPX0 电缆卷盘，支承或连接带电和接地部位的绝缘材料均应耐电痕化。

是否合格，按 GB/T 4207 检查。

陶瓷部件不进行此试验。

将被试部件的平表面(如可能，至少 15 mm×15 mm)放置在水平位置上。

被试材料用试验溶液 A 进行试验，滴和滴之间相隔(30±5)s 时，应能通过 175 V 耐电痕化指数试验。

在滴完 50 滴之前，电极之间不得出现任何闪络或击穿现象。

26 防锈

铁质部件，应适当加以保护，以防生锈。

是否合格，进行如下试验检查。

将受试部件浸入三氯乙烷或等效的脱脂剂中 10 min，以去除所有的油脂。然后，将部件浸入(20±5)℃ 的氯化铵含量为 10%的水溶液 10 min。

将试样上的液滴甩掉，但不擦干。然后，将试样放进装有温度为(20±5)℃的饱和水汽的空气的盒子 10 min。

试样在温度(100±5)℃的加热箱内烘 10 min 之后，试样表面不得出现锈迹。

注 1：锐边上的锈迹或可擦掉的淡黄锈膜可忽略不计。

小弹簧之类及会受到磨损的不易触及部件，只要有一层油脂即足以防锈。

这类部件，只有在对油脂层的功效有怀疑时，才进行试验，而且，试验前不去除油脂。

注 2：当使用规定的试验溶液时，要采取足够的预防措施，防止吸入其气体。

27 电磁兼容性(EMC)要求

27.1 抗扰性

电缆卷盘里没有电子干扰元器件,则不需要进行抗扰性试验。

电缆卷盘里如果装有电子干扰元器件,则必须符合 EMC 相关的要求。

注:在本标准中,如白炽灯、氖泡指示灯之类的元器件不被认为是电子干扰元器件。

27.2 发射

电缆卷盘长期使用时,不会产生电磁干扰,所以不需要进行发射试验。

电缆卷盘里如果装有电子元器件,则必须符合 EMC 相关的要求。

注:在本标准中,如白炽灯、氖泡指示灯之类的元器件不被认为是电子干扰元器件。

单位为毫米

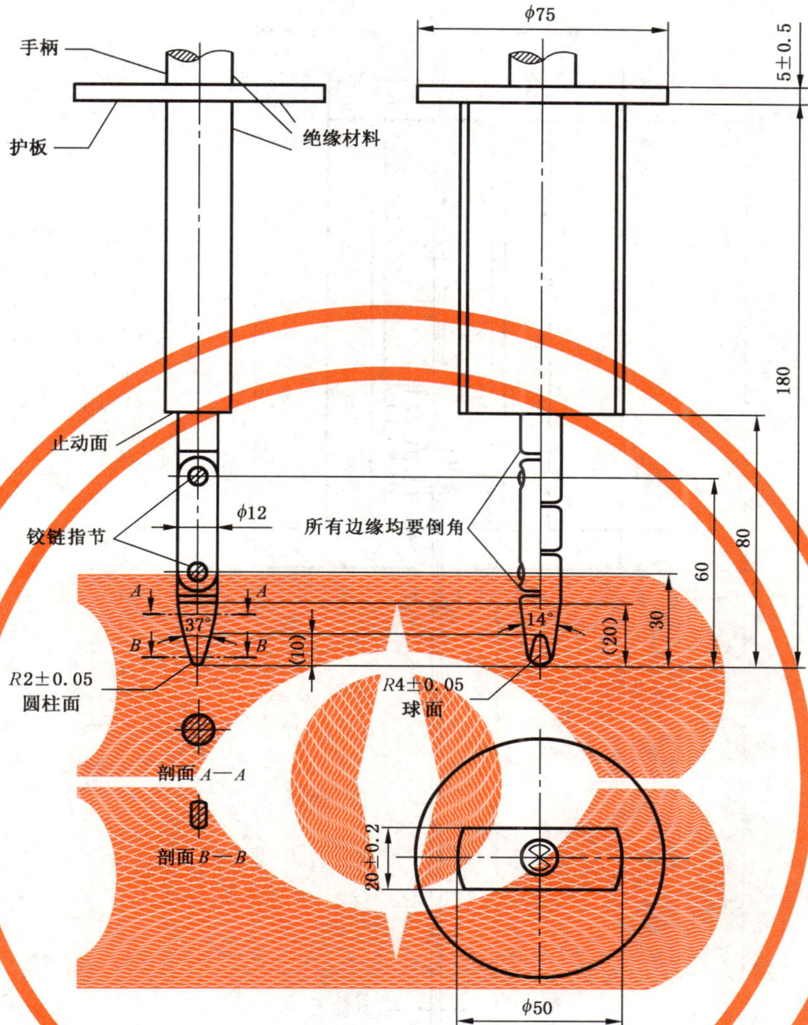

未注公差的尺寸的公差：

角度偏差：$_{-10}^{\ 0}$°

线性尺寸偏差：

不大于 25 mm 时，$_{-0.05}^{\ 0}$

大于 25 mm 时，±0.2

试验指的材料：例如：经热处理的钢。

本试验指的两个铰接均可弯曲 $90_{\ 0}^{+10}$°，但仅能朝一个方向弯曲。

采用销和槽的做法仅仅是将弯曲角度限制在 90°的可能的解决办法之一而已，因此，图中并无规定尺寸偏差。但实际设计时，应保证能弯曲角度为 $90_{\ 0}^{+10}$°。

图 1　标准试验指

单位为毫米

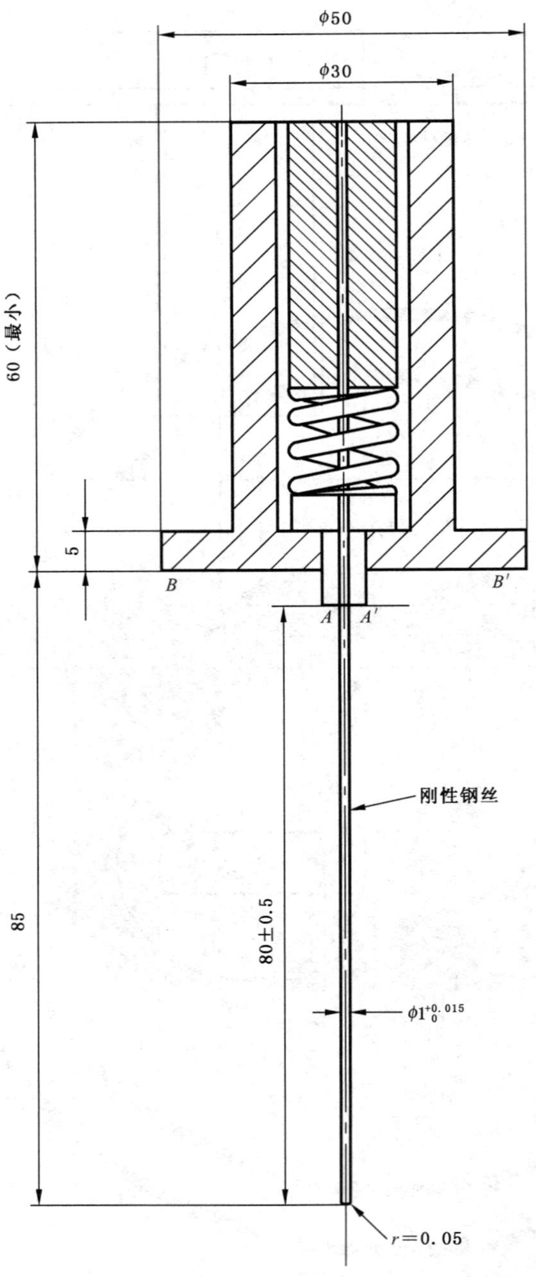

为校正探针，要朝刚性钢丝的轴心方向施加 1 N 的推力。探针的内弹簧应具有这样的特性：施加 1 N 的力时，能使表面 A—A'基本与表面 B—B'齐平。

图 2　检查带加强保护的电缆卷盘里带电部件的不可触及性用的探针

单位为毫米

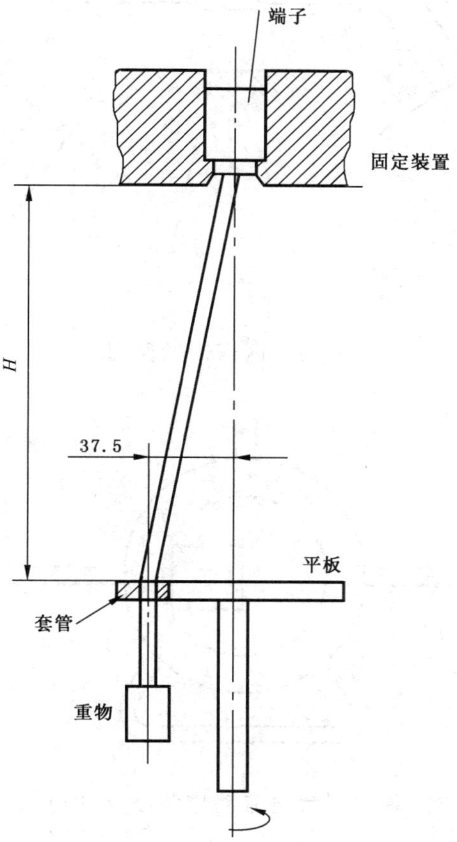

图 3 检查导线受损程度的装置

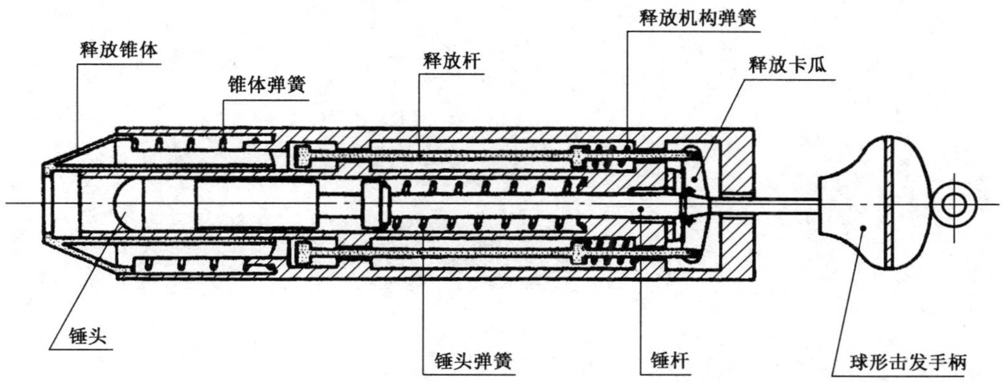

图 4 冲击试验装置

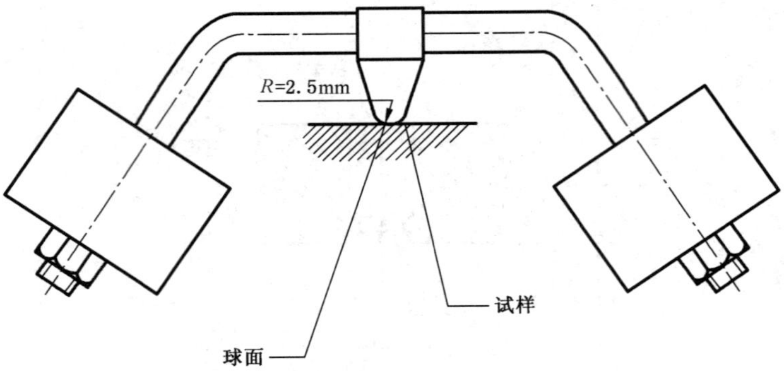

图 5　球压试验装置

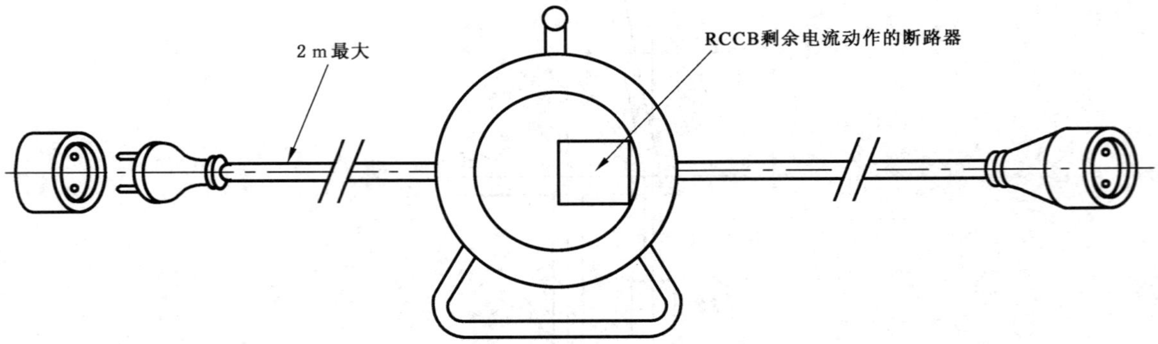

图 6　带内装式剩余电流动作断路器的电缆卷盘示例

附 录 A
（资料性附录）
电缆卷盘例行试验导则

例行试验在考虑中。

参 考 文 献

[1] GB/T 2099.1—2008 家用和类似用途插头插座 第1部分:通用要求
[2] GB/T 2900.73 电工术语 接地与电击防护
[3] GB 4706.1 家用和类似用途电器的安全 第1部分:通用要求
[4] GB 4706.7 家用和类似用途电器的安全 真空吸尘器和吸水式清洁器具的特殊要求
[5] GB 7000.1 灯具 第1部分:一般要求与试验
[6] GB 7000.225 灯具 第2-25部分:特殊要求 医院和康复大楼诊所用灯具
[7] GB 7000.208 灯具 第2-8部分:特殊要求 手提灯